计算机应用与人工智能基础

主　编：刘启明　申玉静　张明辉
副主编：曲立琛　周爱华　刘杰　赵永涛
编　委：白淑岩　郭亚莉　刘凤祥　王亮

电子工业出版社
Publishing House of Electronics Industry
北京·BEIJING

内容简介

本书主要内容包括：计算机技术概论、Windows 10 操作系统、Word 2010 文字处理软件、Excel 2010 电子表格软件、PowerPoint 2010 演示文稿软件、计算机网络技术及其应用、数据库管理技术、人工智能基础、Python 编程入门、信息技术应用创新产业与国产操作系统——统信 UOS。教材内容通俗易懂，突出实际应用。

本书是作者多年来进行"计算机实验教学示范中心建设"以及"应用型名校人才培养教学内容、课程体系改革"的综合成果。本书适合大中专院校作为教材使用，也可作为培训教程或者全国计算机等级考试的教材使用。

未经许可，不得以任何方式复制或抄袭本书之部分或全部内容。
版权所有，侵权必究。

图书在版编目（CIP）数据

计算机应用与人工智能基础 / 刘启明，申玉静，张明辉主编. -- 北京：电子工业出版社，2025.2.
ISBN 978-7-121-49721-6

Ⅰ. TP39；TP18

中国国家版本馆 CIP 数据核字第 2025QC5844 号

责任编辑：马　杰
文字编辑：吴宏丽
印　　刷：三河市鑫金马印装有限公司
装　　订：三河市鑫金马印装有限公司
出版发行：电子工业出版社
　　　　　北京市海淀区万寿路 173 信箱　　　邮编：100036
开　　本：787×1092　1/16　　印张：18.5　　字数：473.6 千字
版　　次：2025 年 2 月第 1 版
印　　次：2025 年 4 月第 2 次印刷
定　　价：62.80 元

凡所购买电子工业出版社图书有缺损问题，请向购买书店调换。若书店售缺，请与本社发行部联系，联系及邮购电话：（010）88254888，88258888。

质量投诉请发邮件至 zlts@phei.com.cn，盗版侵权举报请发邮件至 dbqq@phei.com.cn。
本书咨询联系方式：（0532）67772605，邮箱：majie@phei.com.cn。

前 言

随着人工智能等技术的迅猛发展,我们正迈入一个高度智能化、数据驱动的新纪元。

近年来,人工智能技术在深度学习、自然语言处理、计算机视觉等领域得到了广泛应用。人工智能与物联网、大数据、云计算等技术深度融合,催生出许多创新应用和商业模式。生成式人工智能已经在自动生成文本、图像、音频、视频等方面崭露头角,并在内容创作、客户服务、语言处理等领域展现出巨大潜力。

人工智能的发展,使得 AI 素养成为新时代大学生的必备能力,计算机学科教育也面临着重大改革。如何基于现代教育思想、现代教育技术、现代科技发展水平开展计算机基础课的教学,培养出社会需要的应用型、技能型人才,是摆在我们面前的重大课题。

本书依据教育部高等学校大学计算机课程教学指导委员会发布的《新时代大学计算机基础课程教学基本要求》,结合新一代信息技术及高等院校计算机基础课程改革的新动向编写而成。本书旨在培养学生的计算思维,提升其数字素养与创新意识,以满足人工智能通识教育的要求。同时,本书也提供了一个全面而深入的视角,探索信息科学的核心概念、技术原理及其在现代社会的应用,力求展现信息技术发展的新趋势和新成果。

从"应用型"人才培养的角度来看,学生的实践能力提升是一个重要问题,需要学校和教师树立以学生为本的观念,尊重学生的个性特点,因材施教,采取一些有效措施来增强学生的实践能力,增加学生对于课程、专业的选择空间。

本书作者曾编写过普通高等教育"十一五"国家级规划教材、教育部大学计算机课程改革项目规划教材。曾获得山东省高等教育优秀教材一等奖,山东省普通高等教育一流教材等奖项。

本书是作者多年来进行"计算机实验教学示范中心建设"以及"应用型名校人才培养教学内容、课程体系改革"实践的综合成果。为计算机基础课教学内容、课程体系改革，设计了一个全新的教学框架。

本书涵盖了目前计算机应用的各个方面，内容丰富、全面，选材新颖，层次结构清楚，突出实际应用。全书主要涉及三部分内容：计算机应用技术、人工智能基础和信息技术应用创新产业。包括：计算机技术概论、Windows10 操作系统、Word 2010 文字处理软件、Excel2010 电子表格软件、PowerPoint2010 演示文稿软件、计算机网络技术及其应用、数据库管理技术、人工智能基础、Python 编程入门、信息技术应用创新产业与国产操作系统——统信 UOS。每一章节内容的讲解都包含了详细的操作方法和步骤，系统讲解、循序渐进。

在本书的编写、出版过程中，我们得到许多专家学者的热情帮助，专家学者提出了很多宝贵意见，电子工业出版社也给予了大力支持，在此表示衷心感谢。

尽管我们为本书编写付出了很大努力，但限于作者水平，书中难免有疏漏和不妥之处，敬请广大读者批评指正。

编 者

2025 年 1 月

目 录

第1章 计算机技术概论 1
1.1 计算机及信息技术的发展 1
1.1.1 计算机的起源及发展趋势 2
1.1.2 计算机的应用与分类 6
1.1.3 信息与信息技术 8
1.2 计算机系统 10
1.2.1 计算机的工作原理 11
1.2.2 计算机的硬件系统 12
1.2.3 计算机的软件系统 13
1.3 微型计算机 16
1.3.1 微型计算机的基本硬件组成 16
1.3.2 微型计算机系统的主要技术指标 20
1.4 计算机中信息的表示与存储 21
1.4.1 进位计数制 21
1.4.2 数据存储的基本单位 22
1.4.3 各种数制之间相互转换 23
1.4.4 计算机中数据的表示 25
1.5 多媒体技术 29
1.5.1 多媒体技术及其特性 29
1.5.2 多媒体技术的应用及发展 30
1.6 计算机安全 32
1.6.1 计算机安全概述 32
1.6.2 计算机病毒的防治 32
1.6.3 计算机安全技术与防控 35
1.6.4 计算机软件知识产权保护 36
1.7 计算机前沿技术 37
1.7.1 云计算 37
1.7.2 物联网 38
1.7.3 大数据 40
思考题 41

第2章 Windows 10操作系统 42
2.1 操作系统概述 42
2.1.1 操作系统简介 42
2.1.2 操作系统的功能及特征 42
2.1.3 操作系统的分类 43
2.1.4 认识常用的操作系统 44
2.2 Windows 10操作系统的新功能 45
2.2.1 Windows 10操作系统的新功能简介 45
2.2.2 任务栏和"开始"按钮 45
2.2.3 窗口 47
2.2.4 对话框 48
2.2.5 "设置"窗口 49
思考题 50

第3章 Word 2010文字处理软件 51
3.1 Word 2010基础知识和基本操作 51
3.1.1 Word 2010的启动和退出 51
3.1.2 认识Word 2010窗口 52
3.1.3 创建Word文档 54
3.1.4 打开已存在的Word文档 55
3.1.5 Word文档的视图 55
3.1.6 Word 2010多窗口编辑 55
3.1.7 文档的保存和保护 56
3.2 Word 2010文档的编辑操作 58

3.2.1 定位插入点光标 58
3.2.2 输入和删除字符 58
3.2.3 选定文本 61
3.2.4 移动及复制文本 61
3.2.5 撤销和恢复操作 62
3.2.6 查找和替换文本 62
3.3 Word 2010 的格式设置 64
3.3.1 设置字符格式 64
3.3.2 设置段落格式 66
3.3.3 设置页面格式 69
3.3.4 设置页眉、页脚和页码 70
3.3.5 设置其他格式 72
3.3.6 打印文档 73
3.4 Word 2010 的图文混排 74
3.4.1 嵌入型格式与浮动型格式图片对象 74
3.4.2 插入与设置各种图片对象 74
3.4.3 SmartArt 图形 79
3.5 Word 2010 的表格操作 80
3.5.1 创建表格 80
3.5.2 选定表格对象 81
3.5.3 编辑表格 82
3.5.4 美化表格 84
3.5.5 表格数据的计算与排序 86
3.6 Word 2010 的高级应用 87
3.6.1 样式 87
3.6.2 目录 88
3.6.3 封面 90
3.6.4 数学公式 90
3.7 Word 2010 的邮件合并 91
思考题 93

第 4 章 Excel 2010 电子表格软件 94

4.1 Excel 2010 基础知识和基本操作 94
4.1.1 Excel 2010 的主要功能 94
4.1.2 Excel 2010 的启动和退出 95
4.1.3 认识 Excel 2010 窗口 95
4.1.4 工作簿、工作表和单元格 96
4.1.5 新建、打开和保存工作簿 97
4.2 编辑工作表 98
4.2.1 数据的输入和编辑 98
4.2.2 单元格或单元格区域的选取 99
4.2.3 数据序列填充 100
4.2.4 编辑单元格 101
4.2.5 工作表与窗口的操作 104
4.3 公式和函数的使用 106
4.3.1 公式的概念 107
4.3.2 单元地址及其引用 108
4.3.3 自动计算 109
4.3.4 函数的使用 109
4.4 工作表的格式设置 111
4.4.1 单元格格式的设置 112
4.4.2 行和列格式的设置 112
4.4.3 条件格式的使用 113
4.4.4 套用表格格式 114
4.4.5 单元格样式的使用 114
4.5 图表功能 115
4.5.1 图表的基本概念 115
4.5.2 图表的创建 116
4.5.3 图表的编辑和修改 118
4.5.4 图表的修饰 119
4.5.5 创建迷你图 120
4.6 Excel 2010 的数据库管理功能 120
4.6.1 数据清单 120
4.6.2 数据排序 121
4.6.3 数据筛选 122
4.6.4 数据的分类汇总 124
4.6.5 数据合并计算 125
4.6.6 数据透视表的使用 126
4.7 工作表的打印 127
4.7.1 页面设置 127
4.7.2 设置打印区域 129
4.7.3 打印预览及打印 129
4.8 保护数据 129

4.8.1 保护工作簿和工作表 130
4.8.2 行、列的隐藏 132
思考题 132

第5章 PowerPoint 2010 演示文稿软件 133

5.1 PowerPoint 2010 基础知识和基本操作 133
5.1.1 认识 PowerPoint 2010 133
5.1.2 认识 PowerPoint 窗口 134
5.1.3 演示文稿的视图 135
5.1.4 演示文稿的创建 136
5.1.5 演示文稿的打开和保存 137
5.1.6 幻灯片的基本操作 138

5.2 演示文稿的编辑 139
5.2.1 幻灯片中文本的输入与编辑 139
5.2.2 图片、剪贴画、艺术字的插入与编辑 144
5.2.3 形状的插入与编辑 147
5.2.4 表格的插入与编辑 148
5.2.5 图表的插入 150
5.2.6 SmartArt 图形的插入 150
5.2.7 音频及视频的插入 151

5.3 美化幻灯片 153
5.3.1 为幻灯片应用主题样式 153
5.3.2 幻灯片母版 154
5.3.3 更改幻灯片背景 156
5.3.4 更改幻灯片版式 157
5.3.5 页眉和页脚、页码的设置 158

5.4 幻灯片动画效果的设置 159
5.4.1 设置幻灯片的动画效果 159
5.4.2 幻灯片切换效果的设置 161
5.4.3 幻灯片的超链接和动作设置 162

5.5 演示文稿的放映和打印 163
5.5.1 演示文稿的放映 163
5.5.2 演示文稿的打印 166

思考题 167

第6章 计算机网络技术及其应用 168

6.1 计算机网络概述 168
6.1.1 计算机网络基础 168
6.1.2 计算机网络的分类 172
6.1.3 计算机网络的协议与体系结构 174
6.1.4 IP 地址及域名系统 178

6.2 网络连接 180
6.2.1 计算机网络的组成 180
6.2.2 传输介质 181
6.2.3 网络连接设备 184
6.2.4 接入 Internet 的方式 187

6.3 Internet 服务 190
6.3.1 WWW 服务 190
6.3.2 电子邮件服务 191

思考题 193

第7章 数据库管理技术 194

7.1 数据库概述 194
7.1.1 数据管理技术发展阶段 195
7.1.2 数据库系统的组成 196
7.1.3 数据模型 197
7.1.4 关系型数据库 199

7.2 Microsoft Access 2010 概述 200
7.2.1 Access 2010 的启动 220
7.2.2 Access 2010 的窗口 201
7.2.3 Backstage 视图 201
7.2.4 Access 2010 的退出 202
7.2.5 选项卡与导航窗格 202

7.3 数据库和表的建立 203
7.3.1 利用模板创建数据库 203
7.3.2 创建空数据库 204
7.3.3 创建新表 205
7.3.4 设置字段属性 208

7.4 创建索引 210
7.4.1 创建单字段索引 210
7.4.2 创建多字段索引 210

VII

7.5 查询 211
    7.5.1 查询的定义和功能 211
    7.5.2 创建查询 212
    7.5.3 修改查询 218
    7.5.4 汇总查询 220
    7.5.5 建立操作查询 221
思考题 224

第 8 章 人工智能基础 225

8.1 人工智能概述 225
    8.1.1 人工智能的概念 225
    8.1.2 人工智能的起源 226
    8.1.3 人工智能的发展 226
    8.1.4 人工智能在中国 230
8.2 生活中的人工智能 231
    8.2.1 智慧农业 231
    8.2.2 智慧出行 231
    8.2.3 智慧医疗 232
    8.2.4 智慧养老 232
    8.2.5 智能制造 232
    8.2.6 AI 个人助理 233
    8.2.7 智能家居 233
    8.2.8 虚拟主播 234
8.3 人工智能常用技术 234
    8.3.1 计算机视觉技术 234
    8.3.2 机器学习 235
    8.3.3 自然语言处理技术 236
    8.3.4 机器人技术 236
    8.3.5 语音识别技术 237
8.4 人工智能的未来 238
    8.4.1 传媒领域 238
    8.4.2 交通领域 240
    8.4.3 医疗领域 241
    8.4.4 教育领域 242
    8.4.5 智慧社会 243
8.5 人工智能的安全与防范 246
    8.5.1 人工智能技术带来的安全隐患 246
    8.5.2 关于人工智能安全的相关政策 247

8.6 人工智能实验 248
    8.6.1 实验一——体验网上购物 248
    8.6.2 实验二——体验"文心一言" 248
思考题 250

第 9 章 Python 编程入门 251

9.1 Python 语言概述 251
    9.1.1 Python 的历史与演进 251
    9.1.2 Python 的优点与应用场景 252
    9.1.3 Python 与其他编程语言的对比 253
9.2 快速搭建 Python 开发环境 254
    9.2.1 安装 Python 解析器 254
    9.2.2 配置集成开发环境(IDE) 256
    9.2.3 运行第一个 Python 程序 258
    9.2.4 Python 程序的执行过程 259
    9.2.5 代码注释与风格 260
9.3 输入与输出 263
    9.3.1 输入函数 input() 263
    9.3.2 输出函数 print() 264
9.4 变量与数据类型 266
    9.4.1 变量 266
    9.4.2 常见的数据类型 268
    9.4.3 数据类型的转换 269
    9.4.4 "简易计算器"项目实践 272
思考题 273

第 10 章 信息技术应用创新产业与国产操作系统——统信 UOS 274

10.1 信息技术应用创新产业 274
10.2 统信 UOS 276
    10.2.1 统信 UOS 简介 276
    10.2.2 安装统信 UOS 277
    10.2.3 初始化设置 284
    10.2.4 系统激活 286
思考题 287

参考文献 288

第 1 章　计算机技术概论

本章导读

　　随着信息技术的发展，计算机科学技术的发展速度已经超过了其他产业。计算机和网络技术对人类的影响早已不再停留于网上信息的获取和传递，而是直接渗透到人们生活的方方面面，如网上问诊、网上银行、网上约车、网上购物等。计算机科学技术在悄无声息地影响着人们的语言表达方式、行为方式等，改变着人们的生活节奏。

　　本章主要介绍计算机的发展及信息技术，计算机系统的工作原理和系统结构，微型计算机的基础知识，计算机中信息的表示与存储，多媒体技术和计算机安全等内容，重点介绍用户使用计算机时应掌握的基础知识。

1.1　计算机及信息技术的发展

　　在人类社会长期的发展过程中，人类为了不断创造更多的物质财富，不断挖掘自身的潜力，创造出了各式各样的计算工具。无论是东方的算筹、算盘，还是西方的机械式计算工具、机电式计算机都是人类对人脑智力的继承和延伸。随着计算机科学技术的发展，计算机及其终端设备已经成为人们学习、工作上的必备工具。

　　追求自由是人类永恒的梦想，计算机无线化的趋势促使计算机及各种家用电器的智能化和网络化进程进一步加快，家庭网络分布式系统将逐渐取代单机操作系统。人们的工作和生活方式、社会的经济运行模式等将被计算机技术引领着做出更加彻底的改变。

1.1.1 计算机的起源及发展趋势

1. 计算机的起源与发展

人们通常所说的计算机,主要是指电子数字计算机。1946 年 2 月,由美国宾夕法尼亚大学物理学家莫克利和工程师埃克特等人共同研制开发的世界上第一台通用电子计算机 ENIAC(Electronic Numerical Integrator And Calculator)诞生于美国,如图 1.1 所示。

ENIAC 是一个庞然大物,总重达 30 吨,占地面积为 170 平方米。机器中约有 18000 只电子管、1500 个继电器、70000 只电阻及其他各种电气元件。它每秒钟可以进行 5000 次加法运算,相当于手工计算的 20 万倍、机电式计算机的 1000 倍,在当时已经是计算速度上的巨大突破了。

ENIAC 虽是第一台正式投入运行的通用电子计算机,但它不具备现代计算机"存储程序"的设计

图 1.1　数字电子计算机 ENIAC

思想。1946 年 6 月,著名的现代电子计算机先驱、美籍匈牙利数学家冯·诺依曼设计出第一台"存储程序"的离散变量自动电子计算机(The Electronic Discrete Variable Automatic Computer, EDVAC),1952 年正式投入运行,其运算速度是 ENIAC 的 240 倍。冯·诺依曼提出的 EDVAC 计算机结构为人们普遍接受,开创了计算机历史的里程碑。

ENAIC 诞生以来的半个多世纪,计算机技术迅猛发展。但无论计算机的型号、式样、品牌多么繁多,人们一般仍是依据计算机性能和软硬件技术,把电子计算机的发展分成 4 个阶段,如表 1.1 所示。

表 1.1　电子计算机发展的 4 个阶段及主要特征

第一代电子计算机(1946—1957 年)的主要特征	第二代电子计算机(1958—1964 年)的主要特征
① 逻辑元件采用电子管。 ② 主存储器采用磁鼓或延迟线。 ③ 外存储器使用纸带、卡片、磁带等。 ④ 运算速度为每秒几千次至几万次。 ⑤ 软件使用机器语言或汇编语言。 第一代电子计算机体积大、耗电量高、价格昂贵,主要为军事和国防尖端技术而研制,应用于数值计算。这个时代的典型机种有 ENIAC、EDVAC 和 IBM705	① 逻辑元件采用晶体管。 ② 主存储器采用磁性材料制成的磁芯存储器。 ③ 外存储器使用磁带、磁盘。 ④ 计算速度为每秒几十万次。 ⑤ 软件使用操作系统,并出现了 Fortran、Cobol 等高级语言。 第二代电子计算机采用晶体管,具有体积小、重量轻、成本低、寿命长、速度快、耗电量低的特点。它不仅使用在军事和尖端技术上,而且在气象、数据处理、事务管理等领域都得到应用。这个时代的典型机种有 UNIVACII、IBM7094、CDC6600

(续表)

第三代电子计算机(1965—1970年)的主要特征	第四代电子计算机(1971年至今)的主要特征
① 逻辑元件采用小规模集成电路(SSI)、中规模集成电路(MSI)。在这一阶段，由于集成电路 IC(Integrated Circuit)工艺技术已经可以在几平方毫米的单晶硅片上集成 10~1000 个电子元件组成的逻辑电路，使计算机的体积和耗电量大大减小，性能和稳定性进一步提高。 ② 主存储器采用半导体存储器。 ③ 运算速度提高到每秒几十万次到几百万次。 ④ 在软件方面，操作系统更加完善，高级语言进一步发展。 第三代电子计算机由于在存储器和外部设备上都使用了标准输入输出接口，结构上采用标准组件组装，使得计算机的兼容性好、成本降低、应用范围扩大到工业控制等领域。这个时代的典型机种有 IBM360、PDP11 和 NOVA1200	① 逻辑元件开始采用大规模集成电路(LSI)、超大规模集成电路(VLSI)。 ② 主存储器采用集成度更高的半导体存储器。 ③ 外存储器除广泛使用软硬磁盘外，还使用光盘、优盘等。 ④ 运算速度可达每秒几百万次至上亿次。 ⑤ 软件方面发展了数据库系统、分布式操作系统。高级语言发展为数百种，各类丰富的软件促使这一代计算机得到了更加广泛的应用。 ⑥ 外部设备丰富多彩，输入输出设备品种多、质量高。 ⑦ 网络通信技术、多媒体技术及信息高速公路使世界范围内的信息传递更加方便快捷。 第四代计算机在系统结构方面发展了并行处理技术、多机系统、分布式计算机系统和计算机网络系统，出现了一批高效而可靠的计算机高级语言，如 Ada、Java、C++等，数据库系统及软件工程标准化进一步发展和完善，已开始进行模式识别和智能模拟的研究，计算机科学理论的研究已形成系统。这个时代的典型机种有 ILLIAC-IV、VAX-11 和 IBM-PC

随着计算机技术的迅猛发展，计算机的分代规则已经不适应时代的发展。尽管人们习惯谈论"第五代计算机""第六代计算机"，但是学术界和工业界的专家更赞成使用"新一代计算机"或"未来计算机"来迎接可能出现的新事物。

从 20 世纪 80 年代开始，很多国家都投入了大量的人力、物力研制"新一代计算机"。"新一代计算机"要实现的目标是让计算机来模拟人的感觉、行为及思维过程，使计算机像人一样具有听、看、说和思考的能力，能够判断物体的形状，并能做出相应的反应及采取适当行动，能够以实时方式同时并行地处理随时变化的大量数据，并能导出结论，形成智能型、超智能型计算机。

通常科学家认为"新一代计算机"应具有知识存储和知识库管理功能，能利用已有知识进行推理判断，具有联想和学习的功能。"新一代计算机"想要达到的目标相当高，它涉及很多高新技术领域，像微电子学、计算机体系结构、高级信息处理、软件工程方法、知识工程和知识库、人工智能和人机界面(理解自然语言，处理声、光、像的交互)，等等。

什么是真正的"新一代计算机"尚无定论，基于集成电路的计算机短期内还不会退出历史舞台，但突破一直沿用的冯·诺依曼体系结构是一个必然趋势。一些新的计算机正在跃跃欲试地加紧研究，这些计算机是超导计算机、纳米计算机、光计算机、DNA 计算机和量子计算机等。"新一代计算机"的发展必然引起新一代软件工程的发展，极大地提高软件的生产率和可靠性，必将有力地促进社会的信息化发展。

2. 计算机发展过程中的重要人物
(1) 查尔斯·巴贝奇

查尔斯·巴贝奇(1791—1871 年)，如图 1.2 所示，英国科学家，科学管理的先驱者。童年时代的巴贝奇显示出极高的数学天赋，长大后考入剑桥大学，毕业后留校。24 岁的他受聘担任剑桥"路卡辛讲座"的数学教授，这是一个很少有人能够获得的殊荣。18 世纪末，法国大批数学家组成人工手算流水线，完成了 17 卷《数学用表》的编制，但手工计算出现大量错误，强烈地刺激了巴贝奇。1812 年，巴贝奇开始了计算机的研制，他要把函数表的复杂算式转化为差分运算，用简单的加法代替平方运算，快速编制不同函数的数学用表，查尔斯·巴贝奇将这种机器称为"差分机"。1822 年，第一台差分机问世。

(2) 冯·诺依曼

冯·诺依曼(1903—1957 年)，如图 1.3 所示，美籍匈牙利裔科学家、数学家，被誉为"电子计算机之父"。冯·诺依曼在数学、计算机科学、计算机技术、数值分析和经济学中的博弈论方面都作出了巨大的、开拓性的贡献。1945 年，冯·诺依曼首先提出了"存储程序"的概念和二进制原理，今天的计算机都采用了这种体系结构，因此称之为冯·诺依曼式计算机。

(3) 艾伦·麦席森·图灵

艾伦·麦席森·图灵(1912—1954 年)，如图 1.4 所示，英国著名数学家、逻辑学家、密码学家。他少年时就表现出独特的直觉创造能力和对数学的爱好。1935 年，23 岁的图灵被选为剑桥大学国王学院院士。1936 年，24 岁的图灵向伦敦权威的数学杂志投了一篇论文，题为《论数字计算在决断难题中的应用》。在这篇开创性的论文中，图灵给"可计算性"下了一个严格的数学定义，并提出著名的"图灵机"的设想。

"图灵机"不是一种具体的机器，而是一种思想模型，可制造一种十分简单但运算能力极强的计算装置，用来计算所有能想象得到的可计算函数。"图灵机"与"冯·诺依曼机"齐名，被永远载入计算机的发展史中。1950 年，图灵发表论文《计算机器与智能》，提出著名的"图灵测试"理论，为后来的人工智能科学提供了开创性的构思。在图灵 42 年的人生历程中，他的创造力是丰富多彩的，他是天才的数学家和计算机理论专家，被人们尊称为"人工智能之父"。

人们为纪念图灵在计算机领域的卓越贡献而专门设立了图灵奖。图灵奖由美国计算机协会(ACM)于 1966 年设立，专门奖励那些对计算机事业作出重要贡献的个人。图灵奖是计算机领域的国际最高奖项，有"计算机界的诺贝尔奖"之称。

(4) 克劳德·艾尔伍德·香农

克劳德·艾尔伍德·香农(1916—2001 年)，如图 1.5 所示，美国数学家，现代信息论的著名创始人，信息论及数字通信时代的奠基人。

1940 年，香农在麻省理工学院获得电气工程硕士学位，硕士论文题目是《A Symbolic Analysis of Relay and Switching Circuits》(继电器与开关电路的符号分析)。当时他已经注意到电话交换电路与布尔代数之间的类似性，即把布尔代数的"真"与"假"和电路系统的"开"与"关"对应起来，并用"1"和"0"表示。他用布尔代数分析并优化开关电路奠定了数字电路的理论基础。

1948 年 6 月和 10 月，香农在《贝尔系统技术杂志》上连载发表了著名论文《通信的数学原理》。在他的通信数学模型中，清楚地提出信息的度量问题，他把计算出来的信息熵以比特(bit)为单位。比特的出现标志着人类知道了如何计量信息量。香农的信息论为明确什么是信息量概念作出了决定性的贡献。现在人们在计算机和通信中广泛使用的字节(Byte)、KB、MB、GB 等都是从比特演化而来的。

1949 年，香农又在该杂志上发表了另一著名论文《噪声下的通信》。在这两篇论文中，香农阐明了通信的基本问题，给出了通信系统的模型，提出了信息量的数学表达式，并解决了信道容量、信源统计特性、信源编码、信道编码等一系列基本技术问题。这两篇论文成为信息论的奠基性著作。

图 1.2
查尔斯·巴贝奇

图 1.3
冯·诺依曼

图 1.4
艾伦·麦席森·图灵

图 1.5
克劳德·艾尔伍德·香农

3. 计算机的发展趋势

目前计算机的发展趋势在向微型化、巨型化、网络化、智能化方向发展，如表 1.2 所示。

表 1.2 计算机的发展趋势

发展趋势	特　点
微型化	20 世纪 70 年代以来，由于大规模和超大规模集成电路的飞速发展不断推动着微型计算机的发展。计算机体积大大缩小，出现了笔记本电脑和平板电脑这样的"袖珍型计算机"。现在微型计算机的某些性能已经达到或超过早期巨型计算机的水平。微型计算机以其更优的性能价格比、方便的使用、多媒体化的功能迅速普及开来，成为人们日常生产、生活中必不可少的工具。
巨型化	巨型化是指运算速度快、存储容量大和功能强的巨型计算机。巨型计算机主要用于尖端科学技术和军事国防系统的研究开发。
网络化	网格(Grid)技术可以更好地管理网络上的资源，它把整个互联网虚拟成一台空前强大的一体化信息系统，犹如一台巨型计算机。网格技术可以在动态变化的网络环境中，实现计算机资源、存储资源、数据资源、信息资源、知识资源、专家资源的全面共享，从而让用户从中享受可灵活控制的、智能的、协作式的信息服务，并获得前所未有的使用方便性和超强的数据处理能力。
智能化	智能化要求计算机具有模拟人的思维和感觉的能力，这是"新一代计算机"所要实现的目标。智能化的研究领域包括自然语言的生成与理解、模式识别、自动定理证明、自动程序设计、专家系统、学习系统、智能机器人等。

未来的计算机将在结构形式和元器件上有较大的飞跃，将是微电子技术、光学技术、超导技术和电子仿生技术等新技术结合的产物。在不久的将来，超导计算机、神经网络计算机等全新的计算机也会诞生。总之，计算机的发展方兴未艾，其发展前景极其广阔。

1.1.2　计算机的应用与分类

1. 计算机的应用

电子计算机的出现是人类历史上的一个重大里程碑，它不仅极大地增强了人类认识和改造世界的能力，而且广泛地影响着人类社会的各个领域。计算机的应用已经无处不在，计算机技术已经渗透到国民经济各个部门及社会生活的各个方面。概括起来计算机的主要应用有如下方面。

(1) 信息处理

信息处理(Information Processing)是指对各种数据进行收集、存储、整理、分类、统计、加工、利用、传播等一系列活动的总称。信息处理从简单到复杂经历了 3 个发展阶段，分别是：以文件系统为手段，实现一个部门内的单项管理的电子数据处理(Electronic Data Processing，EDP)；以数据库技术为工具，实现一个部门的全面管理的管理信息系统(Management Information System，MIS)；以数据库、模型库和方法库为基础，帮助管理决策者提高决策水平，改善运营策略的正确性与有效性的决策支持系统(Decision Support System，DSS)。信息处理现已广泛地应用于办公自动化、企事业管理与决策、情报检索等社会的各行各业。

(2) 计算机辅助设计、辅助制造、辅助教学

计算机辅助设计(Computer Aided Design，CAD)是利用计算机系统辅助设计人员进行工程或产品设计的一种技术。

计算机辅助制造(Computer Aided Manufacturing，CAM)是指利用计算机通过各种数值控制机床和设备，自动完成产品的加工、装配、检测和包装等制造过程。

计算机辅助教学(Computer Assisted Instruction，CAI)是指利用计算机人机对话的方式实现对学生的教学。在 CAI 中，对话是在计算机程序和学生之间进行的。CAI 可根据个人特点进行教学，适用于各种课程、各种年龄和不同水平的人使用。

(3) 计算机集成制造系统

计算机集成制造系统(Computer Integrated Manufacturing System，CIMS)是将 CAD 和 CAM 技术集成，实现设计生产自动化。它的实现将真正做到无人化工厂(或车间)。

计算机集成制造系统目前在制造业中的主要功能如下。

① 过程控制：计算机用于处理连续流动的物质。
② 生产控制：计算机用于监督、控制和调度装配线上的操作。
③ 数值控制：计算机用于使机床等按所要求的规格自动生产。

(4) 人工智能

人工智能(Artificial Intelligence)又称智能模拟，是用计算机系统模仿人类的感知、判断、理解、学习、问题求解和图像识别等智能活动。人工智能研究和应用的领域包括模式识别、自然语言理解与生成、专家系统、自动程序设计、定理证明、探索联想与思维的机理、数据智能检索等。现在人工智能的研究已取得不少成果，有些已开始走向实用阶段。例如，用计算机模拟人脑的部分功能进行学习、推理、联想和决策；模拟医生给病人诊病的医疗诊断专家系统；机械手与机器人的研究和应用等。

(5) 电子商务

电子商务是一种现代的商务模式，指借助计算机网络进行商务数据交换和开展商务业务的活动。

随着电子商务的不断普及和深化，电子商务在我国工业、农业、金融、商贸流通、交通运输、旅游等各个领域的应用不断得到拓展。电子商务信息和交易平台正在向专业化和集成化方向发展。网上支付、移动支付、电话支付等新兴支付服务发展迅猛，全社会电子商务的应用意识不断增强，很多实体店铺为了自身的发展也纷纷拓展其电子商务平台，电子商务普及速度加快。

（6）科学计算

科学计算又称数值计算，是指利用计算机来完成科学研究和工程技术中提出的数学问题的计算，是电子计算机的重要应用领域之一。如航天技术、原子能研究、生物工程等科学领域，都有大量而复杂的数值计算需要计算机来处理。通常科学计算的过程包括建立数学模型、建立求解的计算方法和计算机实现3个阶段。

（7）系统仿真

系统仿真是利用模型来模仿真实系统的技术，其大致过程是建立一个数学模型，应用一些数值计算方法，把数学模型变换成可以直接在计算机中运行的仿真模型。通过仿真模型可以了解实际系统在各种因素变化的条件下，其性能的变化规律。例如，将反映自动控制系统的数学模型输入计算机，利用计算机研究自动控制系统的运行规律；利用计算机进行飞机模拟训练、航海模拟训练、发电厂供电系统模拟等。

2. 计算机的分类

计算机种类很多，可以从不同的角度对计算机进行分类。国际上通常依据计算机的性能特点将计算机分为巨型机、小巨型机、大型主机、小型机、微型机和工作站。

（1）巨型机

巨型机(Supercomputer)是计算机中功能最强、数值计算能力和数据处理能力最高、运算速度最快、价格最昂贵的计算机。巨型机的研制水平、生产能力及其应用程度已成为衡量一个国家经济实力和科技水平的重要标志。

（2）小巨型机

小巨型机(Mini Supercomputer)是新发展起来的桌上型超级计算机。它的性能和运算速度接近巨型机，而价格却比巨型机低得多，是一种发展速度非常迅速的小型超级计算机。

（3）大型主机

大型主机(Mainframe)包括通常所说的大型机和中型机，通用性最强。以大型主机及其外部设备为基础，可以组成一个计算中心或计算机网络。

（4）小型机

小型机(Minicomputer)是指采用8~32颗处理器，性能和价格介于PC服务器和大型主机之间的一种高性能计算机。小型机可以满足部门性的要求，为中小型企事业单位所采用。

（5）微型机

微型机(Microcomputer)也称个人计算机(Personal Computer)，简称微机或PC机。它是由大规模集成电路组成的、体积较小的电子计算机。由微型计算机配以相应的外部设备(如打印机)和其他专用电路、电源、面板、机架，以及足够的软件构成的系统称为微型计算机系统。

随着科技的不断发展，微机的价格不断下跌，目前微机已经广泛地进入我国国民经济和生活的各个领域，很多个人和家庭甚至拥有多台微机。

(6) 工作站

工作站(Workstation)实际上是一种高档微型机。它的运算速度通常比微机快，配有大容量的内存储器、外存储器和大屏幕显示器，并有较强的网络通信功能。它主要用在计算机图像处理和计算机辅助设计等专业领域。

另外，计算机还可以按处理的信号分为电子数字式计算机和电子模拟式计算机，按用途可分为通用计算机和专用计算机。

1.1.3 信息与信息技术

1. 什么是信息

信息是现代社会中广泛使用的一个名词，信息(Information)一词作为科学术语最早出现在哈特莱于 1928 年撰写的《信息传输》一文中。20 世纪 40 年代，信息论及数字通信时代的奠基人香农给出了信息的明确定义。此后许多学者针对各自的不同研究领域，对信息给出了不同的理解。经典的具有代表性的信息概念的表述如下。

① 香农认为："信息是用来消除随机不确定性的东西，是一个事件发生概率的对数的负值。"

② 控制论创始人、美国数学家维纳认为："信息是人们在适应外部世界，并使这种适应反作用于外部世界的过程中，同外部世界进行互相交换的内容的总称。"

③ 我国著名的信息学专家钟义信教授认为："信息是事物的存在方式或运动状态，以这种方式或状态直接或间接的表述。"

④ 美国信息资源管理学家霍顿认为："信息是为了满足用户决策的需要而经过加工处理的数据。"

人们一般将信息概括为：信息是对客观世界中各种事物的运动状态和变化的反映，是客观事物之间相互联系和相互作用的表征，表现的是客观事物运动状态和变化的实质内容。信息可以借助文字、图形、数字、声音、影像等载体呈现和传播。

信息具有以下 5 个主要特征。

① 普遍性：只要有物质存在，就有事物运动，就会有它们的存在方式和运动状态，就会有信息的存在，所以信息普遍存在于自然界和人类社会发展的始终。

② 依附性：所有的信息都必须依附于某种载体，但是载体不是信息本身。

③ 共享性：同一信息可以同时或异时、同地或异地被多个人所共享，而不会有损失。

④ 价值性：信息与物质和能量一样是人类社会的三大资源之一，信息具有价值。

⑤ 时效性：信息的价值是对信息的获得者而言的。信息价值的大小因人而异。客观事物总是在不断运动变化的，因此，反映事物存在方式和运动状态的信息也应随之变化。

信息和数据实际上是两个不同的概念，信息是对数据进行加工得到的结果，可以影响到用户的决策和对客观事物的认知。数据是信息存在的一种形态或一种记录形式，是信息的载体。所以数据是信息的符号化，是信息的具体表示形式，而信息是数据抽象出来的逻辑含义。

2. 什么是信息技术

信息技术(Information Technology，IT)也常被称为信息和通信技术(Information and Communications Technology，ICT)，是主要用于管理和处理信息所采用的各种技术的总称。

信息技术主要是应用计算机科学和通信技术来设计、开发、安装和实施信息系统及应用软件，包括信息传递过程中的各个方面，即信息的产生、收集、交换、存储、传输、显示、识别、提取、控制、加工和利用等的技术。

信息在社会生活中无处不在。人本身对信息的处理是先通过人体的感觉器官获得信息，通过大脑和神经系统对信息进行传递与存储，最后通过言、行或其他形式发布信息。计算机对信息处理的过程实际上与人处理信息的过程一致。

信息技术主要包括以下 4 大基本技术。

（1）感测与识别技术

感测与识别技术主要解决信息的获取与识别问题，包括信息识别、信息提取、信息检测等技术，这类技术的总称是"传感技术"。感测技术是利用红外线、紫外线、次声波、超声波、传感器等工具，以及遥感、遥测等技术获取更多的信息。识别技术是对所获取的信息类别做出判断。感测与识别技术扩展了人的感觉器官的传感功能。

（2）通信与存储技术

通信与存储技术主要解决信息快速、可靠、安全的传递及存储问题。通信技术主要解决信息的传递问题。通信的实质是将信息附着于一个事物(称之为载体)，并通过载体的运动将信息从空间上的一点传送到另一点。现代通信技术使用的载体是电波或光波，它突破了人在交流信息时所受到的空间和时间上的限制，扩展了人的神经网络系统功能。存储技术主要解决大量信息长期、可靠的存储问题，扩展了人的记忆器官(大脑)的功能。

（3）计算与处理技术

计算与处理技术主要解决信息的转换和加工处理问题，即对初始信息进行分析、推导、演算或抽象，从而得到可用的信息。信息处理技术包括表层信息处理技术(如信息变换、记录、共享、检索等)和深层信息处理技术(如认知过程)。它克服了人在处理信息时具有的局限性，增强了信息加工处理和控制的能力，扩展了人大脑的思维功能。

（4）信息运用技术

信息运用技术主要解决信息的施效问题，包括控制技术、显示技术等。机器根据输入的指令信息(决策信息)改变外部事物的运动状态和运动方式。信息运用技术克服了人在改变事物运动状态及再现信息时的局限性，扩展了人的效应器官(手、脚、嘴等)的功能。

以上技术中，通信与存储技术、计算与处理技术是信息技术的两大支柱。

3. 信息技术发展史

（1）第一次信息技术革命

第一次信息技术革命发生在距今约 35000 年～50000 年前语言的使用。语言是人类最重要的沟通交流工具，是人类文明得以传承和存储的有效载体，所以语言的使用是从猿进化到人的重要标志。

（2）第二次信息技术革命

第二次信息技术革命发生在大约公元前 3500 年文字的创造。文字是语言的视觉形式，它突破了口语受空间和时间限制的劣势，能够发挥更大的作用，所以文字的创造使得信息第一次打破时间、空间的限制。

在我国，关于汉字的起源，古代文献上有很多种说法，如"结绳说""八卦说""书契说"等，古书上还普遍记载有黄帝史官仓颉造字的传说。最早的刻画符号距今约 8000 多年，如刻画在陶器、甲骨、玉器、石器等上面的符号。其中殷墟发现的甲骨文，是迄今为止中国发现的最早的成熟文字。

(3) 第三次信息技术革命

第三次信息技术革命发生在大约 1040 年印刷术的发明。印刷术是中国古代劳动人民的四大发明之一。它开始于隋朝的雕版印刷，经宋仁宗时代的毕昇发展、完善，产生了活字印刷，后人称毕昇为印刷术的始祖。大约在 1440—1448 年间，德国人谷腾堡受我国印刷术的影响发明了铅活字，用来印刷书籍。印刷术和纸张的结合，使书籍、报刊成为重要的信息储存和传播的载体，使得信息可以更为广泛地传播。中国古代四大发明中的造纸术和印刷术共同促使了第三次信息技术革命的出现，为世界文明的发展作出了重大贡献。

(4) 第四次信息技术革命

第四次信息技术革命开始于 19 世纪 30 年代的电报、电话、广播和电视的发明与普及。电报是在 1837 年由电报之父美国人莫尔斯首先研制成功的。它利用电磁感应原理(有电流通过，电磁体有磁性；无电流通过，电磁体无磁性)，使与电磁体上连接的笔发生转动，从而在纸带上画出点、线符号。这些符号的适当组合(称为莫尔斯电码)可以表示全部字母，使得文字信息可以利用电磁波传播。

1875 年，亚历山大·贝尔发明了世界上第一台电话机；1878 年，在相距 300 千米的波士顿和纽约之间进行了首次长途电话实验并获得成功；1894 年，电影问世；1925 年，英国首次播映电视；1929 年，英国广播公司允许贝尔德公司开展公共电视广播业务。

电磁波的发现产生了巨大影响，实现了信息的无线电传播，其他的无线电技术也如雨后春笋般涌现，使人类进入利用电磁波传播信息的时代。现代通信技术使得信息的传递方式发生了根本性变革，大大加快了信息传输的速度，缩短了信息传播的时空跨度。

(5) 第五次信息技术革命

第五次信息技术革命开始于 20 世纪 60 年代计算机与互联网的使用，即网际网络的出现。

从 1946 年的第一代电子计算机到第四代电子计算机，以及当今正在研究的"新一代计算机"。当前信息技术发展的总趋势是以互联网技术的发展和应用为中心的，三网融合和宽带化是网络技术发展的大方向。三网融合是指电话网、有线电视网和计算机网三网在数字化和网络化的基础上相互融合，在业务内容上相互覆盖。随着网络用户的持续增加，以及互联网上数据流量的迅猛增加，特别是多媒体信息的增加，对网络带宽的要求日益提高。扩大带宽，是相当长时期内网络技术发展的主题。

无线宽带接入技术和建立在第三代移动通信技术之上的移动互联网技术的发展，以及电视机、手机等家用电器和个人信息设备都向网络终端设备的方向发展，形成了网络终端设备的多样性、个性化和信息个人化的局面。信息技术日益广泛地进入社会生产、生活各个领域，从而促进了网络经济的形成。

1.2 计算机系统

计算机系统由硬件系统和软件系统组成。所谓硬件系统是指计算机的实体部分，由各种电子元器件，各类光、电、机械设备组成，如主机、外部设备等。所谓软件系统是指由人们事先编制的在计算机中运行的各种程序、数据及文档资料，通常存放于 ROM、磁盘、光盘等存储设备中。一个完整的计算机系统组成如图 1.6 所示。计算机性能的好坏是由硬件系统和软件系统共同决定的，两者相辅相成，缺一不可。

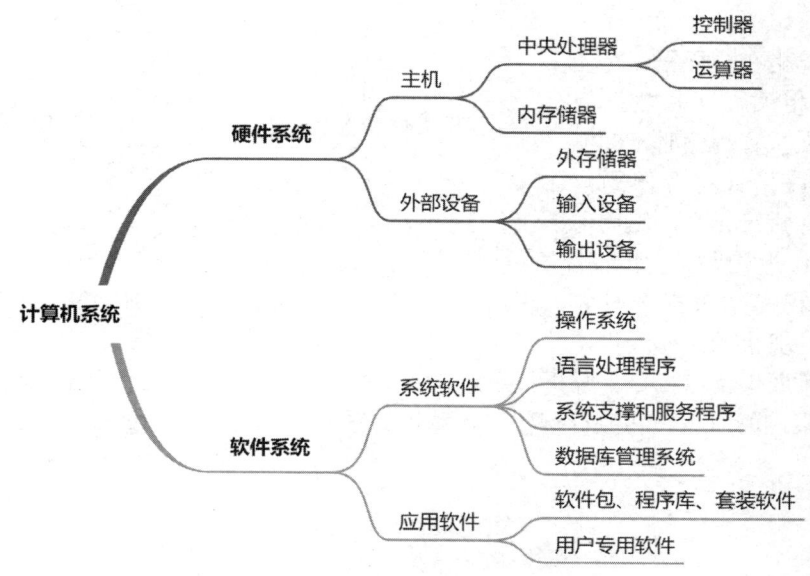

图 1.6　计算机系统的组成

1.2.1　计算机的工作原理

1. 冯·诺依曼体系结构

冯·诺依曼认为应该把程序本身当作数据来对待，程序和该程序处理的数据用同样的方式存储，并确定了计算机的基本结构由运算器、控制器、存储器、输入设备和输出设备 5 大部件组成。冯·诺依曼首次提出了以二进制和存储程序工作原理为基础的现代计算机设计的体系结构。半个多世纪以来，计算机虽然在性能上有了很大发展，但其硬件基本构成仍遵循冯·诺依曼体系结构，其主要特点如下。

① 计算机包括运算器、控制器、存储器、输入设备和输出设备 5 大部件。
② 指令和数据以同等地位存放在存储器中，可以按照地址寻访。
③ 指令和数据采用二进制形式表示。
④ 指令由操作码和地址码组成，操作码用来表示操作的性质，地址码用来表示操作数在存储器中的位置。
⑤ 指令在存储时按照顺序存放。
⑥ 机器以运算为中心。

典型的冯·诺依曼计算机是以运算器为中心的，如图 1.7 所示。

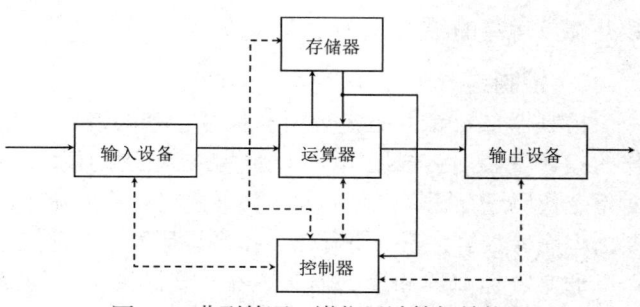

图 1.7　典型的冯·诺依曼计算机结构图

实际上，现代计算机已转化为以存储器为中心，如图1.8所示。

2. 计算机的工作过程

按照冯·诺依曼存储程序工作原理，计算机在执行程序时先将要执行的相关程序和数据放入内存中，在执行程序时，CPU根据当前程序指针寄存器的内容取出指令并执行指令，然后再取出下一条指令并执行，如此循环往复直到程序结束指令时才停止执行。计算机的工作过程，

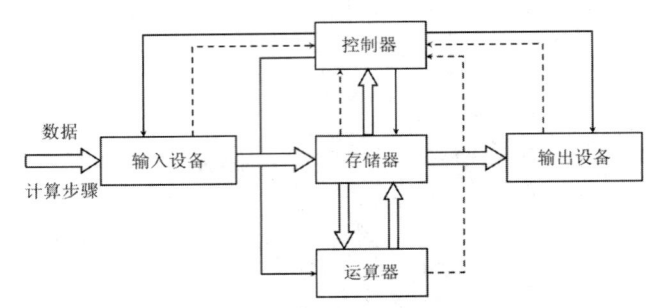

图1.8 以存储器为中心的计算机结构图

实际上就是不断地读取指令、分析指令和执行指令的过程，最后将计算结果放入指令指定的存储器地址中，如何组织和执行程序与计算机的系统结构有关。计算机的工作过程如图1.9所示。

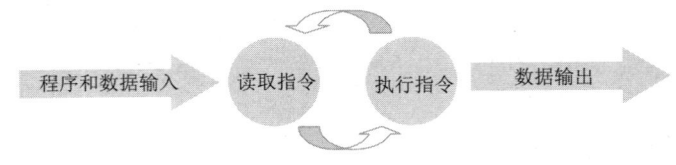

图1.9 计算机的工作过程

1.2.2 计算机的硬件系统

计算机的硬件系统是构成计算机的所有物理部件的总称，包含一些实实在在的有形物体，如组成计算机的机械的、磁性的、电子的物理装置等。

1. 运算器

运算器(ALU)是计算机中执行各种算术和逻辑运算操作的部件。运算器负责对信息进行加工和运算，它的速度决定了计算机的运算速度。运算器除了可以进行算术运算(加、减、乘、除)和逻辑运算(与、或、非、异或等)，还可以进行数据的比较、移位等操作。参加运算的数(称为操作数)按控制器的指示从存储器或寄存器中取出到运算器中。

运算器由算术逻辑运算单元、寄存器和控制门等组成。寄存器用来提供参与运算的操作数并存放运算的结果。

2. 控制器

控制器(Controller)是分析和执行指令的装置，是控制计算机各个部件有条不紊地协调工作的指挥中心，它根据用户以程序方式下达的任务，按时间顺序地从存储器中取出指令，并对指令代码进行翻译，然后向各部件发出相应的命令，使指令规定的操作得以执行。控制器主要由程序计数器、指令寄存器、指令译码器、时序产生器和操作控制器等一些电路组成。

通常，运算器和控制器集成在一块芯片上，构成中央处理器(Central Processing Unit，CPU)。可以说CPU是一台计算机的运算核心和控制核心，计算机的性能在很大程度上是由CPU的性能决定的。

3. 存储器

存储器(Memory)分为内存储器和外存储器,其作用是用来存放输入设备送来的数据、程序及运算器送出的运算结果。

(1) 内存储器

内存储器简称内存,又称主存,是 CPU 能根据地址码直接寻址的存储空间,由半导体器件制成。内存是计算机中的主要部件,它被用来存储正在被 CPU 使用的程序和数据,可与 CPU 直接交换信息。其特点是存取速度快,基本上能与 CPU 速度相匹配,但其容量相对较小。内存的质量好坏与容量大小会影响计算机的运行速度。内存按其功能和存储信息的原理又可分成两大类,即随机存储器和只读存储器。

随机存储器(Random Access Memory,RAM)是一种可以随机读/写数据的存储器,也称为读/写存储器。RAM 只能用于暂时存放信息,一旦计算机断电,其存储的内容会丢失,因此,用户在操作计算机的过程中应养成随时存盘的习惯,以防数据丢失。通常所说的内存容量是指 RAM 的容量。

只读存储器(Read-Only Memory,ROM)是只能读出原有信息,不能由用户再写入新信息的存储器。ROM 的最大特点是不会因计算机断电而丢失信息,利用这一特点,可以将操作系统的基本输入输出程序固化,在计算机通电后,立刻执行其中的程序,ROM BIOS 就是指含有这种基本输入输出程序的 ROM 芯片。

(2) 外存储器

外存储器简称外存,又称辅存,是指除计算机内存及 CPU 缓存以外的存储器,一般在计算机断电后仍然能保存数据。外存储器不能与 CPU 直接交换信息,当需要执行外存储器中的程序或处理外存储器中的数据时,必须通过 CPU 输入/输出指令,将其调入 RAM 中才能被 CPU 执行和处理。外存储器的特点是存储容量大,但其存取速度相对较慢。常见的外存储器有磁盘、硬盘、U 盘、光盘等。

4. 输入设备

输入设备(Input Device)是负责向计算机输入数据的设备。常见的输入设备有键盘、鼠标、摄像头、扫描仪、话筒、光笔、手写输入板、游戏杆等。计算机能够接收的数据,可以是数值型数据,也可以是图形、图像、声音等非数值型数据。

5. 输出设备

输出设备(Output Device)是计算机的终端设备,用于将计算机的计算结果以数字、字符、声音、图像等形式进行输出。它由输出接口电路和输出装置两部分组成,常见的输出装置有显示器、打印机、绘图仪、扩音器等。

上述 5 大部件必须连接在一起才能构成一个完整的硬件系统。

1.2.3 计算机的软件系统

1. 软件的概念

软件是指计算机运行所需的程序、数据和相关文档的总和。数据是程序处理的对象,文档是与程序的研制、维护和使用有关的资料。简单地说,软件就是程序加文档的集合体。计算机软件的作用在于对计算机硬件系统资源进行有效的管理、控制、扩充和完善,提高计算机资源的使用效率,协调计算机各组成部分的工作。

2. 软件系统及其组成

计算机软件通常分为系统软件和应用软件两大类。

(1) 系统软件

系统软件是计算机最靠近硬件的一层软件,它能够直接控制和协调计算机硬件系统,维护和管理计算机的软件资源,协调计算机各类资源有条不紊地工作。系统软件主要包括操作系统、语言处理程序、系统支撑和服务程序、数据库管理系统等。

① 操作系统。操作系统是一组对计算机的硬件和软件资源进行管理与控制的系统化程序的集合,是用户和计算机硬件系统之间的接口,同时为用户和应用软件提供了访问和控制计算机硬件的桥梁。

操作系统是直接运行在裸机上的最基本的系统软件,任何其他软件都必须在操作系统的支持下才能运行。操作系统的主要作用体现在管理计算机和使用计算机两个方面,所以操作系统一方面管理、控制和分配计算机软硬件资源,另一方面组织计算机的工作流程。操作系统通过内部极其复杂的综合处理,为用户提供友好、便捷的操作界面,以便用户在无须了解计算机硬件或软件的有关细节的情况下,就能够方便地使用计算机。操作系统是一个庞大的管理控制程序,它大致包括 5 个管理功能:处理器管理、存储管理、设备管理、文件管理和作业管理。

② 语言处理程序。用汇编语言、Fortran、Delphi、C++、Visual Basic、Java 等各种程序设计语言编写的源程序,计算机是不能直接执行的,必须经过翻译(对汇编语言源程序是汇编,对高级语言源程序则是编译或解释)才能执行,这些翻译程序就是语言处理程序,包括汇编程序、编译程序、解释程序和相应的操作程序等,其作用是将用高级语言或汇编语言编写的源程序翻译成计算机能执行的二进制程序。

③ 系统支撑和服务程序。系统支撑和服务程序又称工具软件,如系统诊断程序、调试程序、排错程序、编辑程序和查杀病毒程序等,都是为维护计算机系统的正常运行或支持系统开发所配置的软件系统。

④ 数据库管理系统。数据库管理系统是主要用来建立与存储各种数据资料的数据库,并对其进行管理和维护的软件系统。常用的数据库管理系统有针对个人用户的 FoxBase、FoxPro 和 Access 等,大型数据库管理系统如 Oracle、DB2、Sybase 和 SQL Server 等,它们都是关系型数据库管理系统。

(2) 应用软件

应用软件是用户可以使用的各种程序设计语言,以及用各种程序设计语言编制的应用程序的集合,是为满足不同用户、不同领域、不同问题的需求而提供的软件。随着计算机应用领域的不断拓展和计算机应用的广泛普及,各种各样的应用软件层出不穷,如 Microsoft Office、WPS Office、Adobe Photoshop、QQ、微信、360 安全卫士等。专用软件是指为完成某一特定的专业任务而设计的软件,它往往是针对某行业和某用户的特定需求而专门开发的,如某个公司的管理系统(MIS)、医院信息系统(HIS)、企业资源计划(ERP)等。

随着计算机应用的不断深入,系统软件与应用软件之间已不再有明显的界限。一些具有通用价值的应用程序,可以纳入系统软件之中,作为一种资源提供给用户。

3. 计算机语言和语言处理程序

计算机语言(Computer Language)是基于合法的规则，通过指令控制计算机进行各种各样工作的"符号系统"。它是人与计算机之间传递信息的媒介，是人与计算机之间通信的语言。每一种计算机语言都有该语言所规定的语法规则，计算机语言是软件的重要组成部分。

计算机语言通常可以分为 3 类：机器语言、汇编语言和高级语言。

（1）机器语言

机器语言(Machine Language)是计算机能直接识别和执行的一种机器指令的集合。它采用二进制数表示的指令代码，这种指令代码由操作码和地址码组成。使用机器语言编写程序，要求编程人员能够熟练地记住所用计算机的指令代码、代码的含义和每步所使用的工作单元的状态。一条机器语言为一条指令，指令是不可分割的最小功能单元，编写出来的程序就是一个个由"0"和"1"组成的指令序列，所以使用机器语言编写程序是一项十分烦琐的工作。使用机器语言编写程序难度大，程序直观性差、容易出错，并且计算机语言因机器而异，程序可移植性差。但由于使用的是针对特定型号计算机的语言，故运算效率是所有语言中最高的。现在绝大多数程序员已经不再学习和使用机器语言。

（2）汇编语言

为了解决使用机器语言编程烦琐和易出错的缺点，人们使用助记符代替机器指令的操作码，用地址符号或标号代替指令或操作数的地址，增强了程序的可读性，于是就产生了汇编语言(Assembly Language)，也称为符号语言。汇编语言是一种面向机器的程序设计语言，由于采用了助记符编写程序，且基本保留了机器语言的灵活性，所以比用机器语言的二进制代码编程要方便些。但使用汇编语言编写的程序，因为机器不能直接识别，还要由汇编程序或者汇编语言编译器转换，才能变成能够被计算机识别和处理的二进制代码程序。运行用汇编语言等其他非机器语言编写的程序(即源程序)时，必须先将源程序翻译成目标程序。目标程序一经被安置在内存的预定位置上，就能被计算机的 CPU 处理和执行。

使用汇编语言编写的程序占用内存空间少，运行速度快，与机器语言相比，汇编语言具有编写容易、修改方便、阅读简单、程序清晰等优越性，它主要用来编制系统软件和过程控制软件，绝大多数的系统软件是用汇编语言编写的，某些高级绘图程序、视频游戏程序、快速处理和访问硬件设备的高效程序也是用汇编语言编写的。

（3）高级语言

汇编语言有着高级语言不可替代的优势。但是对于编程者来讲，汇编语言和机器语言一样都只是低级语言，使用起来比较烦琐、费时、通用性较差。于是人们不断地探索发明，产生了更加易用的高级语言。高级语言并不是特指某一种具体的语言，而是包括很多编程语言。高级语言的语法和结构与普通英文类似，接近于数学语言或人类的自然语言，书写方式更接近人类的思维习惯，对问题和其求解的表述比汇编语言更容易理解，程序的编写和调试得到了更大的简化，程序的编写效率得到大幅度提高。它不依赖于计算机硬件，大大增加了程序的通用性和可移植性。

1954 年，第一个完全脱离机器硬件的高级语言 Fortran 诞生，随着程序设计语言的发展，出现了几百种高级语言。有重要意义的，目前使用较为广泛的高级语言有 C/C++、Visual Basic、Java 及 Delphi 等。

语言处理程序是由汇编程序、编译程序、解释程序和相应的操作程序等组成的编程服务软件，其作用是将高级语言源程序翻译成计算机能识别的目标程序。因为由非机器语言编写的源程序必须经过解释或编译才能转换成二进制代码,才能被计算机所识别和执行。所以高级语言需要解释程序或编译程序的帮助,才能够将高级语言转换成计算机能够读懂的代码。翻译源程序的方式有两种:解释方式和编译方式,两种方式的区别主要体现在翻译的时间不同。

解释程序是对源程序一边翻译成机器代码、一边执行的高级语言处理程序,即对于输入的源程序,解释程序立即将该语句翻译成一条或几条机器指令并提交计算机硬件执行,然后将执行结果发送到终端上,并不产生目标程序。解释程序的优点是使用很方便,具有较好的交互性;缺点是执行速度很慢,运行效率低,程序的运行依赖于开发环境,不能直接在操作系统下运行。

编译程序是将用高级语言编写的源程序翻译成与之等价的目标程序的语言处理程序。它以高级程序设计语言编写的源程序作为输入,以汇编语言或机器语言表示的目标程序作为输出。编译程序把一个源程序翻译成目标程序的工作过程主要分为5个阶段:词法分析、语法分析、中间代码生成、代码优化和目标代码生成。多数情况下,建立在编译基础上的程序的执行速度都优于建立在解释基础上的程序。因为把编译型语言源程序编译成目标程序,以后需要运行时不用进行重新翻译,直接使用编译的结果就可以,而对解释型语言的源程序每执行一次就需要用解释程序翻译一次,所以编译型语言的程序执行效率高。编译程序比较复杂,开发和维护费用较高;解释程序比较简单,但执行效率比较低。

执行编译方式的高级语言主要有 Pascal、Fortran、Cobol 和 C 等,执行解释方式的高级语言有 Basic。C 语言还是能用来书写编译程序的高级程序设计语言。

1.3 微型计算机

微型计算机(微机)和其他计算机一样,也是由运算器、控制器、存储器、输入设备、输出设备5大部件组成的。普通用户日常所见到的和接触的大多都是微型计算机,如台式机、一体机、笔记本电脑和平板电脑等。微型计算机是大规模或超大规模集成电路和计算机技术结合的产物,自 IBM 公司于1981年推出它的微型计算机系统后,在30多年间,微型计算机以其体积小、功能强、价格低、使用方便等优点不断发展,现已成为国内外应用最广泛、最普及的一类计算机。

1.3.1 微型计算机的基本硬件组成

从微机外观上看,微机的基本硬件主要包括主机、显示器、常用输入设备(如鼠标、键盘等),如果再配置打印机、声卡、音箱、调制解调器等,就构成了一台多用途的多媒体计算机。

1. 主机

主机是微机的主要部件,主机箱里装着微机的大部分重要硬件设备,如 CPU、主板、内存、硬盘、光驱、电源及各种板卡连线等。

(1) 中央处理器

中央处理器也称为 CPU，是计算机的核心部件（见图 1.10），负责计算机系统中最重要的算术运算和逻辑运算。它能独立地执行程序，能对数据或指令进行加工、控制或执行。CPU 一般安插在主板的 CPU 插座上，反映它性能的重要指标是字长和频率。CPU 的性能是判断计算机性能高低的首要标准。

图 1.10　CPU

(2) 主板

主板（Mainboard 或 Motherboard，M/B）是集成了各式各样的电子零件并布满了大量的电子线路的一块电路板，是计算机最基本也是最重要的部件之一，如图 1.11 所示。

主板上有两个重要的系统：BIOS 和 CMOS。基本输入输出系统（BIOS）是一个固化的 EPROM 芯片，它的重要性仅次于 CPU，它是微机处理信息时最基本的输入与输出接口。每次打开计算机时，BIOS 都要进行自检，检测所有主要部件以确认它们都能正常运行。当计算机正常运行后，所有操作都是通过 BIOS 对计算机进行控制的。许多 BIOS 芯片还有内置的诊断和实用程序。在主板上还有一块互补金属氧化物半导体（CMOS），用于存放系统配置或设置，CMOS 保存的系统配置主要有系统时间、硬盘参数、软件类型等。CPU、内存、显卡、声卡、网卡、鼠标与键盘都是靠主板来协调工作的。因此，主板的好坏将直接影响计算机性能的发挥。

图 1.11　主板

(3) 内部存储器

存储器（Memory）是计算机系统中的记忆设备，用来存放程序和数据。计算机中的全部信息，包括输入的原始数据、计算机程序、中间运行结果和最终运行结果都保存在存储器中。存储器根据控制器指定的位置存入和取出信息。

微机的存储器按用途可分为主存储器（内部存储器，简称内存）和辅助存储器（外部存储器，简称外存）。

内存是指主板上的存储部件，由一组高集成度的 COMS 半导体集成电路组成，用来存放当前正在执行的数据和程序。内存储器分为只读存储器（ROM）和随机存储器（RAM）。

只读存储器（ROM）由一片或多片集成电路组成，它固化了基本输入输出设备驱动程序和微机启动、自检等程序，这些程序一般称为 BIOS 系统程序。ROM 中的程序只能读出，不能被重新写入，即使断电，其存储的内容也不会丢失。

随机存储器（RAM）主要用于存储工作时的程序和数据，要执行的程序和要处理的数据都必须先装入 RAM 才能工作，微机关机后 RAM 中存储的内容将消失。按照存储信息的不同，随机存储器又分为静态随机存储器（Static RAM，SRAM）和动态随机存储器（Dynamic RAM，DRAM）。现在微机中的 RAM 都集成在一个长方形的小条形板上，称为"内存条"，如图 1.12 所示，可以将它方便地插到主板上，因而使得内存容量的扩充变得很容易。

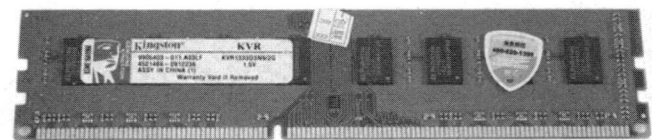

图 1.12　内存条

(4) 硬盘

硬盘是计算机中重要的存储设备，主要有机械硬盘和固态硬盘两类。机械硬盘（Hard Disk Drive，HDD）由一个或者多个铝制或者玻璃制的碟片组成，上面覆盖有铁磁性材料，如图 1.13 所示。机械硬盘的容量较大，常见的容量有 1TB、2TB、4TB 等。机械硬盘的盘片和硬盘驱动器密封在一起放在主机箱中，不能随便取出，因而也不便携带。固态硬盘（Solid State Disk，SSD）是用固态电子存储芯片阵列制成的。固态硬盘采用闪存作为存储介质，读取速度比机械硬盘快；相对于机械硬盘，固态硬盘功耗低、无噪音、抗震动、发热低、体积小、重量轻、工作温度范围大；固态硬盘的容量通常比机械硬盘小，价格比机械硬盘高。

图 1.13　硬盘正面图

(5) 光盘和光盘驱动器

光盘是一个直径为 120mm 的用塑料等材料压制成的盘片。它存储的数据信息是用强的激光束以光的形式烧结在盘的表面，形成一组组凹坑。光盘上数据的读取是靠光盘驱动器（简称光驱）上的光头把经过聚焦的激光束投射到光盘上，激光在凹坑上的反射强弱又通过光电转换器件转变成不同的电信息，最终变为各种信息。

光驱是计算机用来读写光盘内容的机器，根据光盘的存储技术，光盘可以分为 CD-ROM（只读光盘）、CD-R（可写光盘）、CD-RW（可重写光盘）、DVD-ROM（DVD 只读光盘）等。

(6) 声卡

声卡（Sound Card）也叫音频卡，是计算机处理音频的主要设备，是组成多媒体计算机必不可少的一个硬件设备，其主要功能是处理（生成、编辑和播放）声音，包括数字化波形声音、合成器产生的声音和光驱的音频。它能把来自话筒、磁带、光盘的原始声音信号加以转换，输出到耳机、扬声器、扩音机、录音机等音响设备，或通过音乐设备数字接口（MIDI）模拟乐器发出的美妙声音。

(7) 网卡

网卡是局域网中连接计算机和传输介质的接口，是用来建立局域网并连接到 Internet 的重要设备之一。网卡的基本功能是充当微机与网线之间的桥梁，进行数据转换、网络存取控制、数据缓存和生成网络信号等。

目前流行的各种微机局域网访问控制方式多为集中控制型，其控制核心部件是网络服务器，由一台高档微机或一个以大容量硬盘为主的专用服务器担任，而用户的工作场所是工作站，这个工作站通常就是一台微机或终端。工作站通过插在其中的网卡经通信电缆与网络服务器相连。

网卡的选择与网络服务器和工作站的计算机类型有关，用户可以根据网络服务器和工作站计算机的类型，以及网络的性能和价格要求等情况来选择所需网卡，并使用相应的驱动程序和网卡参数设置来建立网络。

（8）显卡

显卡全称为显示接口卡，是连接显示器和主板的重要部件。显卡对计算机系统所需要的显示信息进行转换驱动，并向显示器提供扫描信号，控制显示器的正确显示。显卡承担输出显示图形的任务，对于从事专业图形设计的人来说显卡非常重要。如图 1.14 所示为一款显卡的正面和背面图。

（9）机箱

机箱是主机的外壳，主要用于固定主机内的各个部件，并对各个部件起保护作用。建议购买空间容量大、扩充性好、接口人性化、外观大方的机箱。

（10）电源

微机的电源是一种安装在计算机主机箱内的封闭式独立部件，它的作用是将交流电通过一个开关电源变压器转换为 5V、-5V、+12V、-12V、+3.3V 等稳定的直流电，以供应主机箱内的 CPU、主板、光驱、硬盘驱动及各种适配器扩展卡等系统部件使用。其性能的好坏，直接影响其他设备工作的稳定性，进而会影响整机的稳定性。图 1.15 为台式机电源。

图 1.14　显卡的正面和背面

图 1.15　台式机电源

2. 显示器

显示器通常也被称为监视器，一般指与微机主机相连的显示设备，是用户与微机之间对话的主要信息窗口。

显示器的主要性能指标有屏幕类型、屏幕大小、分辨率、点间距、色彩数等。点间距是指在最高分辨率下屏幕上两个像素点之间的距离，它是决定屏幕分辨率的一个重要参数。

显示器的屏幕类型有很多种，如液晶屏、CRT、触摸屏等。目前最常用的显示器是液晶显示器，它的特点是体积小、重量轻、耗电量低、辐射量低。

3. 键盘与鼠标

键盘与鼠标是最常见的微机输入设备。鼠标的标准叫法是鼠标器（Mouse），是微机常见的输入设备之一，因形似老鼠而得名"鼠标"。

鼠标按工作方式主要分为机械式和光电式两种，还可以按工作原理分为有线鼠标与无线鼠标两种。无线鼠标采用无线通信技术与计算机通信，从而省去了连接线的束缚。其通常采用的无线通信方式包括蓝牙、Wi-Fi、Infrared、ZigBee 等。

4. 打印机

打印机是微机的重要输出设备之一。打印机将微机的运算结果或中间结果以人所能识别的数字、字母、符号和图形等形式，依照规定的格式打印在纸上。

目前微机系统中使用的打印机种类繁多，功能各异。按输出方式，可分为逐字打印机和逐行打印机。逐字打印机是先将准备打印输出的一行数据存放在控制器的数据缓冲器中，然后逐字打印，直到打完为止。逐行打印机将存储在数据缓冲器一行中的字符一次同时打印出来。按字符印出方式，可分为击打式打印机和非击打式打印机。击打式打印机通过机械撞击方式形成字符；而非击打式打印机是通过电、磁、光、热等手段形成字符，在打印过程中无机械击打动作，如激光打印机、喷墨打印机等。按字符形成方式，可分为活字(字模)式和点阵式两种；按工作方式，可分为针式打印机、喷墨式打印机、激光打印机等。针式打印机通过打印机和纸张的物理接触来打印字符图形，而后两种是通过喷射墨粉来印刷字符图形的。激光打印机利用电子照相的原理，与静电复印机类似。激光打印机是页式输出设备，每次印刷一页，以每分钟输出的页数定义它的速度。激光打印机的分辨率高，可打印高质量的图像及复杂的图形，广泛用于桌上印刷系统。

打印机通过接口与打印机控制器相连，CPU 通过打印机控制器控制打印机的工作。

5. 声卡与音箱

声卡与音箱是多媒体计算机必不可少的设备(见图 1.16)。声音在计算机中也是用二进制数据存储的，声卡的基本作用是将计算机存储的数字声音信号转换为模拟信号输出，或将外界的模拟声音信号转换为数字信号输入到计算机中。计算机音箱能够发出悦耳动听的声音全要归功于声卡。

声卡的"位"是指声卡在采集和播放声音文件时所使用的数字声音信号的二进制位数。声卡的位数越多性能就越强，声卡的位数可分为 8、16、32 位等。采样频率是指声卡将模拟信号数字化时的采集频率，一般为 11~44KHz。

音箱是多媒体计算机不可缺少的部件，它的主要功能如下：

① 实现各类软件的发声功能，这种功能对音箱要求不高。

② 通过光驱或播放软件听音乐的功能，这种功能要求音箱频响宽、失真小。

③ 通过光驱或播放软件看视频时的伴音功能，如有数声道的环绕音箱可达到家庭影院的效果。

④ 专业音乐人员制作音像产品。

图 1.16　声卡

由于市场上有各种性能、各种价格和各种样式的音箱，选择音箱首先要选择专用的防磁音箱，无防磁处理的音箱摆放在微机边，易对微机产生一些不良影响；其次要通过试听鉴别其性能；再次就是考虑音箱的形状、颜色和样式。

1.3.2　微型计算机系统的主要技术指标

衡量一台微机的性能是由多种技术指标来综合确定的，既包含硬件的性能，也包含软件的性能。

1. 机器字长

机器字长是指微机的 CPU 一次能够处理的数据的位数，通常是指其数据总线宽度，单位是二进制的位(bit)。字长与 CPU 的寄存器位数有关，字长越长，可以表示的数的范围越大，精度也越高。机器字长是 CPU 处理数据能力的重要指标，反映了 CPU 能够处理的数据宽度、精度和速度等。机器字长会影响计算机的运算速度及硬件的造价，如果 CPU 字长较短，而要运算的数据位数却较多，那么可能需要经过多次的运算才能完成，这样会影响整机的运行速度。目前常见的 CPU 有 32 位与 64 位的。

机器字长与主存储器字长通常是相同的，但也可以不同。不同的情况下，一般是主存储器字长小于机器字长，如机器字长是 32 位，主存储器字长可以是 32 位，也可以是 16 位，当然，机器字长与主存储器字长都会影响 CPU 的工作效率。

2. 主频

主频是指微机的 CPU 内核工作的时钟频率，它由外频和倍频决定，是 CPU 内核（整数和浮点运算器）电路的实际运行频率。CPU 的主频并不直接代表 CPU 运算速度，CPU 的主频表示 CPU 内数字脉冲信号振荡的速度，与 CPU 实际的运算能力没有直接关系。主频仅仅是 CPU 性能表现的一个方面，而不代表 CPU 的整体性能，但提高主频对于提高 CPU 运算速度却是非常重要的。只有在提高主频的同时，各分系统运行速度和各分系统之间的数据传输速度都能得到提高后，微机整体的运行速度才能真正得到提高。

3. 运算速度

运算速度即通常所说的微机运算速度（平均运算速度），是指每秒钟所能执行的指令条数。常用标识微机运算速度的单位是 MIPS（Million Instructions Per Second，每秒百万条指令）和 BIPS（Billion Instructions Per Second，每秒十亿条指令）。

4. 内存容量

内存容量通常是指随机存储器（RAM）的容量，是内存条的重要参数。内存容量以 MB 或 GB 作为单位。内存大小反映了内存储器存储数据的能力。一般而言，存储容量越大，速度就越快，处理数据的范围就越广。目前主流台式机中采用的内存容量为 8GB、16GB、32GB 等。

5. 软件配置

软件配置包括操作系统、计算机语言、数据库管理系统、网络通信软件、文字处理软件及其他应用软件等。只有使用好的软件才能最大限度发挥微机硬件的性能和潜力。

6. 外设配置

外设的基本功能是在微机和其他机器之间，以及微机与用户之间提供联系。

外设主要对应 5 大分类：输入设备、输出设备、外存设备、数据通信设备、过程控制设备。常见的外设有键盘、鼠标、显示器、打印机、扫描仪、绘图仪、数码相机、磁盘驱动器等。

1.4 计算机中信息的表示与存储

1.4.1 进位计数制

数制是人们利用符号来计数的科学方法。在计算机内部，一切信息的存储、处理和传输均采用二进制数的形式。二进制具有运算简单、容易实现的特点，但二进制数的书写比较复杂，因此在计算机系统的设计与使用上除了使用二进制，还经常使用十进制、八进制和十六进制。

1. 基数

基数指某计数制中数字符号（数码）的个数。进位规则是指何时向高一位进位。

① 十进制数：基数为10，有10个数字符号，即0、1、2、3、4、5、6、7、8、9，进位规则是逢十进一。

② 二进制数：基数为2，有2个数字符号，即0、1，进位规则是逢二进一。

③ 十六进制数：基数为16，有16个数字符号，即0、1、2、3、4、5、6、7、8、9、A、B、C、D、E、F，进位规则是逢十六进一。

④ 八进制数：基数为8，有8个数字符号，即0、1、2、3、4、5、6、7，进位规则是逢八进一。

2. 位权

在进位计数制中，同一个数码处于不同位置则表示不同的值，数码的位置决定了该数码代表的值或者位权。位权就是指一个数的每一位上的数字的权值的大小，通常把基数的某次幂称为"位权"。

例如，十进制数111，个位上1的位权为1（即10^0），十位上1的位权为10（即10^1），百位上1的位权为100（即10^2）。以此推理，第m位的位权是10^{m-1}，如果是小数点后面第n位，则其位权为10^{-n}。

位权与基数的关系是：各进位计数制中位权的值是基数的若干次幂。任何一种数制的数都可以表示成按位权展开的多项式之和。

4种常用数制的按权展开式举例如下。

① 十进制数：$(754.12)_{10} = 7 \times 10^2 + 5 \times 10^1 + 4 \times 10^0 + 1 \times 10^{-1} + 2 \times 10^{-2}$。

② 二进制数：$(101101.01)_2 = 1 \times 2^5 + 0 \times 2^4 + 1 \times 2^3 + 1 \times 2^2 + 0 \times 2^1 + 1 \times 2^0 + 0 \times 2^{-1} + 1 \times 2^{-2}$。

③ 八进制数：$(374.7)_8 = 3 \times 8^2 + 7 \times 8^1 + 4 \times 8^0 + 7 \times 8^{-1}$。

④ 十六进制数：$(3AF.EB4)_{16} = 3 \times 16^2 + 10 \times 16^1 + 15 \times 16^0 + 14 \times 16^{-1} + 11 \times 16^{-2} + 4 \times 16^{-3}$。

3. 几种数制的表示方法

为了区分不同的数制，通常采用在数字后面加写相应的英文字母或在括号外面加下标的方法来加以区分。

① 二进制数：用B（Binary）表示。如二进制数1101可写成1101B或$(1101)_2$。

② 八进制数：用O（Octal）表示。如八进制数254可写成254O或$(254)_8$。

③ 十进制数：用D（Decimal）表示。如十进制数179可写成179D或$(179)_{10}$。

④ 十六进制数：用H（Hexadecimal）表示。如十六进制数4E6可写成4E6H或$(4E6)_{16}$。

通常十进制数一般省略后缀。

1.4.2 数据存储的基本单位

1. 位

位（bit）读作"比特"，简记为b，是计算机存储数据的最小单位。一个二进制位只能表示"0"或"1"。

2. 字节

字节(Byte)读作"拜特",简记为 B。规定一个字节由 8 个二进制位组成,可以存放一个西文半角字符,两个字节可以存放一个中文全角字符。存储器容量单位还有千字节(KB)、兆字节(MB)、吉字节(GB)、太字节(TB),它们的换算关系如下。

1KB=1024B(2^{10}Byte)　　　1MB=1024KB(2^{20}Byte)

1GB=1024MB(2^{30}Byte)　　　1TB=1024GB(2^{40}Byte)

1.4.3　各种数制之间相互转换

1. R 进制数转换为十进制数

按权相加法:把 R 进制数每位上的位权与该位上的数码相乘,然后求和即得要转换的十进制数。对于任意一个具有 n 位整数和 m 位小数的 R 进制数 N,按各位的位权展开后转换成的十进制数可表示为:

$(N)_R = a_{n-1}R^{n-1} + a_{n-2}R^{n-2} + \cdots + a_1R^1 + a_0R^0 + a_{-1}R^{-1} + \cdots + a_{-m}R^{-m}$

例如:$(1010.11)_2 = 1 \times 2^3 + 0 \times 2^2 + 1 \times 2^1 + 0 \times 2^0 + 1 \times 2^{-1} + 1 \times 2^{-2} = (10.75)_{10}$

也可以使用同样的方法将八进制数、十六进制数转换成十进制数。例如:

$(14.1)_8 = 1 \times 8^1 + 4 \times 8^0 + 1 \times 8^{-1} = (12.125)_{10}$

$(A10B.8)_{16} = 10 \times 16^3 + 1 \times 16^2 + 0 \times 16^1 + 11 \times 16^0 + 8 \times 16^{-1} = (41227.5)_{10}$

2. 十进制数转换为 R 进制数

在将十进制数转换成 R 进制数时,需对十进制数的整数部分和小数部分采用不同的方法分别转换,再进行值的组合。例如,将十进制数 100.6875 转化成二进制数的步骤如下。

① 十进制整数转换为二进制整数的方法:除以 2 取余数法。首先对整数部分 100 进行转换,即用 2 不断地去除要转换的十进制整数,直到商为 0。第一次除以 2 所得余数是二进制数的最低位,最后一次除以 2 所得余数是二进制数的最高位,如图 1.17 所示,所以,$(100)_{10}$ = $(1100100)_2$。

按照同样的方法将十进制整数转换为 R 进制数就是对该整数除以 R 取余数并逆序排列。

② 十进制小数转换为二进制小数的方法:乘以 2 取整数法。对小数部分 0.6875 进行转换,即用 2 多次乘被转换的十进制数的小数部分,每次相乘后,所得乘积的整数部分就为对应的二进制数。第一次乘所得整数部分是二进制小数的最高位,其次为次高位,最后一次是最低位,如图 1.18 所示,所以 $(0.6875)_{10} = (0.1011)_2$。

按照同样的方法将十进制小数转换为 R 进制数就是对该小数部分乘以 R 取整数并顺序排列,可根据要求保留若干位。

> **注意**
> 这种方法可能产生取不完的情况,换言之,一个十进制数可能无法精确地转换成 R 进制数,这就是"存储误差",可根据精度要求保留若干位。

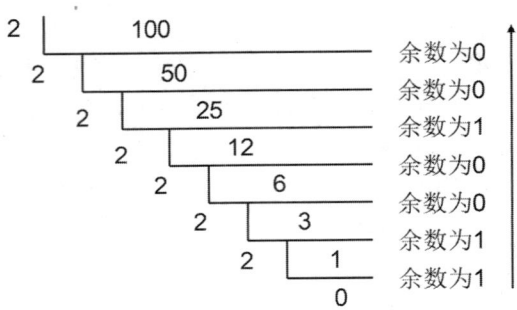

图 1.17　对整数部分除以 2 取余数　　　图 1.18　对小数部分乘以 2 取整数

所以组合之后 $(100.6875)_{10}=(1100100.1011)_2$。

3. 二进制、八进制、十六进制数之间的转换

(1) 二进制数与八进制数之间的转换

二进制数转换成八进制数的方法是将二进制数从小数点开始，对二进制数整数部分从右向左每 3 位分成一组，不足 3 位的向高位补 0 凑成 3 位；对二进制数小数部分从左向右每 3 位分成一组，不足 3 位的向低位补 0 凑成 3 位。每一组有 3 位二进制数，分别转换成八进制数码中的一个数字，全部连接起来，按对应位置写出与每一组二进制数等值的八进制数。例如，将二进制数 1101.1011 转换为八进制数如下所示。

```
001    101.   101    100
 ↓      ↓     ↓      ↓
 1      5.    5      4
```

所以 $(1101.1011)_2=(15.54)_8$

八进制数转换为二进制数，只要将每位八进制数用 3 位二进制数替换即可。例如，将八进制数 407.531 转换为二进制数如下所示。

```
 4      0      7.     5      3      1
 ↓      ↓      ↓      ↓      ↓      ↓
100    000    111.   101    011    001
```

所以 $(407.531)_8=(100000111.101011001)_2$

(2) 二进制数与十六进制数之间的转换

二进制数转换成十六进制数，只要把每 4 位二进制数分成一组，再分别转换成十六进制数码中的一个数字，不足 4 位的分别向高位或低位补 0 凑成 4 位，全部连接起来，按对应位置写出与每一组二进制数等值的十六进制数。例如，将二进制数 10111111101.0100101 转换为十六进制数如下所示。

```
0101   1111   1101.  0100   1010
  ↓     ↓      ↓      ↓      ↓
  5     F      D.     4      A
```

所以 $(10111111101.0100101)_2=(5FD.4A)_{16}$

十六进制数转换为二进制数，只需将一位十六进制数用 4 位相应的二进制数替换即可。例如，将十六进制数 2AC.4 转换为二进制数如下所示。

```
  2      A      C.     4
  ↓      ↓      ↓      ↓
0010   1010   1100.  0100
```

所以 $(2AC.4)_{16} = (1010101100.01)_2$

表 1.3 给出了部分十进制数、二进制数、八进制数、十六进制数之间关系的对照。

表 1.3 常用计数制部分数值对照表

十进制数	二进制数	八进制数	十六进制数	十进制数	二进制数	八进制数	十六进数
0	0000	0	0	9	1001	11	9
1	0001	1	1	10	1010	12	A
2	0010	2	2	11	1011	13	B
3	0011	3	3	12	1100	14	C
4	0100	4	4	13	1101	15	D
5	0101	5	5	14	1110	16	E
6	0110	6	6	15	1111	17	F
7	0111	7	7	16	10000	20	10
8	1000	10	8	17	10001	21	11

1.4.4 计算机中数据的表示

计算机是信息处理的工具，计算机中的信息分为指令信息和数据信息，数据信息又可分为数值信息和非数值信息。非数值信息主要是字符数据。计算机内部只识别二进制数"0"和"1"，各种信息本质上都是二进制数的组合形式，因而在计算机中对数字、字符及汉字就要用二进制数的各种组合形式来表示，这就是计算机的编码系统。编码（Encode）是指将一类数据按某一码表转换成对应代码的过程，它是一种在人和机器之间进行信息转换的系统。

1. 十进制数的编码

人们习惯使用十进制数，而计算机只能识别二进制数，因而输入时要求将十进制数转换成二进制数，输出时要将二进制数转换成十进制数。这样便产生一个问题，即在将十进制数输入到计算机中后就要用二进制数表示。为了在计算机中输入输出操作的信息能直观迅速地与常用的十进制数相对应，可以将十进制数中的每一位数字用 4 位二进制数进行编码。这种每一位数字都用二进制数编码来表示的十进制数称为二进制编码的十进制数，这种编码方法简称 BCD 码。

十进制数有 0~9 这 10 个不同的数码，用二进制数表示十进制数时，每一位十进制数需要用 4 位二进制数表示。4 位二进制数能编出 16 种状态，其中 6 种状态是多余的，这种多余性便产生了多种不同的 BCD 码。目前，使用最广泛的是 8421BCD 码，这种编码将十进制数中的每一位数码直接用对应的二进制数代替。例如，$(289.13)_{10}$ 的 8421BCD 码为 001010001001.00010011。

$$\begin{array}{ccccc} 2 & 8 & 9. & 1 & 3 \\ \downarrow & \downarrow & \downarrow & \downarrow & \downarrow \\ 0010 & 1000 & 1001. & 0001 & 0011 \end{array}$$

除 8421BCD 码外，常用的 BCD 码还有 2421 码、5421 码、余 3 码、循环码等。部分十进制数与 8421BCD 码对应关系见表 1.4。

表 1.4　部分十进制数与 8421BCD 码的对应关系

十进制数	8421BCD 码	二进制数	十进制数	8421BCD 码	二进制数
0	0000	0000	9	1001	1001
1	0001	0001	10	00010000	1010
2	0010	0010	11	00010001	1011
3	0011	0011	12	00010010	1100
4	0100	0100	13	00010011	1101
5	0101	0101	14	00010100	1110
6	0110	0110	15	00010101	1111
7	0111	0111	16	00010110	10000
8	1000	1000	17	00010111	10001

注意

表中的 8421BCD 码与纯二进制数是有区别的。

2．字符编码

目前计算机中的字符编码普遍采用的是 ASCII 码(American Standard Code for Information Interchange)。ASCII 码是美国信息交换用标准代码，已经被国际标准化组织(ISO)认定为国际标准。一个 ASCII 码由 7 位二进制数组成，7 位 ASCII 码可以表示 $2^7=128$ 种字符。其中包括 32 个不可打印和显示字符(通用控制符)，10 个十进制数码 0~9，52 个英文大写和小写字母，34 个专用符号。

为了使用更多的符号，操作系统采用了扩充的 ASCII 码，扩充的 ASCII 码用 8 位二进制数编码，共可表示 256 个符号，编码范围在 0000 0000~0111 1111 之间，即最高位为 0 的编码所对应的符号与标准 ASCII 码相同，而 1000 0000~1111 1111 之间的编码定义了另外 128 个图形符号。标准 ASCII 码见表 1.5 所示。

表 1.5　标准 ASCII 码表

十六进制	0	1	2	3	4	5	6	7	8	9	A	B	C	D	E	F
0	NUL	SOH	STX	ETX	EOT	ENQ	ACK	BEL	BS	HT	LF	VT	FF	CR	SO	SI
1	DLE	DC1	DC2	DC3	DC4	NAK	SYN	ETB	CAN	EM	SUB	ESC	FS	GS	RS	US
2	SP	!	"	#	$	%	&	'	(	)	*	+	,	-	。	/
3	0	1	2	3	4	5	6	7	8	9	:	;	<	=	>	?
4	@	A	B	C	D	E	F	G	H	I	J	K	L	M	N	O
5	P	Q	R	S	T	U	V	W	X	Y	Z	[	\	]	↑	↓
6	`	a	b	c	d	e	f	g	h	i	j	k	l	m	n	o
7	p	q	r	s	t	u	v	w	x	y	z	{	|	}	~	DEL

键盘上字符的机内码就是 ASCII 码。如小写字母 a 的 ASCII 码是 1100001(十进制是 97)，大写字母 A 的 ASCII 码是 1000001(十进制是 65)，字符 1 的 ASCII 码是 0110001(十进制是 49)等。

3．带符号数的表示方法

(1) 机器数

计算机中所有的信息都是以二进制形式存储的，参与运算的数的正负号也要用一个二进制位表示。通常规定一个数的最高位作为符号位，"0"表示正，"1"表示负。把在机器内存放的正负号数码转换为二进制数后的数称为"机器数"；把在机器外存放的由正负号表示的参与计算的数称为"真值"。

(2) 定点数和浮点数

在计算机中，带有小数点的数通常有两种表示方法，即定点数与浮点数。如果小数点的位置事先已有约定，不再改变，则称此类数为"定点数"；如果小数点的位置可变，则称此类数为"浮点数"。

① 定点数。定点数是小数点位置固定的数。通常，一个数的最高位是符号位，它表示数的符号。常用的定点数有两种表示形式。如果小数点位置约定在最低数值位的后面，则该数只能是定点整数；如果小数点位置约定在最高数值位的前面，则该数只能是定点小数。注意：小数点不占二进制位。

由此可知，通常只有纯小数或整数才能方便地用定点数表示。对于既有整数部分又有小数部分的数，由于其小数点位置不固定，一般不能用定点数表示，而是用浮点数表示。

② 浮点数。浮点数是小数点位置不固定的数，通常是既有整数部分又有小数部分，其表示法来源于数学中的指数表示形式。如 154.6 可以表示为 0.1546×10^3 或 1.546×10^2 等。一般一个数 N 的指数形式可记作：$N=M\times2^E$。其中，M 称为"尾数"，E 称为"阶码"。在存储时，一个浮点数所占用的存储空间被划分为两部分，分别存放尾数部分和阶码部分。尾数部分通常使用定点小数方式，阶码则采用定点整数方式。在计算机中表示一个浮点数的结构如图 1.19 所示。

数符±	尾数 S	阶符±	阶码 N
尾数部分(定点小数)		阶码部分(定点整数)	

图 1.19　计算机中浮点数的表示结构图

尾数的长度影响该数的精度，而阶码则决定该数的表示范围。同样大小的空间中，可以存放远比定点数取值范围大得多的浮点数，但浮点数的运算规则比定点数更复杂。

(3) 原码、反码、补码

在计算机内，有符号的定点数有 3 种表示法：原码、反码和补码。原码是有符号数的最简单的编码方式，便于输入输出，但作为代码在进行加减运算时较为复杂。虽然逻辑电路可以实现减法运算，但所需的电路复杂，运算速度较进行加法运算慢得多。为了能使减法运算变成加法运算，使得运算简便，引入了反码和补码。下面分别介绍这 3 种表示法。

① 原码：所谓原码就是带正、负号的二进制数，即最高位为符号位，用"0"表示正，"1"表示负，其余位表示数值的大小。用原码表示机器数比较直观。例如：

$(50)_{10}$ 的 8 位二进制原码为 0011 0010。

$(-50)_{10}$ 的 8 位二进制原码为 1011 0010。

$(127)_{10}$ 的 8 位二进制原码为 0111 1111。

$(-127)_{10}$ 的 8 位二进制原码为 1111 1111。

原码中的符号位仅用来表示数的正、负，不参与运算。原码运算时，进行运算的只是数值部分，应首先比较两个数的符号。若两数的符号相同，则可将两个数的数值相加，最后给结果附上相应的符号；若两数的符号不同，则需比较两数的数值大小，然后用数值较大的数减去数值较小的数，并将数值较大的数的符号作为最后结果的符号。

② 反码：所谓反码就是正数的反码与其原码相同，负数的反码是对其原码逐位取反之

后得到的结果，但符号位除外。例如：

(50)$_{10}$ 的 8 位二进制原码为 0011 0010，反码为 0011 0010。

(-50)$_{10}$ 的 8 位二进制原码为 1011 0010，反码为 1100 1101。

(127)$_{10}$ 的 8 位二进制原码为 0111 1111，反码为 0111 1111。

(-127)$_{10}$ 的 8 位二进制原码为 1111 1111，反码为 1000 0000。

反码的加、减运算规则：两数和的反码等于两数的反码之和，而两数差的反码也可以用加法来实现。运算时，符号位和数值位一样参加运算，如果符号位产生进位，则需将此进位加到和数的最低位，称之为"循环进位"。运算结果的符号位为 0 时，说明是正数的反码，与原码相同；运算结果的符号位为 1 时，说明是负数的反码，应再对运算结果求反码，才能得到原码。

③ 补码：所谓补码就是规定正数的补码与其原码相同，负数的补码是在其反码的末位加 1 之后得到的结果。例如：

(50)$_{10}$ 的 8 位二进制原码为 0011 0010，补码为 0011 0010。

(-50)$_{10}$ 的 8 位二进制原码为 1011 0010，补码为 1100 1110。

(127)$_{10}$ 的 8 位二进制原码为 0111 1111，补码为 0111 1111。

(-127)$_{10}$ 的 8 位二进制原码为 1111 1111，补码为 1000 0001。

补码运算时，符号位和数值位一样参加运算，如果符号位产生了进位，则此进位可"略去"。运算结果的符号位为 0 时，说明是正数的补码，与原码相同；运算结果的符号位为 1 时，说明是负数的补码，应再对结果求补码，才能得到原码。

原码、反码和补码各有优缺点。原码表示法简单方便，但原码减法必须做真正的减法，不能用加法代替，因此实现原码运算所需的逻辑电路比较复杂。反码和补码的优点是只需用加法逻辑电路便可实现减法运算，并且用补码进行减法运算很方便，只需进行一次算术相加。用反码进行减法运算，若符号位产生进位则需进行两次算术相加。反码还有一个缺点，就是具有两个零值，这容易在计算过程中产生歧义。

> **注意**
> 由于正数的原码、补码、反码表示方法均相同，不需转换。

4. 汉字编码

汉字编码是为汉字设计的一种便于输入计算机的代码。由于电子计算机现有的输入键盘无法与英文打字机键盘完全兼容，所以必须解决汉字的编码、输入、存储、编辑、输出和传输问题，才能够使用计算机处理汉字类数据。计算机中汉字的表示也用二进制编码，同样是人为进行编码。汉字必须以独特的编码（每个汉字一个编码）实现二进制编码表示。由于汉字数量多，用一个字节无法表示，所以汉字需要用多个字节表示。处理汉字信息需要解决汉字输入、计算机之间怎样交换汉字、计算机内部如何处理汉字、计算机如何输出汉字这 4 个重要问题。根据解决问题的不同，汉字编码主要分为 4 类：汉字输入码（外码）、汉字交换码（国标码）、汉字内部码、汉字字形码。

（1）汉字输入码

汉字输入码也叫汉字外码，是用来将汉字输入到计算机中时使用的编码。它采用键盘上的字母和数字来描述汉字。一种好的编码应该具有编码规则简单、易学好记、操作方便、重码率低、输入速度快等优点。目前我国的汉字输入码编码方案已有上千种，主要分为 4 类：

流水码(区位码、电报码)、音码(如全拼、双拼)、形码(如五笔)和音形码(如自然码),用户可根据自己的需要进行选择。

(2) 汉字交换码

为了方便数字系统之间汉字信息通信交换的需要,1981 年,国家颁布了编号为 GB2312-80 的国家标准《信息交换用汉字编码字符集》。在这个字符集中,共收入了汉字 6763 个,英、日、俄字母和图形符号 682 个,总计 7445 个汉字及符号等。汉字根据使用频度分为两级:一级汉字 3755 个,为常用字,按汉语拼音字母顺序排列,同音字以笔画顺序横、竖、撇、捺、折为序;二级汉字 3008 个,按部首排列。字母图形符号包括:一般符号 202 个,序号 60 个,数字 22 个,英文字母 52 个(大写字母 26 个、小写字母 26 个),日文假名 169 个,希腊字母 48 个,俄文字母 66 个,汉语拼音符号 26 个和汉语注音字母 37 个。

国标 GB2312-80 规定,全部国标汉字及符号组成一个 94×94 的矩阵。在此正方形的矩阵中,每一行称为一个"区",每一列称为一个"位"。这样,就组成了一个有 94 个区(01~94 区),每个区内有 94 个位(01~94 位)的汉字字符集。区码和位码简单地组合在一起就形成了区位码。区位码可以唯一地确定某一个汉字或符号,反之任何一个汉字或符号都对应唯一的区位码。在区位码中,每一个字符唯一对应一个 4 位的十进制数,没有重码。

(3) 汉字内部码

汉字内部码也称汉字的机内码(简称内码),它是计算机内部用于存储、处理、传输汉字信息统一使用的代码。汉字输入到计算机中后,计算机系统一般都会把各种不同的汉字输入编码在机内转换成唯一的机内码。在汉字信息系统内部,对汉字信息的采集、存储、传输、处理的各个过程都要用到汉字内部码。

(4) 汉字字形码

汉字字形码是指汉字字库中存储的汉字字形的数字化信息,用于汉字的显示和打印时的编码。汉字字形码通常有两种表示方式:点阵式和矢量式。

① 点阵式:汉字字形点阵的代码,用每个点的虚实来表示汉字的轮廓。根据输出汉字的要求不同,点阵的多少也不同,如有 16×16、24×24、32×32 或 48×48 点阵。点阵字库汉字最大的缺点是不能放大,一旦放大后就会发现文字边缘有锯齿。一个汉字方块中行数、列数分得越多,字形愈清晰美观,所占存储空间也愈大。

② 矢量式:保存的是每一个汉字的轮廓特征信息,比如一个笔画的起始、终止坐标,半径、弧度等。在显示、打印这一类汉字时,要经过一系列的数学运算才能输出结果。矢量化的字形描述与最终文字显示的大小、分辨率无关,因此可以产生高质量的汉字输出。Windows 操作系统中使用的 TrueType 技术就是汉字的矢量表示方式。

1.5 多媒体技术

1.5.1 多媒体技术及其特性

1. 多媒体和多媒体技术

媒体是信息表示和信息传输的载体。媒体在计算机领域有两种含义:一是指存储信息的实体，如磁带、磁盘、光盘等；二是指承载信息的载体，如数字、文字、声音、图形和图像等。多媒体技术中的媒体是指后者。

多媒体通常是指信息感觉和表示媒体的多样化，即包括文本、图形、图像、声音等的多种信息媒体的综合。

多媒体技术是指用计算机综合处理多种媒体信息（包括文本、图形、图像、声音、动画及视频），在各种媒体间按某种方式建立逻辑连接，使其成为具有交互能力的系统。

通常所说的多媒体，常常不是指多种媒体本身，而主要是指处理和应用它的技术。因此，多媒体实际上常常被当作多媒体技术的同义语。现在人们谈到的多媒体技术往往与计算机联系起来，这是由于计算机的数字化及交互式处理能力，极大地推动了多媒体技术的发展。通常可以把多媒体看作是先进的计算机技术与视频、音频和通信等技术融为一体而形成的产物。

2. 多媒体技术的特性

多媒体技术的特性主要表现在媒体的多样性，信息载体的集成性、交互性和实时性。

（1）媒体的多样性

媒体的多样性是多媒体技术的主要特征，也是多媒体研究需要解决的关键问题。媒体的多样性使计算机所能处理的信息范围扩展和放大，不再局限于数值和文字，还能处理图形、图像、声音、动画和视频等多种形式的媒体。

（2）信息载体的集成性

多媒体技术是多种媒体的有机集成，一方面是媒体信息即文本、图形、图像、声音、动画、视频等的集成，另一方面是显示或表现媒体设备的集成，即多媒体系统一般不仅包括了计算机本身，还包括电视、音响、录像机、激光唱机等设备。所以集成性是指处理多种信息载体集合的能力。

（3）信息载体的交互性

信息载体的交互性是多媒体技术的关键特征，是指用户与计算机之间进行数据交换、媒体交换和控制权交换的一种特性。

多媒体处理过程的交互性使用户能更加有效地控制和使用信息，使用户获取信息的过程由被动变为主动，如计算机辅助教学、模拟训练、虚拟现实等方面都很好地体现了交互性。

（4）信息载体的实时性

信息载体的实时性体现在人的感官系统在能够接受的情况下进行多媒体交互，就像面对面一样，图像和声音是连续的。多种媒体之间的协同性及时间、空间的协同性是多媒体的关键技术之一。例如，电视或网上现场直播体育赛事或晚会实况，汽车 GPS 电子导航系统等都是实时性的重要体现。

1.5.2 多媒体技术的应用及发展

多媒体技术的研究始于 20 世纪 80 年代初。80 年代中后期，多媒体技术成为人们关注的热点之一。多媒体技术是一种迅速发展的综合性电子信息技术，它使现代音像技术、计算机技术和通信技术三大信息处理技术紧密地结合起来，从各自的角度向同一目标发展。多媒体技术改善了人们交流信息的方式，缩短了人们传递信息的路径，它给传统的计算机系统、音频和视频设备带来了方向性的变革。现在的多媒体技术对大众传媒已经产生了深远的影响，给人们的工作、生活和娱乐带来了深刻的变革。

1. 多媒体技术的应用

随着计算机的普及和网络的发展，多媒体技术不断成熟和进步，多媒体技术的应用几乎遍布了人们生活的各个角落。目前，多媒体技术的应用主要有以下几方面。

在多媒体会议系统方面，可以让处于不同地理位置上的工作人员进行"面对面"交流，体现了跨越空间的协同工作能力。

在多媒体数据库方面，体现了数据库技术与多媒体技术相结合。早期的数据库能解决数值、字符等结构化数据的存储和检索，多媒体数据库要对大量的图像、音频、视频等非结构化数据进行存储和检索，能够提供基于内容的查询检索，检索出具有相似特征的多媒体数据。

在教育与培训方面，利用多媒体技术可把文字、声音、图表、动画等组合起来，产生图文并茂、丰富多彩的学习情境，激发学生的学习兴趣，而且可以采用交互的方式，让学生"亲历"科学探索过程，激发创新意识；利用多媒体技术可控制教学节奏，提高教学效率。通过多媒体技术与网络的紧密结合，可实现立体化的远程教学，在军事、体育、医学、驾驶员培训等方面可实现模拟教学与训练。

在监控系统的使用方面，将图像处理、声音处理、检索查询等多媒体技术综合应用到实时报警系统中，使监控系统更广泛地应用到交通安全、银行安保、公司管理、工业生产等领域中。这些监控系统能够及时存储有价值的信息，并提供清晰的信息供用户发现异常，以便及时处理，且人机界面友好。

在医疗领域方面，多媒体技术的应用可以实现电子档案存储、远程会诊、手术直播等工作，能够方便地记录和保存完整的医疗信息，方便医学专家进行疾病的排除和判断，并同时为医学统计和研究积累大量的素材。

2. 多媒体技术的发展前景

（1）流媒体技术

传统多媒体技术由于其数据传输量大的特点而在网络传输时会发生卡顿、延迟等情况，解决这个问题的一个较好的方法就是采用流媒体技术。所谓"流"，是一种数据传输的方式，使用这种方式，信息的接收者在没有接收到完整的信息前就能处理那些已接收到的信息。这种一边接收、一边处理的方式，很好地解决了多媒体信息在网络上的传输问题。流媒体技术大大促进了多媒体技术在网络上的应用。

（2）智能多媒体技术

多媒体技术充分利用了计算机的快速运算能力，及对文、声、图信息的综合处理能力，采用交互的方式弥补计算机智能的不足。发展智能多媒体技术包括很多方面，如文字的识别和输入、语音的识别和输入、图形的识别和理解、机器人视觉和计算机视觉、人工智能等。把人工智能领域某些研究课题和多媒体计算机技术很好地结合，就是多媒体计算机长远的发展方向。

（3）虚拟现实

虚拟现实是一项与多媒体密切相关的技术，它通过综合应用计算机技术构成一种模拟环境，通过各种传感设备，使人产生一种身临其境的感觉，并能够通过语言、手势等自然的方式与之进行实时交互。虚拟现实技术结合了人工智能、人机接口技术、传感技术等多种技术，应用广泛，发展潜力不可估量，将对多媒体领域产生重大影响，成为未来多媒体技术发展的主要方向。

1.6 计算机安全

1.6.1 计算机安全概述

国际标准化委员会把"计算机安全"定义为：为数据处理系统建立和采取的技术和管理的安全保护，保护计算机硬件、软件、数据不因偶然的或恶意的原因而遭破坏、更改、泄露。我国公安部把"计算机安全"定义为：计算机资产安全，即计算机信息系统资源和信息资源不受自然和人为有害因素的威胁和危害。

计算机安全包括信息安全和网络安全两大部分。信息安全是指对信息的保密性、完整性和可用性的保护，而网络安全是指对网络信息保密性、完整性和可用性的保护。

计算机安全面临的威胁主要来自自然威胁和人为威胁。其中自然威胁是指自然环境和自然灾害对计算机系统安全造成的不可估计的危害。人为威胁又分为无意威胁和有意威胁。无意威胁如误删除文件、忘记存盘、编写的程序代码存在漏洞、重要数据不慎泄露，等等。有意威胁即恶意攻击，表现形式有非法访问和入侵，盗取用户的个人信息；非法控制和攻击系统，干扰用户的正常工作或使计算机系统瘫痪；传播计算机病毒，给计算机系统和计算机网络造成无法估量的危害。恶意攻击往往带有针对性，它严重地威胁着计算机安全。

1.6.2 计算机病毒的防治

计算机病毒是对计算机系统具有破坏作用的计算机程序。这些程序一旦侵入到计算机系统中，可以在计算机磁盘上进行自我复制，利用计算机系统的漏洞进行传播，对计算机系统进行干扰和破坏。

1. **计算机病毒的定义与特征**

《中华人民共和国计算机信息系统安全保护条例》中对计算机病毒进行了明确定义：计算机病毒，是编制或者在计算机程序中插入的破坏计算机功能或者毁坏数据，影响计算机使用，并能够自我复制的一组计算机指令或者程序代码。计算机病毒存在的目的就是影响计算机的正常工作，甚至破坏计算机的数据及硬件设备。与医学上的"病毒"不同，计算机病毒不是自然产生的，是人利用计算机软件和硬件所固有的漏洞编制的一组指令集或程序代码。计算机病毒通过各种途径潜伏在计算机中，当被激活时，通过修改其他程序的方法将自己复制或者演化后放入其他程序中，从而感染其他程序，对用户的计算机资源进行破坏。计算机病毒的主要特征如下。

(1) 破坏性

计算机病毒的破坏性主要表现在两方面：一是占用系统资源，影响系统正常运行；二是干扰或破坏系统的运行，破坏或删除程序或数据文件。

(2) 隐蔽性

计算机病毒通常隐藏在操作系统的引导扇区、可执行文件、数据文件、标记的坏扇区中，不易被察觉，可以直接或间接地运行。

(3) 传染性

传染性是病毒最基本的特征。计算机病毒一旦得以执行，就会搜寻其他符合其传染条件的程序或存储介质，确定目标后再将自身代码插入其中，达到自我繁殖的目的。计算机病毒可以通过多种渠道，如磁盘、计算机网络等感染其他的计算机。是否具有传染性是判别一个程序是否为计算机病毒的最重要条件。计算机病毒程序通过修改磁盘扇区信息或文件内容并把自身嵌入到其中的方法达到病毒的传染和扩散。计算机病毒具有自我复制的能力，感染计算机病毒的文件能够将病毒传染给其他文件，病毒会很快蔓延到整个系统，甚至通过网络大肆传播。

(4) 潜伏性

计算机病毒并不是一感染就发作，有时不使用专用检测程序是检查不出来的。病毒的触发由一定的条件来决定。不满足触发条件时，计算机病毒除传染外不做什么破坏。潜伏性愈好，其在系统中的存在时间就会愈长，计算机病毒的传染范围就会愈大。一旦触发病毒发作的条件，该病毒往往会造成在某一时期的大规模爆发，会给用户带来巨大的损失。

(5) 可触发性

计算机病毒因某个事件或数值的出现，诱使病毒实施感染或进行攻击的特性称为可触发性。

2. 计算机病毒的传播途径

计算机病毒具有自我复制和传播的特点，研究计算机病毒的传播途径，对预防和阻止计算机病毒传播有重要作用。计算机病毒一般通过以下几种途径进行复制和传播。

① 通过固定不动的计算机硬件设备进行传播，这些设备通常有计算机的专用集成电路芯片和硬盘等。硬盘是计算机数据的主要存储介质，因此也是计算机病毒感染的重灾区。硬盘传播计算机病毒的途径是：通过硬盘向优盘上复制带毒文件、带毒情况下格式化优盘、向光盘上刻录带毒文件、硬盘之间的数据复制，以及将带毒文件发送至其他地方等。

② 通过移动存储设备进行传播，这些设备包括优盘、移动硬盘及各类数码产品的存储卡等。优盘是目前使用最广泛、最频繁的移动存储介质，也是计算机病毒传播的重要途径。

③ 通过网络进行广泛传播。例如，用户浏览网页，打开电子邮件，打开局域网中的共享文件夹，从网上下载游戏、歌曲、电影、软件等过程中都可能遭受到恶意代码的攻击。现代网络技术的发展已使空间距离不再遥远，网络已经融入人们的生活、工作和学习中，成为社会活动中不可或缺的组成部分。同时，计算机病毒也走上了高速传播之路，网络已经成为计算机病毒传播的首要途径。

3. 计算机病毒的类型

计算机病毒的分类方法很多。单机上的计算机病毒通常可分为引导区型、文件型、混合型和宏病毒等4类。

① 引导区型病毒是用病毒的全部或部分逻辑取代正常的引导记录，而将正常的引导记录隐藏在磁盘的其他地方，这样系统启动时病毒就获得了计算机控制权。

② 文件型病毒是寄生病毒，它寄生在可执行程序体内，程序一旦被执行，病毒就会被激活，病毒程序会被首先执行，并将自身驻留在内存中，然后设置触发条件进行传染。文件

型病毒通常感染扩展名为 com、exe、sys 等类型的文件。

③ 混合型病毒具有引导区型病毒和文件型病毒两者的特点。它既感染可执行文件，又感染磁盘引导记录。

④ 宏病毒是寄生在文档或模板宏中的计算机病毒，一旦打开带有宏病毒的文件，病毒就会被激活，并驻留在 Normal 模板上，所有自动保存的文件都会感染上这种病毒。

常见的网络环境下的典型的现代病毒有蠕虫病毒、木马病毒、电子邮件炸弹等。

(1) 蠕虫病毒

从 1988 年由美国 CORNELL 大学研究生莫里斯编写第一个蠕虫病毒以来，计算机蠕虫病毒以其快速、多样化的传播方式不断给网络世界带来灾害。北京时间 2003 年 1 月 26 日，名为"2003 蠕虫王"的计算机病毒迅速在互联网上传播并蔓延到全球，致使网络严重堵塞、域名服务器(DNS)瘫痪，用户浏览网页及收发电子邮件的速度大幅减缓，同时银行自动提款机、机票预订、信用卡收付款系统等重要系统出现故障，根据专家估计造成的直接经济损失在 12 亿美元以上。

蠕虫病毒是一类常见的通过网络传播的恶性病毒，它一般通过分布式网络来扩散传播特定的信息或错误，进而造成网络服务遭到拒绝并发生锁死。蠕虫病毒由两部分组成：一个主程序和一个引导程序。主程序一旦在机器上建立就会收集与当前机器联网的其他机器的信息。蠕虫病毒具有病毒的一些共性，如传播性、隐蔽性、破坏性等，同时具有自己的一些特征，如不利用文件寄生(有的只存在于内存中)，对网络造成拒绝服务，以及和黑客技术相结合等。

蠕虫病毒通常有两种：一种是利用系统漏洞主动攻击用户和局域网的蠕虫病毒，它可以使整个互联网瘫痪；另一种是针对个人用户，通过网络(主要采用电子邮件，恶意网页形式)进行传播的蠕虫病毒。

(2) 木马病毒

木马病毒是目前比较流行的病毒程序，与一般的计算机病毒不同，它不会自我繁殖，也并不"刻意"地去感染其他文件，它通过伪装自身吸引用户下载并执行，向施种木马者提供打开被种者计算机的门户，使施种木马者可以任意毁坏、窃取被种者计算机中的文件，甚至远程操控被种者的计算机。木马病毒与计算机网络中常常要用到的远程控制软件有些相似，但由于远程控制软件是"善意"的控制，通常不具有隐蔽性；木马病毒则完全相反，木马病毒要达到的是"偷窃"性的远程控制，通常采用了极其狡猾的手段来隐蔽自己，普通用户很难发觉。

木马病毒的传播方式主要有两种：一种是通过电子邮件，控制端将木马程序以邮件附件的形式通过邮件发送出去，收信人只要打开邮件的附件文件就会感染木马病毒；另一种是软件下载，一些非正规的网站以提供软件下载为名，将木马病毒捆绑在软件安装程序中，用户下载后，只要运行这些程序，木马病毒就会被自动安装。

木马病毒的主要危害是对系统安全性的损害，木马病毒的典型症状是偷窃密码，包括拨号上网的密码、电子邮件密码，甚至网银密码等。其次，可以通过木马程序传播病毒库。最后，木马病毒能使远程用户获得本地计算机的最高操作权限，通过网络对本地计算机进行任意操作，如删除/添加程序、锁定注册表、获取用户保密信息、远程关机等。木马病毒使用户的计算机完全暴露在网络环境中，成为别人操纵的对象。

如果用户没有打开浏览器，而浏览器突然自己打开，并进入某个网站；正在操作计算机时，突然弹出警告框或者是询问框；硬盘无缘由地进行读盘；网络连接、鼠标及屏幕出现异常现象；操作系统配置自动被更改，如时间和日期、屏保显示的文字、声音大小被更改等情况都有可能是感染了木马病毒。

防范木马病毒的措施主要是用户提高警惕，不下载和运行来历不明的程序，不随意打开来历不明的邮件附件。

(3) 电子邮件炸弹

电子邮件炸弹指发件者以不明来历的电子邮件地址不断重复将电子邮件寄给同一个收件人，这种攻击手段大量消耗网络资源，不仅会干扰用户的电子邮件系统的正常使用，甚至还能影响邮件系统所在的服务器系统的安全，造成整个网络系统崩溃。

1.6.3 计算机安全技术与防控

1. 计算机病毒的预防

预防计算机病毒应该从管理和技术两方面进行。

(1) 从管理上预防计算机病毒

计算机病毒的传染是通过一定的途径实现的，为此必须重视制定措施和法规，加强职业道德教育，不得传播更不能编写计算机病毒程序。另外，还应采取如下一些方法来预防和抑制计算机病毒的传播。

① 任何新使用的软件或硬件(如优盘)必须先进行病毒检查。
② 谨慎使用公用软件或硬件。
③ 对系统中的数据和文件要定期备份。
④ 定期检测计算机上的磁盘和文件并及时清除病毒。
⑤ 对所有系统盘和文件等关键数据要进行写保护。

(2) 从技术上预防计算机病毒

从技术上预防计算机病毒有硬件保护和软件预防两种方法。

任何计算机病毒对系统的入侵都是利用内存提供的自由空间及操作系统所提供的相应的中断功能来达到传染的目的的。因此，可以通过增加硬件设备来保护系统，此硬件设备既能监视内存中的常驻程序，又能阻止对外存储器的异常读写操作，这样就能达到预防计算机病毒的目的。

软件预防是使用杀毒软件。杀毒软件是一种可执行程序，它能够实时监控系统的运行，当发现某些计算机病毒入侵时可进行拦截，当发现非法操作时，及时警告用户或直接拒绝非法操作，使病毒无法传播。

2. 计算机病毒的清除

用户一旦发现计算机感染了计算机病毒，应立即寻找解决办法清除计算机病毒。通常采用人工处理或杀毒软件进行清除。人工处理的方法主要有用正常的文件覆盖被病毒感染的文件、删除被病毒感染的文件、修改注册表、重新格式化磁盘、重新安装操作系统等。这些方法有一定的危险性，容易造成对系统或文件的破坏。用杀毒软件对计算机病毒进行清除是一种较好的方法。

用户要养成安装杀毒软件，及时更新病毒库的良好习惯，为保持软件的良好杀毒性能创造条件。有时为了有针对性地及时清除新出现的特殊计算机病毒，还可以从网上下载一些专杀工具进行杀毒。但是任何杀毒软件都不是万能的，用户必须提高个人的计算机病毒防范意识，减少计算机病毒的传播途径。

1.6.4　计算机软件知识产权保护

知识产权即智力成果权，是人们对其智力创造的成果所享有的民事权利。

自从 1969 年 IBM 公司首次将计算机软件和硬件分开销售以来，软件产业得到了迅速发展。计算机软件常常会带来巨大的经济效益和社会效益，因此计算机软件的价值也受到了人们更多的重视，对它的保护也越来越受到人们的关注。

计算机软件是人类知识、经验、智慧和创造性劳动的成果，具有知识密集和智力密集的特点，是一种非常典型的知识产权。尤其是一些优秀的计算机软件的完成，需要耗费软件开发人员的大量人力、物力和时间进行构思、编写、修改、调试等。作为脑力劳动的产物，软件同硬件一样也是商品。但由于软件主体是以程序的形式保存在磁盘上的，能够方便地进行复制，致使许多人误认为软件就应该共享，不需要付费。计算机软件方面的侵权实为对软件开发人员劳动过程和成果的不尊重、不认可，侵犯了他人的利益。

对于计算机软件的定义，世界各国目前并没有达成一致的定义。大多数国家和国际组织都参考了世界知识产权组织（WIPO）对计算机软件定义的基本原则和理念，并结合本国的实际情况加以修订。

为了促进计算机软件产业发展，依照《中华人民共和国著作权法》的规定，我国政府颁布了《计算机软件保护条例》（以下简称《软件条例》），该条例中对"计算机软件"所作的界定同时考虑了我国软件开发的实际与国际上通行的意见，并与世界知识产权组织所下的定义在原则上保持了一致。该条例对计算机软件的定义为：计算机软件是指计算机程序及其有关文档。计算机程序，是指为了得到某种结果而可以由计算机等具有信息处理能力的装置执行的代码化指令序列，或者可以被自动转换成代码化指令序列的符号化指令序列或符号化语句序列。同一计算机程序的源程序和目标程序为同一作品。文档，是指用来描述程序的内容、组成、设计、功能规格、开发情况、测试结果及使用方法的文字资料和图片，如程序设计说明书、流程图、用户手册等。《软件条例》还规定未经软件著作权人同意私自复制软件的行为是侵权行为，侵权者要承担相应的民事责任。

由《软件条例》中对计算机软件做出的定义可知，在我国文档被视为计算机软件的一个组成部分，这是与其他国家的定义不同的。但是，文档与计算机程序不同，计算机程序是用机器语言编写而成的，而文档是由自然语言或由形式化语言编写而成的。目前有关计算机软件保护的重点还是对计算机程序的法律保护。

人们对计算机软件知识产权的不重视会直接挫伤计算机软件人员的开发积极性和创造性，从而影响整个软件产业的发展。希望所有人都能增强保护知识产权的意识，使用正版软件。

1.7 计算机前沿技术

1.7.1 云计算

近年来，社交平台、电商购物、智慧城市、人工智能等新一代互联网应用发展迅猛。这些新兴的应用具有数据存储量大、业务增长速度快等特点。与此同时，传统企业的软硬件维护成本高昂：在企业的 IT 投入中，仅有 20%的投入用于软硬件更新与商业价值的提升，而 80%的投入则用于系统维护。为了解决此类问题，"云计算"应运而生。云计算是通过互联网实现随时随地、按需、便捷地获取计算机资源与服务(如计算设施、存储设备、应用程序等)的应用模式。它为用户屏蔽了数据中心管理、大规模数据处理、应用程序部署等问题。用户可以根据自身的业务需求快速申请或释放资源，并根据其资源使用情况进行付费，在保证自身服务质量的同时降低运维成本。

作为信息产业的一大创新，云计算模式一经提出便得到工业界、学术界的广泛关注。

与此同时，各国政府纷纷将云计算列为国家战略。政策层面，国务院、工信部发布多项政策促进企业深度上云用云。2021 年的《中华人民共和国国民经济和社会发展第十四个五年规划和 2035 年远景目标纲要》和《"十四五"数字经济发展规划》提出，实施上云用云行动，促进数字技术与实体经济深度融合，赋能传统产业转型升级。2022 年 4 月，工信部启动《企业上云用云实施指南(2022)》编制工作，持续深化企业上云行动，进一步提升企业应用云计算的能力和效果，推动企业高质量上云用云。标准层面，云原生、云网融合、云边协同等技术标准在不断完善，政务、金融、工业、交通、医疗等行业应用标准数量也显著增加，在规范各行业云计算平台和应用建设的同时，推动云计算向行业深度应用落地。

云计算借鉴了传统分布式计算的思想。通常情况下，云计算采用计算机集群构成数据中心，并以服务的形式交付给用户，使得用户可以像使用水、电一样按需购买云计算资源。从这个角度看，云计算与网格计算的目标非常相似。但是云计算和网格计算等传统的分布式计算有着较明显的区别：首先云计算是弹性的，即云计算能根据工作负载大小动态分配资源，而部署于云计算平台上的应用需要适应资源的变化，并能根据变化做出响应；其次，相对于强调异构资源共享的网格计算，云计算更强调大规模资源池的分享，通过分享提高资源复用率，并利用规模经济降低运行成本；最后，云计算需要考虑经济成本，因此硬件设备、软件平台的设计不再一味追求高性能，而要综合考虑成本、可用性、可靠性等因素。

1. 云计算的特点

云计算的特点可归纳如下：

① 弹性服务。服务的规模可快速伸缩，以自动适应业务负载的动态变化。用户使用的资源同业务的需求一致，避免了因为服务器性能过载或冗余而导致的服务质量下降或资源浪费。

② 资源池化。资源以共享资源池的方式统一管理。利用虚拟化技术，将资源分享给不同的用户，资源的放置、管理与分配策略对用户透明。

③ 按需服务。以服务的形式为用户提供应用程序、数据存储、基础设施等资源，并可

以根据用户需求，自动分配资源，而不需要系统管理员干预。

④ 服务可计费。监控用户的资源使用量，并根据资源的使用情况对服务进行计费。

⑤ 泛在接入。用户可以利用各种终端设备(如台式机、笔记本电脑、智能手机等)随时随地通过互联网访问云计算服务。

正是由于云计算的上述特性，用户才可以在接入互联网的同时便捷地获取计算机资源，实现了"互联网即计算机"的构想。

2. 云计算的服务架构

云计算的服务架构如图 1.20 所示，可以分为 3 个层次：基础设施即服务(IaaS, Infrastructure as a service)、平台即服务(PaaS, Platform as a service)和软件即服务(SaaS, Software as a service)。

图 1.20 云计算的服务架构

IaaS 提供硬件基础设施部署服务，为用户按需提供实体或虚拟的计算、存储和网络等资源。在使用 IaaS 服务的过程中，用户需要向 IaaS 服务提供商提供基础设施的配置信息、运行于基础设施的程序代码及相关的用户数据。由于数据中心是 IaaS 的基础，因此数据中心的管理和优化问题近年来成为研究热点。另外，为了优化硬件资源的分配，IaaS 层引入了虚拟化技术，提供可靠性高、可定制性强、规模可扩展的 IaaS 服务。

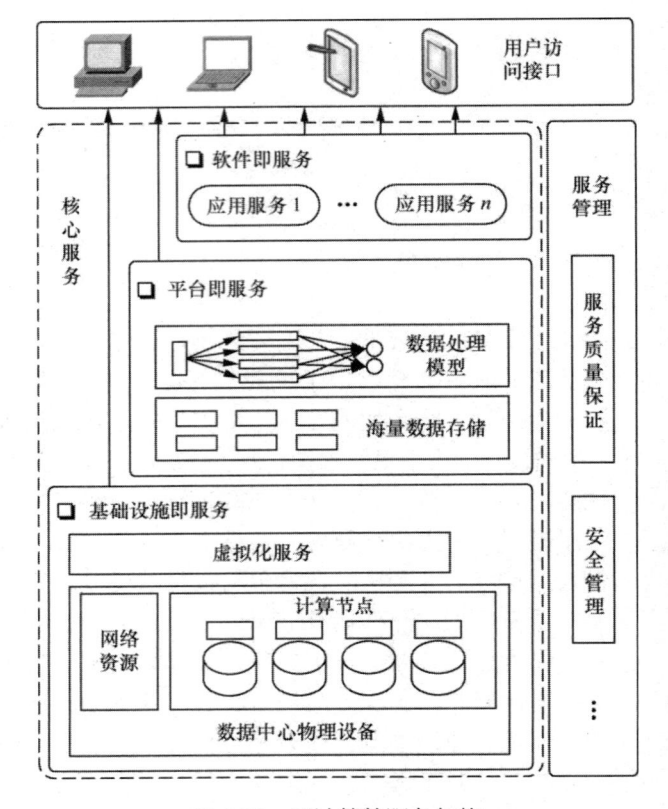

PaaS 是云计算应用程序运行环境，提供应用程序部署与管理服务。通过 PaaS 层的软件工具和开发语言，应用程序开发者只需上传程序代码和数据即可使用服务，而不必关注底层的网络、存储、操作系统的管理问题。由于目前互联网应用平台的数据量日趋庞大，PaaS 层应当充分考虑对海量数据的存储与处理能力，并利用有效的资源管理与调度策略提高处理效率。

SaaS 是基于云计算基础平台所开发的应用程序。企业可以通过租用 SaaS 服务解决企业信息化问题。对于普通用户来讲，SaaS 服务将桌面应用程序迁移到互联网，可实现应用程序的泛在访问。

在未来几年，随着云原生架构应用的普及，算力服务体系日益完善，云上系统的安全性与稳定性不断提升，云计算也将为国家数字经济的创新与发展注入新活力。

1.7.2 物联网

你也许已经注意到：城市街头便利店无须人工售货，用户扫码开门、自行选购，便利店内的设备可自动识别所选商品，完成扣款结算；高速路口，摄像头自动识别车牌信息，根据行驶路径进行收费，提高运行效率、缩短车辆等候时间……诸如此类的应用极大地方便了人们的生活，这些应用离不开物联网的高速发展。物联网，指以感知技术和网络通信技术为主要手段，实现人、机、物的泛在连接，提供信息感知、信息传输、信息处理等服务的基础设施。随着经济社会数字化转型和智能升级步伐的加快，物联网已成为新型基础设施的重要组成部分。

2005年11月，国际电信联盟(ITU)发布了题为《ITU Internet reports 2005—the Internet of things》的报告，正式提出了物联网(Internet of things，IOT)一词，引起了世界各国的广泛关注。这一报告虽然没有对物联网做出明确的定义，但是从功能与技术两个角度对物联网的概念进行了解释。从功能角度，ITU认为"世界上所有的物体都可以通过因特网主动进行信息交换，实现任何时刻、任何地点、任何物体之间的互联、无所不在的网络和无所不在的计算"；从技术角度，ITU认为"物联网涉及射频识别技术(RFID)、传感器技术、纳米技术和智能技术等"。可见，物联网集成了多种感知技术、通信技术与计算技术，不仅使人与人(Human to Human，H2H)之间的交流变得更加便捷，而且使人与物(Human to Thing，H2T)、物与物(Thing to Thing，T2T)之间的交流变成可能，最终将使人类社会、信息空间和物理世界(人－机－物)融为一体。

近年来，国家出台多项政策鼓励应用物联网技术来促进生产生活和社会管理方式向智能化、精细化、网络化方向转变。《中华人民共和国国民经济和社会发展第十四个五年规划和2035年远景目标纲要》中提出，要打造系统完备、高效实用、智能绿色、安全可靠的现代化基础设施体系，推动物联网全面发展。2021年，工信部、中央网信办等八部门联合印发《物联网新型基础设施建设三年行动计划(2021—2023年)》，明确要加快技术创新，壮大产业生态，深化重点领域应用，推动物联网全面发展，不断培育经济新增长点，有力支撑制造强国和网络强国建设。

1. **物联网的基本特征**

从通信对象和过程来看，物联网的核心是物与物，以及人与物之间的信息交互。物联网的基本特征可概括为全面感知、可靠传送和智能处理。

① 全面感知。利用射频识别、二维码、传感器等感知、捕获、测量技术随时随地对物体进行信息采集和获取。

② 可靠传送。通过将物体接入信息网络，依托各种通信网络，随时随地进行可靠的信息交互和共享。

③ 智能处理。利用各种智能计算技术，对海量的感知数据和信息进行分析并处理，实现智能化的决策和控制。

2. **物联网信息功能模型**

为了更清晰地描述物联网的关键环节，按照信息科学的视点，围绕信息的流动过程，抽象出物联网的信息功能模型如图1.21所示。

① 信息获取功能：包括信息的感知和信息的识别，信息感知指对事物状态及其变化方式的敏感和知觉；信息识别指能把所感

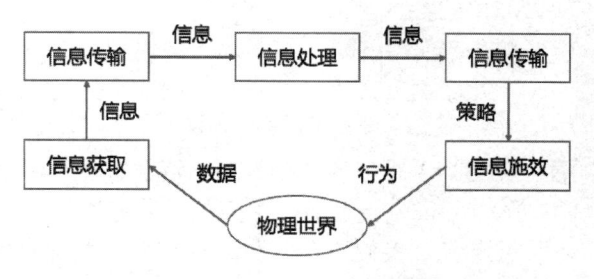

图1.21 物联网信息功能模型

受到的事物运动状态及其变化方式表示出来。

② 信息传输功能：包括信息发送、传输和接收等环节，最终完成把事物状态及其变化方式从空间（或时间）上的一点传送到另一点的任务，也就是一般意义上的通信过程。

③ 信息处理功能：指对信息的加工过程，其目的是获取知识，实现对事物的认知，以及利用已有的信息产生新的信息，即制定决策的过程。

④ 信息施效功能：指信息最终发挥效用的过程，它具有很多不同的表现形式，其中最重要的就是通过调节事物的状态及其变换方式，使事物处于预期的运动状态。

2023 年全球将有超过 430 亿台设备连接到物联网上，它们将生成、共享、收集并帮助人们以各种方式利用数据。云计算、大数据、人工智能的结合，也将为先进的物联网数据分析解决方案创造一系列重大机遇。

1.7.3 大数据

大数据指的是无法在一定时间范围内用常规软件进行捕捉、管理和处理的数据集合，需要新处理模式才能具有更强的决策力、洞察力和流程优化能力的海量、高增长率和多样化的信息资产。处理大数据的目的是通过对数量巨大、来源分散、格式多样的数据进行采集、存储和关联分析，从中发现新知识、创造新价值、提升新能力。

大数据具有典型的 4V 特征：

① Volume（数据量大）。大数据的首要特征是"大"。随着互联网的兴起，人们每天都能接触海量信息资源，数据存储单位也从过去的 MB、GB 到 TB，跃升到现在的 PB（1024TB＝1PB）、EB（1024PB＝1EB）级别，数据的类别之多和数量之大前所未有。

② Variety（多样性）。随着传感器、智能设备及社交协作技术的飞速发展，数据的类型变得更加复杂，不仅包含传统的关系型数据，还包含来自网页、互联网日志文件（包括点击流数据）、搜索索引、社交媒体论坛、电子邮件、文档、主动和被动系统的传感器数据等原始、半结构化和非结构化数据。数据格式也越来越多样，涵盖了文本、音频、图片、视频、模拟信号等不同的类型；数据来源也越来越多样，不仅产生于组织内部运作的各个环节，也来自组织外部。

③ Velocity（高速）。高速是大数据处理技术和传统数据挖掘技术最大的区别。大数据是一种以实时数据处理、实时结果导向为特征的解决方案，它的"快"有两个层面：

一是数据产生得快。有的数据是爆发式产生，例如，核研究中心的大型核对撞机在工作状态下每秒产生 PB 级的数据；有的数据虽然是涓涓细流式产生，但是由于用户众多，短时间内产生的数据量依然非常庞大，例如，点击流、日志、射频识别数据、GPS（全球定位系统）位置信息。

二是数据处理得快。正如水处理系统可以从水库调出水进行处理，也可以处理直接涌进来的新水流。大数据也有批处理（"静止数据"转变为"正使用数据"）和流处理（"动态数据"转变为"正使用数据"）两种范式，以实现快速的数据处理。

④ Value（价值高）。大数据的价值密度低，商业价值高。也就是说大数据的单位数据的价值并不高，人们需要耗费大量精力在大量的数据中发现有价值的数据或者将低价值的微小数据集聚成有价值的大数据。例如，银行、地铁等一些敏感部门、地点，摄像头 24 小时运转，会产生大量视频数据。一般情况下，这些视频数据非常枯燥、乏味，并不会引人注目。

但是如果恰巧拍到有图谋不轨的人，那么这一帧图像对公安人员来讲，就是非常有价值的。

大数据能够帮助各行各业从原本毫无价值的海量数据中挖掘出用户的需求，使数据能够从量变到质变，真正产生价值。随着大数据的发展，其应用已经渗透到农业、工业、商业、服务业、医疗领域等各个方面，成为影响产业发展的一个重要因素。随着人工智能的发展，在海量数据中挖掘有用信息并形成知识将成为可能。未来，大数据技术将与人工智能技术更紧密地结合，让计算机系统具备对数据的理解、推理、发现和决策能力，从而能从数据中获取更准确、更深层次的知识，挖掘数据背后的价值。

思 考 题

1. 电子计算机的发展可以分为哪 4 个阶段？
2. 计算机按性能特点可分为哪几类？
3. 计算机的应用主要有哪几个方面？
4. 什么是信息技术？简述信息技术发展的 5 个阶段。
5. 简述什么是冯·诺依曼体系结构。
6. 什么是进位计数制？什么是基数和位权？
7. 什么是计算机病毒，它具有哪些基本特征？
8. 简述《计算机软件保护条例》中对计算机软件的定义。
9. 云计算与计算机系统之间有什么区别和联系？
10. 如何理解云计算、物联网、大数据之间的关系？

第 2 章 Windows 10 操作系统

本章导读

操作系统具有控制和管理计算机系统内各种硬件和软件资源、合理有效地组织计算机系统工作的功能。操作系统的种类繁多，主要包括 DOS 操作系统、UNIX 操作系统、Linux 操作系统、Windows 操作系统等。其中，Windows 操作系统是目前使用较为广泛的操作系统。Windows 操作系统版本众多，本章以 Windows10 操作系统为例介绍操作系统的功能。

Windows10 操作系统具有界面美观、操作稳定等优点。本章重点介绍 Windows10 操作系统的基本知识。本章内容将为随后各章的学习奠定重要的基础。

2.1 操作系统概述

2.1.1 操作系统简介

操作系统是为了对计算机系统的硬件资源和软件资源进行控制和有效的管理，合理地组织计算机的工作流程，充分发挥计算机系统的工作效率以及使用户更方便地使用计算机而配置的一种系统软件。从程序的观点来看，操作系统是指用来控制和管理计算机硬件资源和软件资源的程序集合。

2.1.2 操作系统的功能及特征

1. 操作系统的功能

① 处理器管理：处理器管理最基本的功能就是对各种事件进行处理，另一功能是处理器调度，不同类型的操作系统针对不同情况采取不同的调度策略。

② 存储器管理：存储器管理主要是指对内存储器的管理，主要任务是：分配内存空间，保证各作业(每个用户请求计算机系统完成的一个独立的操作称为作业)占用的存储空间不发

生矛盾，并使各作业在属于自己的存储区中互不干扰地进行工作。

③ 文件管理：文件管理支持对文件的存储、检索、修改以及保护。

④ 作业管理：作业管理包括作业的输入和输出、作业的调度与控制。

⑤ 设备管理：设备管理是指负责管理各类外部设备，包括分配、启动和故障处理等。

2. 操作系统的特征

① 并发性：并发性是指两个或多个事件在相同时间段内发生，系统内部具有并发机制，能协调多个终端用户同时使用计算机及资源，控制多道程序同时运行。

② 共享性：由于操作系统具有并发性，因此整个系统的软硬件资源不再为某个程序所独占，而是由许多程序共同使用，这就是操作系统的共享性。

③ 异步性：异步性指内存中的每个进程何时执行、何时停止，以怎样的速度向前推进。每道程序总共需要多少时间和执行程序过程中会发生什么事件等是不可预知的，操作系统的一个重要任务是必须确保捕捉并能正确处理可能发生的任何一种随机事件。

④ 虚拟性："虚拟"是指把一个物理上的客体变为若干个逻辑上的对应物，体现在操作系统的多个方面，如若干终端用户分时使用一台主机，就好像每人独占了一台计算机一样。虚拟存储器使计算机可以运行总容量大于主存的程序。

2.1.3 操作系统的分类

1. 根据使用环境和对作业的处理方式划分

① 批处理操作系统：批处理是指计算机系统对一批作业自动进行处理的技术，即用户将一批作业提交给操作系统后就不再干预，由操作系统控制它们自动运行。

② 分时操作系统：分时操作系统指利用分时技术的一种联机的多用户交互式操作系统。每个用户可以通过自己的终端向系统发出各种操作控制命令，系统按时间片轮流把计算机分配给各联机作业使用，完成作业的运行。

③ 实时操作系统：实时操作是指当外界发生事件或产生数据时，系统能在规定的时间内及时响应外部事件的请求，同时完成该事件的处理，系统能够控制所有实时设备和实时任务协调一致地工作。

2. 根据所支持的用户数目划分

① 单用户单任务操作系统：一台计算机在一个时间段内只能由一个用户使用，该用户一次只能提交一个作业，一个用户独自享用系统的全部硬件和软件资源。早期的 DOS 操作系统就是单用户单任务操作系统。

② 单用户多任务操作系统：此类操作系统为单个用户服务，但它允许用户一次提交多项任务。

③ 多用户多任务操作系统：将几台甚至几十台终端机连接到一台计算机上，终端机只有键盘与显示器，每个用户通过各自的终端机共享这台计算机的资源，计算机按固定的时间片轮流为各个终端服务。

3. 根据硬件结构划分

① 网络操作系统：网络操作系统是指提供网络通信和网络资源共享功能的操作系统，它在某个计算机操作系统下工作，使计算机操作系统增加了网络操作所需要的能力。

② 分布式操作系统：为分布式系统配置的操作系统称为分布式操作系统。分布式操作系统负责管理分布式处理系统资源和控制分布式程序运行，它和集中式操作系统的区别在于资源管理、进程通信和系统结构等方面。

2.1.4 认识常用的操作系统

在微型计算机发展史上，出现过许多不同的操作系统，最典型的有 DOS、UNIX、Linux、macOS、Windows 操作系统等。

1. DOS 操作系统

微型计算机上早期运行的操作系统主要是 DOS 操作系统。DOS 是 Disk Operating System 的缩写，意思是磁盘操作系统，它是美国微软公司开发的一种单用户单任务的微型机操作系统。在 DOS 操作系统环境下，人们通过键盘按一定格式输入由字符组成的命令指挥计算机工作。命令不对或格式不符合要求，计算机都无法顺利工作。DOS 操作系统需要用户记忆大量 DOS 命令，使用起来不方便。

2. UNIX 操作系统

UNIX 操作系统是一个功能强大、性能全面的多用户多任务操作系统，可以应用于多种不同类型的计算机上。UNIX 操作系统最早是由丹尼斯·里奇（Dennis Ritchie）、肯·汤普逊（Kenneth Lane Thompson）于 1969 年在 AT&T 的贝尔实验室开发的操作系统。UNIX 操作系统多数是硬件厂商针对自己的硬件平台开发的操作系统，主要与 CPU 等有关，如 Sun 的 Solaris，定位在其使用的 SPARC/SPARCII CPU 的工作站及服务器上。UNIX 操作系统现在仍然是 PC 服务器、中小型机、工作站等通用的操作系统，而且以其为基础形成的开放系统标准（如 POSIX）也是迄今为止唯一的操作系统标准。

3. Linux 操作系统

Linux 操作系统是一个多用户、多任务、支持多线程和多 CPU 的操作系统，它能运行主要的 UNIX 工具软件、应用程序和网络协议，支持 32 位和 64 位的硬件。Linux 操作系统是一套免费使用和自由传播的操作系统，可安装在各种计算机硬件设备中，如可以安装在手机、平板电脑、路由器、视频游戏控制台、台式计算机、大型机和超级计算机上等。Linux 操作系统是由世界各地成千上万的程序员设计和实现的，其目的是建立不受任何商品化软件版权制约的、全世界都能自由使用的 UNIX 操作系统兼容产品。Linux 操作系统以其高效性和灵活性而著称，它能够在 PC 机上实现全部的 UNIX 操作系统特性。

4. macOS 操作系统

macOS 操作系统是苹果计算机专用系统，由苹果公司自行开发，是基于 UNIX 操作系统内核的图形化操作系统，一般情况下在普通 PC 机上无法安装。macOS 操作系统的操作界面独特，突出了形象的图标和人机对话。另外，大多数计算机病毒都是针对 Windows 操作系统的，由于 macOS 操作系统的架构与 Windows 操作系统不同，所以很少受到计算机病毒的攻击。

5. Windows 操作系统

Windows 操作系统是为微型计算机和服务器用户设计的操作系统。微软从 1983 年开始研制 Windows 操作系统，最初的研制目标是在 DOS 操作系统的基础上提供一个多任务的图形用户界面。Windows 操作系统采用了图形用户界面 GUI。随着计算机硬件和软件的不断升级，Windows 操作系统也在不断升级，系统版本从最初的 Windows 1.0 到大家熟知的 Windows 95、Windows 98、Windows 2000、Windows XP、Windows Vista、Windows 7、Windows 8、Windows 10、Windows 11 和 Windows Server 服务器企业级操作系统，已成为当前应用非常广泛的操作系统。

2.2　Windows 10 操作系统的新功能

2.2.1　Windows 10 操作系统的新功能简介

　　Windows 10 操作系统在功能、安全性、个性化、可操作性等方面相对于 Windows 操作系统以前的版本有很大的改进，其新功能主要表现在以下几个方面。

　　① Windows 10 操作系统的一大变化是"开始"按钮功能的增强，单击"开始"按钮，在打开的"开始"屏幕中，搜索框的功能更强大，用户输入搜索关键词时，Windows 10 操作系统将开始尝试在本地计算机和网络上搜索相关信息。

　　② 在 Windows 10 操作系统中，从 Windows Store 下载的应用可以在窗口中运行。再结合同时运行多个虚拟桌面的能力，在窗口中运行应用更方便了。Windows Store 中的应用可以在 Windows 10 技术预览版中运行。随着 Windows 10 操作系统的不断开发，新增加的功能和改进会使同时运行多个软件变得更简单。

　　③ 在 Windows 10 操作系统中，用户可以添加或删除桌面环境，在桌面环境中打开软件。用户可以方便地从包括 Windows Store 软件在内的任何屏幕使用多桌面功能。

　　④ Windows 10 操作系统的任务视图使用户能在打开的软件之间进行快速切换。

　　⑤ Windows 10 操作系统的命令提示符不仅增加了复制、粘贴等功能，还增加了大量新的选项和热键，使用户能更方便地执行命令和启动软件。

　　⑥ 增加了 Windows 操作系统"画图"程序的 3D 版本"画图 3D"程序，该程序的功能更加强大。

　　⑦ 提供了移动热点功能。

2.2.2　任务栏和"开始"按钮

　　启动计算机之后，显示器上显示的整个屏幕区域称为桌面，桌面是用户与计算机进行交互的界面。桌面上有图标，底部最下方的长条是任务栏，任务栏左侧有"开始"按钮 ，如图 2.1 所示。

图 2.1　Windows10 操作系统的桌面

1. 任务栏

任务栏是位于屏幕底部的一个水平的长条，由"开始"按钮、应用程序区、托盘区组成，如图 2.2 所示。

图 2.2　Windows 10 操作系统的任务栏

① "开始"按钮：用于打开"开始"屏幕。"开始"屏幕显示了 Windows 10 操作系统中的各种程序选项，单击其中的任意选项即可启动对应的应用程序。

② 应用程序区：用于显示已打开的程序和文档窗口的缩略图，并且可以在它们之间进行快速切换。每打开一个窗口，代表该窗口的按钮就会出现在任务栏上。当这些文件或文件夹被关闭以后，任务栏上相应的按钮也会消失。也可以将常用程序固定到任务栏中。

③ 托盘区：在 Windows 10 操作系统任务栏的右侧，包括了时钟、输入法、音量、"显示桌面"按钮以及一些告知特定程序和计算机设置状态的图标等。

2. "开始"屏幕

单击"开始"按钮，打开"开始"屏幕，如图 2.3 所示。"开始"屏幕是包含计算机程序、文件夹和设置的主门户，使用它可以方便地启动程序，打开文件或文件夹、访问 Internet 和收发电子邮件等，也可以对系统进行各种设置和管理。

① "开始"屏幕左侧的命令栏包括用户账户、文档、图片、设置、电源等按钮。

② "开始"屏幕的左窗格显示计算机所有程序的汇总菜单，按照字母顺序排列，使用它可以快速启动相应的应用程序。左窗格上方的搜索框用于搜索需要查找的内容或对象。在搜索框中输入搜索关键词，即可在系统中查找相应的程序或文件。

③ "开始"屏幕的右窗格提供了对常用的文件夹、文件、设置及其他功能访问的链接，在左窗格右击某个应用程序，选择"固定到'开始'屏幕"，该程序的快捷方式就被固定到右窗格中。

右击右窗格中的快捷方式图标，在弹出的快捷菜单中可以选择将该快捷方式"从'开始'屏幕取消固定"，还可以进行调整图标显示的大小，将快捷方式"固定到任务栏"、"以管理员身份运行"该程序，打开该快捷方式的文件位置等操作，如图 2.4 所示。

图 2.3 "开始"屏幕

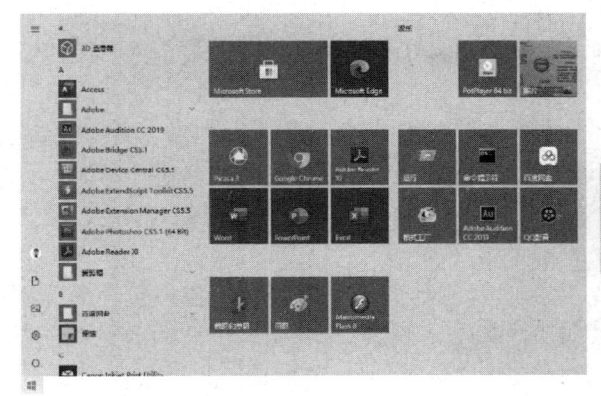

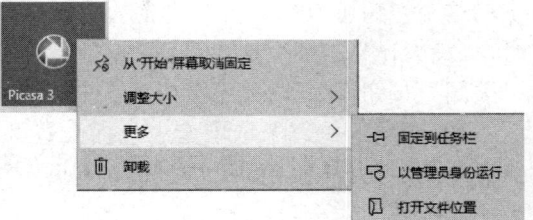

图 2.4 "开始"屏幕中快捷方式的设置

2.2.3 窗口

窗口是 Windows 操作系统的主要工作界面之一。当打开一个文件、文件夹或应用程序时，屏幕上出现的一个矩形区域就是窗口。窗口是 Windows 操作系统最重要的组成部分。用户可以通过操作窗口对象实现 Windows 操作系统的各种常见功能。

窗口一般被分为系统窗口和程序窗口两种。系统窗口指类似"此电脑"窗口的 Windows 10 操作系统的窗口，如图 2.5 所示。Windows 操作系统中的应用程序都是以窗口的形式呈现的，称为程序窗口。下面以"此电脑"窗口为例介绍窗口的组成。

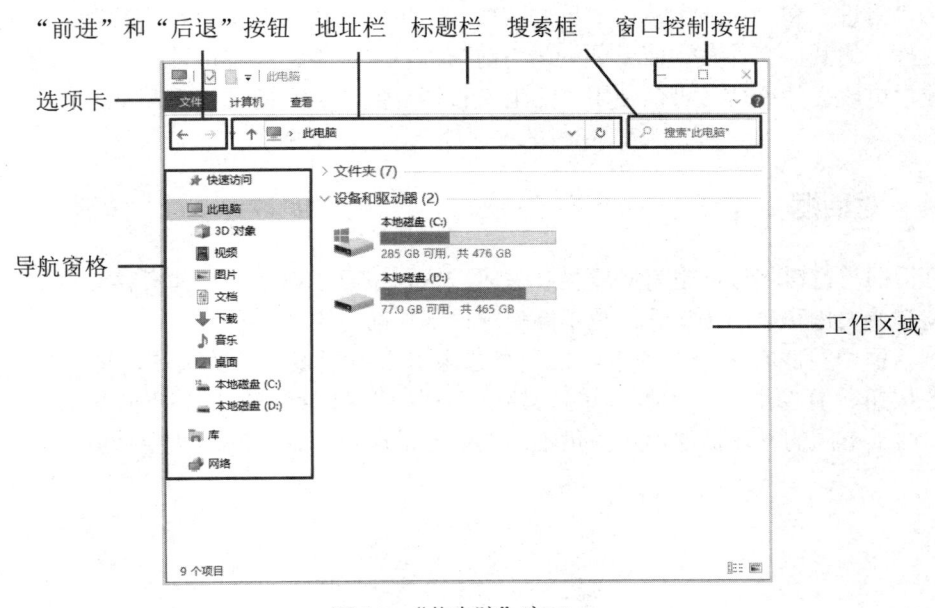

图 2.5 "此电脑"窗口

① 标题栏：标题栏用来显示窗口的名称。右侧有"最小化"按钮 、"最大化"按钮 和"关闭"按钮 。

单击"最小化"按钮 ，可以将窗口缩小成屏幕下方任务栏上的一个按钮，单击任务栏上的这个按钮可以恢复窗口的显示；单击"最大化"按钮 ，可以使窗口充满整个屏幕，此时，"最大化"按钮变成"还原"按钮 ，单击此按钮可以使窗口恢复到原来的状态；单击"关闭"按钮 可以关闭窗口。

② 选项卡：每个选项卡中包括一些可以完成各种操作的命令，不同的窗口包含的选项卡也不同，但一般都包括"文件""主页""共享""查看"等选项卡。由若干选项卡组成选项卡栏，选项卡栏一般位于标题栏下方。

③ 地址栏：地址栏是窗口的重要组成部分。通过它可以看到当前打开的窗口在计算机或网络上的位置。当知晓某个文件或程序的保存路径时，可以直接在地址栏中输入路径来打开保存该文件或程序的文件夹。

④ 搜索框：窗口右上角的搜索框与"开始"屏幕中单击"搜索"按钮后出现的搜索框的使用方法和作用基本相同，都具有在计算机中搜索各类文件和程序的功能。在搜索框中输入关键词，可以在当前文件夹及其所有子文件夹中查找包含关键词的文件或文件夹。搜索结果将显示在窗口的文件列表中。

⑤ 工作区域：窗口中面积最大的部分，用于显示当前窗口的内容或执行某项操作后显示的内容。如果窗口工作区域的内容较多，将在其右侧和下方出现滚动条，拖动滚动条中的滚动块可以查看未被显示的内容。

⑥ 窗格：Windows 10 操作系统的窗口主要包括导航窗格、详细信息窗格和预览窗格 3 种窗格，默认显示导航窗格。根据需要可以显示或隐藏某些窗格，打开"查看"选项卡，在"窗格"组中进行操作即可。

⑦ "前进"和"后退"按钮：单击窗口左上方的"前进"按钮和"后退"按钮可以导航到曾经打开的其他文件夹，而无须关闭当前窗口。这些按钮可与地址栏配合使用。例如，使用地址栏更改文件夹后，可以使用"后退"按钮返回到原来的文件夹。

2.2.4 对话框

对话框与窗口相似，也有标题栏、关闭按钮，也可以在桌面上任意移动位置，但是对话框中没有最大化和最小化按钮，也不能像窗口那样随意更改大小。

对话框中一般有多个选项卡，每一个选项卡中包括多个参数选项，这些参数选项通常用命令按钮、复选框、文本框、单选按钮、下拉列表框和数值框等形式来表示，如图 2.6 所示。由于不同的操作需要用户提供不同的信息，所以对话框的形式会有所不同。

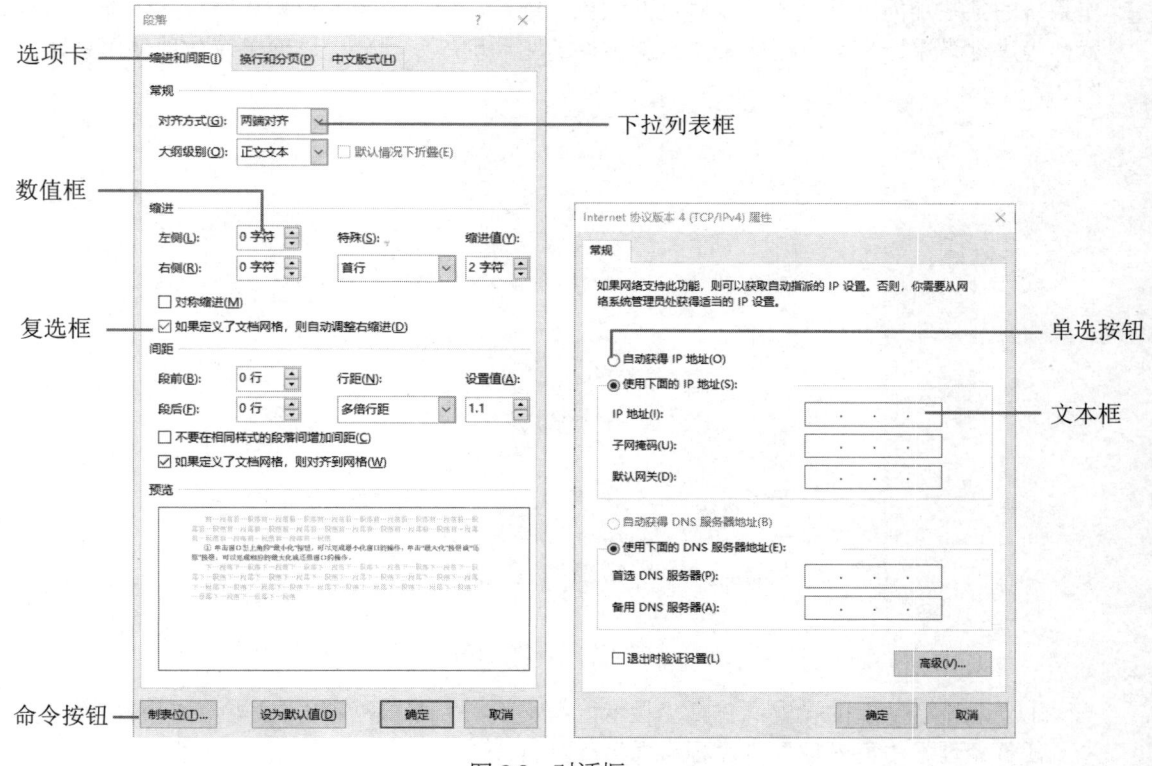

图 2.6　对话框

① 文本框：文本框主要用来输入文本信息。当用鼠标单击文本框时，文本框内将会显示"I"形光标（也称为插入点），在插入点处可以输入内容。

② 下拉列表框：单击下拉列表框右侧的下拉箭头，将显示可供选择的列表内容，用鼠标单击选择需要的选项即可选择它。当下拉列表框中的选项较多时，下拉列表框右侧会出现滚动条。不能在下拉列表框中直接输入或修改内容。

③ 单选按钮：在若干个单选按钮表示的选项中，用户只能选择其中的一项。要选中某个单选按钮，只要在该单选按钮上单击，被选中的单选按钮中间会出现一个小黑点。

④ 复选框：一个或多个方形的小框，用于列出可以选择的多个独立的选项，单击某个复选框，就可以选中该项，方框中出现"√"，表示该选项当前有效，再次单击一个被选中的复选框，方框中的"√"消失，可取消选择。可以同时选中多个复选框或全部不选。

⑤ 命令按钮：带有命令名的矩形按钮。如果命令按钮呈灰色，表示该按钮当前不可用。按钮上最常见的命令名有"确定""取消"等。单击某命令按钮，就可以执行该命令。当命令按钮上的命令名后带有"…"时，单击该按钮将弹出另一个对话框进行进一步设置。

⑥ 数值框：可以直接在数值框中输入数值或分别单击数值框右侧的上箭头、下箭头按钮对数值进行调整。

2.2.5 "设置"窗口

"设置"窗口提供了一个设置系统的工具集，通过"设置"窗口可以对 Windows 10 操作系统的某些功能进行设置,如对桌面颜色、壁纸、声音、屏幕保护程序、显示器、键盘、鼠标等进行设置,也可以用它来安装新硬件的驱动程序和软件,以便更有效地使用系统,如图 2.7 所示。

图 2.7 "设置"窗口

① "系统"功能的设置:包括"显示""声音""通知和操作""电源和睡眠""电池""多任务处理""剪贴板""远程桌面"等项目。

② "设备"功能的设置:包括"蓝牙和其他设备""打印机和扫描仪""鼠标""输入"等项目。

③ "网络和 Internet"功能的设置:包括"状态""WLAN""以太网""拨号""VPN""飞行模式""移动热点"等项目。

④ "个性化"功能的设置:包括"背景""颜色""锁屏界面""主题""字体""开始""任务栏"等项目。

⑤ "应用"功能的设置:包括"应用和功能""默认应用""离线地图"等项目。用户可以通过对应的窗口进行应用程序的安装、删除、设置等操作。

⑥ "账户"功能的设置:包括"账户信息""电子邮件和账户""登录选项""家庭和其他用户"等项目。

⑦ "时间和语言"功能的设置:包括"日期和时间""区域""语言""语音"等项目。用户可以通过该窗口进行日期和时间设置、输入法设置等操作。

思 考 题

1. 操作系统主要有哪些类型?
2. 谈谈目前几种典型的操作系统各有什么特点。
3. 将 Word 程序锁定在任务栏上,并在桌面上创建 Word 程序的快捷方式。

第 3 章 Word 2010 文字处理软件

本章导读

Microsoft Office 是微软公司的办公套装软件,包括 Word、Excel、PowerPoint、Access 等应用软件,可以实现文字处理、数据计算、演示文稿的制作,以及数据库管理等功能。

其中,Word 2010 是一款文字处理软件,它具有强大的文字编辑功能,可以实现文字、图形、表格的混排,具有简单易用的特点,能满足用户对各种文档的处理要求,是目前深受广大用户喜爱的文字处理软件之一。

本章主要介绍 Word 2010 的基本概念和如何使用 Word 2010 编辑文档、排版、制作表格、绘制图形、设置页面,以及 Word 2010 的高级应用。

3.1 Word 2010 基础知识和基本操作

3.1.1 Word 2010 的启动和退出

1. 启动 Word 2010

常用的启动 Word 2010 的方法有下面几种。

① 单击"开始"按钮,打开"开始"屏幕,执行"Microsoft Office" → "Microsoft Office Word 2010"菜单命令。

② 双击已有的 Word 文档图标。

③ 双击桌面上的 Word 2010 快捷方式图标。

2. 退出 Word 2010

用户在完成对 Word 2010 文档的操作后,可以通过以下 6 种方法退出 Word 2010。

注意

要区分"文件"选项卡中的"关闭"和"退出"命令,"关闭"命令是关闭当前正在处理的 Word 文档窗口,"退出"命令是退出 Word 应用程序。

① 单击窗口标题栏最右端的"关闭"按钮 ✕ 。
② 单击窗口标题栏左侧的"Word"图标 W,再单击菜单中的"关闭"命令。
③ 双击窗口标题栏左侧的"Word"图标 W。
④ 单击"文件"选项卡中的"退出"命令。
⑤ 按 Alt + F4 组合键。
⑥ 将鼠标指针指向任务栏上的 Word 文档按钮,在展开的文档缩略图中单击"关闭"按钮 ✕ 。

3.1.2 认识 Word 2010 窗口

Word 2010 的窗口主要由标题栏、快速访问工具栏、控制按钮、"文件"选项卡、功能区、文档编辑区、标尺、状态栏、文档视图切换按钮、显示比例控制条、滚动条、导航窗格等部分组成,如图 3.1 所示。

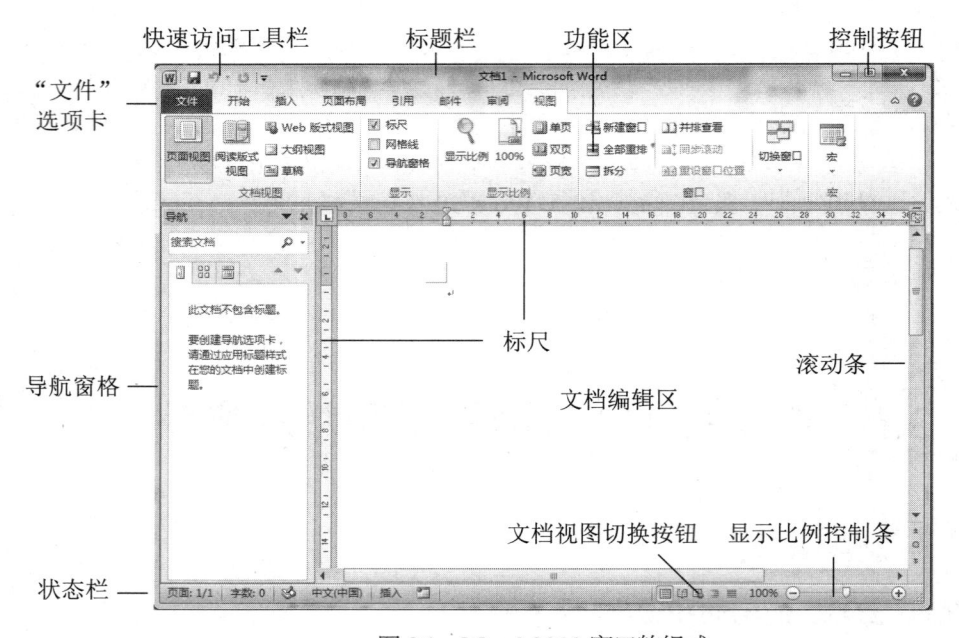

图 3.1 Word 2010 窗口的组成

1. 标题栏

标题栏位于窗口顶端,包含文档名、应用程序名和 3 个控制按钮。

2. 快速访问工具栏

快速访问工具栏位于窗口的左上方,用来快速启动用户经常用到的操作。默认包含的工具按钮是 ![] ,自左至右依次是"保存"、"撤销"、"恢复"和"自定义快速访问工具栏"按钮。用户可以根据自己的需要,添加或删除快速访问工具栏上的按钮。单击"自定义快速访问工具栏"按钮 ▼ ,在打开的下拉列表中可以选择需要快速访问的命令,被选中的命令即以按钮的形式出现在快速访问工具栏上。

3. "文件"选项卡

Word 2010 的"文件"选项卡如图 3.2 所示。

图 3.2 "文件"选项卡

"文件"选项卡里包括文件的"新建"、"保存"、"另存为"、"打开"、"关闭"和"打印"等命令，还包括最近所用文件的相关信息。

"文件"选项卡里"帮助"命令的"选项"子命令提供了设置自定义功能区、设置显示选项等一系列内容。

4. 功能区

在 Word 2010 中，功能区替代了以前版本中的菜单。Word 2010 窗口上方看起来像菜单项的一些名称其实都是选项卡的名称，单击这些名称不会打开菜单，而是在功能区出现包含若干命令组的选项卡。每个命令组所拥有的功能基本上涵盖了 Word 2010 的各种功能。

5. 文档编辑区

文档编辑区是位于水平标尺以下、状态栏以上的显示区域。在文档编辑区中可以输入文字、编辑文字或进行文档排版操作。

如果觉得窗口中显示的功能区使文档编辑区的面积过小，可以通过单击功能区右上角的"功能区最小化"按钮 ︿ 或"展开功能区"按钮 ︾，对是否显示功能区进行切换。

6. 标尺

标尺通常位于文档编辑区的上方和左方，分别称为"水平标尺"和"垂直标尺"。标尺上除了含有刻度，还有用于调整页边距、首行缩进、左右缩进和制表位等的游标。可以根据情况显示或隐藏标尺，设置方法如下。

① 选中或取消选中"视图"选项卡"显示"命令组中的"标尺"复选框，可以显示或隐藏标尺。

② 单击垂直滚动条上方的"标尺"按钮，可以显示或隐藏标尺。

7. 状态栏

状态栏位于窗口的底端左侧，主要用来显示当前文档的状态。例如，当前文档的页数、字数，用来校对的图标和校对语言，还有将键入的文字插入到当前插入点光标处的插入图标。

8. 文档视图切换按钮

文档视图切换按钮显示 Word 2010 提供的 5 种视图方式：页面视图、阅读版式视图、Web 版式视图、大纲视图、草稿视图。用户可以根据不同的需求灵活使用各种视图，其中使用最为广泛的是页面视图。视图的切换方式有两种：一是通过"视图"选项卡切换，二是通过文档视图切换按钮切换。

9. 显示比例控制条

显示比例控制条用于调整正在编辑的文档在窗口中的显示比例。

10. 滚动条

滚动条分水平和垂直两种，用鼠标拖动滚动条中的滚动块，可以显示出窗口中未能显示的内容。设置滚动条显示或隐藏的方法是：单击"文件"选项卡里的"选项"命令，在打开的"Word 选项"对话框中单击"高级"选项。然后在右侧面板中拖动滚动条找到"显示"栏，选中（或取消选中）"显示"栏中的"显示水平滚动条"和"显示垂直滚动条"复选框，即可显示（或隐藏）滚动条。

11. 导航窗格

导航窗格是一个独立的窗格，能显示文档的标题列表，使用导航窗格可以方便用户对文档结构进行快速浏览。在"视图"选项卡的"显示"命令组中，选中"导航窗格"复选框，即可打开导航窗格。

3.1.3 创建 Word 文档

创建 Word 文档的方法包括以下几种。

① 自动创建空白文档。启动 Word 2010 程序，系统就会自动建立一个名为"文档 1"的新文档。

② 启动 Word 2010 后，按 Ctrl + N 组合键创建空白文档。

③ 选择"文件"选项卡，单击"新建"命令，如图 3.3 所示，双击"新建"面板中合适的模板创建文档。

图 3.3 "新建"面板

Word 对新建文档的名称依次以"文档 1""文档 2""文档 3"等命名。每一个新建文档对应一个独立的文档窗口，在任务栏上会有一个相应的文档按钮与之对应。

3.1.4 打开已存在的 Word 文档

打开 Word 文档的方法包括以下几种。

① 双击 Word 文档图标，即可打开该文档。

② 选择"文件"选项卡，单击"打开"命令，或按 Ctrl + O 组合键，弹出"打开"对话框。在对话框左侧选择文件所在的文件夹，在右边的"文档库"列表中选中要打开的文档，然后单击 打开(O) 按钮。

③ 选择"文件"选项卡，单击"最近所用文件"命令，可以打开用户指定的"最近使用的文档"和"最近的位置"栏目中的文档。

3.1.5 Word 文档的视图

视图是 Word 窗口中显示文档的方式。

① 页面视图：适用于浏览整篇文档的总体效果。在页面视图下，用户可以显示页面大小、页面布局，也可以编辑页眉和页脚、插入页码、调整页边距、处理分栏、调整图片和图形等对象。

② 阅读版式视图：此视图最大的特点是便于用户阅读与编辑长文档。在阅读版式视图中，文档中每相连的两页显示在一个版面上，根据显示屏的大小将页面自动调整到最容易辨认的状态。如果想停止阅读，可以直接按 Esc 键或单击 × 关闭 按钮退出阅读版式视图。

③ Web 版式视图：在此视图下，文档的显示与在浏览器中的显示效果完全一致，可以快速浏览当前文档在浏览器中的显示效果，便于做进一步的调整。

④ 大纲视图：可以方便地查看文档的结构、大纲层次。在本视图中，文档中的所有标题分级显示，层次分明，因而本视图适合编辑含有大量章节的长文档，并可根据需要借助大纲工具按钮对文档各级标题进行调整。

⑤ 草稿视图：一种简化的页面布局，适合编辑内容及格式简单的文档。在草稿视图中，可以输入、编辑文本和设置文本格式，但是这种简化了的页面布局，不显示页边距、页眉和页脚、背景，以及没有设置为"嵌入型"环绕方式的图片。

3.1.6 Word 2010 多窗口编辑

1. 并排查看窗口

Word 2010 具有并排查看两个文档窗口的功能，通过并排查看两个窗口，可以对不同窗口中的内容进行比较。并排查看窗口的设置方法如下。

打开两个文档，在当前窗口中切换到"视图"选项卡，然后在"窗口"命令组中单击"并排查看"按钮。

如果同时打开了两个以上的文档，则在"窗口"命令组中单击"并排查看"按钮后会打开"并排比较"对话框，如图 3.4 所示。在对话框中选择要与当前窗口并排比较的文档，单击 确定 按钮，两个窗口就会并排显示。这时"窗口"

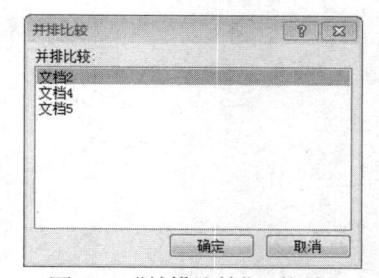

图 3.4 "并排比较"对话框

命令组中的 [同步滚动] 按钮自动被选中，拖动任一个窗口的垂直滚动条，另外一个窗口的内容也将随之上下移动。再次单击 [同步滚动] 按钮，会取消同步滚动显示。

2. 多个文档窗口间的编辑

在"视图"选项卡"窗口"命令组的"切换窗口"按钮的下拉列表中列出了所有打开的文档的名称，只有一个文档名前有 √ 符号，表示该文档窗口是当前窗口。单击列表中的文档名，可以切换当前文档窗口；单击"窗口"命令组中的"全部重排"按钮可以把所有打开的文档并排显示在屏幕上，在各个文档窗口间可以进行内容的复制、移动等操作。

3. 拆分窗口

有时文档比较长，用户需要比较文档前后的内容，这时就可以把整个窗口拆分成两个窗口进行比较。拆分窗口的操作方法如下。

单击"视图"选项卡"窗口"命令组中的"拆分"按钮 [图标]，鼠标指针变成双向箭头的形状并且与屏幕上出现的灰色水平横线相连，按住鼠标左键拖动鼠标可以改变窗口的拆分位置，单击鼠标即可完成窗口的拆分。

如果要取消窗口的拆分，单击"窗口"命令组中的"取消拆分"按钮即可。

3.1.7 文档的保存和保护

1. 保存文档

在编辑文档的过程中，一切工作都在计算机内存中进行，如果计算机突然断电或系统出现错误，所编辑的文档就会丢失，因此，要随时对文档进行保存操作，以防万一。

（1）保存新文档

不管是用户自行创建的新文档，或者是启动 Word 时自动创建的新文档，还是利用模板创建的新文档，第一次保存时，单击"文件"选项卡中的"保存"命令或是"另存为"命令，或者单击快速访问工具栏中的"保存"按钮 [图标]，系统都会打开如图 3.5 所示的"另存为"对话框。

说明

只有在保存新文档时，单击"文件"选项卡中的"保存"命令或"另存为"命令，才会打开"另存为"对话框。

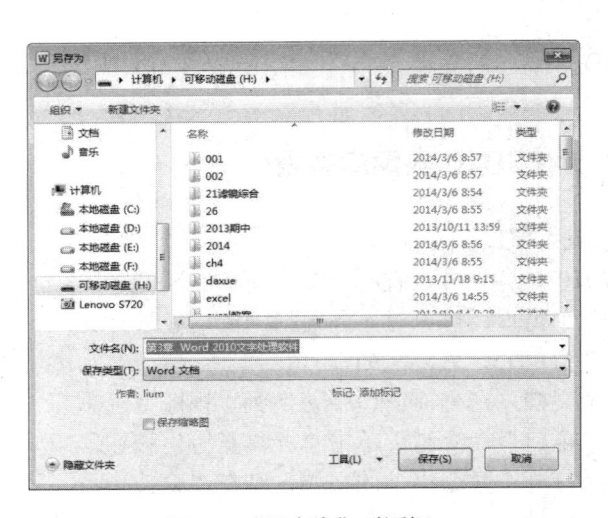

图 3.5 "另存为"对话框

在对话框中进行下列设置实现保存操作。
① 在对话框左侧列表框中，根据自己的需要选择保存文档的文件夹。
② 在"文件名"文本框中，输入要保存的文档的名称。
③ 单击"保存类型"下拉列表框右侧的下拉箭头，打开下拉列表，选择保存文档的文件格式。
④ 设置完成后，单击 保存 按钮，即可完成保存操作。

(2) 保存已有文档

用户经常会对已经保存过的文档进行修改，在修改完成后，要对文档及时进行保存操作。这时会有如下两种情况：
① 仍然把文档以原名字和原格式保存在原位置。
② 对修改后的文档要换文件名、换格式或者换保存的位置保存。

对于情况①，单击快速访问工具栏中的"保存"按钮，或是单击"文件"选项卡中的"保存"命令均可，这时不会出现"另存为"对话框。

对于情况②，需要单击"文件"选项卡中的"另存为"命令，打开"另存为"对话框，重新设置要保存的文件名、保存的位置或文件类型，最后单击 保存 按钮。

2. 保护文档

如果不想让他人查看自己编辑的文档，可以设置文档的打开权限，使他人在没有密码的情况下无法打开文档。

如果文档的保密级别不高，允许他人查看，但是不允许修改内容，可以设置文档的修改权限。使他人在没有密码的情况下，只能"读"文档，而无法修改与保存文档。

如果文档的部分内容不允许修改，但是可以阅读或对其进行修订、审阅操作，可以设置文档内容限制编辑。

设置打开权限密码的方法如下。
① 单击"文件"选项卡中的"另存为"命令，打开"另存为"对话框。
② 在对话框中单击"工具"→"常规选项"命令，打开"常规选项"对话框，在"打开文件时的密码"文本框中输入设定的密码。
③ 单击 确定 按钮，在出现的"请再次确认密码"对话框中，再次输入刚才设定的密码。
④ 单击 确定 按钮，如果密码正确，则返回"另存为"对话框，否则出现"密码确认不符"的警示信息，此时只能单击 确定 按钮，重新设定密码。
⑤ 在"另存为"对话框中单击 保存 按钮。

设置修改权限密码的方法如下。
① 打开"另存为"对话框。
② 在对话框中单击"工具"→"常规选项"命令，打开"常规选项"对话框，在"修改文件时的密码"文本框中输入设定的密码。
③ 其他操作步骤与上面叙述的③、④、⑤步相同。

设置文档内容限制编辑的方法如下。
① 选定要限制编辑的文档内容。
② 选择"文件"选项卡，单击"信息"面板中的"保护文档"按钮，在下拉列表中单击"限制编辑"命令，打开"限制格式和编辑"窗格。

③ 在窗格中对内容进行格式设置限制或编辑限制设定，最后单击 `是，启动强制保护` 按钮。

为文档设置"只读"属性，也能起到保护作用，此时该文档只允许浏览，但不能对其进行修改与保存。设置文档"只读"属性的方法如下。

① 打开"另存为"对话框。

② 在对话框中单击"工具"→"常规选项"命令，打开"常规选项"对话框，选中"建议以只读方式打开文档"复选框。

③ 单击 `确定` 按钮，返回"另存为"对话框，在"另存为"对话框中单击 `保存` 按钮。

3.2　Word 2010 文档的编辑操作

创建新文档后，就要对文档进行输入字符、复制字符、移动字符、查找替换等基本编辑操作。本节将依次介绍这些最基本的编辑操作。

3.2.1　定位插入点光标

在文档编辑区中单击鼠标时，会有一个闪烁的黑色竖条"｜"出现在该处，这就是插入点光标（鼠标指针的形状是"Ⅰ"形）。定位插入点光标的方法有以下几种。

① 鼠标定位法。移动鼠标指针到指定位置并单击。

② 键盘定位法。使用键盘上的光标移动键和组合键定位插入点光标。用键盘定位插入点光标的按键如表 3.1 所示。

表 3.1　用键盘定位插入点光标的按键

移　动	快捷键	移　动	快捷键
左移一个字符	←	上移一屏	Page Up
右移一个字符	→	下移一屏	Page Down
上移一个字符	↑	上一页的顶端	Ctrl + Page Up
下移一个字符	↓	下一页的顶端	Ctrl + Page Down
移到行首	Home	移到文档首	Ctrl + Home
移到行末	End	移到文档尾	Ctrl + End

③ 按 Shift + F5 组合键快速定位。在处理一个很长的文档时，很可能会丢失自己刚才编辑的位置。用户可以获得最后一次编辑时的位置，因为 Word 可以记录下最后 3 次输入或编辑文字的位置。只需在打开文档后立即按下 Shift + F5 组合键，插入点光标将在最后一次更改的位置处出现。要定位到前两次编辑的位置，只要继续按下 Shift + F5 组合键即可。

3.2.2　输入和删除字符

1. 输入中英文字符

当文档处于"插入"状态时，在插入点光标处输入文本内容，插入点光标会自动后移。

当输入到每行末尾时，会自动换行，这样产生的回车称为软回车。

当要开始新段落时，需要按下 Enter 键，这样上一段落的末尾就会出现硬回车符"↵"，表明一个段落的结束。硬回车符可以显示也可以隐藏。在"文件"选项卡中单击"选项"命令，打开"Word 选项"对话框。在对话框中选择"显示"选项，选中或取消选中"段落标记"复选框，可以显示或隐藏硬回车符"↵"。

> **说明**
>
> 状态栏上有个"插入"按钮 插入 ，单击此按钮会使当前的"插入"状态变成"改写"状态，在"改写"状态下输入字符时，插入点光标右侧的字符会被新输入的字符所代替。默认情况下是"插入"状态。

如果要另起一行，而不再另起一段，可以按 Shift + Enter 组合键实现换行，或是单击"页面布局"选项卡"页面设置"命令组中的"分隔符"按钮，在打开的下拉列表中单击"自动换行符"命令。自动换行符的形状是"↓"。

Word 具有"即点即输"的功能，即在文档空白处的任意位置双击鼠标可以快速定位插入点光标。"即点即输"功能的启用方法是：在"文件"选项卡中单击"选项"命令，打开"Word 选项"对话框，单击"高级"选项，在"编辑选项"区域选中"即点即输"复选框。

文档中既可以输入中文，也可以输入英文。对于英文字母的大小写状态，Word 提供了相应的切换命令进行转换。操作方法是：选定要转换的字符，然后选择"开始"选项卡，单击"字体"命令组中的"更改大小写"按钮，在弹出的如图 3.6 所示的下拉列表中单击相应的命令进行切换。

2. 插入符号

常用的符号可以从键盘上直接输入，但是有一些符号无法用键盘输入，对于这类符号可以通过输入法的软键盘输入，还可以使用 Word 提供的符号集。具体操作方法如下。

① 选择"插入"选项卡，在"符号"命令组中单击"符号"按钮，在打开的下拉列表中单击"其他符号"命令，打开如图 3.7 所示的"符号"对话框。

② 单击"符号"选项卡"字体"框右侧的下拉箭头，在下拉列表中单击需要的字体项，然后再从下面的字符列表框中单击要插入的符号，最后单击 插入(I) 按钮。

③ 单击 关闭 按钮，关闭对话框。

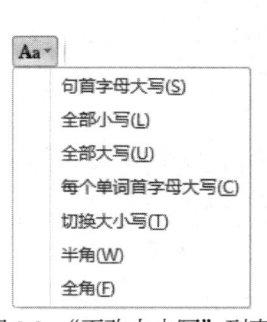

图 3.6 "更改大小写"列表   图 3.7 "符号"对话框

> **说明**
>
> 常用的一些特殊符号（如 ✂、☎、☺ 等）只存在于"Webdings""Windings""Windings 2""Windings 3"字体中。

3. 插入日期和时间

在文档中插入当前日期和时间的操作方法如下。

① 选择"插入"选项卡，单击"文本"命令组中的"日期和时间"按钮，打开"日期

和时间"对话框,如图 3.8 所示。

② 在对话框中单击"可用格式"列表框中要用的格式,然后在"语言(国家/地区)"下拉列表中选择"中文"或"英语"选项。如果时间要自动更新,则还需要选中"自动更新"复选框。

③ 单击 确定 按钮。

4. 插入脚注和尾注

在文档中有时要对某些内容进行注释,可以使用脚注和尾注。脚注一般位于页面的底部,可以作为文档某处内容的注释;尾注一般位于文档的末尾,用于列出引文的出处等。插入脚注和尾注的操作方法如下。

① 把插入点光标定位在需要插入脚注或尾注的文本位置。

② 选择"引用"选项卡,单击"脚注"命令组中的"插入脚注"或"插入尾注"按钮。

③ 插入点光标会自动移到插入脚注或尾注的位置,这时可以输入脚注或尾注的内容。

如果需要设置脚注或尾注的编号格式和起始编号等选项,则需要单击"脚注"命令组右下角的"脚注和尾注"按钮,打开如图 3.9 所示的"脚注和尾注"对话框进行设置。

5. 删除字符

在编辑文档的过程中,总会有输入错误的时候,这时就需要把错误的字符删除,删除字符的操作方法如下。

① 删除单个字符时,直接把插入点光标定位在要删除的字符的左边,按 Delete 键即可删除该字符,也可以把插入点光标定位在要删除字符的右边,按 Back Space 键删除。

② 删除多个字符时,需要先选定要删除的字符,再按 Delete 键。

如果误删了字符,可以单击快速访问工具栏中的"撤销删除"按钮来挽回。

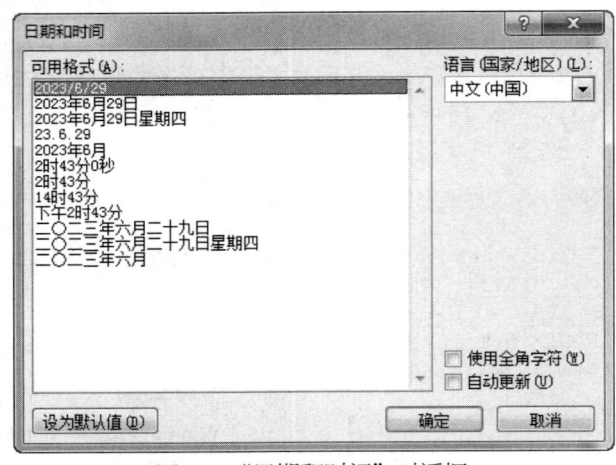

图 3.8 "日期和时间"对话框   图 3.9 "脚注和尾注"对话框

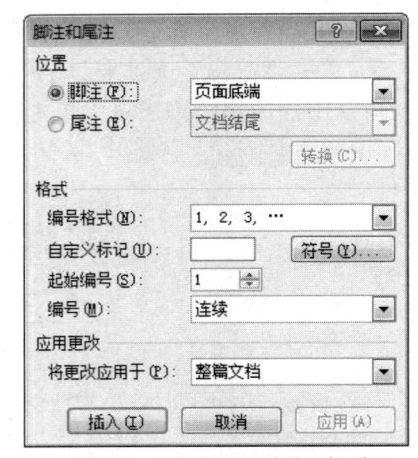

6. 插入文档

可以把多个文档合并成一个文档,操作方法如下。

① 把插入点光标定位于要插入另一个文档的位置。

② 选择"插入"选项卡,单击"文本"命令组中"对象"按钮右侧的下拉箭头,在打开的下拉列表中单击"文件中的文字"命令,打开"插入文件"对话框。

③ 在对话框中选择要插入的文档,单击 插入(S) 按钮完成插入文档的操作。

3.2.3 选定文本

要对文本内容进行基本编辑操作,首先要选定文本。

1. 使用鼠标选定文本的方法

① 选定任意大小的文本区域:把插入点光标定位于要选定文本的开始处,按住鼠标左键拖动鼠标直至要选定文本的结束处,松开鼠标,被选定的文本呈反色显示。

② 选定大块文本区域:把插入点光标定位于要选定文本的开始处,然后按住 Shift 键,同时配合使用滚动条,再单击要选定文本的结束处,松开 Shift 键和鼠标。

③ 选定一行文本:把鼠标指针移到文档左侧待选定栏,当鼠标指针变成 ⇗ 形状时,单击鼠标。

④ 选定一段文本:把鼠标指针移到文档左侧待选定栏,当鼠标指针变成 ⇗ 形状时,双击鼠标。

⑤ 选定全文:把鼠标指针移到文档左侧待选定栏,当鼠标指针变成 ⇗ 形状时,三击鼠标。

⑥ 选定不连续的文本:先选定一块文本,然后按住 Ctrl 键的同时按住鼠标左键拖动鼠标选定其他文本。

⑦ 选定一矩形块文本:按住 Alt 键,然后把鼠标指针指向要选定文本的起始处,同时按住鼠标左键拖动鼠标至结束处。

2. 使用键盘选定文本

将插入点光标定位在要选定文本的开始处,按住 Shift 键的同时按 End、Home、Page Down、Page Up、↑、↓、→、←等键,可以实现选定文本内容的操作。

3.2.4 移动及复制文本

在输入文本时,对于重复的内容可以利用"复制""粘贴"命令,将重复部分复制下来,然后粘贴到需要的地方,以节省重复输入的时间。另外,还可以利用"剪切""粘贴"命令将文本从一个位置移动到另外一个位置,以重新组织文档。

1. 复制文本

(1) 利用剪贴板复制文本

① 选定要复制的文本。

② 在"开始"选项卡中单击"剪贴板"命令组中的"复制"按钮。

③ 把插入点光标定位于文本的新位置,单击"开始"选项卡"剪贴板"命令组中的"粘贴"按钮。

(2) 利用快捷菜单复制文本

① 选定要复制的文本。

② 右击选定的文本,在弹出的快捷菜单中单击"复制"命令。

③ 把插入点光标定位于文本的新位置,右击,在弹出的快捷菜单中单击"粘贴"命令。

(3) 利用鼠标拖动的方法复制文本

① 选定要复制的文本。

② 把鼠标指针指向被选定的文本区域，此时鼠标指针变成 状态。
③ 按住 Ctrl 键的同时按住鼠标左键拖动鼠标指针至文本的新位置，松开 Ctrl 键和鼠标即可完成复制操作。

2. 移动文本
（1）利用剪贴板移动文本
① 选定要移动的文本。
② 在"开始"选项卡中单击"剪贴板"命令组中的"剪切"按钮。
③ 把插入点光标定位于文本的新位置，单击"开始"选项卡"剪贴板"命令组中的"粘贴"按钮。

（2）利用快捷菜单移动文本
① 选定要移动的文本。
② 右击选定的文本，在弹出的快捷菜单中单击"剪切"命令。
③ 把插入点光标定位于文本的新位置，右击，在弹出的快捷菜单中单击"粘贴"命令。

（3）利用鼠标拖动的方法移动文本
① 选定要移动的文本。
② 把鼠标指针指向被选定的文本区域，此时鼠标指针变成 形状。
③ 按住鼠标左键拖动鼠标指针至文本的新位置，松开鼠标即可完成移动操作。

3.2.5 撤销和恢复操作

在编辑文档的时候，如果所做的操作不合适，想返回当前结果前面的状态，可以通过"撤销"或"恢复"功能来实现。Word 保留最近执行的操作记录，用户可以按照从后到前的顺序撤销若干操作，但不能有选择地撤销不连续的操作。

用户可以按下 Ctrl+Z 组合键，也可以单击快速访问工具栏中的"撤销"按钮，执行撤销操作。执行撤销操作后，还可以将文档恢复到最新编辑的状态。当用户执行一次"撤销"操作后，可以单击快速访问工具栏中的"恢复"按钮，执行恢复操作。

3.2.6 查找和替换文本

在一篇长文档里靠眼睛搜索某个词语或句子比较困难，很容易遗漏，Word 提供了查找和替换功能，使用户可以快速查找到指定格式、指定样式的文本内容，并且可以用新的文本内容或新文本格式替换原有文本。

1. 查找文本
① 选定要查找文本的文本区域（如果不选定，则在整个文档中查找）。
② 在"开始"选项卡的"编辑"命令组中单击"查找"按钮右侧的下拉箭头，在打开的下拉列表中单击"高级查找"命令，打开"查找和替换"对话框，如图 3.10 所示。
③ 在"查找内容"文本框里输入要查找的内容。
④ 单击 在以下项中查找(I)▼ 按钮，打开下拉列表，单击"当前所选内容"命令，即可找到

指定内容，并用反色显示这些内容。

如果要查找的文本具有一定的字符格式，则需要单击 更多(M)>> 按钮，向下展开对话框，如图 3.11 所示。单击 格式(O)▼ 或 特殊格式(E)▼ 按钮，打开下拉列表，单击相应的格式，设定被查找文本的格式。

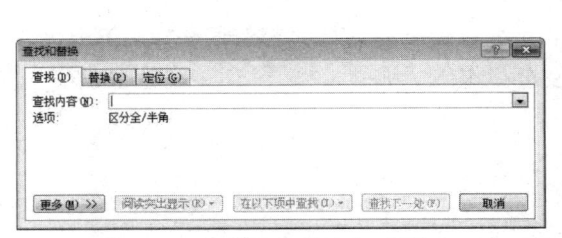

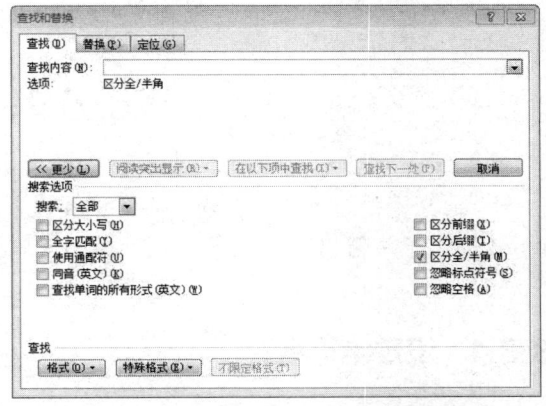

图 3.10 "查找和替换"对话框　　图 3.11 在"查找和替换"对话框中进行更多方式的查找

2. 替换文本

① 选定要替换文本的文本区域。

② 在"开始"选项卡的"编辑"命令组中单击"替换"按钮，打开"查找和替换"对话框。

③ 在"查找内容"文本框里输入要查找的内容。

④ 在"替换为"文本框里输入要替换的内容，如图 3.12 所示。

> **注意**
>
> "区分大小写"和"全字匹配"主要用于快速查找英文单词，"区分全/半角"主要用来区分全角或半角的英文和数字，"使用通配符"项是在查找内容中输入通配符"*"或"?"进行模糊查找，单击"搜索"框右侧的下拉箭头，可以在"向上""向下""全部"中进行选择。

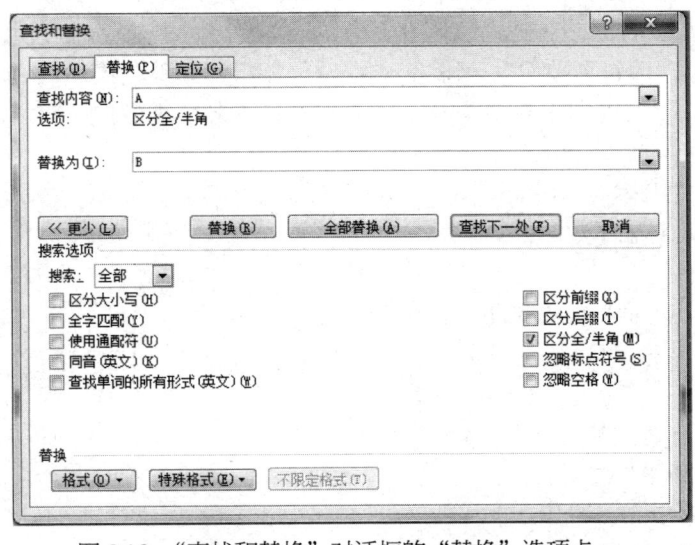

图 3.12 "查找和替换"对话框的"替换"选项卡

⑤ 单击 查找下一处(F) 按钮，在文档中找到指定内容，然后可以选择下列操作之一进行替换。

❖ 单击 替换(R) 按钮：替换找到的文本，然后继续向下查找并定位下一处文本。

❖ 单击 全部替换(A) 按钮：替换所有找到的文本内容，并提示替换了几处。

❖ 单击 查找下一处(F) 按钮：不替换找到的文本，继续向下查找并定位下一处文本。

根据需要，如果要替换的文本具有一定的文字格式，可以单击 更多(M)>> 按钮向下展开对话框。单击 格式(O)▼ 或 特殊格式(E)▼ 按钮，打开下拉列表，单击相应的格式，设定被替换文本的格式。

3.3 Word 2010 的格式设置

一篇文档经过输入、编辑之后，还要设置格式，以使整篇文档内容布局合理，美观大方。Word 提供了字符格式、段落格式、页面格式及分栏等版式设置。

3.3.1 设置字符格式

1. 设置字体、字号、颜色等

字符格式主要指字体、字号、颜色等。有两种设置字符格式的方法：一是使用"开始"选项卡"字体"命令组中的按钮设置，二是使用"字体"对话框设置。Word 默认中文字体为宋体、五号。

使用"开始"选项卡设置字符格式的方法是：首先选定要设置格式的文本，然后在"开始"选项卡的"字体"命令组中进行如下设置。

① 单击"字体"框 宋体 右侧的下拉箭头，在打开的下拉列表中选择需要的字体。
② 单击"字号"框 五号 右侧的下拉箭头，在打开的下拉列表中选择需要的字号。
③ 单击"字体颜色"按钮 A▼ 右侧的下拉箭头，在打开的下拉列表中选择所需颜色。
④ 单击"加粗"按钮 B 和"倾斜"按钮 I 可以给文本设置加粗、倾斜效果。
⑤ 单击"文本效果"按钮 A▼ 右侧的下拉箭头，可以给文本设置各种类型的阴影、映像和发光效果，还可以设置空心字。
⑥ 单击"下标"按钮 x₂、"上标"按钮 x²，可以把文本设置为下标或上标，这对编辑数学公式特别有用。
⑦ 单击"下画线"按钮 U▼，可以给文本设置下画线，单击其右侧的下拉箭头，可以选择下画线类型及颜色。

使用"字体"对话框设置字符格式的方法是：选定要设置格式的文本，单击"开始"选项卡"字体"命令组右下角的"字体"按钮 ，打开"字体"对话框，如图 3.13 所示，在对话框中可以设置字体、字号、字形、颜色等。在"预览"框中可以浏览设置的效果，确认无误后，单击 确定 按钮。

图 3.13 "字体"对话框

注意	

文档中可能同时存在中文、英文。如果中文、英文的字体不一样,需要在"字体"选项卡中分别设置中文、英文字体。

2. 设置字符间距、字符位置和字符缩放

选定要设置格式的文本,打开"字体"对话框,选择"高级"选项卡,如图 3.14 所示。可以进行以下 3 个方面的设置。

① 缩放:在水平方向上压缩或扩展文字,100%为标准格式,小于 100%使文字变窄,大于 100%使文字变宽。

② 间距:加大或缩小字符之间的距离,加大或缩小的数值通过"磅值"框调整。

③ 位置:提升或降低文字的显示位置,通过"磅值"框调整改变的位置。

3. 设置文本的边框和底纹

单击"开始"选项卡"字体"命令组中的"字符边框"和"字符底纹"按钮,可以为选定的文本设置边框和底纹,但是利用这种方式设置的边框和底纹的样式比较单一。

要设置多样化的边框和底纹,可以选择"页面布局"选项卡,单击"页面背景"命令组中的"页面边框"按钮,打开"边框和底纹"对话框设置边框与底纹,如图 3.15 所示。

① 在"边框"选项卡的"设置""样式""颜色""宽度"栏里设定所需参数。

② 在"应用于"下拉列表中选择"文字"选项。

③ 在"预览"框中查看效果,确认后单击 确定 按钮。

图 3.14 "字体"对话框"高级"选项卡   图 3.15 "边框和底纹"对话框

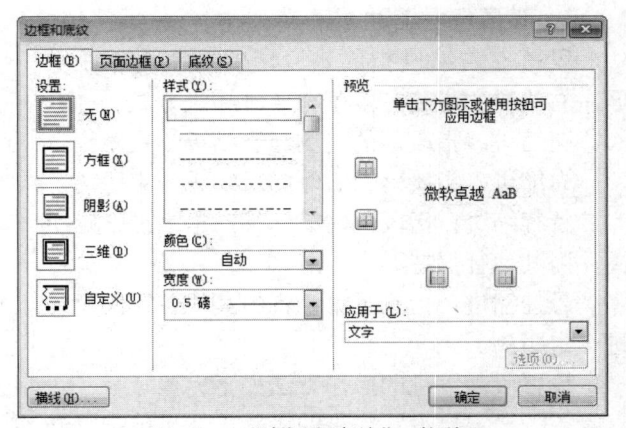

为文本设置底纹的操作与设置边框的操作类似,只是要选择"底纹"选项卡,然后选择底纹颜色、图案样式、图案的颜色,在"应用于"下拉列表中选择"文字"选项,预览后单击 确定 按钮。

4. 复制格式

文档中经常会出现多处文本格式一样的现象,重复设置有些麻烦,Word 提供了复制格式的功能。利用"格式刷"可以轻松完成格式的复制操作,其操作步骤如下。

① 选定已经设置好格式的文本。

② 单击"开始"选项卡"剪贴板"命令组中的"格式刷"按钮，鼠标指针变成形状。

③ 将鼠标指针移到要复制格式的文本开始处。

④ 按住鼠标左键拖动鼠标至要复制格式的文本结束处（"刷"过要复制格式的文本），即可完成格式复制。

5. 清除格式

当设置的字符格式不符合要求时，可以清除其格式，操作步骤如下。

① 选定要清除格式的文本。

② 在"开始"选项卡的"字体"命令组中，单击"清除格式"按钮。

> **注意**
> 单击"格式刷"按钮，只能使用格式刷复制一次格式。如果双击"格式刷"按钮，则可以重复使用格式刷去"刷"多处文本，得到相同的格式。若想去掉此时的格式刷功能，只需再次单击"格式刷"按钮即可。

3.3.2 设置段落格式

文档是否美观大方，除了设置字符格式，合理编排段落格式也很重要。通过设置段落的行距大小、段落缩进方式、段落对齐方式，以及为段落进行编号，可以使文档布局均匀、页面美观、层次清晰。

可以通过"开始"选项卡"段落"命令组中的按钮设置段落格式，也可以通过"段落"对话框进行设置。

1. 设置左右缩进

段落左右缩进指的是段落的左右边界距页面左右边界的距离。段落有 4 种缩进方式。

左缩进：指段落的左侧向里缩进一定距离。

右缩进：指段落的右侧向里缩进一定距离。

首行缩进：指段落的第一行向里缩进一定距离，而其他行保持不变。

悬挂缩进：指除了第一行的其他各行向里缩进一定距离。

设置段落缩进的操作方法如下。

首先选定要设置缩进的段落，然后单击"开始"选项卡"段落"命令组中的"段落"按钮，打开"段落"对话框，选择"缩进和间距"选项卡，如图 3.16 所示。在对话框中可以进行以下设置。

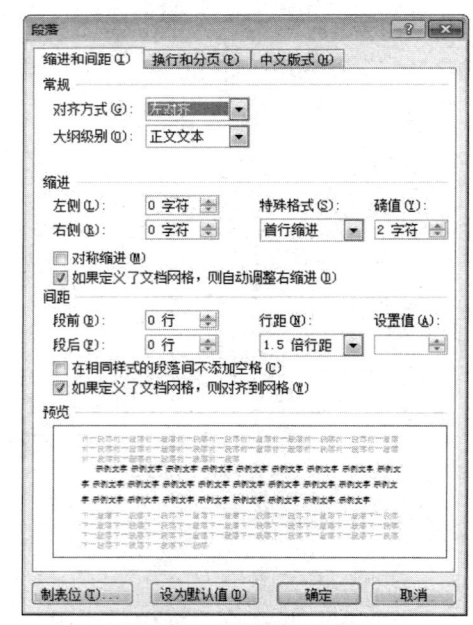

图 3.16 "段落"对话框

① 单击"缩进"栏中"左侧"或"右侧"框的增减按钮，设定段落左右缩进的距离。

② 单击"特殊格式"框的下拉箭头，在下拉列表中可以选择"首行缩进"或"悬挂缩进"选项，并同时在"磅值"框中输入相应的设置值，设定首行缩进或悬挂缩进的距离。

③ 设置结束后，单击 确定 按钮。

也可以通过水平标尺上的 4 个缩进按钮设置段落缩进。在水平标尺的左端有 3 个按钮，分别是首行缩进按钮▽、悬挂缩进按钮△、左缩进按钮▣。在水平标尺的右端有一个右缩进按钮△。把插入点光标定位于要调整段落缩进的段落，拖动标尺上的缩进按钮，会出现一条垂直虚线，虚线移动的距离就是段落缩进的距离。

2. 设置水平对齐方式

水平对齐方式是段落内容在文档的左右边界之间的横向排列方式，包括以下几种。

① 两端对齐：段落中各行的左右两端同时对齐(最后一行如果不满行，则右端不对齐)。
② 左对齐：段落左端对齐，右端不一定对齐。
③ 居中：段落居中。
④ 右对齐：段落右端对齐，左端不一定对齐。
⑤ 分散对齐：通过加大字符间距，使所选段落的各行等宽。

设置对齐方式的方法如下。

(1) 用对齐按钮设置对齐方式

"开始"选项卡的"段落"命令组中包含"文本左对齐"、"居中"、"文本右对齐"、"两端对齐"和"分散对齐"5 个按钮。选定要设置对齐方式的段落，然后单击某个按钮，即可设置相应的对齐方式。

(2) 用"段落"对话框设置对齐方式

① 选定要设置对齐方式的段落。
② 单击"开始"选项卡"段落"命令组中的"段落"按钮▣，打开"段落"对话框，选择"缩进和间距"选项卡，如图 3.16 所示。
③ 在"缩进和间距"选项卡中，单击"常规"栏中的"对齐方式"框的下拉箭头，打开下拉列表，单击所需的对齐方式命令。
④ 单击 确定 按钮。

3. 设置行距与段间距

可以通过"段落"对话框设置文档行间距和段间距。段间距决定了段落之间的距离，如果要让某一段显示得更加突出，可以调整这个段与前后段之间的段间距。

(1) 设置段间距

设置段间距的操作步骤如下。
① 选定要设置段间距的段落。
② 打开"段落"对话框，选择"缩进和间距"选项卡。
③ 在"缩进和间距"选项卡中，单击"间距"栏中"段前"或"段后"框右侧的增减按钮，设置段间距值。
④ 单击 确定 按钮。

(2) 设置行距

行距决定了段落中各行之间的垂直间距。有时文档中的内容不满一页，为了让文档更加美观，可以加大行距和字间距；有时文档的内容刚刚超过一页，下一页中只有一两行文字，这时可以缩小行距，把下一页的内容调到上一页中。默认情况下的行距为单倍行距，各种行距的含义如下。

① 单倍行距：为该行中最大的字号的高度加上一小段附加的间距。

② 1.5 倍行距：为单倍行距的 1.5 倍。
③ 2 倍行距：为单倍行距的 2 倍。
④ 最小值：行距不小于此值，可随字号的变大而自动加大。

注意

行距、段间距、左右缩进的单位可以采用"字符""厘米""行"，只要在输入数值的同时输入单位即可。

⑤ 固定值：行距固定，不会因字号的变化而自动调整，该选项会使各行间距相等。
⑥ 多倍行距：含义与 2 倍行距相同，只是数值可以设置成包含小数的倍数，如 1.1 倍、1.25 倍。

设置行距的操作步骤如下。
① 选定要设置行距的段落。
② 打开"段落"对话框，选择"缩进和间距"选项卡。
③ 单击"行距"框的下拉箭头，在打开的下拉列表中单击需要的行距选项，然后在"设置值"框中输入设定的数值。
④ 单击 确定 按钮。

4. 设置边框和底纹

为了突出某些段落或使它更加醒目，有时需要给段落添加边框和底纹。设置段落边框和底纹的方法与设置字符边框和底纹的方法相似。设置段落边框的方法如下。
① 选定要设置边框的段落。
② 单击"页面布局"选项卡"页面背景"命令组中的"页面边框"按钮，打开"边框和底纹"对话框，选择"边框"选项卡，如图 3.15 所示。
③ 在"边框"选项卡的"设置""样式""颜色""宽度"栏里设定所需参数。
④ 在"应用于"下拉列表中选择"段落"选项。
⑤ 在"预览"框中查看效果，确认后单击 确定 按钮。

设置段落底纹的操作与设置段落边框的操作类似，只是要选择"底纹"选项卡，然后注意选择底纹颜色、图案样式、图案的颜色，在"应用于"下拉列表中选择"段落"选项，预览后单击 确定 按钮。

5. 设置项目符号和编号

项目符号和编号是放在文本前的符号或数字编号。合理使用项目符号和编号，可以使文档的层次结构更清晰、更有条理。有两种设置项目符号和编号的方法。

(1) 输入文本前先进行设置

输入文本前，先选择"开始"选项卡，单击"段落"命令组中的"项目符号"按钮 ≔▾ 右侧的下拉箭头或"编号"按钮 ≔▾ 右侧的下拉箭头，打开"项目符号库"或"编号库"列表框，如图 3.17 和图 3.18 所示。从列表框中选择一种项目符号或者编号，接着输入文本内容，输完一段后按 Enter 键，Word 会在下一段开头自动添加上一段插入的项目符号或依次进行编号。

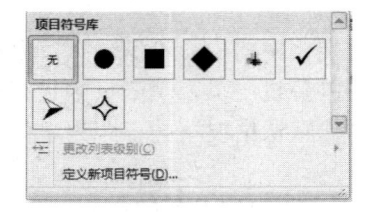

图 3.17 "项目符号库"列表框   图 3.18 "编号库"列表框

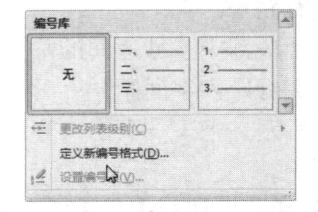

(2) 输入完文本后再插入项目符号或编号

对于已经存在的文本,添加项目符号或编号的操作步骤如下。

① 选定要添加项目符号或编号的段落。

② 打开"项目符号库"或"编号库"列表框,在列表框中单击一种项目符号或者编号。

如果列表框中没有需要的项目符号或编号,则可以单击"定义新项目符号"命令或"定义新编号格式"命令,打开"定义新项目符号"对话框或"定义新编号格式"对话框,如图 3.19 和图 3.20 所示。

在"定义新项目符号"对话框中单击 符号(S)... 按钮,选择新的符号;单击 字体(F)... 按钮,设置项目符号的字体、字号、颜色等,预览后单击 确定 按钮。

在"定义新编号格式"对话框中单击"编号样式"框的下拉箭头,在打开的下拉列表中单击需要的编号样式;单击 字体(F)... 按钮,设置编号的字体、字号、颜色等;在"编号格式"文本框中输入编号的格式,如"1"或"(1)"等。预览后单击 确定 按钮。

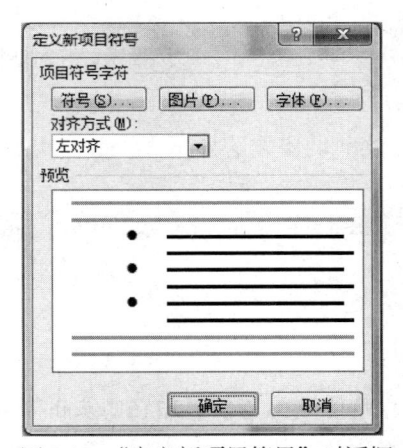

图 3.19 "定义新项目符号"对话框 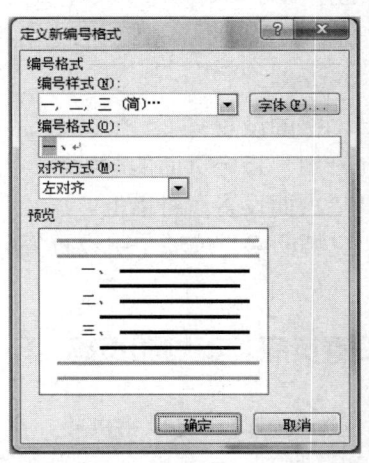   图 3.20 "定义新编号格式"对话框

(3) 取消段落中的项目符号或编号

选定要取消项目符号或编号的段落,然后单击"开始"选项卡"段落"命令组中的"项目符号"按钮右侧的下拉箭头或"编号"按钮右侧的下拉箭头,在下拉列表中单击"无"命令即可。

3.3.3 设置页面格式

在文档的排版过程中,除了字符格式和段落格式,页面格式也非常重要,因为它直接影响文档的整体效果。页面格式设置主要包括纸张大小、页边距、分页和页码等的设置。

1. 设置纸张大小

Word 文档默认的纸张大小为 A4,用户可以自行设置纸张大小,设置方法如下。

① 选择"页面布局"选项卡,单击"页面设置"命令组中的"纸张大小"按钮,在打开的下拉列表里单击需要的纸张大小。如果下拉列表中没有需要的纸张大小,则可单击"其他页面大小"命令,打开"页面设置"对话框,在对话框中选择"纸张"选项卡,如图 3.21

所示。

② 单击"纸张大小"框的下拉箭头，打开下拉列表，单击"自定义大小"命令，然后设定合适的"宽度"和"高度"值，最后单击 确定 按钮。

2. 设置页边距

选择"页面布局"选项卡，单击"页面设置"命令组右下角的"页面设置"按钮，打开"页面设置"对话框。在"页边距"选项卡"页边距"栏的"上""下""左""右"文本框中输入需要的数值；在"装订线位置"下拉列表中选择"左"或"上"选项；在"纸张方向"栏中选择"纵向"或"横向"选项，确认后单击 确定 按钮。

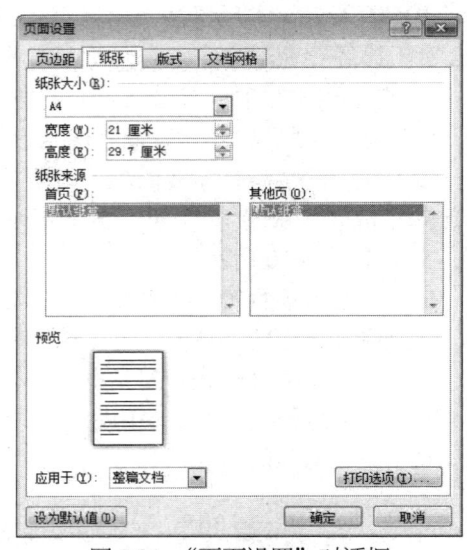

图 3.21 "页面设置"对话框

3. 文档网格的设置

Word 允许用户指定页面的行数和每行的字符数，设置方法如下。

① 打开"页面设置"对话框。

② 在"文档网格"选项卡中设置每页多少行，每行多少字，确认后单击 确定 按钮。

3.3.4 设置页眉、页脚和页码

对文档进行编辑时，可以将页码、文档标题、单位徽标等信息放在每页的顶部或底部，这就是页眉和页脚。

1. 插入页眉、页脚

插入页眉、页脚的方法如下。

① 选择"插入"选项卡，单击"页眉和页脚"命令组中的"页眉"或"页脚"按钮，打开系统内置的"页眉"或"页脚"版式列表，如图 3.22 所示。

② 单击选择一种页眉或页脚版式，系统随之进入页眉或页脚编辑状态，此时可以输入页眉或页脚的内容，功能区中还会自动打开"页眉和页脚工具—设计"选项卡，在此状态下只能编辑页眉或页脚，不能编辑正文内容，要想编辑正文，可以单击"关闭页眉和页脚"按钮或双击编辑区中的正文区域。如果再想编辑页眉或页脚，只要双击页眉区域或页脚区域即可。

如果不想选用内置版式，可以直接单击列表下方的"编辑页眉"或"编辑页脚"命令，进入编辑状态，同时输入页眉或页脚的内容。

可以设置奇偶页不同的页眉或页脚，只要在"页眉和页脚工具—设计"选项卡的"选项"命令组中选中"奇偶页不同"复选框，就可以分别设置奇数页和偶数页的页眉或页脚。

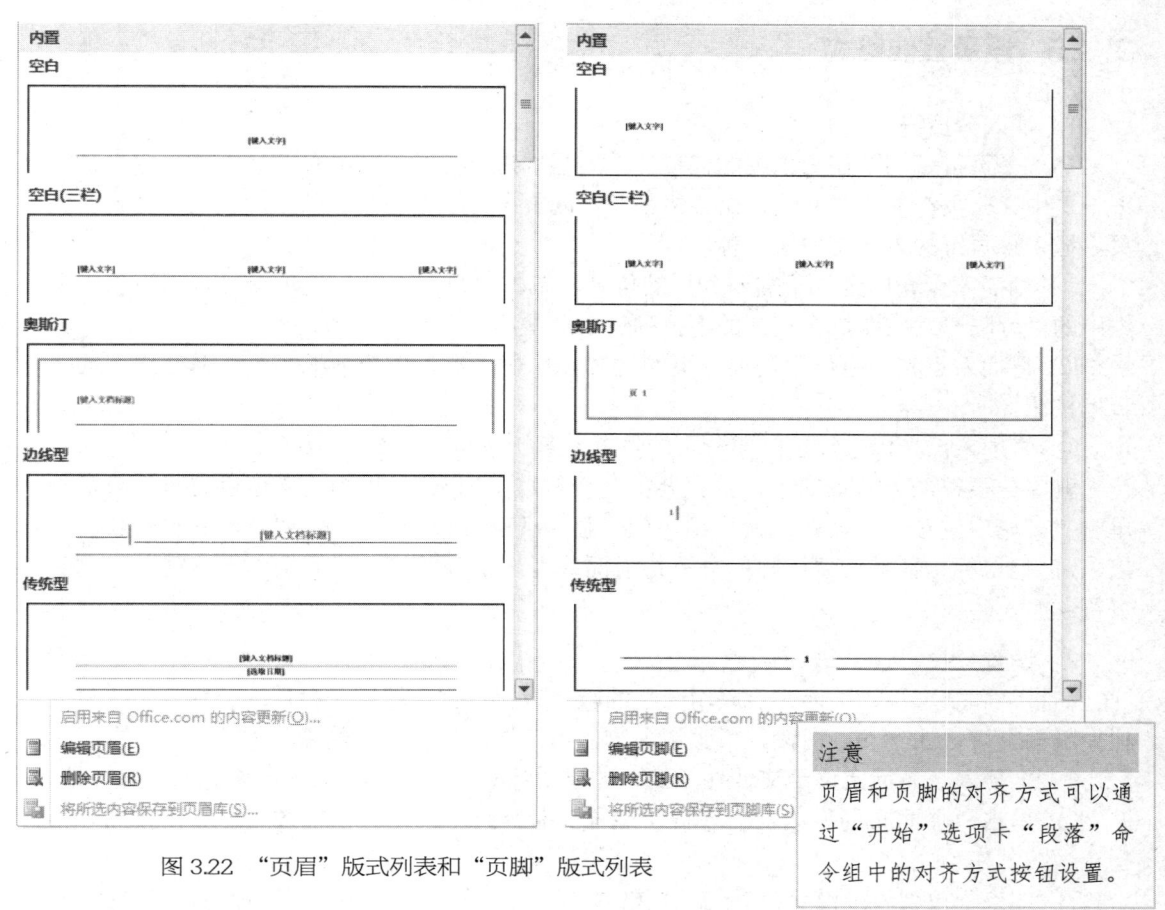

图 3.22 "页眉"版式列表和"页脚"版式列表

注意
页眉和页脚的对齐方式可以通过"开始"选项卡"段落"命令组中的对齐方式按钮设置。

2. 插入页码

页码可以位于页面顶端即页眉处，也可以位于页面底端即页脚处。

插入页码的方法是：选择"插入"选项卡，单击"页眉和页脚"命令组中的"页码"按钮，打开"页码"下拉列表，如图 3.23 所示，在列表里选择页码要插入的位置即可。

插入页码后，还可以修改页码的格式。单击"页码"下拉列表中的"设置页码格式"命令，打开"页码格式"对话框，如图 3.24 所示。在"编号格式"下拉列表中选择编号的样式，在"起始页码"框中输入起始页码，最后单击 确定 按钮。

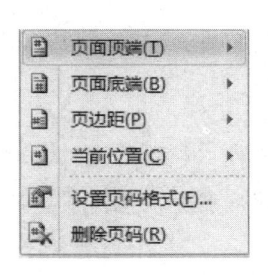

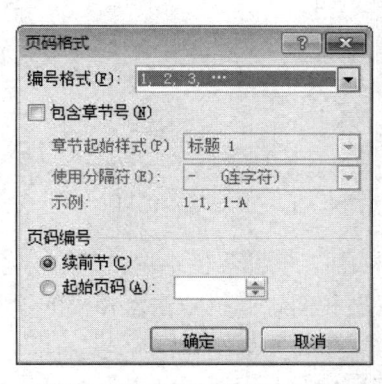

图 3.23 "页码"下拉列表　　图 3.24 "页码格式"对话框

3.3.5 设置其他格式

1. 插入分页符

插入分页符是为了在文档中的任意位置处强制进行分页，使分页符后面的内容自动转到下一页中。分页符前后的文档自始至终都在不同页中，不会随着字体、版式的改变合并为一页。插入分页符的方法有如下 3 种。

① 将插入点光标定位于需要分页的位置，单击"页面布局"选项卡"页面设置"命令组中的"分隔符"按钮，在打开的下拉列表中单击"分页符"命令。

② 将插入点光标定位于需要分页的位置，单击"插入"选项卡"页"命令组中的"分页"按钮。

③ 将插入点光标定位于需要分页的位置，直接按 Ctrl + Enter 组合键。

删除分页符的方法很简单，首先要把分页符显示出来（如果当前文档没有显示分页符，单击"开始"选项卡"段落"命令组中的"显示/隐藏编辑标记"按钮，分页符就会显示出来），把鼠标指针放在要删除的分页符前面或者选中分页符，然后按 Delete 键就可以删除分页符。

2. 设置分栏

在报纸和杂志里，页面一般采用分栏的版式设置，文字填满一栏后才会转到下一栏，分栏使版面变得更加生动、活泼，增强了内容的可读性。设置分栏的操作如下。

① 把插入点光标定位于文档任意处，如果要针对某段落分栏，则需要先选定该段落。

② 单击"页面布局"选项卡"页面设置"命令组中的"分栏"按钮，在下拉列表中选择合适的分栏。

③ 如果下拉列表中没有需要的分栏格式，则可以单击"更多分栏"命令，打开"分栏"对话框，如图 3.25 所示。

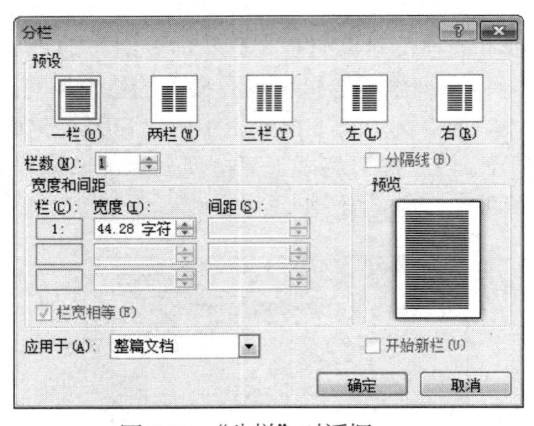

图 3.25 "分栏"对话框

> **注意**
> 如果各栏宽度不同，则需要取消选中"栏宽相等"复选框，并同时分别设置各栏宽度和间距。

④ 在对话框的"预设"栏中单击某个分栏格式，或在"栏数"文本框中输入需要设置的栏数，在"宽度和间距"栏中输入相应的"宽度"值和"间距"值。如果选中"分隔线"复选框，可以设置在栏间显示竖线。

如果单击"预设"栏中的"一栏"选项，则可取消分栏。

3. 设置水印

水印是一种页面背景，可以设置文字水印，也可以设置图片水印。设置水印的方法如下。

① 打开需要添加水印的文档。

② 单击"页面布局"选项卡"页面背景"命令组中的"水印"按钮，在打开的下拉列表中提供了一些内置的水印样式，如"机密""严禁复制"等，直接单击某一种样式即可在文档中设置此水印。如果内置的水印样式不合乎需要，则可单击"自定义水印"命令，打开"水印"对话框，如图 3.26 所示，然后在"水印"对话框中定制自己的水印。

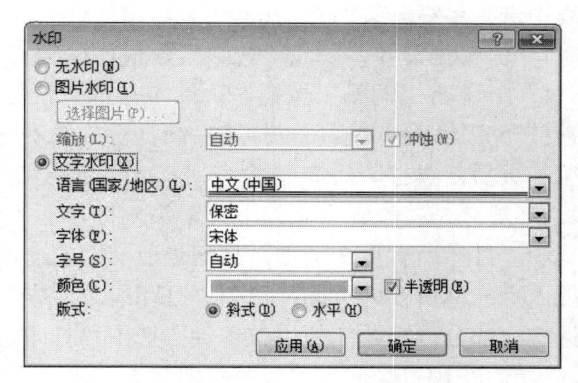

图 3.26 "水印"对话框

③ 在"水印"对话框中可以进行以下操作。

❖ 选中"文字水印"单选按钮。在"文字"下拉列表中选择所需的文字或者直接在其后的文本框中输入想要的文字，并设置好"字体""字号""颜色"和"版式"，完成文字水印的设置。

❖ 选中"图片水印"单选按钮，单击 选择图片(P)... 按钮，打开"插入图片"对话框。选择要设置为水印的图片后单击 插入(S) 按钮，返回"水印"对话框。再设置"缩放"格式，以及选中（或取消选中）"冲蚀"复选框。

注意

如果要去掉水印，则可在"水印"按钮的下拉列表中单击"删除水印"命令。

④ 单击 确定 按钮，完成文字水印或图片水印的设置。

4. 设置页面颜色

页面颜色是文档页面背景显示的颜色或图案，用于丰富页面显示效果，设置页面颜色的方法如下。

① 单击"页面布局"选项卡"页面背景"命令组中的"页面颜色"按钮，在打开的下拉列表中选择"主题颜色"或"标准色"中的特定颜色。

如果"主题颜色"和"标准色"中显示的颜色无法满足用户需要，可以单击"其他颜色"命令，在打开的"颜色"对话框中选择"自定义"选项卡，在其中选择合适的颜色。

除了设置单一颜色，还可以在"页面颜色"按钮的下拉列表中单击"填充效果"命令，打开"填充效果"对话框，在对话框中设置渐变颜色、图案、纹理或图片等填充效果。

② 设置完毕后单击 确定 按钮。

3.3.6 打印文档

文档编辑完成后经常需要打印到纸上，Word 提供了文档打印功能，在进行打印操作的同时，可以预览打印效果。打印文档的方法如下。

① 选择"文件"选项卡，单击"打印"命令，打开"打印"面板。

② 在"打印"面板中单击"打印机"按钮右侧的下拉箭头，打开下拉列表，在下拉列

表中选择系统安装的打印机。

③ 根据需要，修改"份数"数值，以确定打印多少份文档。

④ 单击"调整"按钮右侧的下拉箭头，打开下拉列表，如果选中"调整"选项，将完整打印完第 1 份文档后再打印后续几份；如果选中"取消排序"选项，则打印完每份文档的第 1 页后，再打印后续页。

⑤ 单击"设置"项的下拉箭头，打开下拉列表，可以在列表中选择要打印的页码范围：选中"打印所有页"选项，打印当前文档的全部页面；选中"打印当前页面"选项，只打印插入点光标所在的页面；选中"打印所选内容"选项，只打印选定的文档内容，但事先必须选定一部分内容才能使用该选项；选中"打印自定义范围"选项，则打印文档中指定的页。

⑥ 在预览区域可以预览打印效果，确定无误后单击"打印"按钮正式打印。

3.4 Word 2010 的图文混排

用户可以在 Word 文档中插入各种图形、图片、艺术字、文本框、图表等，还可以直接利用 Word 提供的绘图工具在文档中绘制图形，实现图文并茂的效果。通过图片与文字的混合编排，可以制作一个图文混排的文档。

本节主要介绍怎样在文档中插入图片与设定图片格式，怎样绘制图形、应用文本框、设置艺术字，以及如何插入 SmartArt 图形。

3.4.1 嵌入型格式与浮动型格式图片对象

Word 中的图片对象分两种格式：一种是嵌入型，嵌入型图片作为一个字符对象处理，它和输入的文字一样，可以进行排版，但是不能与其他图片组合；另一种是浮动型，可以用鼠标拖动的方式随便改变浮动型图片的位置，还可以把它置于字符上方、下方或实现穿越、环绕等效果，也能让它与其他图片进行组合并能调整其上下叠放次序。

3.4.2 插入与设置各种图片对象

1. 插入剪贴画

Word 的剪贴库中提供了各种样式的剪贴画，用户可以很容易地把它们插入到文档中。插入剪贴画的操作方法如下。

① 把插入点光标定位于要插入剪贴画的位置，单击"插入"选项卡"插图"命令组中的"剪贴画"按钮，打开"剪贴画"任务窗格，如图 3.27 所示。

② 在"搜索文字"文本框中输入要搜索的剪贴画关键词，然后单击 搜索 按钮，即可搜索出一系列符合关键词的剪贴画。

③ 单击搜索出的合适的剪贴画，剪贴画就会插入到文档中。

2. 插入图片

在文档中不仅可以插入剪贴画,还可以插入用户利用其他绘图程序制作的图片,或是从网络上下载的图片,或是用数码相机、手机拍摄的保存在磁盘中的图片。

插入图片的方法是:选择"插入"选项卡,单击"插图"命令组中的"图片"按钮,打开"插入图片"对话框,在对话框中单击要插入的图片文件,然后单击 插入(S) 按钮。

3. 设置图片格式

图片插入到文档中后,用户可以根据实际需要重新设置图片格式,方法如下。

(1) 改变图片的环绕方式

刚插入的图片一般以嵌入方式插入在文档中,要改变其环绕方式,应该先选中该图片,然后在"图片工具—格式"选项卡中单击"排列"命令组中的"自动换行"按钮,打开如图 3.28 所示的下拉列表,从下拉列表中选择图片与文字的环绕方式。

注意

图片与文字的环绕方式除了嵌入型格式,还有如下几种格式(这几种格式都是浮动型格式)。

四周型环绕:不管图片是否为矩形图片,文字都以包围矩形的方式环绕在图片四周。

紧密型环绕:如果图片是矩形图片,则文字以包围矩形的方式环绕在图片周围;如果图片是不规则图片,则文字紧密环绕在图片周围。

衬于文字下方:图片在下、文字在上分为两层,文字将覆盖图片。

浮于文字上方:图片在上、文字在下分为两层,图片将覆盖文字。

上下型环绕:文字环绕在图片上方和下方。

穿越型环绕:文字可以穿越不规则图片的空白区域环绕图片。

图 3.27 "剪贴画"任务窗格   图 3.28 "自动换行"按钮的下拉列表

(2) 改变图片的大小和位置

单击选中图片,图片周围会出现 8 个控制方块。把鼠标指针移到这 8 个控制方块上,鼠标指针就会变成水平、垂直或斜对角的双向箭头形状,这时按住鼠标左键拖动鼠标可以改变图片的大小。把鼠标指针移到图片上,鼠标指针变成 ✣ 形状,这时按住鼠标左键拖动鼠标,可以改变图片的位置。

如果要设置图片的精确位置和大小,则需要在图片上右击,在弹出的快捷菜单中单击"大小和位置"命令，打开"布局"对话框，如图 3.29 所示。选择"位置"和"大小"选项卡，在其中相应的文本框中输入数值来确定图片的位置和大小。

（3）设置图片样式

图片样式包括颜色、边框、渐变、形状和底纹等多种效果，用户可以使用它们快速设置图片样式。设置图片样式的方法如下。

单击选中图片，这时功能区中会出现"图片工具—格式"选项卡。在这个选项卡中，单击"图片样式"命令组中的某个内置样式，即可为图片设置相应的样式。如果没有合适的样式，可以单击"图片边框"和"图片效果"按钮，从打开的下拉列表中选择需要的边框和效果样式等。

图 3.29 "布局"对话框

（4）调整图片色彩

选中图片后，在"图片工具—格式"选项卡的"调整"命令组中单击"更正"、"颜色"或"艺术效果"按钮，选择合适的选项，即可调整图片的亮度、对比度和颜色等。

（5）裁剪图片

插入到文档中的图片，有时并不完全符合要求，如果要保留图片的一部分，就要对图片进行裁剪。这里的裁剪并不是真正删除被裁剪的内容，只是把不需要显示的部分给隐藏起来，如果对裁剪效果不满意，还可以再次利用裁剪工具，把图片还原回来。裁剪图片的方法如下。

选中图片，单击"图片工具—格式"选项卡"大小"命令组中的"裁剪"按钮，这时图片四周的 8 个控制方块上就出现了 8 个黑色线段。把鼠标指针移到 8 个线段上，按住鼠标左键向内拖动鼠标到裁剪的位置，松开鼠标即可完成图片的裁剪。

（6）删除图片背景

使用删除背景功能可以轻松去除图片的背景。删除背景的操作方法如下。

① 选中要删除背景的图片。

② 单击"图片工具—格式"选项卡"调整"命令组中的"删除背景"按钮，在功能区打开"背景消除"选项卡，如图 3.30 所示。

③ 此时图片进入编辑状态，图片上出现矩形边框，拖动矩形边框四周上的控制方块，可以框选出最终要保留的图片区域。

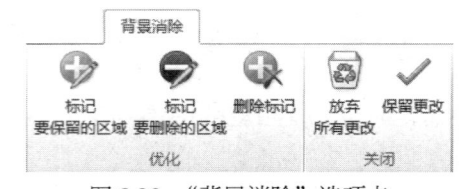

图 3.30 "背景消除"选项卡

④ 完成图片区域的选定后，单击"背景清除"选项卡"关闭"命令组中的"保留更改"按钮，或直接单击图片以外的区域，即可去除图片背景并保留矩形框起的部分。

4. 绘制图形

Word 2010 允许直接在文档中绘制图形，但是绘制的图形只有在页面视图和 Web 版式视图下才能编辑，所以要绘制图形，必须先切换到页面视图或 Web 版式视图。

绘制图形的方法是：单击"插入"选项卡"插图"命令组中的"形状"按钮，在打开的下拉列表中单击需要的图形，然后在文档中的合适位置按住鼠标左键拖动鼠标，即可绘制出对应的图形。

绘制好的图形，可以进行修饰、添加文字、组合等设置。设置图形格式的方法如下。

(1) 设置图形颜色、线条、三维效果

选中图形，在"绘图工具—格式"选项卡中单击"形状样式"命令组右下角的"设置形状格式"按钮，打开"设置形状格式"对话框，如图 3.31 所示。在这个对话框中，可以设置图形的"线条颜色""线型""三维格式""阴影"等效果。

(2) 组合多个图形

绘制了多个简单图形后，可以把这几个图形组合在一起成为一个整体(也可以把浮动型图片组合在一起)，这时再移动图形，调整其大小时，就不会改变组成这个图形的

图 3.31 "设置形状格式"对话框

各个小图形的相对位置和大小比例。组合图形的方法如下。

按住 Ctrl 键的同时，单击各个独立的图形，同时选中它们，然后单击"绘图工具—格式"选项卡"排列"命令组中的"组合"按钮，在打开的下拉列表中单击"组合"命令。

图 3.32 显示的是图形组合前和组合后的情况。组合后的图形成为一个整体，可以整体改变其位置、大小或方向。

当组合后的图形不再需要组合时，只要选中该图形，然后单击"绘图工具—格式"选项卡"排列"命令组中的"组合"按钮，在打开的下拉列表中单击"取消组合"命令即可。

(3) 调整图形的叠放顺序

当绘制的多个图形重叠在一起时，最近绘制的图形会覆盖其他图形。如果要更改图形的叠放顺序，可以选中某个图形，单击"绘图工具—格式"选项卡"排列"命令组中的"上移一层"按钮或"下移一层"按钮右侧的下拉箭头，在打开的下拉列表中单击"上移一层"、"置于顶层"或"下移一层"、"置于底层"命令。

图 3.33 显示的是位于第一层的十字星下移一层前和下移一层后的效果。

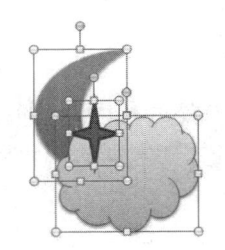

图 3.32 图形组合前和组合后的情况　　　　图 3.33 改变图形叠放顺序示例图

(4) 在图形中添加文字

绘制了封闭图形后，可以在其中添加文字，并且添加的文字还可以利用"绘图工具—格

式"选项卡的"艺术字样式"命令组中的按钮设置格式。

在图形中添加文字的方法是：右击图形，在弹出的快捷菜单中单击"添加文字"命令，这时插入点光标定位在图形内，就可以输入文字了。输入的文字也可以像设置文档中的文字一样设置格式。

5. 使用艺术字

有时需要在文档中插入非常大的文字，而且文字需要有不同的样式和格式，这时可以使用 Word 的"艺术字"功能。艺术字实际上是图形对象，用户可以像改变图形一样对艺术字进行修饰。

（1）插入艺术字

插入艺术字的操作步骤是：单击"插入"选项卡"文本"命令组中的"艺术字"按钮，在打开的下拉列表中单击合适的艺术字样式，这时文档中将自动插入含有默认文字"请在此放置您的文字"的编辑框，在编辑框中输入相应的艺术字文本内容即可。

（2）编辑艺术字

编辑艺术字的操作方法是：单击要编辑的艺术字，选择"绘图工具—格式"选项卡，选项卡中显示若干编辑艺术字的按钮。

① 使用"形状样式"命令组中的按钮，可以设置整个艺术字的样式，并可以设置艺术字的形状填充、形状轮廓及形状效果。

② 使用"艺术字样式"命令组中的按钮，可以对艺术字中的文字进行填充、轮廓及文本效果设置。

③ 使用"文本"命令组中的按钮，可以对艺术字文字进行链接、文字方向、对齐文本等设置。

④ 使用"排列"命令组中的按钮，可以设置艺术字的排列顺序、环绕方式、旋转及组合。

⑤ 使用"大小"命令组中的按钮，可以设置艺术字的宽度和高度。

6. 应用文本框

Word 中的文本框是一种可移动、可调大小的文字或图形容器。使用文本框，可以在一页上放置数个文字块，或使文字按与文档中其他文字不同的方向排列。文本框也可以看作是图形对象，采用文本框可以使文档版面更加美观大方。

（1）绘制文本框

单击"插入"选项卡"文本"命令组中的"文本框"按钮，在打开的下拉列表中选择合适的文本框，也可以选择"绘制文本框"命令并按住鼠标左键拖动绘制文本框。

（2）设定文本框格式

选中要设置格式的文本框，在"绘图工具—格式"选项卡中有若干设置文本框格式的按钮。

① 在"形状样式"命令组中，可以修改文本框的样式，并可以设置文本框的形状填充、形状轮廓及形状效果。

② 在"艺术字样式"命令组中，可以对文本框中的文字设置填充、轮廓及文本效果。

③ 在"文本"命令组中，可以对文本框中的文字设置链接、文字方向、对齐文本等。

④ 在"排列"命令组里，可以设置文本框的排列顺序、环绕方式、旋转及组合。

⑤ 在"大小"命令组里，可以设置文本框的宽度和高度。

3.4.3 SmartArt 图形

在 Word 2010 中，借助 SmartArt 图形功能，用户可以在文档中插入丰富多彩、表现力丰富的 SmartArt 示意图。

如果文档中已经包含图片，则可以像处理文本一样，将这些图片快速转换为 SmartArt 图形。

1. 插入 SmartArt 图形

插入 SmartArt 图形的操作方法如下。

① 打开需要插入 SmartArt 图形的文档。

② 将插入点光标定位于需要插入 SmartArt 图形的位置，然后单击"插入"选项卡"插图"命令组中的"SmartArt"按钮，打开"选择 SmartArt 图形"对话框，如图 3.34 所示。

③ 在对话框的"列表"框里单击一种样式，然后单击 确定 按钮，即可在文档中插入相应的图形。

④ 在插入的 SmartArt 图形中单击文本占位符，输入合适的文字。

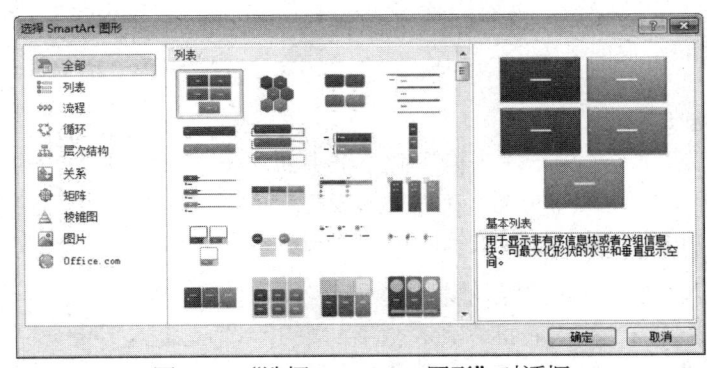

图 3.34 "选择 SmartArt 图形"对话框

2. 修改 SmartArt 图形形状

修改 SmartArt 图形形状的操作方法如下。

① 选中需要修改形状的 SmartArt 图形，功能区中出现"SmartArt 工具—设计"和"SmartArt 工具—格式"选项卡。

② 选择"SmartArt 工具—格式"选项卡，单击"形状"命令组中的"更改形状"按钮，在打开的下拉列表中选择需要的形状，即可更改所选图形的形状。

3. 修改 SmartArt 图形样式

修改 SmartArt 图形样式的操作方法如下。

① 选中需要修改样式的 SmartArt 图形。

② 选择"SmartArt 工具—格式"选项卡，单击"形状样式"命令组中的"其他"按钮，在打开的下拉列表中选择需要的样式。如果下拉列表中没有合适的样式，则可以单击"形状填充""形状轮廓""形状效果"按钮，进行相应的设置。

4. 将文档中已有图片转换成 SmartArt 图形

把文档中已有图片转换成 SmartArt 图形的操作方法如下。

① 选中要转换的图片，如果要选中多个图片，可以在按住 Ctrl 键的同时分别单击各个图片。

② 选择"图片工具—格式"选项卡，单击"图片样式"命令组中的"图片版式"按钮，在打开的下拉列表中单击需要的 SmartArt 图形样式。

③ 在转换后的 SmartArt 图形的文本占位符中输入相应的文字。

3.5 Word 2010 的表格操作

表格是 Word 文档中经常用到的一个重要组成部分，利用表格可以让文档内容变得更加直观、明了。使用 Word 不仅可以在文档中快速建立空白表格，还可以将文字转换成表格，并能够对表格进行美化，对表格数据进行数值计算和排序。

本节主要介绍在 Word 文档中建立表格、将文字转换成表格、设置表格格式、用公式对表格数据进行计算，以及对表格数据排序的方法。

3.5.1 创建表格

1. 使用网格创建表格

选择"插入"选项卡，单击"表格"命令组中的"表格"按钮，打开"插入表格"列表框，如图 3.35 所示。按住鼠标左键，在"插入表格"列表框的网格内，自左上角向右下角拖动鼠标，确定行数和列数后，松开鼠标即可在文档中创建表格。

2. 使用"插入表格"对话框创建表格

在如图 3.35 所示的"插入表格"列表框中，单击"插入表格"命令，打开"插入表格"对话框，如图 3.36 所示。在对话框的"列数"和"行数"文本框中分别输入所建表格的列数和行数，单击 确定 按钮，就可在文档中创建表格。

图 3.35 "插入表格"列表框　　图 3.36 "插入表格"对话框

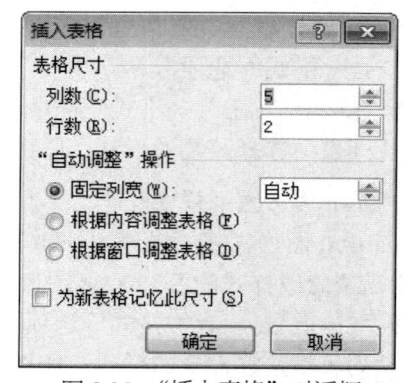

3. 绘制表格

打开如图 3.35 所示的"插入表格"列表框后，单击"绘制表格"命令，鼠标指针变成笔的形状 ∅。在编辑区中按住鼠标左键拖动鼠标，可以绘制出表格外框，松开鼠标后，会自动开启"表格工具—设计"选项卡。在选项卡中设置框线的"线型""粗细""颜色",然后再在表格外框内用设置好的线型分别绘制水平横线和垂直竖线。

如果想要擦除表格线,可以单击"表格工具—设计"选项卡"绘图边框"命令组中的"擦除"按钮。鼠标指针会变成橡皮擦的形状,在要擦除的表格线上单击,即可擦除不需要的表格线。

4. 将文字转换成表格

如果用户在建立表格之前,已经把表格的内容输入完了,并利用制表符、空格等分隔符将各行各列的内容进行了划分,这时可以利用"将文字转换成表格"功能创建表格。

将文字转换成表格的操作方法如下。

① 选定要转换成表格的文字。

② 打开如图 3.35 所示的"插入表格"列表框,单击"文本转换成表格"命令,打开"将文字转换成表格"对话框,如图 3.37 所示。

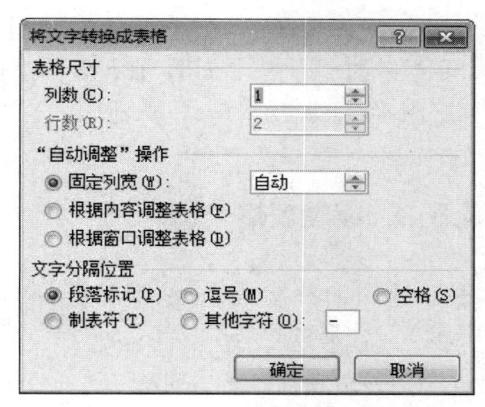

图 3.37 "将文字转换成表格"对话框

③ 在"列数"文本框中输入需要转换的列数,也可以不设置,采用默认值。

④ 在"文字分隔位置"栏中选中原来的文字中使用的分隔符。

⑤ 单击 确定 按钮,即可把选定的文字转换成表格。

5. 插入快速表格

打开如图 3.35 所示的"插入表格"列表框,单击"快速表格"命令,打开"快速表格"下拉列表,从中选择一种适合的表格形式,即可在文档中创建这种样式的表格。

6. 输入文字

在表格中输入文字,只要把插入点光标定位于要输入内容的单元格内,直接输入内容即可。输入完成后,再利用鼠标或按 Tab 键将插入点光标移动到其他单元格中继续输入内容。要删除单元格内容,可以使用 Delete 键或 BackSpace 键。当然还可以对文本进行复制或移动操作,这与前面讲到的文本复制、移动操作一样。

3.5.2 选定表格对象

1. 选定整个表格

选定整个表格有以下两种方法。

① 把鼠标指针移到表格左上角的移动控制点 处单击,可选定整个表格。

② 把插入点光标定位于表格中任一个单元格中,单击"表格工具—布局"选项卡"表"命令组中的"选择"按钮,在打开的下拉列表中单击"选择表格"命令,可选定整个表格。

2. 选定行或列

选定行或列有以下 3 种方法。

① 把鼠标指针移到表格左侧的待选定栏,将鼠标指针指向要选定的行,单击可选定一

行；按住鼠标左键向上或向下拖动鼠标可选定多行；把鼠标指针移到表格上方的边框线上，指向要选定的列，当鼠标指针变成↓形状时单击，可选定一列；按住鼠标左键向左或向右拖动鼠标可选定多列。

② 如果要选定不连续的多行(或列)，则需要在按住 Ctrl 键后，按上面的叙述，依次单击要选定的多个不连续的行(或列)。

③ 把插入点光标定位于要选定的行(或列)内，单击"表格工具—布局"选项卡"表"命令组中的"选择"按钮，在打开的下拉列表中单击"选择行"(或"选择列")命令，可以选定插入点光标所在的行(或列)。

3.5.3 编辑表格

创建了表格后，还可以对表格进行编辑、修改。例如，设置表格的行高、列宽，在表格中插入、删除行和列，合并、拆分单元格，对表格边框进行设置，为表格添加底纹等。

1. 设置表格行高与列宽

在表格中输入文字后，Word 会根据文字内容的多少自动调整行高与列宽，也可以根据自己的需要来设置行高与列宽。

(1) 使用鼠标拖动的方式调整列宽

使用鼠标拖动的方式调整列宽的操作步骤如下。

① 把鼠标指针指向要调整列宽的单元格边线上，这时鼠标指针变成双向箭头形状。

② 按住鼠标左键拖动鼠标，会出现一条竖直虚线，当竖直虚线移动到合适位置时松开鼠标，列宽即调整完成。这时所调整列的相邻一列的宽度也会发生改变。

(2) 使用鼠标拖动的方式调整行高

使用鼠标拖动的方式调整行高的操作步骤如下。

① 把鼠标指针指向要调整行高的单元格下框线上，这时鼠标指针变成双向箭头形状。

② 按住鼠标左键拖动鼠标，会出现一条水平虚线，当水平虚线移动到合适位置时松开鼠标，行高即调整完成。调整行高只会改变所调整一行的行高，对其他行没有影响。

(3) 使用"表格工具—布局"选项卡调整行高或列宽

使用"表格工具—布局"选项卡调整行高或列宽的操作方法如下。

① 选定要调整高度或宽度的行或列。

② 在"表格工具—布局"选项卡"单元格大小"命令组中的"高度"文本框中输入合适的数值，即可完成行高调整；在"宽度"文本框中输入合适的数值，即可完成列宽调整。

(4) 平均分布行与列

单击"表格工具—布局"选项卡"单元格大小"命令组中的"分布行"或"分布列"按钮，可以使各行行高相同或各列列宽相同。

(5) 自动调整表格大小

把插入点光标定位于表格中，单击"表格工具—布局"选项卡"单元格大小"命令组中的"自动调整"按钮，在打开的下拉列表中单击"根据内容自动调整表格"或"根据窗口自动调整表格"命令。

使用"根据内容自动调整表格"命令，可以根据表格中内容的多少自动调整表格的高和宽。

使用"根据窗口自动调整表格"命令,可以根据页面大小自动调整表格的高和宽。

2. 插入或删除行、列、单元格

(1) 插入行与列

选定一行(或多行),单击"表格工具—布局"选项卡"行和列"命令组中的"在上方插入"或"在下方插入"命令,即可在选定行的上方或下方插入一行(或多行)。

选定一列(或多列),单击"表格工具—布局"选项卡"行和列"命令组中的"在左侧插入"或"在右侧插入"命令,即可在选定列的左侧或右侧插入一列(或多列)。

(2) 删除行或列

选定要删除的行或列,单击"表格工具—布局"选项卡"行和列"命令组中的"删除"按钮,在打开的下拉列表中单击"删除行"或"删除列"命令。

(3) 插入单元格

选定一个或多个单元格,单击"表格工具—布局"选项卡"行和列"命令组右下角的"表格插入单元格"按钮,打开"插入单元格"对话框,如图 3.38 所示。选中某个单选按钮后,单击 确定 按钮,即可在表格中插入单元格。各单选按钮的含义如下。

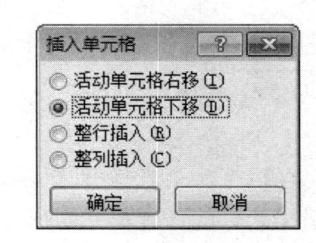

图 3.38 "插入单元格"对话框

① "活动单元格右移"单选按钮:在选定的单元格左侧插入新的单元格。

② "活动单元格下移"单选按钮:在选定的单元格上方插入新的单元格。

③ "整行插入"单选按钮:在选定的单元格上方插入一行。

④ "整列插入"单选按钮:在选定的单元格左侧插入一列。

(4) 删除单元格

选定要删除的单元格,单击"表格工具—布局"选项卡"行和列"命令组中的"删除"按钮,在打开的下拉列表中单击"删除单元格"命令,打开"删除单元格"对话框,如图 3.39 所示。选中某个单选按钮后,单击 确定 按钮,即可在表格中删除选定的单元格。各单选按钮的含义如下。

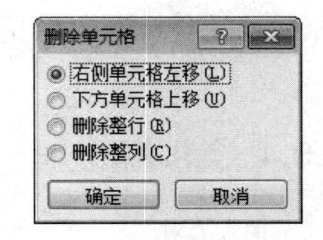

图 3.39 "删除单元格"对话框

① "右侧单元格左移"单选按钮:被删除单元格右侧的单元格移动到被删除的单元格处。

② "下方单元格上移"单选按钮:被删除单元格下方的单元格移动到被删除的单元格处。

③ "删除整行"单选按钮:删除选定单元格所在的行。

④ "删除整列"单选按钮:删除选定单元格所在的列。

(5) 删除表格

选定要删除的表格,单击"表格工具—布局"选项卡"行和列"命令组中的"删除"按钮,在打开的下拉列表中单击"删除表格"命令。

3. 合并和拆分单元格

我们在工作或生活中经常会使用结构比较复杂的表格,这时就要用到单元格的拆分与合并操作。

(1) 合并单元格

合并单元格的原则是合并相邻的两个或多个单元格，操作方法如下。

① 选定相邻的单元格区域。

② 单击"表格工具—布局"选项卡"合并"命令组中的"合并单元格"按钮，即可把选定的单元格合并成一个单元格。

(2) 拆分单元格

拆分单元格是将一个单元格拆成两个或多个单元格，操作方法如下。

① 选定要拆分的一个或多个单元格。

② 单击"表格工具—布局"选项卡"合并"命令组中的"拆分单元格"按钮，打开"拆分单元格"对话框，如图 3.40 所示。在对话框中输入要拆分的列数和行数，单击 确定 按钮。

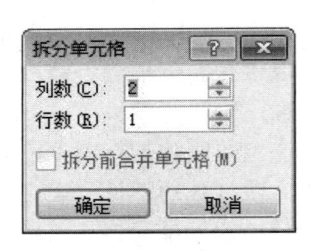

图 3.40 "拆分单元格"对话框

4. 拆分表格

可以把一个表格拆分成多个表格。拆分表格的方法是：先把插入点光标定位于拆分后的新表格第一行的任一单元格内，然后单击"表格工具—布局"选项卡"合并"命令组中的"拆分表格"按钮。

如果要将上下相邻的两个表格合并成一个表格，只要删除两个表格之间的回车符即可。

5. 重复表格标题行

当一个表格的长度超过一页时，在后续页的续表中可以设置重复表格的标题行，操作方法如下。

① 选定表格开始页的表格标题行。

② 单击"表格工具—布局"选项卡"数据"命令组中的"重复标题行"按钮。

3.5.4 美化表格

有时需要对已经建立好的表格进行美化，包括添加边框、设置底纹、设置文本对齐方式等。

1. 表格样式

表格样式是一组事先设置了边框、底纹、字体、对齐方式等格式的表格模板。Word 2010 中提供了多种适用于不同用途的表格样式，借助这些表格样式可以快速地格式化表格，达到美化表格的目的。

单击表格中的任一单元格，再单击"表格工具—设计"选项卡"表格样式"命令组中的"其他"按钮 ，在打开的下拉列表中单击某个样式，就可以把表格设置成该样式。

2. 设置边框和底纹

设置边框和底纹的操作方法如下。

① 选定需要设置边框和底纹的表格区域。

② 在"表格工具—设计"选项卡的"绘图边框"命令组中，单击"笔样式"框、"笔画粗细"框或"笔颜色"按钮右侧的下拉箭头，打开下拉列表，使用其中的命令可以设置表

格边框线的样式、粗细和颜色。

③ 单击"表格样式"命令组"边框"按钮右侧的下拉箭头，在打开的下拉列表中单击要添加的边框类型，就可以给表格的选定区域设置上边框了。

④ 单击"表格样式"命令组"底纹"按钮右侧的下拉箭头，在打开的下拉列表中单击需要的颜色，就可以给表格的选定区域设置上底纹。

3. 表格对齐方式

文档中插入的表格默认靠页面左端对齐，可以通过"表格属性"对话框调整表格的对齐方式，操作方法如下。

① 将插入点光标定位于表格中。

② 单击"表格工具—布局"选项卡"表"命令组中的"属性"按钮，打开"表格属性"对话框，如图 3.41 所示。

③ 在对话框的"表格"选项卡中，单击"对齐方式"栏中相应的对齐方式。

④ 单击 确定 按钮。

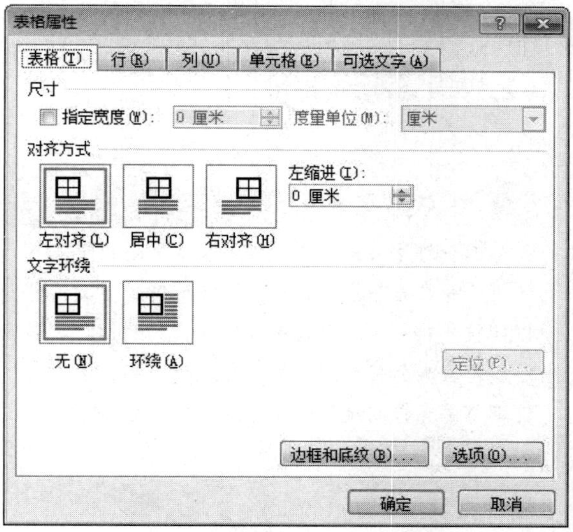

图 3.41 "表格属性"对话框

4. 表格内容对齐方式

对表格中的文本内容也可以设置其在单元格中的对齐方式，包括水平方向和垂直方向的对齐方式，操作方法如下。

① 选定要设置对齐方式的单元格区域。

② 单击"表格工具—布局"选项卡"对齐方式"命令组中的 9 个文本对齐按钮，可以设置文本在单元格中的对齐方式。这 9 个按钮 、 、 、 、 、 、 、 、 分别表示靠上两端对齐、靠上居中对齐、靠上右对齐、中部两端对齐、水平居中、中部右对齐、靠下两端对齐、靠下居中对齐、靠下右对齐。

5. 绘制斜线表头

绘制斜线表头的操作步骤如下。

① 把插入点光标定位在要绘制斜线表头的单元格中。

② 在"表格工具—设计"选项卡的"绘图边框"命令组中，设置线条样式、线条粗细和线条的颜色。

③ 单击"表格样式"命令组中"边框"按钮右侧的下拉箭头，在打开的下拉列表中单击"斜下框线"或"斜上框线"命令。

6. 设置单元格边距

如果单元格的内容很多而受页面限制单元格不能太大，或者要求单元格尽可能小，这时可以通过缩小单元格边框与内容的距离尽可能多地输入内容。例如，一般情况下单元格都有回车符标记，这个回车符删除不了，使得单元格内容和边框总有一定的距离，通过设置单元格边距可以消除这段距离。设置单元格边距的操作步骤如下。

① 选定需要缩小单元格边距的单元格。

② 单击"表格工具—布局"选项卡"对齐方式"命令组中的"单元格边距"按钮，打开"表格选项"对话框，如图 3.42 所示。

③ 设置左、右边距为 0 厘米。

④ 单击 确定 按钮。

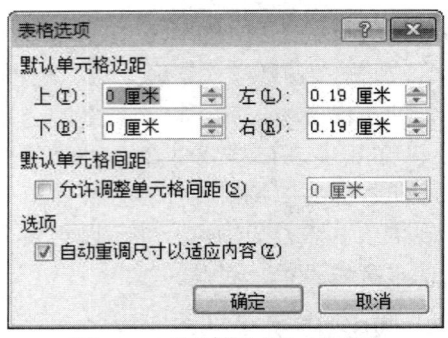

图 3.42 "表格选项"对话框

注意

如果选中对话框中的"允许调整单元格间距"复选框，并在右侧文本框中输入合适的数值，就可以使彼此相邻的单元格的间距变大。例如，设置会议座次表所需要用的表格时，就需要选中"允许调整单元格间距"复选框，效果如表 3.2 所示。

表 3.2 会议座次表

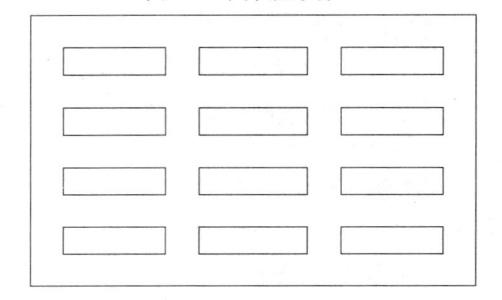

3.5.5 表格数据的计算与排序

Word 对表格中的数据具有一定的计算和排序功能，它虽然不能与电子表格软件的计算能力相比，但是利用它做一些简单的计算和排序还是比较方便的。

1. 计算

Word 表格的计算主要是求和、求平均值，计算方法如下。

① 把插入点光标定位在表格里要存放计算结果的单元格中。

② 单击"表格工具—布局"选项卡"数据"命令组中的"公式"按钮，打开"公式"对话框，如图 3.43 所示。

③ 在"公式"文本框中，系统会根据表格中的数据和当前单元格所在位置自动推荐一个公式(如"=SUM(ABOVE)")，表示计算当前单元格上方单元格中的数据之和。用户可以单击"粘贴函数"框的下拉箭头，从打开的下拉列表中选择需要的函数(如求平均值函数 AVERAGE、计数函数 COUNT)等。函数括号内的参数包括 4 种：左侧(LEFT)、右侧(RIGHT)、下方(BELOW)和上方(ABOVE)。

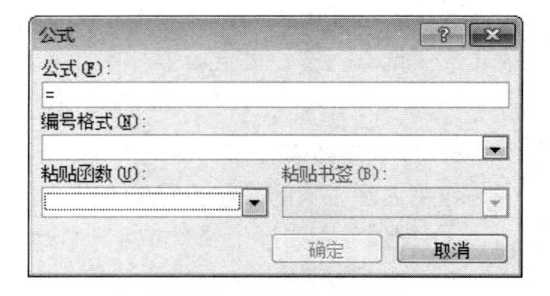

图 3.43 "公式"对话框

④ 在"编号格式"框中设置计算结果的格式，如果不设置则采用默认格式。

⑤ 单击 确定 按钮。

2. 排序

Word 表格可以按照数字、英文字母、中文笔画、中文拼音或日期对表格数据进行排序。下面以数字的排序为例说明操作方法。

① 选定排序范围（整个表格或是选取其中几行或几列）。

② 单击"表格工具—布局"选项卡"数据"命令组中的"排序"按钮，打开"排序"对话框，如图3.44所示。

③ 在"列表"栏中，选中"有标题行"或"无标题行"单选按钮。

④ 在"主要关键字"栏中，设置排序依据的列、"类型"（数字、拼音、笔画、日期），选中"升序"或"降序"单选按钮。

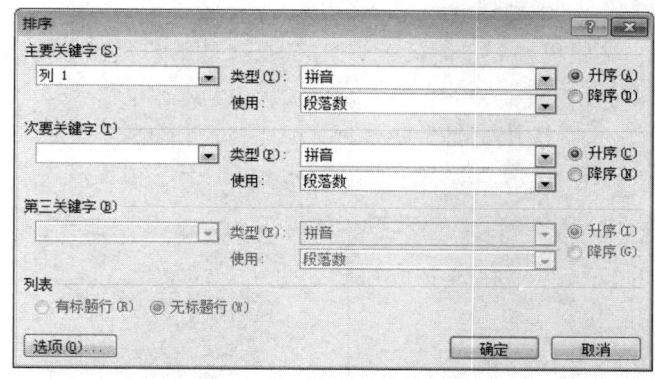

图 3.44 "排序"对话框

⑤ 如果还有次要的关键字，则需要在"次要关键字""第三关键字"栏中进行同样的设置。

⑥ 单击 确定 按钮。

3.6 Word 2010 的高级应用

在用 Word 建立和编辑文档的过程中，除了可以进行基本的文字编辑、图文混排、表格编辑，还可以使用样式、插入目录、制作封面、插入数学中用到的公式等功能编辑文档。

3.6.1 样式

所谓样式，就是将修饰某一类段落的一组参数（包括字体、字号、颜色、对齐方式等）命名为一个特定的段落格式名称，这个名称就被称为样式。也就是说，样式就是被冠以某一名称的一组命令或格式的集合。

1. 应用样式

Word 提供了一组现成的样式，应用现成样式的操作步骤如下。

① 把插入点光标定位于要应用某种样式的段落内。

② 单击"开始"选项卡"样式"命令组中的"其他"按钮，打开样式下拉列表，在列表中单击要应用的样式。

2. 修改样式

用户可以根据自己的需要随时对已经存在的样式进行修改，操作方法如下。

① 单击"开始"选项卡"样式"命令组右下角的"样式"按钮，打开"样式"窗格，如图 3.45 所示。

② 在"样式"窗格中右击准备修改的样式，在弹出的快捷菜单中单击"修改"命令，打开"修改样式"对话框，在该对话框中重新设置样式。

3. 创建样式

如果 Word 提供的样式不能满足用户需要，可以自己创建样式，创建样式的操作步骤如下。

① 打开如图 3.45 所示的"样式"窗格。

② 单击"新建样式"按钮，打开"根据格式设置创建新样式"对话框，如图 3.46 所示。

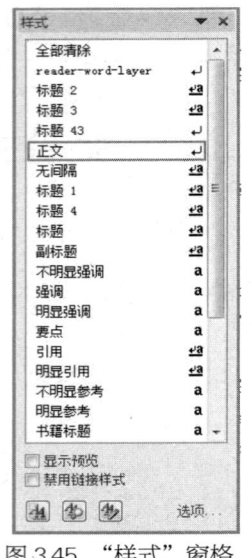

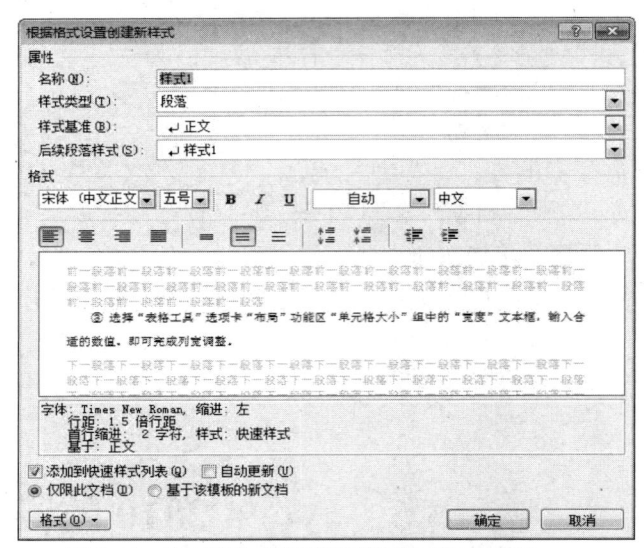

图 3.45 "样式"窗格　　　　图 3.46 "根据格式设置创建新样式"对话框

③ 在"名称"框中输入新建样式的名称，选择一种样式类型。

④ 单击"样式基准"框右侧的下拉箭头，在打开的下拉列表中单击某一种内置样式作为新建样式的基准样式。

⑤ 单击"后续段落样式"框右侧的下拉箭头，在打开的下拉列表中单击新建样式的后续样式。

⑥ 在"格式"栏根据实际需要设置字体、字号、颜色、段落间距、对齐方式等。如果希望该样式应用于所有文档，则需要选中"基于该模板的新文档"单选按钮。设置完毕后，单击　确定　按钮。

4. 删除样式

在 Word 2010 中，用户不能删除 Word 2010 提供的内置样式，只能删除用户自定义的样式，删除自定义样式的操作方法如下。

① 打开如图 3.45 所示的"样式"窗格。

② 在"样式"窗格中，右击准备删除的样式，在弹出的快捷菜单中单击"删除"命令。

③ 系统显示提示框，询问用户是否确认删除该样式，单击　是(Y)　按钮确认删除。

3.6.2 目录

在工作中，人们经常用 Word 编辑书籍、论文等长文档，这类文档内容长、层次多，结构也比较复杂。目录在这类文档的编辑过程中发挥着至关重要的作用，使用目录能帮助用户快速了解整个文档的层次结构，并能帮助用户快速找到指定的信息。

使用 Word 2010 可以自动生成条理清晰的目录，制作方法也非常简单。

1．设置目录级别

在制作目录前首先要设置好目录的级别，有两种设置目录级别的方法。

（1）利用样式设置目录级别

① 文档内容编辑完成后，选定要作为一级目录的文本，然后单击"开始"选项卡"样式"命令组中的"标题 1"样式。

② 选定作为二级目录的文本，单击"开始"选项卡"样式"命令组中的"标题 2"样式。如果还有三级目录、四级目录的话，再按照上述方法把它们设置为"标题 3""标题 4"样式。

> **注意**
> 上面两种设置方法都是在文档内容已经输入完成后进行的。也可以边输入文档内容，边使用上述方法设置目录级别，当文档输入完成后，目录级别也就设置好了。

（2）利用大纲视图设置目录级别

① 文档内容编辑完成后，单击"视图"选项卡"文档视图"命令组中的"大纲视图"按钮，切换到大纲视图。

② 这时文档内容全部是正文文本。分别选定要作为一级目录的文本，单击"大纲工具"命令组中的"大纲级别"下拉箭头，在下拉列表中单击"1 级"项。

③ 分别选定要作为二级目录的文本，单击"大纲工具"命令组中的"大纲级别"下拉箭头，在下拉列表中选择"2 级"项。依次类推，分别设置好三级、四级等目录文本。

2．生成目录

设置完目录级别后，就可以自动生成目录了。操作方法如下。

① 把插入点光标定位在文档中要插入目录的位置。

② 单击"引用"选项卡"目录"命令组中的"目录"按钮，在打开的下拉列表中单击"自动目录 1"或"自动目录 2"命令，插入点光标处会自动生成目录。

如果对自动生成的目录的格式不满意，还可以对其格式进行修改，修改目录格式的操作方法如下。

① 单击"引用"选项卡"目录"命令组中的"目录"按钮，在打开的下拉列表中单击"插入目录"命令，打开"目录"对话框，如图 3.47 所示。

② 单击 修改(M)... 按钮，打开"样式"对话框。

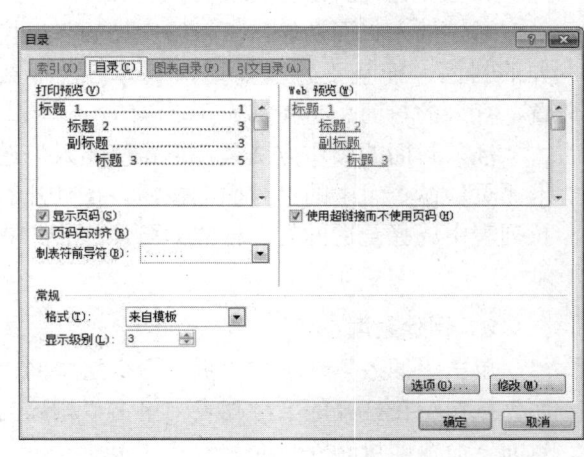

图 3.47 "目录"对话框

③ 在对话框中选中"样式"列表中的"目录 1"样式，然后单击 修改(M)... 按钮，打开"修改样式"对话框，如图 3.48 所示。

④ 在"修改样式"对话框中设置目录的字体、字号、颜色及段落对齐方式等。修改完成后单击 确定 按钮。

⑤ 再依次修改"目录 2""目录 3"等的格式。

生成目录后,如果文档内容又有增加或目录级别有改变,不必重新生成目录,只要单击"引用"选项卡"目录"命令组中的"更新目录"按钮,就会打开"更新目录"对话框,如图 3.49 所示。根据情况选中"只更新页码"或"更新整个目录"单选按钮,然后单击"确定"按钮。

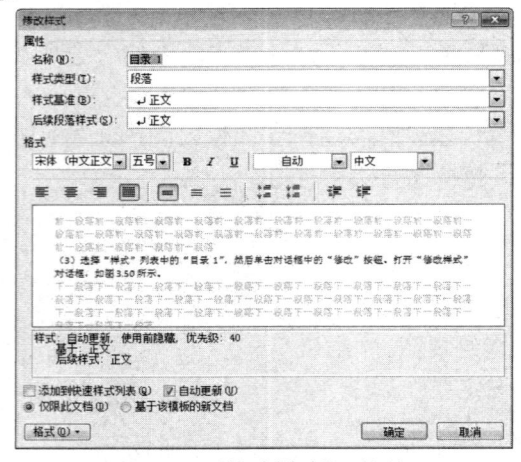

图 3.48 "修改样式"对话框　　　　图 3.49 "更新目录"对话框

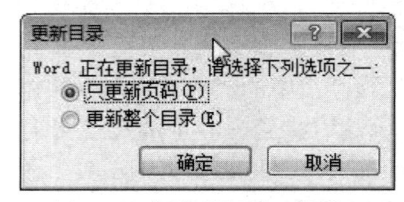

当不再需要该目录时,可以单击"引用"选项卡"目录"命令组中的"目录"按钮,在打开的下拉列表中单击"删除目录"命令。

3.6.3 封面

1. 插入封面样式库里的封面

通过插入封面功能,可以给文档插入风格各异的封面,而且不管当前插入点光标在什么位置,插入的封面总是在第一页。

插入封面的操作方法是:单击"插入"选项卡"页"命令组中的"封面"按钮,在打开的下拉列表中选择合适的封面样式即可,如图 3.50 所示。

2. 删除封面

单击"插入"选项卡"页"命令组中的"封面"按钮,在打开的下拉列表中单击"删除当前封面"命令即可删除封面。

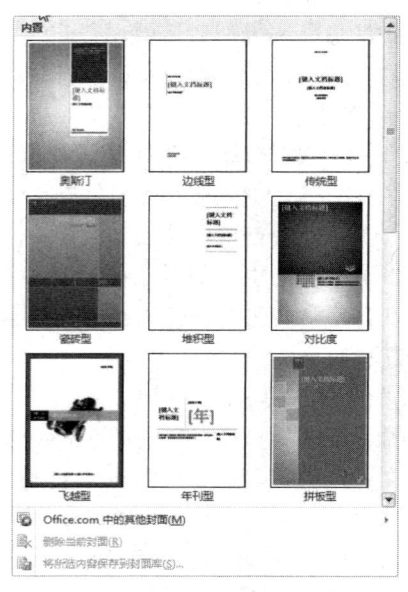

图 3.50 "封面"按钮的下拉列表

3.6.4 数学公式

在 Word 2010 中可以根据实际需要在文档中灵活创建公式。

1. 插入内置公式

单击"插入"选项卡"符号"命令组中的"公式"按钮，展开内置的公式样式列表，单击需要的公式选项，即可在文档中插入公式。插入公式后，可以根据实际情况进行编辑修改。

2. 创建新公式

如果内置公式列表中没有需要的公式，可以自己创建公式，方法如下。

① 单击"插入"选项卡"符号"命令组中的"公式"按钮，在打开的下拉列表中单击"插入新公式"命令，这时在插入点光标处将创建一个空白公式框架，同时出现"公式工具—设计"选项卡。

② 单击"公式工具—设计"选项卡"符号"命令组中所需的符号和"结构"命令组中的公式结构输入公式内容。

例如，要创建一个简单公式"(x+y)/2"，其操作方法如下。

> **注意**
> 如果单击公式框架右侧的"公式选项"按钮，在弹出的快捷菜单中单击"另存为新公式"命令，可以把创建好的公式保存起来，以便以后再次使用。

① 单击"插入"选项卡"符号"命令组中的"公式"按钮，在打开的下拉列表中单击"插入新公式"命令，出现公式框架。

② 在"公式工具—设计"选项卡的"结构"命令组中，单击"分数"下拉列表中的"竖式"选项，然后在出现的竖式中分别输入"x+y"和"2"即可。

3.7 Word 2010 的邮件合并

在日常生活和工作中，人们经常会遇到这样的情况：许多公文、信函的主要内容基本相同，只是某些具体数据有变化，如会议通知、学生成绩单等，不同的只是接收人的姓名、通信地址或成绩等。Word 的"邮件合并"功能为处理此类事务提供了简洁的方法。

进行邮件合并之前，需要准备两个文档。一个是 Word 文档，这是合并所有信息的主文档。另一个是 Excel 数据表、Access 数据表或 Word 表格，用于提供数据源。邮件合并就是在主文档的固定内容中合并进数据源中相关的一组信息资料，从而批量生成需要的文档，以提高工作效率。

只要满足下面两条要求即可使用"邮件合并"功能。

① 需要制作的文档数量比较大。

② 文档中的内容分为固定不变的内容和变化的内容，且其中变化的内容由数据表中含有标题行的数据记录表示。

利用邮件合并功能，可以批量打印信封、信件、准考证、工资条等。邮件合并过程由以下 3 个步骤组成。

① 建立数据源。利用 Excel、Access 或 Word 制作数据源，即制作邮件合并中变化的部分。数据源是一个数据表，表的第一行是标题，其他行是记录内容。

② 建立主文档，即建立文档中不变的部分，相当于模板。

③ 插入合并域，以域的方式将数据源的信息插入到主文档的合适位置。

下面以一个简单的学生成绩单为例说明邮件合并的过程。

① 准备数据源。建立一个 Excel 工作表或是其他形式的数据表，输入学生的考试成绩信息，如表 3.3 所示。

表 3.3　数据源

姓名	语文	数学	英语
张霞	89	91	80
李海	92	85	78
赵刚	94	97	91

② 建立主文档。新建一个 Word 空白文档并保存，在这个空白文档里输入以下文字。

　　　同学你好：在本次考试中你的语文成绩为　　，数学成绩为　　，英语成绩为　　，望今后继续努力。

③ 单击"邮件"选项卡"开始邮件合并"命令组中的"开始邮件合并"按钮，在打开的下拉列表中单击"邮件合并分步向导"命令，打开"邮件合并"窗格，如图 3.51 的左图所示。

④ 在"选择文档类型"窗格里选中"信函"单选按钮，然后单击"下一步：正在启动文档"超链接，进入"选择开始文档"窗格，如图 3.51 的右图所示。

⑤ 在"选择开始文档"窗格里选中"使用当前文档"单选按钮，然后单击"下一步：选取收件人"超链接，进入"选择收件人"窗格。

⑥ 在"选择收件人"窗格里选中"使用现有列表"单选按钮，然后单击"浏览"超链接，打开"插入数据源"对话框，选择并打开建立好的数据表。单击"下一步：撰写信函"超链接，进入"撰写信函"窗格。

⑦ 把插入点光标定位在主文档中"同学"文本的前面，在"撰写信函"窗格中单击"其他项目"按钮，打开如图 3.52 所示的"插入合并域"对话框。

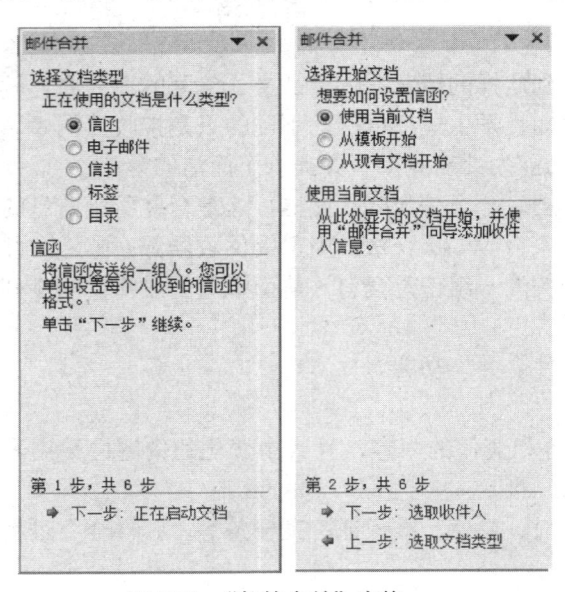

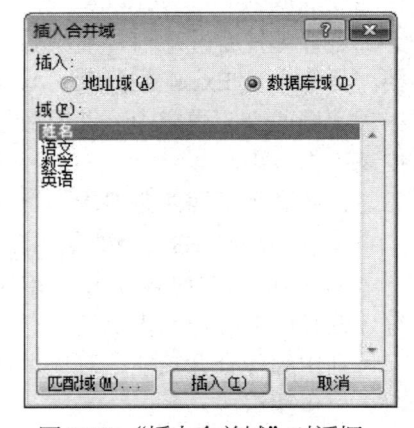

图 3.51　"邮件合并"窗格　　　　　　图 3.52　"插入合并域"对话框

⑧ 选中"姓名"选项，单击 插入(I) 按钮，然后单击 关闭 按钮，把"姓名"域插入到主文档中"同学"的前面。用同样的方法，依次把"语文""数学""英语"域插入到主文档中相应的位置。单击"下一步：预览信函"超链接，进入"预览信函"窗格。

⑨ 在"预览信函"窗格中,单击"下一条记录"按钮,可以预览每一条记录的内容。完成预览后,单击"下一步:完成合并"超链接,进入"完成合并"窗格。

⑩ 单击"完成合并"窗格中的"打印"命令或"编辑单个信函"命令,合并后的文档可以保存到相应的文件夹中。如果数据源发生变化,可以直接更改数据源信息,修改后的信息会自动在合并文档里更新。

思 考 题

1. 有哪些新建空白文档的方法?
2. 有哪几种设置"字体"格式的方法?
3. 怎样给文本添加边框和底纹?
4. 怎样将缩进量的度量单位从"字符"改为"厘米"?
5. 什么是首行缩进和悬挂缩进?
6. 怎样设置红色空心字?
7. 怎样给文本中的中文和英文同时设置不同的字体?
8. 怎样设置页眉和页脚?
9. 插入页码后,怎样修改页码的编号格式?
10. 行距设置中的最小值和固定值有什么区别?
11. 怎样给文档设置多级列表?
12. 怎样设置强制分页?
13. 有哪几种插入表格的方法?
14. 怎样设置表格在文档中的位置?
15. 怎样设置单元格内容的对齐方式?
16. 怎样给表格设置边框和底纹?
17. 在表格中进行求和计算与求平均值计算的函数是什么?函数中有哪些常用的参数?
18. 怎样设置图片和文档的环绕方式?
19. 怎样设置封面?
20. 邮件合并可以应用于哪些方面?

第 4 章　Excel 2010 电子表格软件

本章导读

Excel 2010 电子表格软件是 Office 2010 套装软件中的组件之一，它是一款功能强大、界面友好、操作方便的电子表格软件，具有强大的表格制作、数据计算、数据分析、创建图表等功能，在金融、财务、市场分析、统计、工资管理、工程预算、文秘处理、办公自动化等方面得到广泛使用。

本章主要介绍 Excel 2010 的基本操作和使用方法，包括数据的输入和编辑，格式化工作表，用图表来形象地表现数据，数据计算，数据清单的建立、排序、筛选和分类汇总，工作簿和工作表的保存和保护，工作表的页面设置和打印等操作。通过本章的学习，同学们能够掌握 Excel 2010 的各项操作技能，对数据的处理会更加得心应手。

4.1　Excel 2010 基础知识和基本操作

4.1.1　Excel 2010 的主要功能

Excel 2010 有以下主要功能。

① 方便的表格制作。在 Excel 2010 中可以方便快捷地建立数据表格，输入和编辑数据，方便灵活地操作和使用工作表，以及对工作表进行多种格式化设置。

② 强大的计算能力。Excel 2010 提供了简单易学的公式输入方式和丰富的函数，利用自定义的公式和各类函数可以进行各种复杂计算。

③ 丰富的图表表现。Excel 2010 提供了便捷的"图表工具"选项卡，可以轻松建立和编辑出多种类型的、与工作表对应的统计图表，并可以对图表进行精美的修饰。

④ 快速的数据库操作。Excel 2010 把数据表与数据库操作融为一体，利用 Excel 提供的选项卡和命令可以对以工作表形式存在的数据清单进行排序、筛选和分类汇总等操作。

⑤ 数据共享。Excel 2010 提供数据共享功能，多个用户可以共享同一个工作簿文件。

4.1.2 Excel 2010 的启动和退出

1. 启动 Excel 2010

启动 Excel 2010 的几种方法如下。

① 单击"开始"按钮,打开"开始"屏幕,执行"Microsoft Office"→"Microsoft Excel 2010"菜单命令。

② 双击桌面上的 Excel 快捷启动方式图标。

③ 双击已经保存的工作簿文件。

2. 退出 Excel 2010

退出 Excel 2010 的几种方法如下。

① 单击标题栏最右边的"关闭"按钮。

② 单击"文件"选项卡中的"退出"命令。

③ 单击标题栏左端的控制按钮,在弹出的下拉列表中单击"关闭"命令。

④ 按 Alt + F4 组合键。

4.1.3 认识 Excel 2010 窗口

启动 Excel 2010(以下简称 Excel)后,即打开 Excel 应用程序窗口,同时自动新建一个名为"工作簿1"的工作簿文件,如图 4.1 所示。

Excel 工作窗口由 Excel 应用程序窗口和工作表窗口组成。应用程序窗口包括标题栏、快速访问工具栏、选项卡、功能区等;工作表窗口包括名称框、数据编辑区、状态栏、工作表区等。下面只介绍与 Word 不同的工作表窗口。

工作表窗口位于功能区的下方,与应用程序窗口可以合在一起,也可以分离。

工作表窗口中的数据编辑区用来输入或编辑当前单元格的值或公式。数据编辑区的左侧为名称框,它显示当前单元格(或单元格区域)的地址或名称,在编辑公式时显示的是函数名称。

在编辑工作表时,数据编辑区和名称框之间会出现 3 个命令按钮,从左向右分别为"取消"按钮、"输入"按钮和"插入函数"按钮。单击"取消"按钮,即撤销正在编辑的内容;单击"输入"按钮,即确认并完成对单元格内容的输入和编辑;单击"插入函数"按钮,会出现"插入函数"对话框,可以选择公式对表格中的数据进行计算。

工作表区的下方是工作表标签栏,显示该工作簿所包含的工作表的名称。单击某个工作表标签,可以在工作区中显示对应的工作表。显示在工作区中的工作表称为当前工作表,当前工作表的标签显示为白底黑字,在图 4.1 中,Sheet3 为当前工作表。如果工作表过多,可以单击工作表标签滚动按钮中的按钮,使被遮挡的工作表标签显露出来。

状态栏位于窗口的底部,用于显示当前窗口的操作命令或工作状态的有关信息。如在为单元格输入数据时,状态栏显示"输入"信息,完成输入后,状态栏显示"就绪"信息,还可进行普通页面、页面布局、分页浏览和设置缩放级别等操作。

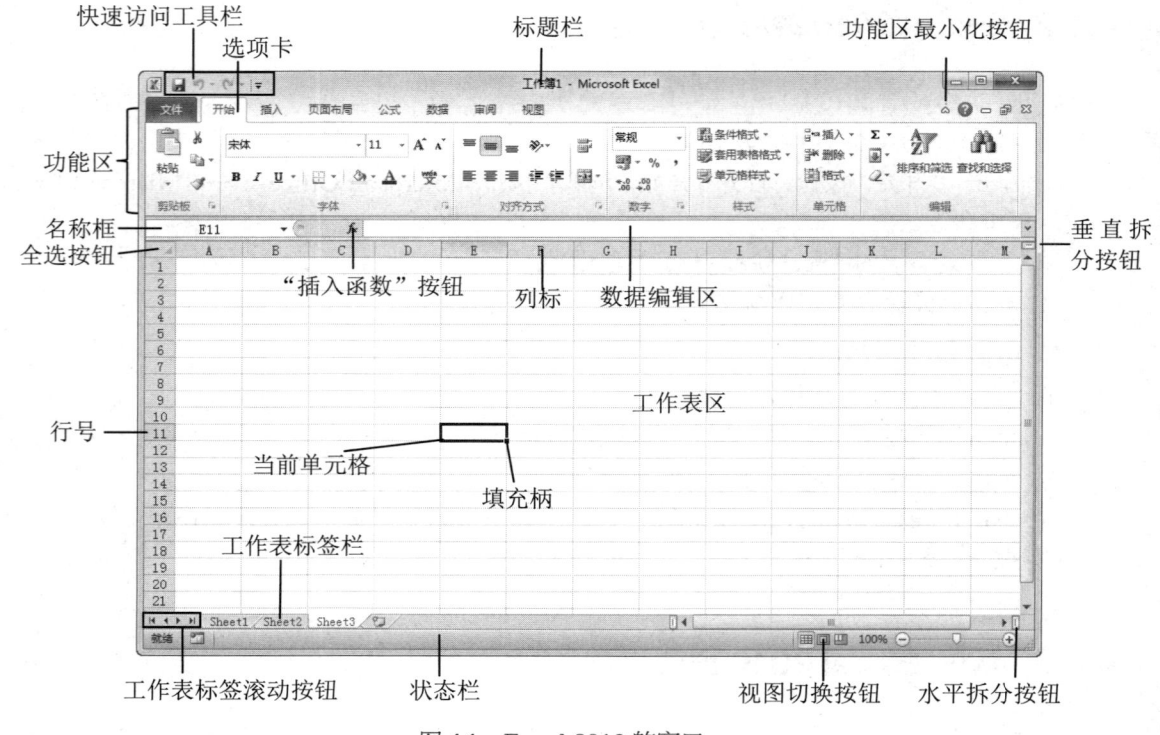

图 4.1 Excel 2010 的窗口

4.1.4 工作簿、工作表和单元格

1. 工作簿和工作表

一个工作簿是一个 Excel 文件，工作簿名就是 Excel 文件名。启动 Excel 时，创建的新工作簿默认的名字是"工作簿 1"，扩展名默认为"xlsx"。

工作簿由若干个工作表组成。一个新工作簿默认有 3 个工作表，分别为 Sheet1、Sheet2 和 Sheet3。可以根据需要增加或删除工作表，改变工作表的名字或排列顺序等。一个工作簿最多可以含有 255 个工作表。工作簿与工作表的关系如图 4.2 所示。

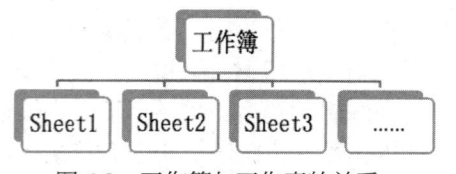

图 4.2 工作簿与工作表的关系

可以根据需要改变新建工作簿时默认的工作表数，具体操作如下。

单击"文件"选项卡中的"选项"命令，弹出"Excel 选项"对话框，如图 4.3 所示。在左窗格中单击"常规"选项，在右窗格"新建工作簿时"栏的"包含的工作表数"后面的框中输入数值(数值介于 1~255 之间)，再单击 确定 按钮，即可改变新建工作簿时默认的工作表数。

2. 单元格

工作表就像一张表格，由单元格、行、行号、列、列标、工作表标签等组成。工作表中行和列交汇形成的一个个小方格称为单元格，单元格中可以保存数值和文字等数据。每一行有 16384 个单元格，每一列有 1048576 个单元格。每一行有行号，由阿拉伯数字表示，显示在每行的左端，如 1～9、10～100、……、1048576。每一列有列标，由英文字母表示，显示在每列的顶端，如 A～Z、AA～AZ、……、IA～IV、……、XFD。

默认情况下，Excel 用"列标"和"行号"来表示一个单元格的位置，称为单元格地址，列标在前，行号在后。每一个单元格都有一个固定的地址，一个地址也只能表示一个单元格。如图 4.1 所示，第 E 列、第 11 行的单元格地址是 E11。

图 4.3 "Excel 选项"对话框

4.1.5 新建、打开和保存工作簿

1. 新建工作簿

建立新工作簿的方法有以下几种。

① 启动 Excel 时会自动新建一个名为"工作簿 1"的空白工作簿，用户可以在保存工作簿时重新命名。

② 在 Excel 窗口中单击"文件"选项卡中的"新建"命令，在"可用模板"组中双击"空白工作簿"选项，即可新建一个空白工作簿。

③ 在 Excel 窗口中，按 Ctrl+N 组合键可快速新建空白工作簿。

Excel 会根据工作簿建立的先后顺序，自动将工作簿依次命名为工作簿 1、工作簿 2、工作簿 3…… 可以在保存文件时为工作簿改名。

2. 打开工作簿

打开工作簿的几种方法如下。

① 在 Excel 窗口中，单击"文件"选项卡中的"打开"命令，在弹出的"打开"对话框中，选中要打开的文件，单击 打开(O) 按钮。

② 在 Windows 的"资源管理器"窗口中找到要打开的工作簿文件双击即可打开。

3. 保存工作簿

保存 Excel 2010 工作簿的几种方法如下。

① 单击"文件"选项卡中的"保存"命令。如果是新建的工作簿，会弹出"另存为"对话框，可以设置文件保存的路径、文件名及保存类型。

② 单击"文件"选项卡中的"另存为"命令，在弹出的"另存为"对话框中，可以重新命名工作簿及选择存放的位置。

③ 单击快速访问工具栏中的"保存"按钮，这种方法与方法①的作用相同。

4.2 编辑工作表

4.2.1 数据的输入和编辑

在工作表中可以输入文本、数值、时间和日期、逻辑值等类型的数据,并对它们进行相应的编辑、计算等操作。在工作表中输入和编辑数据时,先单击目标单元格使其成为当前单元格,然后输入数据。

输入和编辑数据可以在当前单元格中进行,还可以在数据编辑区中进行。

1. 输入文本数据

文本数据可以由汉字、字母、数字、特殊符号、空格等组合而成。文本数据可以进行字符串运算,但不能进行算术运算(除文本型数字串外)。

在当前单元格中输入文本数据后,按 Enter 键或按 Tab 键,或用光标移动键将光标移动到其他单元格,或单击数据编辑区中的"输入"按钮 ✓,都可将输入内容存入该单元格。文本数据默认的对齐方式是在单元格内靠左对齐。

> **注意**
> ① 如果输入的内容是汉字、字符或者它们与数字的组合,默认是文本数据。
> ② 如果文本数据出现在公式中,文本数据需用英文的双引号(" ")括起来。
> ③ 如果输入学生学号、邮政编码、电话号码等无须计算的数字串,在数字串前面加一个英文单引号('),Excel 就会将其按文本数据处理。用这种方法输入的数字,在单元格的左上角有绿色的三角形标记,在单元格中靠左对齐。如果数字是直接输入的,Excel 会将其按数值数据处理,在单元格中靠右对齐。
> ④ 如果输入的文本长度超过单元格宽度,当右侧单元格为空时,超出部分将向右延伸占用其他单元格的显示空间(右侧的单元格仍可输入数据);当右侧单元格有内容时,超出部分将隐藏。

2. 输入数值数据

数值数据一般由数字、+、-、.(小数点)、,、(、)、¥、$、%、/、E、e 等组成。数值数据可以进行算术运算。

输入数值时,默认形式为常规表示法。当数值长度(具有 12 位或更多位数的数字)超过单元格宽度时,自动转换成科学表示法,科学表示法的两种形式如下。

<整数或实数>e±<整数>
<整数或实数>E±<整数>

例如,输入 1234567891234,按 Enter 键后,则单元格中显示为 1.23456E+12。数值数据默认的对齐方式是在单元格内靠右对齐。

> **注意**
> ① 如果单元格中显示的是"#####"符号,说明单元格的宽度不够,增加单元格的宽度即可将数据显示出来。
> ② 在单元格中输入分数时,必须先输入"0",再输入一个空格,最后输入分数,例如,要在单元格中输入分数 3/5 时,应依次按键盘上的 0、空格键、3、/、5 键。

3. 输入日期和时间

如果在单元格中输入的数据符合日期或时间的格式,Excel 会将数据的格式自动转换为相应的"日期"或"时间"数据。数据将以日期类型或时间类型存储,在单元格内的对齐方式默认为靠右对齐。

输入日期时，可以用斜杠或减号来分隔日期的年、月、日。如要在单元格中输入的日期为 2023 年 8 月 8 日，可以输入"2023/08/08"、"2023-08-08"或"08-Aug-23"等几种形式。

输入时间时，可采用"时:分:秒"（24 小时制）、"时:分:秒 PM（AM）"、"上午（下午）×时×分×秒"等形式。如要在单元格中输入的时间为 20 点 30 分，可以输入"20:30"、"8:30 PM"、"20 时 30 分"或"下午 8 时 30 分"等形式。

> **注意**
> ① 如果系统不能识别输入的日期或时间格式，输入的内容将被视为文本数据，并在单元格中靠左对齐。
> ② 如果单元格首次输入的是日期，则该单元格就格式化为日期格式，再输入数值仍然转化成日期。如某单元格首次输入"2023/08/08"文本，再输入 67，将显示的数据为"1900/3/7"（1900 年 3 月 7 日）。

如果要同时输入日期和时间，日期和时间之间要用空格隔开。如要在单元格中输入 2023 年 8 月 8 日 20 点 30 分，可以输入"2023/08/08 20:30"。

按 Ctrl+; 键可以输入系统当前日期；按 Shift+Ctrl+; 键可以输入系统当前时间。

4. 输入逻辑值

逻辑值数据有两个："TRUE"（真值）和"FALSE"（假值）。可以直接在单元格中输入逻辑值"TRUE"或"FALSE"，也可以通过输入公式得到计算结果为逻辑值。例如，在某个单元格中输入公式"=3<4"，结果为"TRUE"。

如果要取消当前单元格中刚输入的数据，恢复到输入前的状况，可以按 Esc 键，或单击数据编辑区的"取消"按钮 ✖。

4.2.2 单元格或单元格区域的选取

1. 选定一个单元格

单元格是工作表的基本单位。用鼠标单击某个单元格，该单元格就被选定，称为当前单元格，又称活动单元格，我们只能在当前单元格中输入或修改数据。当前单元格的标志是四周有黑色的粗边框，相应的行号与列标反色显示，单元格四周的粗黑框线称为单元格指针。单元格指针移到某单元格，则该单元格就成为当前单元格。当前单元格的地址或名称显示在名称框中，当前单元格的内容会同时显示在数据编辑区中。

在名称框中输入单元格地址或单元格名称，可直接定位到该单元格。

按 Ctrl+方向键，可将当前单元格快速移动到当前数据区域的边缘。如在空白工作表中，当前单元格为 A1，按 Ctrl+→ 键移动到第 XFD 列，按 Ctrl+↓ 键移动到第 1048576 行。

2. 选定相邻的单元格区域

选择相邻的单元格区域有如下两种方法。

① 单击要选定单元格区域左上角的单元格，按住鼠标左键拖动鼠标到选定区域的右下角单元格，然后松开鼠标左键，即选定以这两个单元格为对角线的矩形单元格区域。

② 单击要选定单元格区域左上角的单元格，按住 Shift 键的同时单击选定区域右下角的单元格，即选定以这两个单元格为对角线的矩形单元格区域。

相邻的单元格区域用该区域左上角单元格地址和右下角单元格地址表示，中间以":"分隔。如 A1:D4，它表示的单元格区域是以 A1 单元格和 D4 单元格为对角线构成的矩形区域中相邻的 16 个单元格。

选定的单元格区域被一边框包围且用反色显示,但当前单元格不用反色显示。单击工作表中的任意单元格,就取消了刚才的选定。

3. 选定不相邻的单元格区域

单击并按住鼠标左键拖动鼠标选定第一个单元格区域,按住 Ctrl 键不放,按住鼠标左键拖动选定其他单元格区域即可。不相邻的单元格区域之间以","分隔。如区域"A1:D4,F10",它表示的单元格区域是以 A1 单元格和 D4 单元格为对角线构成的矩形区域中的 16 个单元格和 F10 这一个单元格,共 17 个单元格。

4. 选定整行、整列和整个工作表

有时需要选定整行、整列或整个工作表。

单击某一行的行号就可以选定整行;单击某一列的列标就可以选定整列,如图 4.4 所示,单击 B 列列标选定了 B 列;单击工作表左上角的全选按钮 ▓（行号 1 的上方和列标 A 的左侧,见图 4.1）可以选定整个工作表;单击某一行的行号或某一列的列标后,按住鼠标左键在

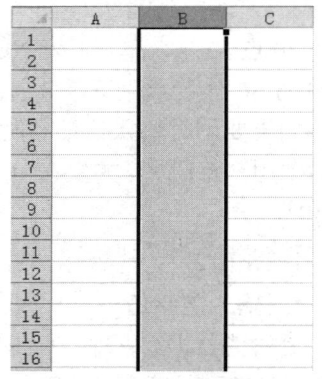

图 4.4　工作表中整列的选定

行号列或列标行拖动鼠标,可以选中相邻的多行或多列;单击某一行的行号或某一列的列标后,按住 Ctrl 键,再单击工作表中其他的行号或列标,可以选中不相邻的多行或多列。

4.2.3　数据序列填充

在相邻的单元格中要输入有规律或相同的数据,可以利用 Excel 的自动填充功能快速输入。

1. 利用填充柄填充数据序列

在工作表中选定一个单元格或单元格区域,在单元格或单元格区域的右下角会出现一个小黑块■,称为填充句柄或填充柄。当鼠标指针移动至填充柄时,鼠标指针会变为 ✚ 形状。按住左键拖动填充柄,可以实现快速自动填充。

在填充数据时,Excel 会首先根据所选定的初始区域中一个或两个单元格的内容,确定数据变化的规律,然后按此规律在单元格中填充数据。利用填充柄可以填充相同的数据,如文本数据和数值数据,也可以填充有规律的数据,如日期、时间、月份、星期等,还可以填充自己定义的数据序列。如果要填充相同的文本数据或数值数据,只要直接拖动起始单元格的填充柄即可。

2. 自定义填充序列

可以根据需要自己定义填充序列。例如,把班里同学的姓名定义成一个填充序列,以后再输入表格中的"姓名"列时,只要输入第一个同学的姓名,然后拖动填充柄就可以把其他同学的姓名依次自动输入进去。自定义填充序列的方法如下。

① 单击"文件"选项卡中的"选项"命令,打开"Excel 选项"对话框,如图 4.5 所示。在对话框左窗格中选择"高级"选项,在右窗格的"常规"栏中单击 编辑自定义列表(O)... 按钮,打开"自定义序列"对话框,如图 4.6 所示。

图 4.5 "Excel 选项"之"高级"选项对话框　　图 4.6 "自定义序列"对话框

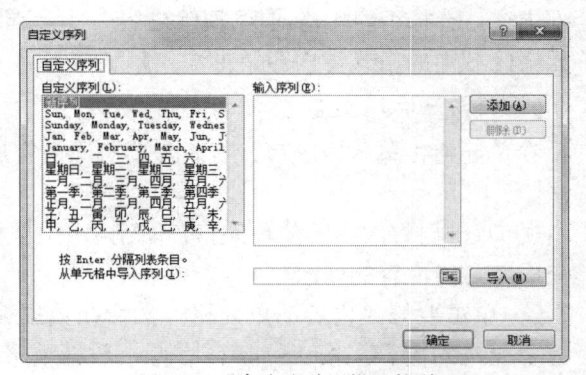

② 在"自定义序列"对话框的"输入序列"栏内输入要自定义的数据序列中的各个数据项（一行输入一个数据或数据之间用西文逗号分隔），单击 添加(A) 按钮，再单击 确定 按钮即可。

还可以利用工作表中现有的数据创建自定义序列，方法是：单击"自定义序列"对话框右下方的"折叠"按钮，选中工作表中现有的数据序列，再单击 导入(M) 、 确定 按钮，即可使用工作表中现有的数据作为填充序列。

自定义填充序列时，规定每个数据项不能超过 80 个字符且不能用数字开头，整个序列不能超过 2000 个字符。

3. 利用对话框填充数据序列

单击"开始"选项卡"编辑"命令组中的"填充"按钮，在弹出的下拉列表中单击"系列"命令，打开"序列"对话框，可以进行已定义序列的自动填充，包括数值（等差序列或等比序列）、日期（按日、工作日、月、年）和文本等类型。具体操作步骤如下。

① 在需填充数据序列的单元格区域的第一个单元格中输入序列的第一个数值（等差序列或等比序列）、日期或文本（文本序列）。

② 单击"开始"选项卡"编辑"命令组中的"填充"按钮，在弹出的下拉列表中单击"系列"命令，弹出"序列"对话框，如图 4.7 所示。在"序列产生在"框中选择按行还是按列填充，在"类型"框中选择要填充哪种类型的序列，在"步长值"框中输入一个正值或负值来指定每次增加或减少的值，在"终止值"框中输入一个正值或负值指定序列的终止值，再单击 确定 按钮，完成数据序列的填充。

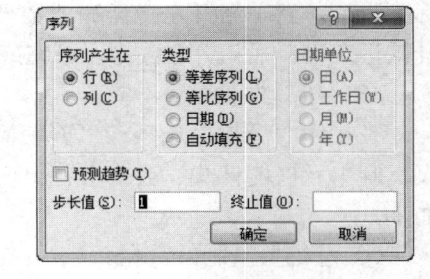

4.2.4 编辑单元格

图 4.7 "序列"对话框

1. 删除单元格内容

选定要删除内容的单元格或单元格区域，按 Delete 键可删除单元格中的内容。

使用 Delete 键删除单元格内容时，只有数据从单元格中被删除，单元格的格式等属性仍然保留。如果想要删除单元格的内容和格式等属性，可单击"开始"选项卡"编辑"命令组中的"清除"按钮，在弹出的下拉列表中选择"全部清除"命令，可删除所选单元格区域中的全部内容。选择"清除格式""清除内容""清除批注""清除超链接"等命令,可以删除所选单元格区域中的格式、内容、批注、超链接等。

2. 修改单元格内容

在单元格中输入内容后,有时需要对原内容进行修改,对单元格内容的修改有以下两种方法。

① 双击要修改内容的单元格,单元格中出现插入点光标,修改其中的数据后,按 Enter 键,即完成单元格内容的修改。

② 单击要修改内容的单元格,然后在数据编辑区中单击,在数据编辑区内修改或编辑当前单元格的内容,按 Enter 键或者单击数据编辑区左边的"输入"按钮 ✓,即完成单元格内容的修改。

3. 移动或复制单元格内容

移动单元格和复制单元格的方法基本相同,可以移动和复制单元格中的公式、数值、格式、批注等。

(1) 使用"开始"选项卡"剪贴板"命令组中的按钮

① 选定需要被复制或移动的单元格或单元格区域。

② 单击"开始"选项卡"剪贴板"命令组中的"复制"按钮 📋 (复制)或"剪切"按钮 ✂ (移动),也可以右击选定的单元格或单元格区域,在弹出的快捷菜单中单击"复制"(复制)或"剪切"(移动)命令。

③ 选定目标位置的单元格。

④ 单击"开始"选项卡"剪贴板"命令组中的"粘贴"按钮 📋,或右击目标单元格,在弹出的快捷菜单中选择"粘贴选项"下的相应按钮即可。

使用选项卡中的命令复制单元格时,进行了"复制"或"剪切"操作后,选定区域周围会出现闪烁的虚线框,可以进行多次"粘贴"操作。按 Esc 键或单击数据编辑区,选定区域周围的虚线框消失,就不能再进行"粘贴"操作了。

(2) 使用鼠标拖动的方法移动或复制单元格内容

① 选定需要被移动或复制的单元格区域。

② 将鼠标指针指向选定区域的边框上,当鼠标指针变成 ↖ 形状时,按住鼠标左键拖动鼠标到目标位置,松开左键即完成数据移动;在拖动鼠标的同时按住 Ctrl 键到目标位置,先松开鼠标左键,后松开 Ctrl 键,可完成单元格内容的复制等。

(3) 选择性粘贴

在使用"开始"选项卡"剪贴板"命令组中的"复制"按钮复制单元格内容时,可以仅仅复制单元格的格式、公式等特定内容,还可以在复制的同时进行简单的计算,其操作步骤如下。

① 选定要复制的数据。

② 单击"开始"选项卡"剪贴板"命令组中的"复制"按钮 📋。

③ 单击目标单元格。

④ 单击"开始"选项卡"剪贴板"命令组中"粘贴"按钮 📋 下方的下拉箭头,在弹出的下拉列表中单击"选择性粘贴"命令,或右击单元格,在弹出的快捷菜单中单击"选择性粘贴"命令,打开"选择性粘贴"对话框,如图 4.8 所示,可以根据需要选择要粘贴的数

据的属性，再单击 [确定] 按钮。

4. 插入行、列与单元格

选定行、列或者单元格，单击"开始"选项卡"单元格"命令组中"插入"按钮右侧的下拉箭头，在弹出的下拉列表中单击"插入工作表行"、"插入工作表列"或"插入单元格"命令，即可插入行、列或单元格。选定的单元格占有的行数或列数即是插入的行数或列数，插入的行或列出现在选定的行或列的前面。

5. 删除行、列与单元格

选定要删除的行、列或单元格，单击"开始"

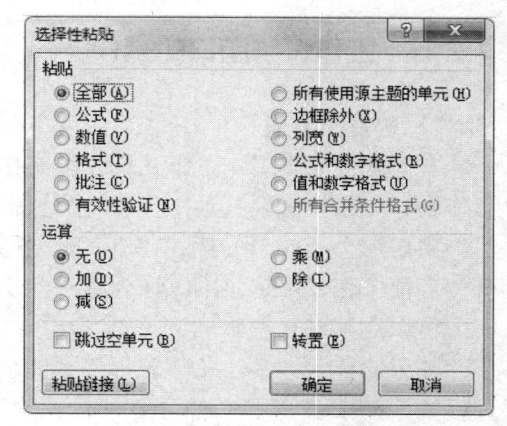

图 4.8 "选择性粘贴"对话框

选项卡"单元格"命令组中"删除"按钮右侧的下拉箭头，在弹出的下拉列表中单击"删除工作表行"、"删除工作表列"或"删除单元格"命令，即可完成行、列或单元格的删除。用这种方法删除的单元格，单元格的内容和单元格将一起从工作表中消失，其位置由其下方或右侧的单元格补充。而按 Delete 键时，仅删除单元格中的内容，空白单元格仍保留在工作表中，工作表结构不会发生变化。

6. 添加和删除批注

批注是为单元格添加的注释。一个单元格添加了批注后，会在单元格的右上角出现一个红色三角标志，当鼠标指针指向这个单元格时，就会出现一个批注框，显示该单元格的批注信息。把鼠标指针移开有批注的单元格，批注框自动消失。

（1）添加批注

选定要添加批注的单元格，单击"审阅"选项卡"批注"命令组中的"新建批注"按钮（或在选定单元格上右击，在弹出的快捷菜单中单击"插入批注"命令），在单元格的右侧弹出一个批注框，在批注框中输入批注内容。如果不想在批注中留有姓名，可将批注框中的姓名删除。完成输入后，单击批注框外部的工作表区域即可。

（2）编辑或删除批注

选定有批注的单元格，单击"审阅"选项卡"批注"命令组中的"编辑批注"按钮、"删除"按钮（或者在单元格上右击，在弹出的快捷菜单中单击"编辑批注"或"删除批注"命令），即可对批注信息进行编辑或删除已有的批注信息。

7. 检查数据的有效性

为单元格设置数据有效性可以限制单元格中数据的类型和范围。具体操作是：单击"数据"选项卡"数据工具"命令组中的"数据有效性"按钮，在打开的下拉列表中单击"数据有效性"命令，打开"数据有效性"对话框，在对话框中进行设置，如图 4.9 所示。

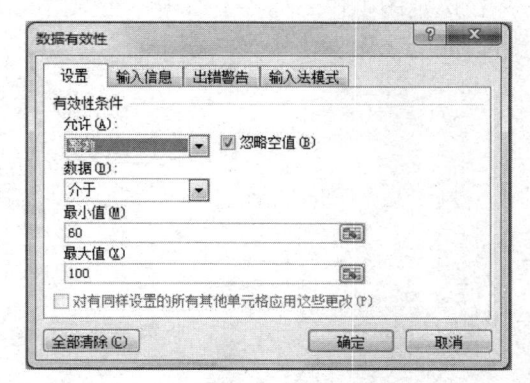

图 4.9 "数据有效性"对话框

4.2.5 工作表与窗口的操作

1. 选择工作表

在新建的工作簿中，默认的当前工作表是 Sheet1 工作表。如果要选择其他工作表，只要在工作表标签栏中单击这个工作表的标签，则该工作表就会被选定，成为当前工作表。选定的工作表标签默认变为白底黑字，可以对其进行编辑。

> **注意**
> 如果同时选定了多个工作表，其中只有一个工作表是当前工作表，对当前工作表的编辑操作会作用到其他被选定的工作表中。例如，在当前工作表的某个单元格中输入了数据，或者进行了格式设置操作，相当于对所有选定工作表中同样位置的单元格做同样的操作。

如果工作表较多，工作表标签不能全部显示出来时，可以单击工作表窗口左下角的工作表标签滚动按钮 |◄ ◄ ► ►|，使所需要的工作表标签出现在工作表标签行中。

要选定多个连续的工作表，可以单击第一个工作表标签后，按住 Shift 键后单击其他工作表标签，即可选定这两个工作表之间所有的工作表。

要选定多个不连续的工作表，可以单击第一个工作表标签，按住 Ctrl 键后再逐个单击要选择的工作表标签即可。

要选定全部工作表，可以在工作表标签上右击，在弹出的快捷菜单中单击"选定全部工作表"命令。

2. 插入工作表

Excel 允许一次插入一个或多个工作表。插入工作表的方法有以下两种。

① 选定一个或多个工作表标签，单击工作表标签栏上的"插入工作表"按钮（或按 Shift + F11 组合键），可以插入一个或多个新工作表。

② 选定一个或多个工作表标签，在工作表标签栏上右击，弹出如图 4.10 所示的快捷菜单。单击"插入"命令，弹出"插入"对话框，如图 4.11 所示。在对话框的"常用"选项卡中，单击"工作表"选项，再单击 确定 按钮，即可插入与所选定工作表数量相同的新工作表。Excel 默认在选定的工作表左侧插入新的工作表。

3. 删除工作表

选定要删除的一个或多个工作表，单击"开始"选项卡"单元格"命令组中"删除"按钮右侧的下拉箭头，在弹出的下拉列表中单击"删除工作表"命令，选定的工作表就被删除了。

在选定的工作表标签上右击，在弹出的快捷菜单中单击"删除"命令（如图 4.10 所示），也可以删除工作表。

图 4.10 工作表标签的快捷菜单

图 4.11 "插入"对话框

4. 重命名工作表

要为一个工作表重命名,可以双击工作表标签,输入新的名字后按 Enter 键。也可以在要重新命名的工作表标签上右击,在弹出的快捷菜单中单击"重命名"命令(如图 4.10 所示),输入新的名字后按 Enter 键。

5. 移动或复制工作表

若在同一个工作簿内移动工作表,可以改变工作表在工作簿中的排列顺序。复制工作表可以为已有的工作表建立一个备份。

(1) 利用鼠标拖动在工作簿内移动或复制工作表

在工作簿内移动工作表的操作是:选定要移动的一个或多个工作表标签,把鼠标指针指向需要移动的工作表标签,按住鼠标左键在工作表标签栏上拖动,此时标签栏上方会出现一个黑色倒三角标记▼,当▼指向要移动到的目标位置时,松开鼠标左键,完成工作表的移动。

在工作簿内复制工作表的操作是:与移动工作表的操作相似,只是在拖动工作表标签的同时按住 Ctrl 键,当▼移到要复制的目标位置时,先松开鼠标左键,后松开 Ctrl 键即可。

(2) 利用对话框在不同的工作簿之间移动或复制工作表

利用"移动或复制工作表"对话框,可以实现在同一个工作簿内工作表的移动或复制,也可以实现在不同的工作簿之间工作表的移动或复制。

在两个不同的工作簿之间移动或复制工作表,要求两个工作簿文件都必须在同一个 Excel 应用程序下打开。在进行移动或复制操作时,允许一次移动或复制多个工作表。具体操作如下。

① 在一个 Excel 应用程序窗口下,分别打开两个工作簿(源工作簿和目标工作簿)。
② 使源工作簿成为当前工作簿。
③ 在当前工作簿中选定要移动或复制的一个或多个工作表。
④ 在选定的工作表标签上右击,在弹出的快捷菜单中单击"移动或复制"命令,弹出"移动或复制工作表"对话框,如图 4.12 所示。
⑤ 在"工作簿"的下拉列表框中选择要移动或复制到的目标工作簿。
⑥ 在"下列选定工作表之前"列表框中选择工作表要插入的位置。
⑦ 如果移动工作表,不要选中对话框中的 □建立副本(C) 复选框;如果复制工作表,要选中 ☑建立副本(C) 复选框,单击 确定 按钮,即可将工作表移动或复制到目标工作簿中指定的工作表之前。

6. 拆分和冻结工作表窗口

(1) 拆分窗口

一个工作表窗口可以拆分为两个或 4 个窗格,窗口拆分后,可同时浏览一个较大工作表的不同部分。拆分窗口有以下两种方法:

① 将鼠标指针指向水平滚动条(或垂直滚动条)上的水平拆分按钮 (或垂直拆分按钮),如图 4.1 所示,当鼠标指针变成双箭头形状时,按住鼠标左键沿箭头方向拖动鼠标到适当的位置,松开鼠标左键,窗口就被拆分了。

② 用鼠标单击要拆分的行或列的位置,单击"视图"选项卡"窗口"命令组中的"拆分"按钮,窗口就从选定的位置被拆分了,如图 4.13 所示。

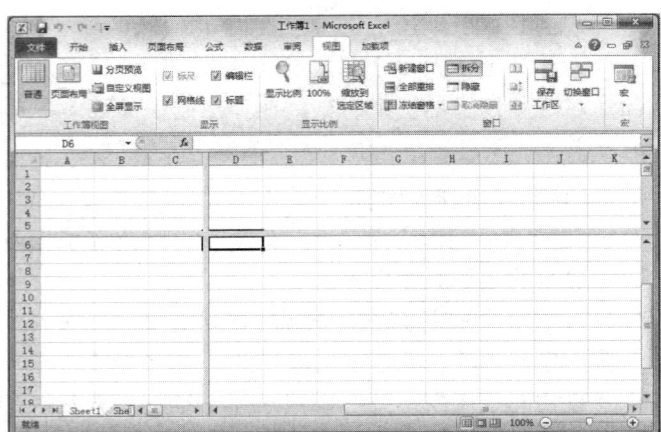

图 4.12 "移动或复制工作表"对话框　　　　图 4.13 拆分后的工作表窗口

窗口被拆分后，拖动分隔条，可以调整分隔后的窗格的大小。

(2) 取消拆分

将分隔条拖回原来的位置或单击"视图"选项卡"窗口"命令组中的"拆分"按钮，即可取消窗口的拆分。

(3) 冻结窗口

如果工作表中的数据较多，在向下或向右滚动浏览时，工作表的前几行或前几列数据将无法始终显示在窗口中，会给输入或浏览带来不便。采用冻结行或列的方法可以始终显示表的前几行或前几列，被冻结的行或列将不能移动。

冻结第 1 行的操作方法是：单击"视图"选项卡"窗口"命令组中的"冻结窗格"按钮，在弹出的下拉列表中选择"冻结首行"命令。

冻结第 1 列的操作方法是：单击"视图"选项卡"窗口"命令组中的"冻结窗格"按钮，在弹出的下拉列表中选择"冻结首列"命令。

冻结前两行的操作方法是：选定第 3 行，单击"视图"选项卡"窗口"命令组中的"冻结窗格"按钮，在弹出的下拉列表中选择"冻结拆分窗格"命令。使用"冻结拆分窗格"命令时，Excel 将当前单元格上方的行与其左侧的列作为被冻结的部分，因而在执行"冻结拆分窗格"命令前当前单元格的选择非常重要。如果要在窗口顶部生成水平冻结窗格，要选定待拆分处下边一行；如果要在窗口左侧生成垂直冻结窗格，要选定待拆分处右边一列。

(4) 取消冻结

单击"视图"选项卡"窗口"命令组中的"冻结窗格"按钮，在弹出的下拉列表中单击"取消冻结窗格"命令。

4.3　公式和函数的使用

　　Excel 具有强大的统计计算功能。用户可以根据系统提供的运算符和函数输入计算公式，系统将按照计算公式自动进行计算。当原始数据修改后，Excel 会自动更新计算结果，显示出 Excel 的优越性。

4.3.1 公式的概念

Excel 可以对数据进行的运算包括引用运算、算术运算、比较运算和字符串运算等,这些运算都要通过公式来完成。

1. 公式的形式

公式的输入形式为:

=表达式

在输入公式时,必须先输入"="号,再输入表达式。表达式可以是算术表达式、关系表达式和字符串表达式,表达式可以由运算符、常量、单元格地址、函数及括号等组成,但不能含有空格(函数中的参数除外)。

2. 运算符

用运算符将常量、单元格地址、函数及括号等按照一定的规则连接起来组成了表达式。常用的运算符有引用运算符、算术运算符、文本连接运算符和比较运算符 4 类。

运算符具有优先级,如表 4.1 所示,按运算符优先级从高到低依次列出各运算符及其功能。对于优先级相同的运算符,按照从左到右的顺序进行计算。若要更改计算的顺序,则可以使用括号将需要优先计算的部分括起来。

表 4.1 Excel 中的常用运算符

运算符		功能	举例
引用运算符	:	区域运算	A4:B9
	,	联合运算	B3:D5,E8:F12
	空格	交叉运算	C5:E8 D6:F10
算术运算符	−	负号	−35,−D8
	%	百分号	7%
	^	乘方	5^3(即 5^3)
	*,/	乘,除	3*7,56/4
	+,−	加,减	5+7,8−3
文本连接运算符	&	字符串连接	"Excel"&"2010"(即 Excel2010)
比较运算符	=,<> >,>= <,<=	等于,不等于 大于,大于或等于 小于,小于或等于	2=3 的值为 False,2<>3 的值为 True 2>3 的值为 False,2>=3 的值为 False 2<3 的值为 True,2<=3 的值为 True

3. 公式的输入

选定要放置计算结果的单元格后,可以直接输入公式,也可以在数据编辑区中单击后输入公式。公式输入时,一定要先输入"="号。公式输入后可以进行编辑和修改,还可以将公式复制到其他单元格。公式计算通常需要引用单元格或单元格区域的内容,这种引用是通过使用单元格的地址来实现的。在输入公式时,单元格地址可以通过键盘输入,也可以通过选定该单元格或单元格区域的方式输入,单元格地址自动显示在数据编辑区和单元格内。

4. 公式的复制

为了完成快速计算，单元格地址有规律变化的公式不必重复输入，而是采用复制公式的方法，由系统去推算单元格地址的变化，这也显示出 Excel 工作表比 Word 表格在计算方面的优越性。

复制公式有两种方法：一种是选定要被复制公式的单元格，右击，在弹出的快捷菜单中单击"复制"命令，将鼠标指针移至目标单元格，右击，在弹出的快捷菜单中单击"公式"命令 f_x，即可完成公式的复制；另一种是选定要被复制公式的单元格，拖动该单元格的填充柄，可完成相邻单元格公式的复制。

4.3.2 单元地址及其引用

为了使复制后的公式准确，公式中单元格地址的正确引用十分重要。Excel 将单元格的地址分为相对地址、绝对地址和混合地址 3 种。在 Excel 中通过鼠标单击输入到公式中的单元格地址默认是相对地址。根据计算的要求，在公式中可以出现绝对地址、相对地址和混合地址及它们的混合使用。

1. 相对地址及引用

相对地址就是仅用单元格的列标和行号表示的单元格地址，如 A2、E5 等。当含有这种地址的公式被从一个单元格复制到目标单元格时，目标单元格地址的公式不是照搬原来单元格地址的公式，而是自动地随着目标单元格位置的改变而发生相对的变化。

2. 绝对地址及引用

绝对地址的形式是在单元格地址的行号前面和列标前面分别加"$"符号，如$A$2、$E$5，这种单元格地址不随当前单元格位置的变化而变化。在复制含有这种地址的公式时，无论公式被复制到哪个单元格，"$"符号右面的列标或行号都不会随着单元格位置的改变而发生变化。

3. 混合地址及引用

混合地址的形式是在单元格地址的行号和列标中只有一个前面加"$"符号，前面加"$"的部分是绝对引用，不加"$"的部分是相对引用，如 D$3、$A8 等。当含有这种地址的公式从一个单元格被复制到目标单元格时，相对引用部分会随着目标单元格位置的改变而发生相对的变化，绝对引用部分不会变化。

4. 跨工作表的单元格地址引用

在公式中可以引用不同的工作簿文件、不同的工作表中的单元格地址，其引用形式为：

[工作簿文件名]工作表名!单元格地址

在同一工作簿中，如果要引用其他工作表中的单元格地址时，"[工作簿文件名]"可以省略；如果引用当前工作表中的单元格地址，"工作表名!"也可以省略；如果要引用同一工作簿中连续多个工作表中的同一个单元格，其引用格式为"工作表名:工作表名!单元格地址"，这种引用称为三维引用。如"＝SUM[Book1.xlsx]Sheet2:Sheet4!A5"表示对 Book1 工作簿的 Sheet2 到 Sheet4 共 3 个工作表中所有的 A5 单元格求和。

4.3.3 自动计算

自动计算是指无须输入公式即可自动计算一组数据的累加和、平均值、统计个数、求最大值和求最小值等。

使用自动计算功能的方法是：单击"开始"选项卡"编辑"命令组中的"自动求和"按钮右侧的下拉箭头(或单击"公式"选项卡"函数库"命令组中"自动求和"按钮右侧的下拉箭头)，在打开的下拉列表中选择"求和"、"平均值"、"计数"、"最大值"或"最小值"命令，就可以自动计算出相应的数据。也可以在状态栏上右击，在弹出的快捷菜单中选择相应的命令。

自动计算功能既可以计算相邻的数据区域，也可以计算不相邻的数据区域；既可以一次进行一个公式计算，也可以一次进行多个公式计算。

自动计算相邻的数据区域时，选择需要自动计算的单元格区域和存放计算结果的单元格，单击"自动求和"按钮右侧的下拉箭头，在弹出的下拉列表中选择相应的命令。

自动计算不相邻的数据区域时，先选择存放计算结果的单元格，再单击"自动求和"按钮右侧的下拉箭头，在弹出的下拉列表中选择相应的命令，然后选择需要自动计算的单元格区域。

4.3.4 函数的使用

Excel 提供了强大的函数功能，用函数能方便地进行各种运算，包括财务函数、日期与时间函数、数学与三角函数、统计函数、查找与引用函数、数据库函数、文本函数、逻辑函数、信息函数和工程函数等。Excel 2010 不但兼容了 Excel 早期版本的函数，还优化了大量函数，提高了准确性，对某些统计函数进行了重命名，使它们与科学界的函数定义和名称更一致。

1. 函数形式

函数一般由函数名和参数组成，形式为：

函数名(参数)

其中：函数名由 Excel 提供，可以从"插入函数"对话框中选择，也可以通过键盘输入。函数名不区分大小写。每个函数中的参数可以包含数量不等的多个参数，最多不能超过 30 个。参数与参数之间用英文的逗号分隔。参数可以是常数、单元格地址、单元格区域、单元格区域名称或函数等。

2. 函数引用

单击要插入公式的单元格，再单击数据编辑区左边的"插入函数"按钮 f_x (或单击"公式"选项卡"函数库"命令组中的"插入函数"按钮 f_x)，弹出"插入函数"对话框，如图 4.14 所示。在对话框的"或选择类别"下拉列表框中选择函数的

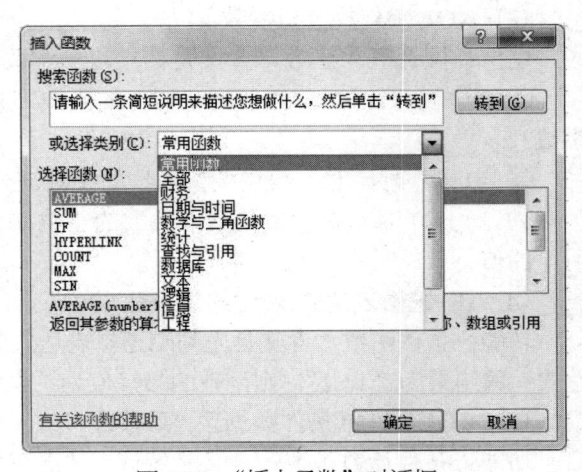

图 4.14 "插入函数"对话框

类别，在"选择函数"列表框中选择需要的函数，再单击 确定 按钮。

选择函数还有另外一种方法：单击要插入公式的单元格，打开"公式"选项卡，在"函数库"命令组中，单击"财务"、"逻辑"、"文本"、"日期和时间"、"查找与引用"、"数学和三角函数"等按钮，在弹出的下拉列表中选择相应的函数即可。

3. 函数嵌套

函数嵌套是指一个函数作为另一函数的参数使用。例如，公式：

ROUND(AVERAGE(A2:C2),1)

其中 ROUND 为一级函数，AVERAGE 为二级函数，AVERAGE 函数是作为 ROUND 函数的一个参数。先执行 AVERAGE 函数，再执行 ROUND 函数。

> **注意**
>
> AVERAGE 函数作为 ROUND 函数的参数，它返回的数值类型必须与 ROUND 函数参数要求的数值类型相同。Excel 2010 函数嵌套最多可嵌套 64 层。

4. 部分函数及功能

（1）常用函数

① SUM(参数 1,参数 2,…)

功能：求和函数，含义是求各参数的累加和。

② AVERAGE(参数 1,参数 2,…)

功能：算术平均值函数，含义是求各参数的算术平均值。

③ MAX(参数 1,参数 2,…)

功能：最大值函数，含义是求各参数中包含数值的最大值。

④ MIN(参数 1,参数 2,…)

功能：最小值函数，含义是求各参数中包含数值的最小值。

（2）统计个数函数

① COUNT(参数 1,参数 2,…)

功能：计算数字单元格个数，含义是统计各参数中数值型数据的个数。

② COUNTA(参数 1,参数 2,…)

功能：计算非空单元格个数，含义是统计各参数中"非空"单元格的个数。

③ COUNTBLANK(参数)

功能：计算空单元格个数，含义是统计参数表示的区域中"空"单元格的数目。

（3）ROUND(数值型参数,n)

功能：四舍五入函数，含义是按指定的位数对"数值型参数"进行四舍五入。

① 当 n>0 时，对"数值型参数"的小数部分从左到右的第 n+1 位四舍五入，保留 n 位小数。

② 当 n=0 时，对"数值型参数"的小数部分最高位四舍五入，取数据的整数部分。

③ 当 n<0 时，对"数值型参数"的整数部分从右到左的第 n 的绝对值位四舍五入后，所得的值。

（4）IF(逻辑表达式,表达式 1,表达式 2)

功能：条件函数，含义是先判断逻辑表达式的结果是"True"或者"False"，若"逻辑表达式"的结果为"True"，则函数的最终值为"表达式 1"的值；否则为"表达式 2"的值。

（5）COUNTIF(条件数据区,"条件")

功能：条件计数函数，含义是统计在"条件数据区"中满足指定"条件"的单元格的个数。COUNTIF 函数只能统计在指定的数据区域中满足一个条件的单元格个数,若要统计满足一个以上条件的单元格的个数,则可用 DCOUNT 或 DCOUNTA 函数完成。

(6) SUMIF(条件数据区,"条件",求和数据区)

功能:条件求和函数,含义是查找"条件数据区"中满足"条件"的单元格所对应的"求和数据区"的单元格,计算"求和数据区"中数据的累加和。其中"求和数据区"可以省略,若省略,则计算的是"条件数据区"中满足条件的单元格中数据的累加和。

(7) RANK(数字,数据区,排位方式数字)

功能:计算排位函数,含义是计算的是"数字"相对于"数据区"其他数值的大小排位,如果"排位方式数字"为 0 或省略,则表示降序排序,如果不为 0 则表示升序排序。

(8) MODE(参数 l,参数 2,…)

功能:求众数函数,含义是求各参数表示的数据或数据区域中的众数(即出现频率最高的数)。

Excel 的"公式"选项卡内提供了强大的和分类使用的函数,"公式"选项卡内还包含"定义的名称""公式审核""计算"命令组。"定义的名称"命令组的功能是对经常使用的或比较特殊的公式进行命名,当需要使用该公式时,可直接使用其名称来引用该公式;"公式审核"命令组的功能是帮助用户快速查找和修改公式,也可对公式进行错误修订。其他函数以及详细应用可查看 Excel 的帮助。

5. 关于错误值信息

在单元格中输入或编辑公式后,如果公式不能运算,单元格中就会出现错误值信息。错误值信息一般以"#"符号开头,常见的出错原因如表 4.2 所示。

表 4.2 错误值信息

错误值	错误值出现的原因	举例
#DIV/0!	除数为 0	=5/0
#N/A	引用了无法使用的数值	HLOOLUP 函数的第 1 个参数对应的单元格为空
#NAME?	引用了不能识别的函数名字	=SUN(A2:B5)
#NULL!	交集为空	=SUM(A2:A4 C4:E7)
#NUM!	数据类型不正确	=SQRT(−9)
#REF!	引用无效单元格	如引用的单元格被删除
#VALUE!	不正确的参数或运算符	=8+"h"
#####	单元格宽度不够	

4.4 工作表的格式设置

工作表建立后,可以对表格进行格式化设置,使表格更加直观和美观。可以利用"开始"选项卡内的命令组对表格字体、数据对齐方式和数据格式等进行设置,还可以使用"套用表格格式""单元格样式""条件格式"等 Excel 内置的格式进行工作表的格式化设置。

4.4.1 单元格格式的设置

打开"开始"选项卡，单击"字体"、"对齐方式"或"数字"命令组中右下角的 按钮（或者单击"开始"选项卡"单元格"命令组中的"格式"按钮，在弹出的下拉列表中单击"设置单元格格式"命令），弹出"设置单元格格式"对话框，如图4.15所示。该对话框中有"数字"、"对齐"、"字体"、"边框"、"填充"和"保护"共6个选项卡，利用这些选项卡，可以设置单元格相应的格式。

1. 设置数字格式

单击"开始"选项卡"字体"命令组右下角的 按钮，打开"设置单元格格式"对话框，在对话框中选择"数字"选项卡，可以改变数字（包括日期）在单元格中的显示形式，但是数字在数据编辑区中的显示形式不改变。数字格式的分类主要有：常规、数值、货币、会计专用、日期、时间、百分比、分数、科学记数、文本和自定义等，还可以设置小数点后数字的位数。默认情况下，数字格式是"常规"格式。

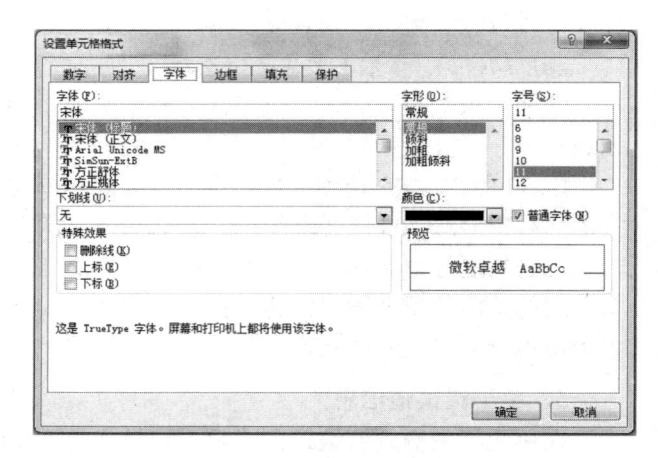

图4.15 "设置单元格格式"对话框

2. 设置对齐方式和字体样式

在"设置单元格格式"对话框的"对齐"选项卡中，可以设置数据在单元格中的对齐方式、文本方向，选中 合并单元格(M) 复选项还可以完成相邻单元格的合并，合并后的单元格中只显示选定区域左上角的单元格内容。如果要取消合并的单元格，则选定已合并的单元格，取消选中 合并单元格(M) 复选框即可。

在"设置单元格格式"对话框的"字体"选项卡中，可以设置单元格中数据的字体、字形、字号、颜色、下画线和特殊效果等。

3. 设置单元格边框

在"设置单元格格式"对话框的"边框"选项卡中，可以为选定的单元格区域分别设置上边框、下边框、左边框、右边框和斜线等，还可以设置这些边框的线条样式和颜色。如果要取消已设置的边框，选择"预置"选项组中的"无"即可。

4. 设置单元格颜色

在"设置单元格格式"对话框的"填充"选项卡中，可以为选定的单元格或单元格区域设置背景色、图案颜色和图案样式。

4.4.2 行和列格式的设置

默认情况下，工作表中的每个单元格都具有相同的列宽和行高，但由于输入到单元格中的内容和形式多种多样，用户可以根据内容自行设置列宽和行高。

1. 设置列宽

（1）使用鼠标粗略地调整列宽

将鼠标指针移动到要改变列宽的列与后一列之间列标的分隔线上，鼠标指针变成水平双向箭头╋形状，按住鼠标左键向左或向右拖动鼠标，工作表中出现一条竖直虚线指示此刻的列宽，列宽调整到合适宽度时松开鼠标左键即可。如果用鼠标左键双击两列之间的分隔线，Excel 将根据前一列中内容最多的单元格自动将该列列宽调整到合适的宽度。

（2）使用"列宽"命令精确地设置列宽

选定需要调整列宽的列，单击"开始"选项卡"单元格"命令组中的"格式"按钮，在弹出的下拉列表中单击"列宽"命令，弹出"列宽"对话框，在"列宽"框中输入所需的列宽值，单击 确定 按钮，可精确设置列宽。

（3）复制列宽

如果要使其他列也采用某一列的宽度，则先选定该列，单击"开始"选项卡"剪贴板"命令组中的"复制"按钮，然后选定目标列，单击"剪贴板"命令组中"粘贴"按钮下方的下拉箭头，在打开的下拉列表中单击"选择性粘贴"命令，在"选择性粘贴"对话框中选中 列宽(W) 单选按钮，单击 确定 按钮，即可将列宽应用到选定列中。

2. 设置行高

（1）使用鼠标粗略地调整行高

将鼠标指针移动到要改变行高的行与下一行之间的行号分隔线上，鼠标指针变成垂直双向箭头╋形状，按住鼠标左键向上或向下拖动鼠标，工作表中出现一条水平虚线指示此刻的行高，行高调整到合适高度时松开鼠标左键即可。如果用鼠标指针双击两行之间的分隔线，Excel 将根据上面一行中内容高度最高的单元格自动将该行行高调整到合适的高度。

（2）使用"行高"命令精确地设置行高

选定需要调整行高的行，单击"开始"选项卡"单元格"命令组中的"格式"按钮，在弹出的下拉列表中单击"行高"命令，弹出"行高"对话框，在"行高"框中输入所需的行高值，单击 确定 按钮，可精确设置行高。

4.4.3 条件格式的使用

1. 设置条件格式

条件格式是使含有数值或其他内容的单元格按照某种条件决定显示格式。条件格式的设置通过单击"开始"选项卡"样式"命令组中的"条件格式"按钮，在弹出的下拉列表中选择相应的命令来完成，如图 4.16 所示。

Excel 在条件格式设置中使用数据条、色阶或图标集可以轻松地突出显示单元格或单元格区域、强调特殊值和可视化数据，并且使条件格式的表达更具有整体性。

图 4.16 "条件格式"下拉列表

2. 管理条件格式

设置了条件格式后，可以对其进行管理，方法是：选定设置了条件格式的单元格区域，单击"开始"选项卡"样式"命令组中的"条件格式"按钮，在弹出的下拉列表中单击"管理规则"命令，弹出"条件格式规则管理器"对话框，如图 4.17 所示，在对话框中可以新建、编辑和删除设置的条件格式规则。

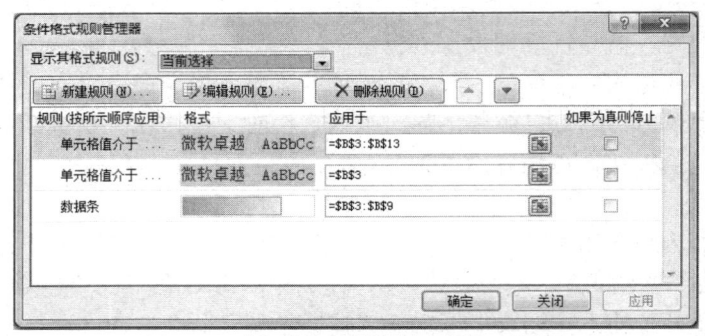

图 4.17 "条件格式规则管理器"对话框

3. 清除条件格式

设置了条件格式后，可以将其清除，方法是：选定设置了条件格式的单元格区域，单击"开始"选项卡"样式"命令组中的"条件格式"按钮，在弹出的下拉列表中单击"清除规则"命令，在出现的下拉列表中选择相应的命令即可。

4.4.4 套用表格格式

套用表格格式是把 Excel 提供的表格格式自动套用到用户指定的单元格区域，可以快速完成表格格式的设置,使表格更加美观，易于浏览。

Excel 2010 内置了 60 种常用的表格格式，主要分浅色、中等深浅、深色 3 类，还可以自己新建表样式。单击"开始"选项卡"样式"命令组中的"套用表格格式"按钮，在弹出的下拉列表中选择相应的表格格式，如图 4.18 所示，即可为选定单元格区域套用表格格式。

4.4.5 单元格样式的使用

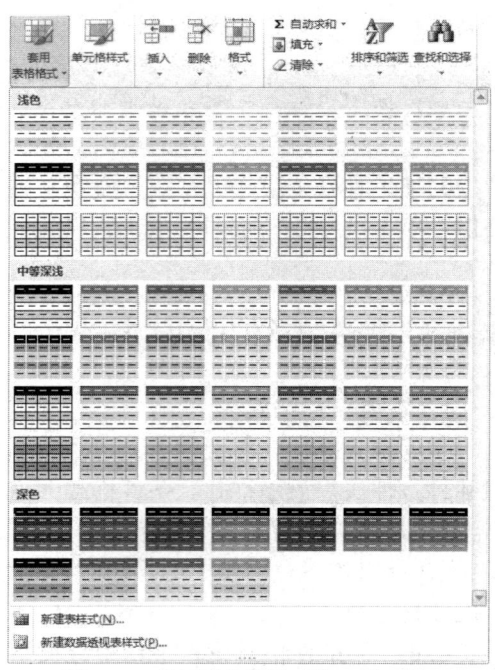

图 4.18 "套用表格格式"下拉列表

单元格样式是单元格的字体、字形、字号、对齐方式、边框和图案等一个或多个设置特性的组合。应用某种单元格样式即应用这种样式中的所有格式设置。

单元格样式包括内置单元格样式和新建单元格样式。内置单元格样式为 Excel 内部定义的样式，用户可以直接使用，包括数据和模型、标题、主题单元格样式、数字格式等；新建单元格样式是用户根据需要自定义的组合设置，并可以自己定义样式名称。单元格样式的设置通过单击"开始"选项卡"样式"命令组中的"单元格样式"按钮，在弹出的下拉列表中选择相应的单元格样式来完成，如图 4.19 所示。

图 4.19 "单元格样式"下拉列表

4.5 图表功能

人们记住一连串的数字，以及它们之间的关系和趋势会很难，但是记住一幅图画或者一条曲线会很轻松。如果能将数据用图表来表示，可以使数据更加有趣、吸引人，易于阅读和评价，也有利于分析和比较数据。

Excel 2010 具有强大的图表功能，能将工作表中的数据用图形表示出来。因此，使用图表会使工作表更易于理解和交流。

4.5.1 图表的基本概念

1. 图表类型

Excel 提供了许多种标准的图表类型，每一种图表类型又分为多个子类型，我们可以根据需要选择不同的图表类型表现数据。常用的图表类型有柱形图、折线图、饼图、条形图、面积图、XY 散点图、股价图、曲面图、圆环图等。

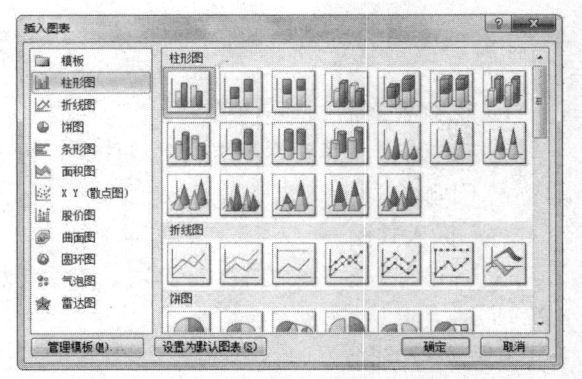

图 4.20 "插入图表"对话框

单击"插入"选项卡"图表"命令组右下角的"创建图表"按钮，打开"插入图表"对话框，会显示 Excel 提供的各种图表类型，如图 4.20 所示。

2. 图表的构成

一个图表主要由以下部分构成，如图 4.21 所示。

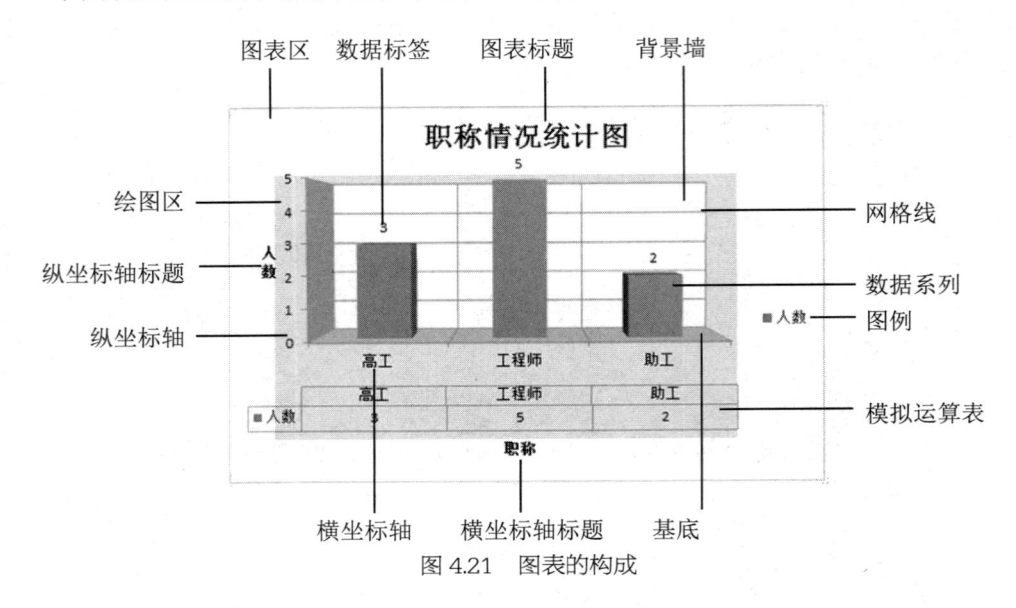

图 4.21 图表的构成

① 图表标题：就是图表的名称，显示在图表的顶端，可以设置是否显示。
② 坐标轴与坐标轴标题：坐标轴标题是横坐标轴和纵坐标轴的名称，可以设置是否显示。
③ 图例：说明图表中相应的数据系列的名称和数据系列在图表中显示的颜色，可以设置其在图表区中的位置、显示颜色和样式。
④ 绘图区：以坐标轴为边界的区域，可以设置它的颜色。
⑤ 数据系列：一个数据系列对应工作表中选定区域的一行或一列数据。
⑥ 网格线：坐标轴的刻度线延伸出来的线条，只出现在"绘图区"，可以隐藏。
⑦ 背景墙与基底：三维图表中会出现背景墙与基底，是包围在许多三维图表周围的区域，用于显示图表的维度和边界。

4.5.2 图表的创建

1. 嵌入式图表与独立图表

图表有两种：嵌入式图表与独立图表。嵌入式图表与独立图表主要的区别在于它们存放的位置不同。

（1）嵌入式图表

嵌入式图表是指图表作为一个对象与跟它相关的工作表数据存放在同一工作表中，如图 4.22 所示。

（2）独立图表

独立图表以一个单独的工作表的形式插在工作簿中。在打印输出时，独立图表占一个页面，如图 4.23 所示。

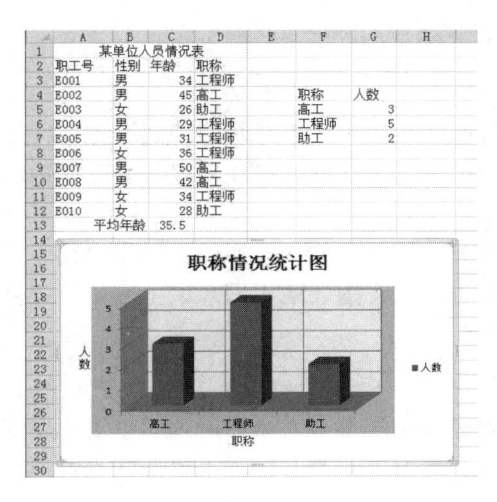

图 4.22　嵌入式图表　　　　　　　　　图 4.23　独立图表

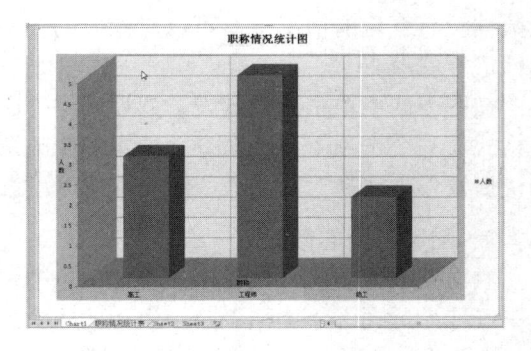

2. 创建图表的方法

嵌入式图表与独立图表的创建方法基本相同，主要通过选择"插入"选项卡"图表"命令组中相应的图表类型完成。

(1) 利用选项卡中的命令建立嵌入式图表

选定工作表中要创建图表的单元格区域，单击"插入"选项卡"图表"命令组中相应的图表类型按钮，在弹出的下拉列表中选择子图表类型，系统就会根据选择的数据区域在当前工作表中生成对应的嵌入式图表，同时在功能区的"视图"选项卡后面会出现上下文选项卡"图表工具"，如图 4.24 所示，它包括"设计""布局""格式" 3 个选项卡，利用这 3 个选项卡可以设置图表的颜色、图案、线形、填充效果、边框和图片等，还可以对图表中的图表区、绘图区、坐标轴、背景墙和基底等进行设置。

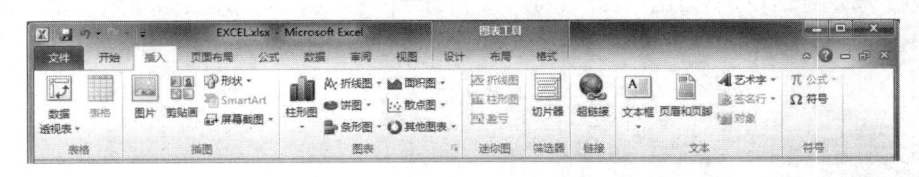

图 4.24　"图表工具"上下文选项卡

嵌入式图表在工作表中的位置可以移动，大小可以改变。将鼠标指针移到图表区中拖动可以移动图表的位置，将鼠标指针移到图表区外框线上，拖动外框线上的尺寸控制点可以改变图表的大小。

单击"图表工具-设计"选项卡"位置"命令组中的"移动图表"按钮，弹出"移动图表"对话框，如图 4.25 所示，可以将嵌入式图表和独立图表相互转换。

(2) 利用功能键建立独立图表

选定要创建图表的单元格区域，按 F11 键可自动创建一个独立图表，图表类型为"簇状柱形图"。独立图表和嵌入式图表一样可以进行编辑、修改和修饰。

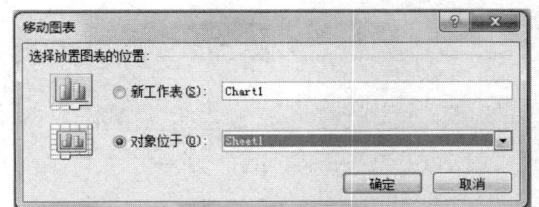

图 4.25　"移动图表"对话框

4.5.3 图表的编辑和修改

图表创建完成后，如果对工作表数据进行了修改，图表中的信息也将随之变化。在工作表数据没有变化的情况下，可以对图表的"图表类型""图表源数据""图表位置"等内容和属性进行修改。

在图表区中单击选中图表，然后利用"图表工具－设计""图表工具－布局""图表工具－格式"3 个选项卡内的命令可编辑和修改图表，也可以在图表的不同区域上右击，在弹出的快捷菜单中选择对应的命令编辑和修改图表。

1. 图表类型的修改

右击图表绘图区，在弹出的快捷菜单中单击"更改图表类型"命令，或者单击"图表工具－设计"选项卡"类型"命令组中的"更改图表类型"按钮，打开"更改图表类型"对话框，如图 4.26 所示，在对话框中重新选择图表类型即可。

2. 图表源数据的修改

（1）向图表中添加源数据

如果图表建立后，要将工作表中的其他数据系列也添加到图表中，操作步骤是：单击图表绘图区，再单击"图表工具－设计"选项卡"数据"命令组中的"选择数据"按钮，打开"选择数据源"对话框，如图 4.27 所示，或右击图表绘图区，在弹出的快捷菜单中单击"选择数据"命令，也可以打开"选择数据源"对话框。在对话框中重新选择图表所需的数据区域，即可完成向图表中添加源数据的操作。

（2）删除图表中的数据

如果要同时删除工作表和图表中的数据，只要删除工作表中的数据，图表将会自动更新。如果只从图表中删除数据，在图表上单击所要删除的数据系列，按 Delete 键即可完成。或者在"选择数据源"对话框的"图例项（系列）"列表框中选择要删除的数据系列，单击 × 删除(R) 按钮，如图 4.27 所示，也可以将图表数据删除。

图 4.26 "更改图表类型"对话框　　　　　图 4.27 "选择数据源"对话框

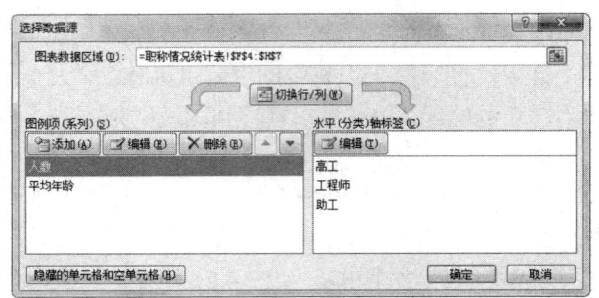

4.5.4 图表的修饰

图表建立完成后,可以对图表进行修饰,以更好地表现数据。利用"图表工具-设计""图表工具-布局""图表工具-格式"3 个选项卡可以完成对图表的各种设计、布局和美化。

1. "图表工具-设计"选项卡

在"图表工具-设计"选项卡(如图 4.28 所示)中,可以更改图表类型,添加或删除数据,改变数据系列,变换图表的布局和样式,在嵌入式图表和独立图表之间转换等。

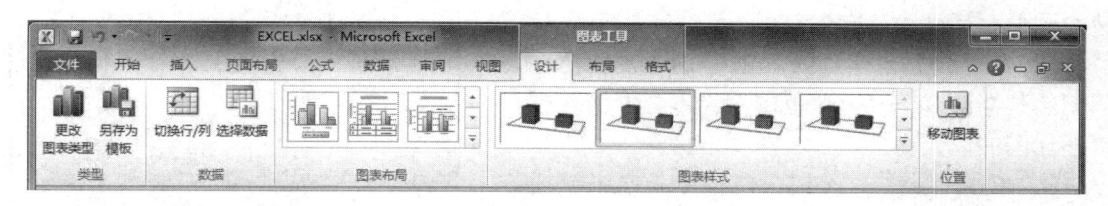

图 4.28 "图表工具-设计"选项卡

2. "图表工具-布局"选项卡

在"图表工具-布局"选项卡(如图 4.29 所示)中,可以设置图表标题是否显示及显示的位置、横坐标轴和纵坐标轴显示方式及坐标轴标题是否显示,图例是否显示及显示位置,数据标签是否显示,网格线的显示方式,背景墙和基底的显示样式等。

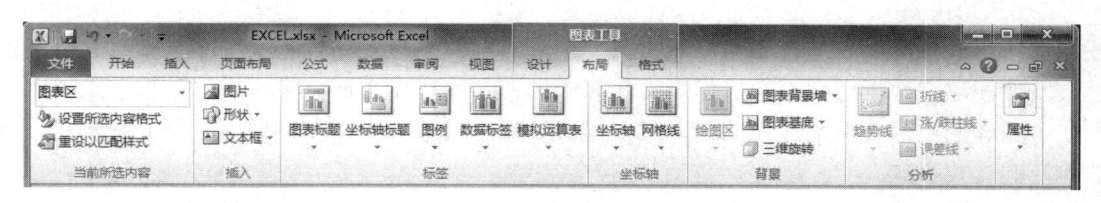

图 4.29 "图表工具-布局"选项卡

3. "图表工具-格式"选项卡

在"图表工具-格式"选项卡(如图 4.30 所示)中,可以设置所选图表区域的形状样式、填充颜色等,还可以对选中的图表标题等文本设置艺术字效果,调整图表区的大小等。

图 4.30 "图表工具-格式"选项卡

4.5.5 创建迷你图

"迷你图"是 Excel 2010 中的新功能,用于在一个单元格中创建小型图表以可视化方式来呈现数据的变化趋势。这是一种突出显示重要数据变化趋势的快捷而又简便的方法,可以节省大量的时间。迷你图包括折线图、柱形图、盈亏图,其具体操作方法如下。

① 选择要插入迷你图的单元格。

② 打开"插入"选项卡,在"迷你图"命令组中选择要插入的迷你图的类型,弹出"创建迷你图"对话框,如图 4.31 所示。

③ 在"数据范围"文本框中输入要创建迷你图的数据源,在"位置范围"文本框中输入放置迷你图的单元格。

④ 单击 确定 按钮,所选单元格中就插入了迷你图。

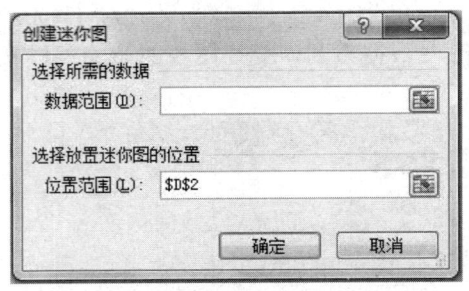

图 4.31 "创建迷你图"对话框

4.6 Excel 2010 的数据库管理功能

Excel 2010 提供了较强的数据库管理功能,用户不仅能够自由地增加、删除和移动数据,还能够按照数据库的管理方式对以数据清单形式存放的工作表进行各种排序、筛选、分类汇总、统计和建立数据透视表等操作。工作表中的数据库操作大部分是利用"数据"选项卡中的命令完成的。需要特别注意的是,对工作表数据进行数据库操作,要求数据必须按"数据清单"的形式存放。

4.6.1 数据清单

Excel 具有数据库管理功能。简单地说,数据库是若干张数据表的集合。每张数据表可以看成是一张二维表格,所谓二维表是指表格中每一行包含的列数相同。每一行称为一条记录,各行的每一列称为一个字段。

在 Excel 中,每个数据列都具有相同的数据类型,这些包含相关数据的一系列工作表数据行构成了 Excel 的数据清单。Excel 采用数据库的管理方式管理数据清单。数据清单中的每一行相当于数据库中的一条记录,行标题相当于记录名;数据清单中的每一列相当于数据库中的一个字段,列标题相当于字段名,如图 4.32 所示。

创建数据清单要满足以下条件。

① 一个数据清单是一片连续的单元格区域,不允许出现空行和空列。

② 第 1 行(标题行)各单元格全是文本型数据,表示各列(字段)的标题。

③ 除第 1 行外的其余各行(称为数据行或记录行)同一列(即同一字段)数据的类型应该一致。

④ 数据清单与工作表中其他数据要相互独立，即数据清单与其他数据间至少要留一个空行和一个空列。

⑤ 数据行中各单元格数据前后不要输入空格，以免影响排序和搜索。

⑥ 数据清单中的行和列必须保持显示状态，不能隐藏。

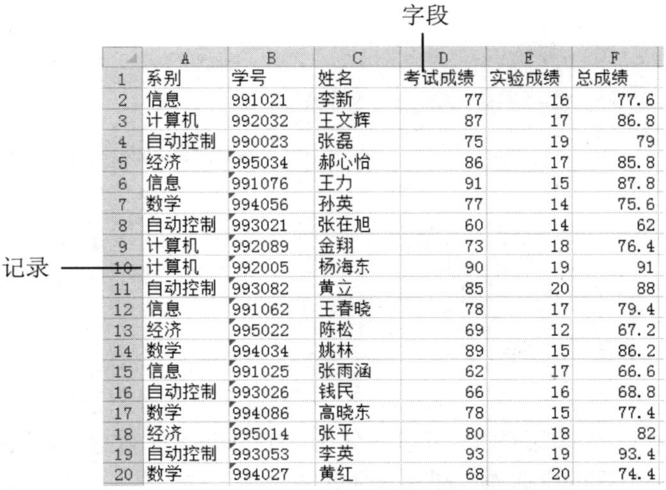

	A	B	C	D	E	F
1	系别	学号	姓名	考试成绩	实验成绩	总成绩
2	信息	991021	李新	77	16	77.6
3	计算机	992032	王文辉	87	17	86.8
4	自动控制	990023	张磊	75	19	79
5	经济	995034	郝心怡	86	17	85.8
6	信息	991076	王力	91	15	87.8
7	数学	994056	孙英	77	14	75.6
8	自动控制	993021	张在旭	60	14	62
9	计算机	992089	金翔	73	18	76.4
10	计算机	992005	杨海东	90	19	91
11	自动控制	993082	黄立	85	20	88
12	信息	991062	王春晓	78	17	79.4
13	经济	995022	陈松	69	12	67.2
14	数学	994034	姚林	89	15	86.2
15	信息	991025	张雨涵	62	17	66.6
16	自动控制	993026	钱民	66	16	68.8
17	数学	994086	高晓东	78	15	77.4
18	经济	995014	张平	80	18	82
19	自动控制	993053	李英	93	19	93.4
20	数学	994027	黄红	68	20	74.4

图4.32 数据清单及组成

4.6.2 数据排序

在刚建立的数据清单中，数据往往是无序的。在对数据进行查询时，一份排列有序的数据清单会给工作带来很大的方便。数据排序就是按照一定的规则对数据进行重新排列，便于浏览或为进一步处理做准备(如分类汇总)。

Excel 可以根据一个字段或几个字段中的数据值对数据清单进行排序，这些排序依据的字段称为关键字。对数据清单进行排序是根据选择的关键字内容对数据按升序或降序排列，可以根据需要添加关键字，选取排序依据和次序。每个关键字可以单独设置排序依据和次序，也可以自定义排序。

1. 只有一个关键字的排序

要按照某一个字段进行升序或降序排序，先选择这个字段中的任意一个单元格，然后单击“数据”选项卡“排序和筛选”命令组中的“升序”按钮或“降序”按钮，就可以将数据清单中的数据按照这个字段进行升序或降序排序。

> 注意
>
> 利用“数据”选项卡“排序和筛选”命令组中的“升序”按钮和“降序”按钮只能对数据按一个关键字排序。

2. 同时有多个关键字的排序

可以按多个关键字对数据排序，这时先按第一个关键字的值对数据排序，当第一个关键字的值相同时，再按第二个关键字的值对数据排序…… 具体操作步骤如下。

① 在数据清单中选择要排序的数据区域，单击“数据”选项卡“排序和筛选”命令组中的“排序”按钮，打开“排序”对话框，如图4.33所示。

② 单击“主要关键字”框右面的，在打开的下拉列表中选择首先依据排序的字段，再

选择"排序依据",最后在"次序"选项下拉列表中选择"升序"或"降序"排序方式。

③ 单击 添加条件(A) 按钮,对话框中新增"次要关键字"选项,在"次要关键字"下拉列表中选择第二个排序依据的字段,再选择"排序依据",在"次序"下拉列表中选择"升序"或"降序"排序方式。

④ 如果还有其他参与排序的字段,则重复步骤③的操作;如果没有,则单击 确定 按钮即可。

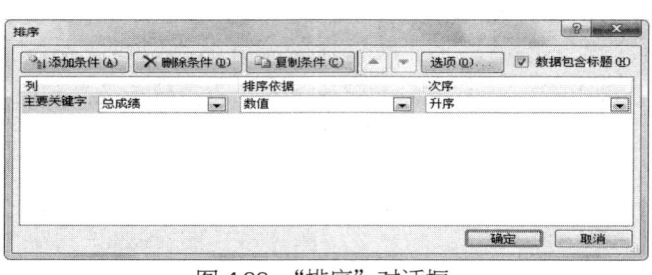

图 4.33 "排序"对话框

注意

① 在"排序"对话框中选中 ☑ 数据包含标题(H) 复选框,表示标题行不参与排序。

② 单击 选项(O)... 按钮,打开"排序选项"对话框,还可以选择是否区分大小写、排序方向、排序方法等,如图 4.34 所示。

3. 自定义排序

如果用户对数据的排序有特殊要求,可以在如图 4.33 所示的"排序"对话框中,选择"次序"下拉列表中的"自定义序列"选项,打开"自定义序列"对话框,如图 4.35 所示。在"输入序列"文本框中输入自定义的序列,输入完成后单击 添加(A) 按钮,序列就添加到"自定义序列"列表中,排序时就可以直接使用了。

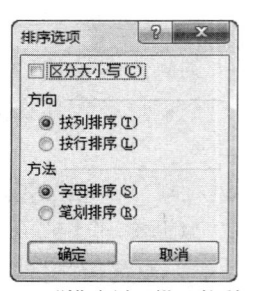

图 4.34 "排序选项"对话框

图 4.35 "自定义序列"对话框

4. 排序数据区域的选择

Excel 允许对全部数据区域和部分数据区域进行排序。如果选定的数据区域包含所有的数据,则对所有数据区域进行排序;如果所选的数据区域没有包含所有的数据,则仅对已选定的数据区域进行排序,未选定的数据区域数据位置保持不变。但要注意,这样做能引起数据错误,所以在使用时要慎重。

4.6.3 数据筛选

数据筛选是从数据清单中快速查找符合设定的某一个条件或一组条件的记录,筛选后的数据清单中只显示符合筛选条件的记录,而隐藏其他不符合筛选条件的记录,方便浏览查询。Excel 提供了自动筛选和高级筛选两种筛选数据清单的方法。

1. 自动筛选
(1) 单字段条件筛选

筛选条件只涉及一个字段中的内容为单字段条件的筛选。在数据清单中单击，再单击"数据"选项卡"排序和筛选"命令组中的"筛选"按钮，数据清单中所有的字段名右侧就会出现下拉箭头。单击要作为筛选条件的字段名右侧的下拉箭头，在打开的下拉列表（见图 4.36）中勾选要作为筛选条件的某个数据，单击"确定"按钮，返回工作表，数据清单中就只显示符合所选条件的记录，且作为筛选条件的字段名右侧的下拉箭头变成形状，表示此字段是当前数据区域的筛选条件。

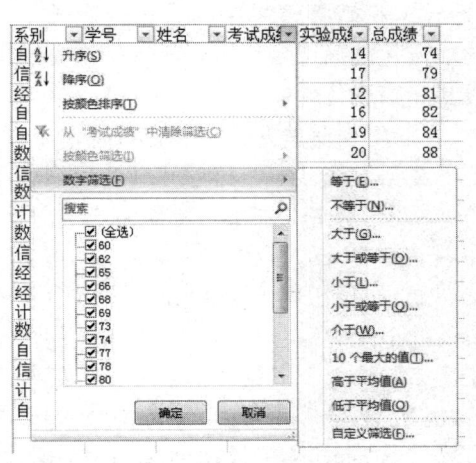

图 4.36 自动筛选

在图 4.36 中，单击"数字筛选"子菜单中的"自定义筛选"命令，打开"自定义自动筛选方式"对话框，如图 4.37 所示。在对话框中设置好筛选条件，单击"确定"按钮，完成自定义条件的筛选。

图 4.37 "自定义自动筛选方式"对话框

(2) 多字段条件筛选

筛选条件涉及多个字段的内容为多字段条件筛选。要完成多字段条件筛选，可通过反复执行单字段条件筛选的方式完成。

(3) 取消筛选

单击设置了筛选条件的字段名右侧的，在弹出的下拉列表中选中（全选）复选框，再单击"确定"按钮（或者单击"数据"选项卡"排序和筛选"命令组中的"清除"按钮），就可以将隐藏的数据全部显示出来。

单击数据清单中的任意一个单元格，再次单击"排序和筛选"命令组中的"筛选"按钮，可以退出数据筛选状态。

2. 高级筛选

高级筛选主要用于多字段条件的筛选。使用高级筛选必须先建立一个条件区域，用来创建筛选条件。条件区域的第一行是所有作为筛选条件的字段名，这些字段名必须与数据清单中的字段名完全一样；在条件区域的其他行输入筛选条件，"与"关系的条件必须出现在同一行内，"或"关系的条件不能出现在同一行内；条件区域与数据清单区域必须用空行或空列隔开，不能直接相连。

进行高级筛选的具体操作步骤如下。

① 在数据清单中与数据区有一定间隔的地方建立筛选条件区，输入筛选条件的字段名和筛选条件。

② 将当前单元格定位在数据清单中，单击"数据"选项卡"排序和筛选"命令组中的"高级"按钮，打开"高级筛选"对话框，如图4.38所示。

③ 如果想将原来的数据清单中不符合条件的记录隐藏，只显示符合条件的记录，在"高级筛选"对话框的"方式"栏中选中 ⦿ 在原有区域显示筛选结果(F) 单选按钮；如果想将最后筛选的结果在数据清单以外的地方显示，选中 ⦿ 将筛选结果复制到其他位置(O) 单选按钮。

④ 在对话框中输入列表区域（即数据清单）和条件区域（即创建的筛选条件区）。如果在步骤③中选中了 ⦿ 将筛选结果复制到其他位置(O) 单选按钮，还要指定"复制到"区域的左上角单元格。

图4.38　高级筛选

⑤ 单击 确定 按钮，完成高级筛选。

4.6.4　数据的分类汇总

分类汇总是Excel中的一个重要功能，它将数据按照不同的类别进行统计，是对数据内容进行分析的另一种方法，可以免去输入大量的公式和函数的烦琐操作。

Excel分类汇总首先对数据清单中的数据进行分类，然后统计同类数据的相关信息。分类汇总有以下3个基本要素。

① 分类字段：按照某个字段对数据进行汇总，这个字段称为分类字段。

② 汇总方式：Excel提供了多种汇总方式，包括求和、计数、平均值、最大值、最小值、乘积、方差、总体方差、数值计数、标准偏差、总体标准偏差等。

③ 汇总项：需要汇总的字段，至少要一个。

> 注意
>
> 只能对数据清单进行分类汇总；数据清单的第一行必须有字段名；在进行分类汇总前，必须先对数据清单按照分类字段进行排序；分类汇总一次可以对多个字段进行汇总。

1. 创建分类汇总

利用"数据"选项卡"分级显示"命令组中的"分类汇总"按钮 可以创建分类汇总，其具体操作步骤如下。

① 按照分类字段的递增或递减顺序对数据清单进行排序。

② 单击"数据"选项卡"分级显示"命令组中的"分类汇总"按钮 ，打开"分类汇总"对话框，如图4.39所示。

③ 在"分类字段"栏的下拉列表中选择分类字段，在"汇总方式"栏的下拉列表中选择相应的统计方式，在"选定汇总项"列表框中选择要进行汇总计算的字段（一次可以选择多

个字段)。

④ 如果选中 ☑替换当前分类汇总(C) 复选框，就会由新的汇总替换原来的汇总；选中 ☑每组数据分页(P) 复选框，汇总的结果在打印时就会按照分类字段打印到不同的页上；选中 ☑汇总结果显示在数据下方(S) 复选框，汇总结果将显示在数据下方，否则显示在数据上方。

⑤ 单击 确定 按钮，完成分类汇总，形式如图 4.40 所示。

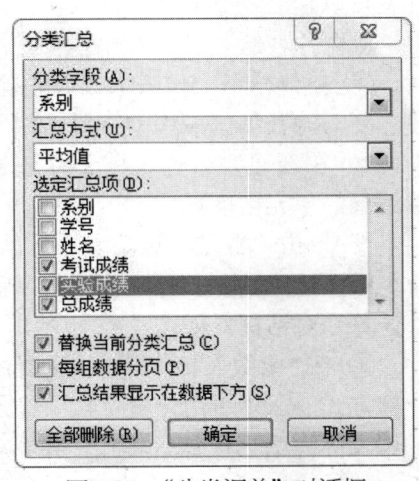

图 4.39 "分类汇总"对话框

2. 隐藏分类汇总数据

有时，为方便查看数据，可以将分类汇总后暂时不需要的数据隐藏起来，当需要查看时再显示出来。

如图 4.40 所示，分类汇总完成后，在工作表左侧会出现分级显示按钮 1 2 3 ，这 3 个按钮分别显示或隐藏的是第 1 显示层、第 2 显示层、第 3 显示层。第 3 显示层将显示工作表中的所有明细数据。

工作表左边还出现了列表树，单击其中的 − 可以隐藏相应的数据记录，只留下汇总信息，此时，− 变成 +；再单击 +，就可将隐藏的数据记录显示出来，如图 4.41 所示。

图 4.40 分类汇总后的数据清单

图 4.41 隐藏部分明细数据的数据清单

3. 撤销分类汇总

如果要撤销已经创建的分类汇总，先在进行了分类汇总的单元格区域中单击，再单击"数据"选项卡"分级显示"命令组中的"分类汇总"按钮 ，在弹出的"分类汇总"对话框(见图 4.39)中单击 全部删除(R) 按钮，再单击 确定 按钮即可。

4.6.5 数据合并计算

前面讲的计算、分类汇总等都是在同一个工作表中进行的，Excel 可以把多个工作表中的数据合并计算到一个工作表中。这些要进行合并计算的工作表必须有相同的布局，它们可以在同一个工作簿中，也可以位于不同的工作簿中。数据合并是通过建立合并表的方式进行的，合并表可以建立在某源数据区域所在的工作表中，也可以建立在同一个工作簿或不同的工作簿中。以合并表建立在一个新工作表中为例，进行合并计算的具体操作步骤如下。

① 新建一个工作表，在表中建立与源数据区域相同的表格布局，注意此工作表中的字段名要与源数据区域中的字段名相同。

② 在新建表中选定用于存放合并计算结果的单元格区域。

③ 单击"数据"选项卡"数据工具"命令组中的"合并计算"按钮，弹出"合并计算"对话框，如图4.42所示。

④ 在"函数"下拉列表中选择所需的计算方式，在"引用位置"栏中输入一个工作表的源数据区域，单击 添加(A) 按钮，再输入另一个工作表中的源数据区域，单击 添加(A) 按钮，直至将所有的要合并的工作表都添加完。单击 浏览(B)... 按钮，可以选取其他工作簿中要进行合并计算的源数据区域。

图4.42 "合并计算"对话框

⑤ 选中 创建指向源数据的链接(S) 复选框。这样，当源数据变化时，合并计算结果也会随之变化。

⑥ 单击 确定 按钮，完成数据的合并计算。

4.6.6 数据透视表的使用

在Excel中要进行大量数据分析，有时是一件非常困难的事情，而数据透视表让这种分析工作变得简单了。数据透视表从工作表的数据清单中提取信息，对数据清单进行重新布局和分类，并同时计算出结果，快速地对大量数据进行分类汇总分析。在建立数据透视表时，需考虑透视表应如何布局和汇总数据。

建立数据透视表的具体操作步骤如下。

① 选定要作为透视表数据源的单元格区域。

② 单击"插入"选项卡"表格"命令组中的"数据透视表"按钮 右侧的下拉箭头，在打开的下拉列表中单击"数据透视表"命令，打开"创建数据透视表"对话框，如图4.43所示。

③ 在"请选择要分析的数据"栏中自动选中 选择一个表或区域(S) 单选按钮，我们所选定的数据源区域显示在"表/区域"框中。在"选择放置数据透视表的位置"栏中设置一个单元格作为存放数据透视表的起始位置（或选中 新工作表(N) 单选按钮，在一个新工作表中创建数据透视表）。单击 确定 按钮，出现"数据透视表字段列表"对话框和数据透视表区域，如图4.44所示。

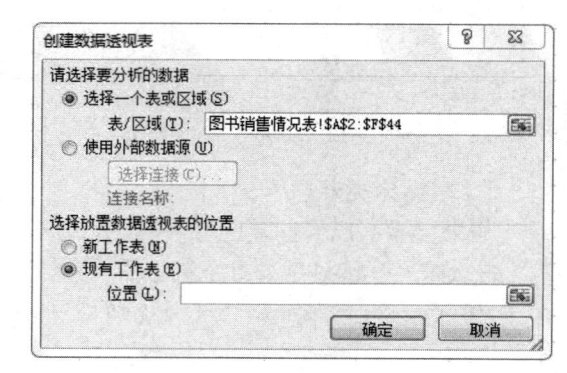

图4.43 "创建数据透视表"对话框

④ 在"选择要添加到报表的字段"列表中选择想要添加的字段。根据需要,通过拖动调整这些字段在"行标签"和"列标签"中的位置。在"数值"列表框中,默认的计算方式是求和,要想改变计算方式可以单击求值字段名,在打开的下拉列表(见图 4.45)中选择"值字段设置"命令,打开"值字段设置"对话框,如图 4.46 所示。

⑤ 在"值字段设置"对话框中可以设置"值汇总方式""值显示方式""数字格式"等属性,单击 确定 按钮,完成数据透视表的建立。

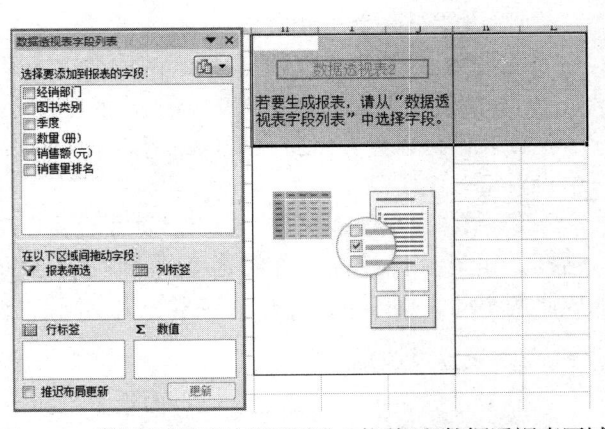

图 4.44 "数据透视表字段列表"对话框和数据透视表区域

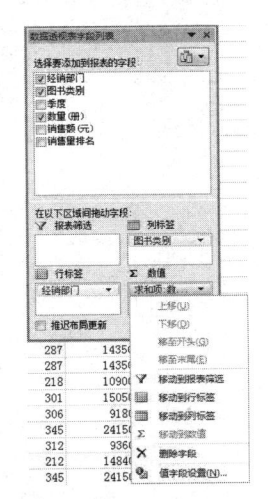

图 4.45 改变数据透视表中数值的计算方式

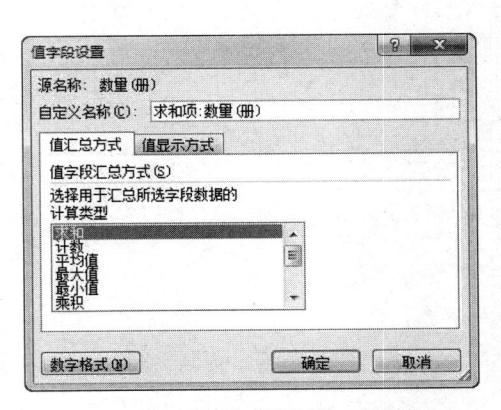

图 4.46 "值字段设置"对话框

4.7 工作表的打印

完成工作表的编辑后,还可对其进行页面版式设置,如设置页边距、设置页眉和页脚等,然后再将其打印出来。

4.7.1 页面设置

在打印之前要对工作表进行页面设置,以便控制工作表的版面,包括设置纸张大小、页面、页边距、页眉/页脚等。

1. 设置纸张大小和方向

纸张大小和方向可以通过以下两种方法设置。

① 单击"页面布局"选项卡"页面设置"命令组中的"纸张方向"按钮,在弹出的下拉列表中可以设置纸张为横向或者纵向;单击"纸张大小"按钮,可在弹出的下拉列表中设置纸张大小。

② 单击"页面布局"选项卡"页面设置"命令组右下角的按钮,打开"页面设置"对话框,如图 4.47 所示。在对话框的"页面"选项卡中可以对页面的打印方向、缩放比例(缩放比例不同,每一页打印的内容多少也不同)、纸张大小及打印质量进行设置。

2. 设置页边距

单击"页面布局"选项卡"页面设置"命令组中的"页边距"按钮,在弹出的下拉列表中可以选择已经定义好的页边距,以确定表格在纸张中的位置。也可以单击下拉列表中的"自定义边距"命令(或者单击"页面布局"选项卡"页面设置"命令组右下角的按钮),打开"页面设置"对话框中的"页边距"选项卡,如图 4.48 所示,在该选项卡中可以设置页面内容与页面 4 个边缘的距离,在"上""下""左""右"数值框中分别输入所需的页边距数值。

图 4.47 "页面设置"对话框"页面"选项卡

图 4.48 "页面设置"对话框"页边距"选项卡

3. 设置页眉/页脚

页眉是指打印页顶部出现的文字,而页脚则是打印页底部出现的文字。单击"页面布局"选项卡"页面设置"命令组右下角的按钮,打开"页面设置"对话框,选择"页眉/页脚"选项卡,如图 4.49 所示。单击"页眉"或"页脚"框右侧的下拉箭头,在打开的下拉列表中选择某一项可以设置页眉或页脚格式。如果要自定义页眉或页脚,可以单击 自定义页眉(C)... 或 自定义页脚(U)... 按钮,在打开的对话框中完成所需的设置。

图 4.49 "页面设置"对话框"页眉/页脚"选项卡

如果要删除页眉或页脚，则选定要删除页眉或页脚的工作表，打开"页面设置"对话框的"页眉/页脚"选项卡，在"页眉"或"页脚"框的下拉列表中选择"无"命令即可。

4.7.2 设置打印区域

在打印工作表时，可以根据需要打印工作表中数据清单的全部或一部分内容。打印一部分内容时，要设置打印区域。设置打印区域有如下两种方法：

① 先选择要打印的单元格区域，然后单击"页面布局"选项卡"页面设置"命令组中的"打印区域"按钮，在弹出的下拉列表中单击"设置打印区域"命令，在打印时就可以只打印选定区域。

② 在图4.47所示的"页面设置"对话框中，打开"工作表"选项卡进行以下设置。

打印区域：默认情况下打印当前整个工作表，如果要自行设置打印区域，可以单击"打印区域"右侧的折叠按钮，然后在工作表中选定要打印的区域。

打印标题：当打印的工作表超过一页时，如果单击"顶端标题行"框右侧的按钮，再在工作表中选定一个行区域，打印时就会在每一页的顶端都打印选定行的内容(用来作各个列的标志)；同样，如果单击"左端标题列"框右侧的按钮，再在工作表中选定一个列区域，打印时就会在每一页左端都打印选定列的内容(用来作各个行的标志)。

4.7.3 打印预览及打印

在打印之前，最好先进行打印预览，以观察打印效果，然后再打印，Excel 提供的"打印预览"功能在打印前能看到实际打印的效果，方法是：在"页面设置"对话框中，单击 打印预览(W) 按钮(或者在"文件"选项卡中单击左侧窗格中的"打印"命令)，进入"打印"窗口，可以预览工作表的实际打印效果。

页面设置和打印预览完成后，就可以进行打印了，方法是：单击"文件"选项卡中的"打印"命令，进入"打印"窗口，单击按钮(或在"页面设置"对话框中单击 打印(P)... 按钮)完成打印。

4.8 保护数据

Excel 设置了多种有效地对工作簿中的数据进行保护的方法。
① 为工作簿或工作表设置密码，不允许无关人员访问。
② 保护工作簿的结构，防止被修改。
③ 保护某些工作表或某些单元格的数据，防止无关人员非法修改。
④ 把工作簿、工作表、工作表中的某行或某列，以及某单元格中的重要公式隐藏起来。
⑤ 通过"标记为最终状态"将工作簿设定为只读。

4.8.1 保护工作簿和工作表

对于未经保护的工作簿和工作表，任何人都可以自由访问并修改。因此，重要的工作簿、工作表、数据应该加以保护，防止泄露或被修改。

1. 保护工作簿

工作簿的保护分为两种情况：一是对工作簿完全保护，防止他人非法访问和修改；二是对工作簿限制性保护，他人可以访问，但禁止对工作簿或工作簿中的工作表进行修改。

（1）通过设置打开权限密码来实现对工作簿的完全保护

为了防止工作簿被无关人员打开，可以设置打开权限密码，其具体操作步骤如下。

① 打开工作簿，单击"文件"选项卡中的"另存为"命令，弹出"另存为"对话框。单击"另存为"对话框中的 工具(L) 按钮，在其下拉列表中单击"常规选项"命令，弹出"常规选项"对话框，如图 4.50 所示。

② 在"常规选项"对话框的"打开权限密码"文本框中输入密码，单击 确定 按钮后，弹出"确认密码"对话框，要求用户再输入一次密码，以便确认。单击 确定 按钮，返回"另存为"对话框，再单击 保存(S) 按钮。

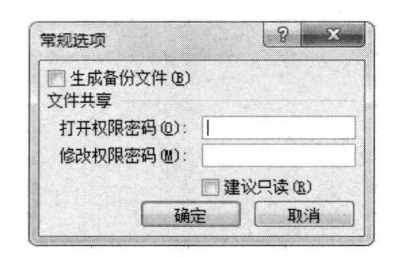

图 4.50 "常规选项"对话框

注意

密码中的字母区分大小写。

设置访问工作簿的密码还可以单击"文件"选项卡"信息"组中的"保护工作簿"按钮，在其下拉列表（如图 4.51 所示）中单击"用密码进行加密"命令，然后输入密码即可。

在打开设置了密码的工作簿时，将出现"密码"对话框，说明这个文件有密码保护，只有正确地输入了密码后才能继续打开，否则会退出。

（2）通过设置修改权限密码实现对工作簿的限制性保护

如果在如图 4.50 所示的"常规选项"对话框的"修改权限密码"文本框中输入密码，将为工作簿文件设置修改权限密码。在打开工作簿时，将出现"密码"对话框，只有输入正确的修改权限密码后，才能打开该工作簿并可以对其进行修改操作。

（3）修改或取消密码

在如图 4.50 所示的"常规选项"对话框中，如果要更改密码，可将"打开权限密码"或"修改权限密码"文本框中原来的密码删除并输入新密码，单击 确定 按钮。如果要取消密码，将原密码删除，然后单击 确定 按钮即可。

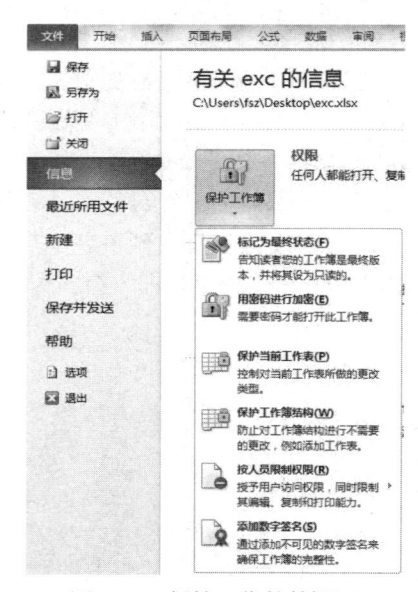

图 4.51 保护工作簿的设置

2. 保护工作簿和工作表窗口

如果不允许对工作簿中的工作表进行移动、删除、插入、隐藏、取消隐藏、重新命名或禁止对工作簿窗口进行移动、缩放、隐藏、取消隐藏等操作，可以保护工作簿结构和窗口。其具体设置方法如下。

① 打开工作簿，单击"审阅"选项卡"更改"命令组中的"保护工作簿"按钮，打开"保护结构和窗口"对话框，如图 4.52 所示。

② 选中 结构(S) 复选框，工作簿的结构将被保护。不能对工作簿中的工作表进行移动、删除、插入等操作。

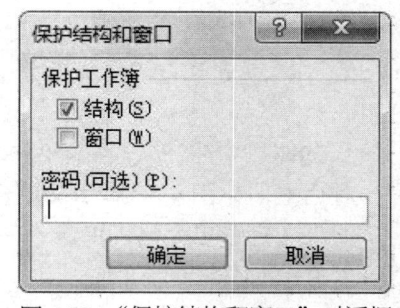

图 4.52 "保护结构和窗口"对话框

③ 选中 窗口(W) 复选框，工作簿的窗口将被保护。每次打开工作簿时保持窗口的固定位置和大小，对工作簿窗口不能进行移动、缩放、隐藏、取消隐藏操作。

④ 如果在"密码"框中输入了密码，可以防止他人取消对工作簿的保护，设置完后单击 确定 按钮。

要取消这种保护，可再次单击"审阅"选项卡"更改"命令组中的"保护工作簿"按钮，在弹出的"保护结构和窗口"对话框中取消相应的选项。

单击"文件"选项卡"信息"组中的"保护工作簿"按钮，在其下拉列表（见图 4.51）中可以完成将工作簿标记为最终状态、用密码进行加密、保护当前工作表、保护工作表结构等操作。

3. 保护工作表

Excel 还可以保护工作簿中指定的工作表。其具体操作如下。

① 单击要保护的工作表标签使其成为当前工作表。

② 单击"审阅"选项卡"更改"命令组中的"保护工作表"按钮，打开"保护工作表"对话框，如图 4.53 所示。

③ 选中 保护工作表及锁定的单元格内容(C) 复选框，可以使工作表中的数据不能被修改或删除。在"允许此工作表的所有用户进行"栏提供的选项中选择允许用户进行操作的项目。与保护工作簿一样，为防止他人取消对工作表的保护设置，可以在"取消工作表保护时使用的密码"文本框中设置密码，今后必须正确输入密码后，才能修改或取消已设置的保护措施。单击 确定 按钮，工作表中的数据就被保护起来了。

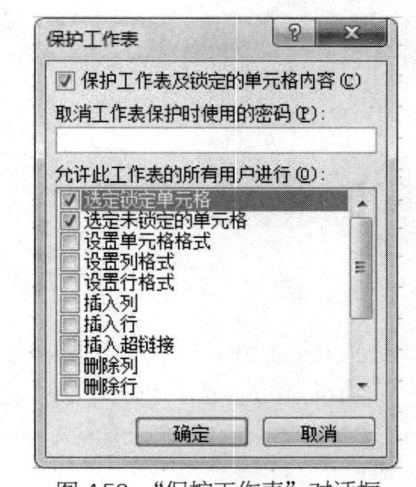

图 4.53 "保护工作表"对话框

如果要取消对工作表的保护，单击"审阅"选项卡"更改"命令组中的"撤销工作表保护"命令即可。

4. 保护公式

在工作表中，可以将不希望他人看到的单元格中的公式隐藏起来，这样，选择该单元格时单元格中的公式就不会出现在数据编辑区内，其具体操作步骤如下。

① 选定需要隐藏公式的单元格，单击"开始"选项卡"单元格"命令组中的"格式"按钮，在打开的下拉列表中单击"设置单元格格式"命令，打开"设置单元格格式"对话框。

② 在"设置单元格格式"对话框中，选择"保护"选项卡中的"隐藏"选项，单击 确定 按钮。

③ 单击"审阅"选项卡"更改"命令组中的"保护工作表"按钮，弹出"保护工作表"对话框，如图4.53所示。单击 确定 按钮，完成对选定的单元格中公式的保护。

如果选定该单元格，单击"审阅"选项卡"更改"命令组中的"取消保护工作表"命令，就可以撤销对公式的保护。

5. 用户编辑区域的设置

单击"审阅"选项卡"更改"命令组中的"允许用户编辑区域"按钮，打开"允许用户编辑区域"对话框，可以设置允许用户编辑的单元格区域，让不同的用户拥有不同的编辑权限，达到保护数据的目的。

4.8.2 行、列的隐藏

工作表中的某些行或某些列也可以隐藏起来，方法是：选定需要隐藏的行(列)，右击，在弹出的快捷菜单中单击"隐藏"命令，选定的行(列)就被隐藏起来了。行(列)被隐藏后，原有的行号(列标)并不发生变化，行(列)隐藏处会出现一条黑线，从行号(列标)顺序中可以看出所隐藏的是哪一行(哪一列)。行(列)被隐藏后，仍然可以引用其中单元格的数据。

选定已隐藏行(列)的相邻行(列)，右击，在弹出的快捷菜单中单击"取消隐藏"命令，即可将隐藏的行(列)显示出来。

思 考 题

1. Excel 2010默认的工作簿文件的扩展名是什么？
2. 说出3种复制单元格内容的方法。
3. 在什么情况下使用相对地址？什么情况下使用绝对地址？两者在公式复制时的区别是什么？
4. 如何取消被合并的单元格？
5. 举例说明如何使用函数进行数据计算。
6. 举例说明在工作表中建立图表的方法。怎样在图表中添加数据项？
7. 高级筛选中建立条件区域时应注意哪些问题？
8. 为什么在分类汇总前要按照分类字段对数据进行排序？
9. 为工作簿设置打开权限密码的作用是什么？如何设置？
10. 打印时，怎样设置才能使每一页上都出现行标题？

# 第 5 章 PowerPoint 2010 演示文稿软件

本章导读

PowerPoint 2010 是 Office 2010 套装软件中的一员，是一个幻灯片制作与演示软件。借助 PowerPoint 2010 简单的可视化操作，可以将文本、图片、图表、声音、视频等多媒体元素有机地结合在一起，轻松制作出具有一定专业水准、富有表现力的演示文稿。演示文稿常用于学术交流、多媒体教学、产品展示、信息发布等场合。

本章将重点介绍如何利用 PowerPoint 2010 制作演示文稿，把所要表达的多媒体信息有机组织在若干张图文并茂的幻灯片中。主要内容包括：PowerPoint 2010 基础知识和基本操作、演示文稿的编辑、幻灯片的美化、幻灯片动画效果的设置、演示文稿的放映和打印。通过本章的学习，同学们能够基本掌握 PowerPoint 2010 的各项操作技能，制作出绚丽多彩、赏心悦目的演示文稿。

5.1 PowerPoint 2010 基础知识和基本操作

5.1.1 认识 PowerPoint 2010

利用 PowerPoint 程序制作出来的各种演示材料统称为"演示文稿"。一个演示文稿中的每一页被称为一张幻灯片，或者说演示文稿就是由若干张幻灯片组成的。幻灯片是演示文稿的重要组成部分。因以前各版本创建的演示文稿文件扩展名为 ppt，因此有时演示文稿也被简称为 PPT。

5.1.2 认识 PowerPoint 窗口

启动和退出 PowerPoint 2010（以下简称为 PowerPoint）的方法与启动和退出 Word 2010 的操作类同，在此不再赘述。

启动 PowerPoint 之后，程序会自动创建一个名为"演示文稿 1.pptx"的空白演示文稿，如图 5.1 所示。

PowerPoint 窗口主要包括以下几项内容：标题栏、快速访问工具栏、功能区、幻灯片/大纲浏览窗格、幻灯片窗格、备注窗格、状态栏、视图切换按钮和显示比例控制条等部分。

(1) 演示文稿编辑区

演示文稿编辑区包括幻灯片窗格、幻灯片/大纲浏览窗格、备注窗格 3 部分。幻灯片窗格为主要编辑区域，3 个窗格协同完成幻灯片的编辑创作工作。

(2) 视图切换按钮

视图就是演示文稿的显示方式。常用的有普通视图、幻灯片浏览视图、阅读视图、幻灯片放映视图。可以通过单击视图切换按钮 来切换不同的视图。

(3) 显示比例控制条

显示比例控制条 用于调节幻灯片在屏幕上的显示大小。

(4) 状态栏

显示当前幻灯片序号、当前演示文稿幻灯片总数、采用的幻灯片主题等信息。

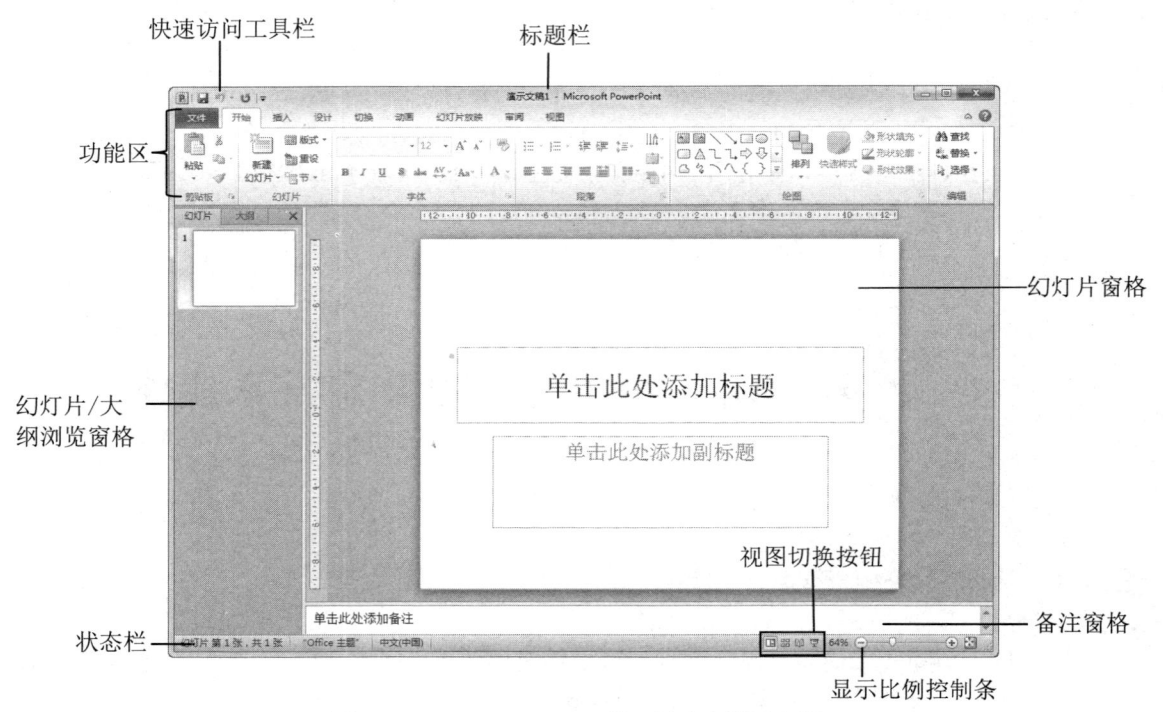

图 5.1　PowerPoint2010 窗口及空白演示文稿

5.1.3 演示文稿的视图

在制作演示文稿的不同阶段，PowerPoint 提供了演示文稿不同的显示方式，称为视图。不同场合使用不同的视图，可以方便幻灯片的编辑、放映、打印等工作。因此，合理选择视图方式可以极大地提高编辑工作效率。

PowerPoint 的视图主要包括普通视图、幻灯片浏览视图、幻灯片放映视图等，可以根据需要在不同视图之间切换。

切换视图主要有两种方法：一是通过状态栏上的视图切换按钮，二是通过"视图"选项卡"演示文稿视图"命令组中的按钮切换，如图 5.2 所示。

图 5.2 "演示文稿视图"命令组

1. 普通视图

普通视图是 PowerPoint 最常用的视图，进入 PowerPoint 后默认的视图就是普通视图。普通视图能够预览幻灯片整体情况，可以方便地对幻灯片进行编辑、修改，易于展示幻灯片的整体效果。

普通视图也称为三窗格视图，它有 3 个工作区域，如图 5.1 所示：左侧为幻灯片/大纲浏览窗格，可通过 幻灯片 大纲 × 选项卡在幻灯片的缩略图与幻灯片文本大纲之间进行切换；右侧为幻灯片窗格，以大视图的形式显示当前幻灯片；底部为备注窗格。拖动窗格区域边框可调整各窗格的大小。

（1）幻灯片/大纲浏览窗格

在普通视图中，单击幻灯片/大纲浏览窗格 幻灯片 大纲 × 选项栏中的 大纲 ，可打开"大纲"选项卡。该选项卡是编辑文本的较为理想的界面，适合有事先写提纲习惯的用户使用。在该选项卡中，不仅可以方便地查看、编辑幻灯片的标题和正文，了解幻灯片的文本结构和主要文本内容，还可以通过改变已有文本层次关系来调整幻灯片的标题和正文文本内容。但在"大纲"选项卡中不显示各种图形、图像等多媒体信息，也不显示自定义文本框中的文本。

单击 幻灯片 大纲 × 选项栏中的 幻灯片 ，打开"幻灯片"选项卡，该选项卡用来显示演示文稿中每张幻灯片的序号和缩略图，单击某张幻灯片的缩略图可以立即在幻灯片窗格中显示这张幻灯片，也可以方便地调整幻灯片的次序、添加或删除幻灯片。

（2）幻灯片窗格

幻灯片窗格即幻灯片主编辑区，是对幻灯片进行详细编辑、设计的区域，可以方便地添加与编辑文本、文本框、图形、图像、表格、SmartArt 图形、图表、视频、音频等各对象，创建对象的动画、超链接等。

（3）备注窗格

备注窗格位于幻灯片窗格下方。该窗格可用来为当前幻灯片添加备注说明，也可以是演示时的共享内容提示或容易遗忘的内容。该部分内容在演示文稿放映时不显示，只给制作者起提示作用。

2. 幻灯片浏览视图

单击"幻灯片浏览视图"按钮 即可将当前视图切换到幻灯片浏览视图。在该视图中能同时看到这个演示文稿中所有幻灯片的缩略图，这些缩略图按照编号从小到大的顺序显示在窗格中。

在幻灯片浏览视图中可以整体浏览幻灯片，观察各幻灯片的排列次序和前后搭配的效果，调整幻灯片的背景、主题。也可通过鼠标拖动、快捷菜单、组合键等方法，快速实现幻灯片的添加、复制、删除、隐藏等操作。双击任意一个幻灯片缩略图，可返回普通视图。

3. 阅读视图

阅读视图主要用来简单地观看演示文稿的放映，默认是从当前幻灯片开始播放。常用来在编辑幻灯片时，实时预览查看幻灯片播放效果。在阅读视图下，只保留幻灯片窗格、标题栏和状态栏，其他编辑功能被屏蔽。按 Esc 键可退出阅读视图，返回到放映前视图。

4. 幻灯片放映视图

完成了演示文稿的设计制作后，可以通过幻灯片放映视图全屏播放演示文稿，查看文本、图片、图表、视频等各种对象的显示效果，以及各对象的动画效果和幻灯片的切换效果。

切换到幻灯片放映视图的方法有以下几种。

① 按键盘上的 F5 键，从第 1 张幻灯片开始放映。

② 单击状态栏视图切换按钮中的"幻灯片放映"按钮 ，从当前幻灯片开始放映。

③ 单击"幻灯片放映"选项卡中的"从头开始"按钮 或"从当前幻灯片开始"按钮 ，都可以放映幻灯片。使用"从头开始"按钮 ，不论当前幻灯片是第几张，都会从第 1 张幻灯片开始放映。使用"从当前幻灯片开始"按钮 则从当前幻灯片开始放映。

5.1.4 演示文稿的创建

创建演示文稿的主要方法有：创建空白演示文稿，根据模板、主题和现有演示文稿创建。

1. 创建空白演示文稿

空白演示文稿中不包含任何文本和设计方案，如果用户对创建的演示文稿内容比较熟悉，可以从创建空白演示文稿开始。创建空白演示文稿有下列几种方法。

① 启动 PowerPoint 程序后会自动新建一个空白演示文稿。

② 单击"文件"选项卡中的"新建"命令，在"可用的模板和主题"窗格中单击"空白演示文稿"命令，再单击"创建"按钮 ，如图 5.3 所示。

③ 单击快速访问工具栏中的"新建"按钮 。

图 5.3 创建空白演示文稿

2. 根据模板和主题创建演示文稿

PowerPoint 内置了许多模板和主题。模板和主题是程序已经设计好的一组演示文稿样本及样式框架，规定了演示文稿的外观样式，为没有太多美术基础的用户能制作出具有一定专业水准的演示文稿提供了快捷途径。但由于模板和主题中的演示文稿组织形式被固定，因此对于个人创造性的发挥和个性化展示有一定的限制。

根据模板和主题创建演示文稿的方法是：单击"文件"选项卡中的"新建"命令，在"可用的模板和主题"窗格中单击"样本模板"命令或"主题"命令，在弹出的样式列表中选择程序预置的模板或主题样式，单击"创建"按钮，即可按模板或主题自动生成系列幻灯片。

3. 根据现有演示文稿创建演示文稿

根据现有演示文稿创建演示文稿的方法是：单击"文件"选项卡中的"新建"命令，在"可用的模板和主题"窗格中单击"根据现有内容新建"命令，在"根据现有演示文稿新建"对话框中选择磁盘上已创建的演示文稿文件，单击 打开(O) 按钮即可打开该演示文稿，以此演示文稿为模板进行设计和修改。

5.1.5 演示文稿的打开和保存

演示文稿的打开和保存与 Word、Excel 文档的打开和保存方法类似。

1. 打开演示文稿

打开已经创建的演示文稿的方法主要有以下几种。

① 单击"文件"选项卡中的"打开"命令，弹出"打开"对话框，找到存放文件的文件夹，在对话框中间的文件列表框中选择一个或多个演示文稿，单击 打开(O) 按钮即可打开一个或多个演示文稿。

② 在 PowerPoint 窗口中，单击"文件"选项卡中的"最近所用文件"命令，从右边窗格所列出的文件夹列表中，单击要打开的文件所在文件夹，弹出"打开"对话框，从中选择要打开的演示文稿，单击 打开(O) 按钮即可。

③ 双击磁盘中的 PowerPoint 文件，可以打开演示文稿。

2. 保存演示文稿

保存演示文稿的方法主要包括以下几种。

① 单击快速访问工具栏中的"保存"按钮。
② 按 Ctrl + S 组合键。
③ 单击"文件"选项卡中的"保存"或"另存为"命令。

注意
若要使用新名称、在新位置或以特定文件格式保存文件，则在"另存为"对话框中，尽量按照"见名思义"的文件命名原则输入文件名，指定保存文件的磁盘位置，选择保存文件的类型，单击 保存(S) 按钮即可完成演示文稿的保存。
演示文稿默认的文件保存类型为 pptx。如果要考虑以前低版本的 PowerPoint 程序能兼容使用，可选择"PowerPoint97-2003 演示文稿(*.ppt)"文件类型。这样从 PowerPoint 97 到 PowerPoint 2003 的各个版本程序都可以打开该文件。但是，添加在演示文稿中对象的新增功能和效果可能会丢失。

5.1.6 幻灯片的基本操作

一个演示文稿中通常会有多张幻灯片,在演示文稿的制作过程中,通常需要对幻灯片进行编辑,如添加、移动、复制、删除、隐藏幻灯片等。在幻灯片浏览视图中,可以很方便地对幻灯片进行这些操作。

1. 选定幻灯片

在对幻灯片进行编辑之前,首先要选定幻灯片。在幻灯片浏览视图中,常用的方法主要有以下几种。

① 选定一张幻灯片:单击某张幻灯片的缩略图即可。

② 选定连续的多张幻灯片:单击起始幻灯片,按住 Shift 键后单击要选择的最后一张幻灯片;也可采用鼠标框选的方法,按住鼠标左键拖动,鼠标指针经过区域中的幻灯片都被选定。

③ 选定不连续的多张幻灯片:可使用鼠标配合键盘上的 Ctrl 键来完成。

2. 添加幻灯片

新建幻灯片主要有以下几种方法。

① 使用"新建幻灯片"命令,方法是:单击"开始"选项卡"幻灯片"命令组中的"新建幻灯片"按钮下方的下拉箭头,在打开的下拉列表中显示出 PowerPoint 提供的各种幻灯片版式,如图 5.4 所示。根据要创建的幻灯片的内容选择一种幻灯片版式,即可在当前幻灯片后面插入一张该版式的幻灯片。默认是"标题和内容"版式幻灯片。

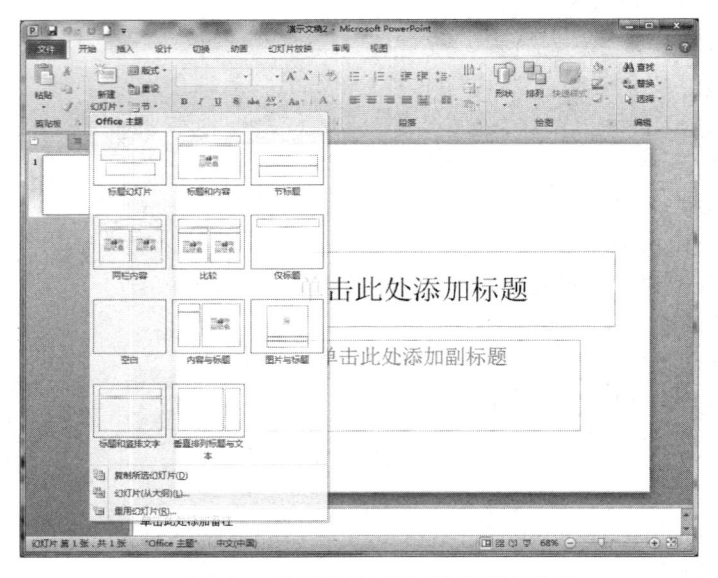

> **注意**
>
> "新建幻灯片"版式下拉列表中包含 11 种幻灯片版式。大部分幻灯片都有版式占位符,显示将在其中添加的文本、图形等对象的位置。

图 5.4 "新建幻灯片"版式下拉列表

② 直接按 Enter 键:在普通视图的幻灯片/大纲浏览窗格中,按 Enter 键,可以在当前幻灯片的后面插入一张空白幻灯片。默认幻灯片版式是"标题和内容"。

③ 组合键法:在普通视图或幻灯片浏览视图下,按 Ctrl + M 组合键,可在当前幻灯片的后面插入一张空白幻灯片。默认幻灯片版式是"标题和内容"。

3. 复制幻灯片

复制幻灯片可以通过以下几种方法来实现。

① 选定要复制的幻灯片，按住 Ctrl 键的同时按住鼠标左键拖动鼠标至目标位置后，松开鼠标左键和 Ctrl 键即可完成幻灯片的复制。

② 右击要复制的幻灯片，在弹出的快捷菜单中单击"复制"命令；在目标位置右击，在弹出的快捷菜单"粘贴选项"组中单击"使用目标主题"命令 或"保留源格式"命令 ，如图 5.5 所示。

③ 选定要复制的幻灯片，按 Ctrl + C 组合键；单击目标位置，按 Ctrl + V 组合键。

4. 移动幻灯片

在制作演示文稿的过程中，经常需要调整幻灯片的顺序。调整幻灯片顺序可以用以下几种方法。

图 5.5 右击幻灯片弹出的快捷菜单

① 选定要移动的幻灯片，按住鼠标左键拖动幻灯片至目标位置后松开鼠标左键即可。这是移动幻灯片常用的方法。

② 右击要移动的幻灯片，在弹出的快捷菜单中单击"剪切"命令；在目标位置右击，在弹出的快捷菜单"粘贴选项"组中单击"使用目标主题"命令 或"保留源格式"命令 即可。

③ 选定要移动的幻灯片，按 Ctrl + X 组合键；单击目标位置，按 Ctrl + V 组合键。

5. 删除幻灯片

删除幻灯片常用以下几种方法。

① 右击要删除的幻灯片，在弹出的快捷菜单中单击"删除幻灯片"命令。

② 选定要删除的幻灯片，直接按键盘上的 Delete 键。

6. 隐藏和取消隐藏幻灯片

通常，幻灯片放映时是顺序播放。若在放映时不希望放映某张幻灯片，则可以把这张幻灯片隐藏起来。

隐藏幻灯片的方法是：在幻灯片浏览视图中，右击要隐藏的幻灯片，在弹出的快捷菜单中单击"隐藏幻灯片"命令，即可将其隐藏。再次单击"隐藏幻灯片"命令，可取消隐藏。

5.2 演示文稿的编辑

演示文稿可以看作一张张幻灯片的有序集合。每张幻灯片中又可添加若干个不同的对象，如文本、图片、图表、声音、视频等。这些对象可以利用占位符添加，也可通过"插入"选项卡中的相关按钮添加。

5.2.1 幻灯片中文本的输入与编辑

在幻灯片中输入文本常用的方法有两种：一是直接在占位符中输入文本；二是使用文本框输入文本。

1. 在占位符中输入文本

在普通视图的幻灯片窗格中,空白幻灯片中用虚线围成的区域称为"占位符"。占位符中常有"单击此处添加标题""单击此处添加文本"等提示语,这就是文本占位符,它是插入文本对象的一个特定区域。用鼠标在占位符中单击后提示语消失,出现插入点光标,在插入点光标处即可输入文本。

2. 插入文本框输入文本

文本框是一种可移动、可调大小的文字或图形容器。与在 Word 中输入文本不同,在 PowerPoint 中,幻灯片上要添加的文本都要输入到文本框中。占位符也是幻灯片母版中预置的带有提示信息的文本框。如果要在占位符之外输入文本,只能通过创建文本框来实现,其具体方法如下。

① 单击"插入"选项卡"文本"命令组中的"文本框"按钮下方的下拉箭头,在打开的下拉列表中单击"横排文本框"或"垂直文本框"命令,如图 5.6 所示。

② 鼠标指针呈十字样,在幻灯片中要插入文本框处,按住鼠标左键拖出一个适当大小的框,当松开鼠标左键时就插入了一个文本框。文本框中有一个闪烁的插入点光标,这时就可以输入文字了。如果输入的文本到了文本框边缘,文本会自动换行,文本框高度也会随着文字的增多而自动变大,如图 5.7 所示。

图 5.6 文本框下拉列表   图 5.7 文本编辑状态下的文本框样式

选择"横排文本框"或"垂直文本框"命令后,在幻灯片指定位置处单击,出现插入点光标后即可输入文本。与上面通过拖动鼠标画出的文本框不同,该文本框会随着文字的增多而自动变长,但不会自动换行。

3. 文本的编辑与修改

编辑与修改文本框中的文本,同样要遵从"先选后做"的原则,其方法与 Word 文本操作类似。"先选"就是先选定要编辑修改的文本,"后做"就是对文本进行编辑修改操作。编辑和修改幻灯片占位符中的文本,在大纲窗格中的文本也会同步显现;反之亦然。

(1) 选定文本

在文本框中单击,按住鼠标左键拖动选定部分或全部文本。

单击文本框虚线边框,当文本框虚线边框变成实线时,文本框内的插入点光标消失,表示文本框被选定,也代表文本框内全部文本被选定,如图 5.8 所示。

(2) 设置文字格式

制作幻灯片时可以根据需要设置幻灯片中文字的字体、字号、颜色等格式,方法如下。

① 利用"字体"命令组中的按钮修改:选定要修改格式的文字,单击"开始"选项卡"字体"命令组中的按钮可以设置已选定文字的字体、字号、样式、颜色等,如图 5.9 所示。

图 5.8 文本框的选定样式

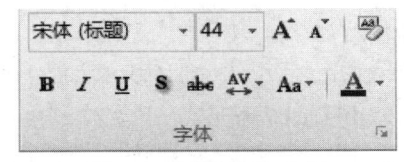

图 5.9 "字体"命令组

> **注意**
> 有些演示文稿中的字体颜色需要精确设置，这时可以自定义字体颜色。方法是：单击"字体"命令组中的"颜色"按钮，在打开的下拉列表中单击"其他颜色"命令，打开"颜色"对话框。单击"自定义"选项卡，在红色、绿色、蓝色框中输入相应的颜色值，如 RGB(255，5，5)，单击 确定 按钮后即可完成自定义颜色的设定，如图 5.10 所示。

② 利用"字体"对话框修改：单击"开始"选项卡"字体"命令组右下角的按钮，在弹出的"字体"对话框中可对选定的文本做更多的格式设置，如图 5.11 所示。

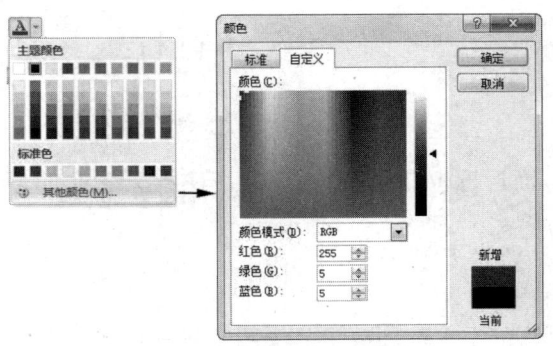

图 5.10 "颜色"对话框

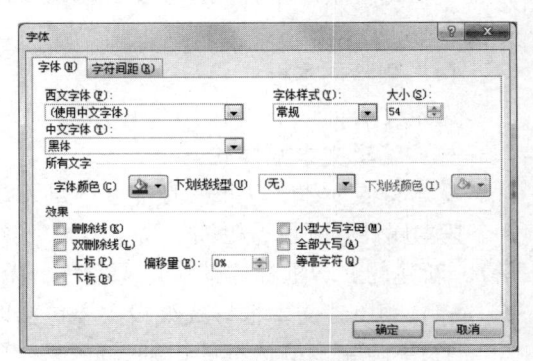

图 5.11 "字体"对话框

(3) 段落格式的编辑

段落格式的编辑主要包括以下几种方法。

① 利用"段落"命令组中的按钮修改：单击"开始"选项卡"段落"命令组中的按钮可实现对选定段落格式的设置，如图 5.12 所示。

② 利用"段落"对话框修改：单击"开始"选项卡"段落"命令组右下角的按钮，打开"段落"对话框，可对选定的段落进行更详细的格式设置，如图 5.13 所示。

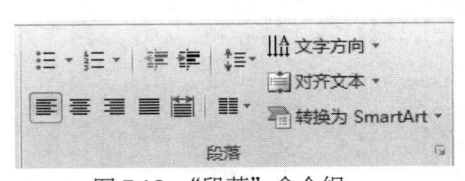

图 5.12 "段落"命令组

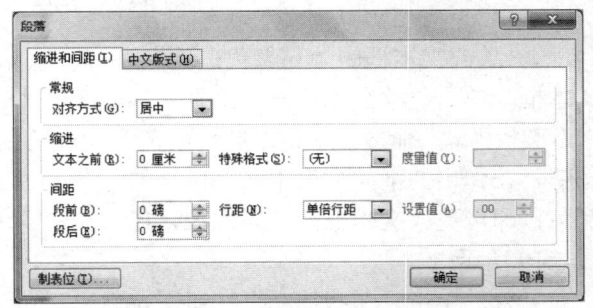

图 5.13 "段落"对话框

4. 文本框的编辑与设置

幻灯片中可以放置多个文本框。根据幻灯片内各对象的布局及设计要求，可以对文本框的位置、大小、形状、效果等属性进行编辑与设置。图片、艺术字、形状等对象调整方法与此类似。

（1）调整文本框的大小

选定文本框，将鼠标指针移到文本框的 8 个尺寸控制点（空心圆圈或方框）中的任一控制点上，当鼠标指针变成双向箭头时，按住鼠标左键拖动鼠标，可调整文本框的大小，如图 5.14 所示。

（2）旋转文本框

选定文本框，将鼠标指针移到边框上端的绿色圆形控制点上，当控制点周围出现一个圆弧状箭头时，按住鼠标左键拖动鼠标，可以旋转文本框，如图 5.15 所示。

（3）移动文本框

选定文本框，将鼠标指针移到文本框边框处，当鼠标指针变成双向箭头✥形状时，按住鼠标左键拖动鼠标，将文本框拖到目标位置时松开鼠标左键，即可实现文本框的移动，如图 5.16 所示。

图 5.14　调整文本框大小

图 5.15　旋转文本框

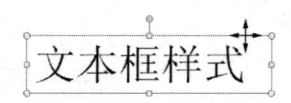

图 5.16　移动文本框

（4）删除文本框

选定文本框，按键盘上的 Delete 键。

（5）编辑文本框样式

文本框有文本、边框和填充 3 个基本属性，而边框也有 3 个基本属性：颜色、粗细、线型样式（实线、短划线、点线等）。新建的文本框样式默认是无颜色、无轮廓、背景无填充（透明）颜色。文本框样式编辑主要包括以下几点。

① 更改文本框边框的粗细、线型、颜色：选定文本框，单击"绘图工具－格式"选项卡（见图 5.17）"形状样式"命令组中的"形状轮廓"按钮，在弹出的下拉列表中选择所需的颜色，即可修改边框线的颜色；选择"粗细"或"虚线"线型，在其下拉列表中选择合适的边框线粗细及线型，如图 5.18 所示。

图 5.17　"绘图工具－格式"选项卡

② 更改文本框的填充颜色：选定文本框，单击"绘图工具－格式"选项卡"形状样式"命令组中的"形状填充"按钮，在弹出的下拉列表中选择所需的颜色，即可更改文本框的填充颜色，如图 5.19 所示。

另外，单击"形状填充"按钮下拉列表中的"其他填充颜色"命令，打开"颜色"对话框可以自定义颜色填充文本框；单击"图片"命令，打开"插入图片"对话框可以选择一张图片作为文本框的背景；通过"渐变"命令下拉列

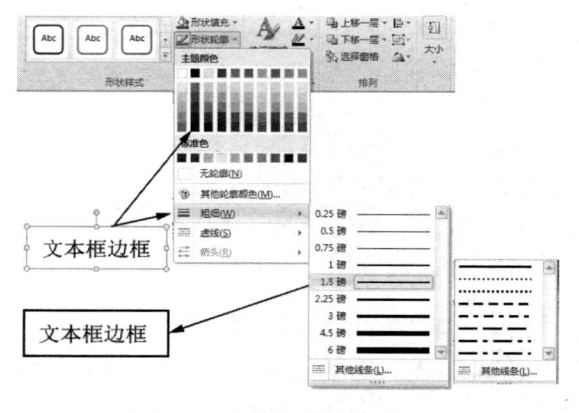

图 5.18　文本框边框格式设置

表可以为文本框填充渐变色背景效果；通过"纹理"命令下拉列表可以为文本框填充预置纹理图片效果，如图 5.19 所示。

③ 修改文本框边框形状：选定文本框，单击"绘图工具－格式"选项卡"插入形状"命令组中的"编辑形状"按钮，在打开的下拉列表中单击"更改形状"命令，从打开的下拉列表中选择一种新的形状样式，文本框的形状就改变了，如图 5.20 所示。

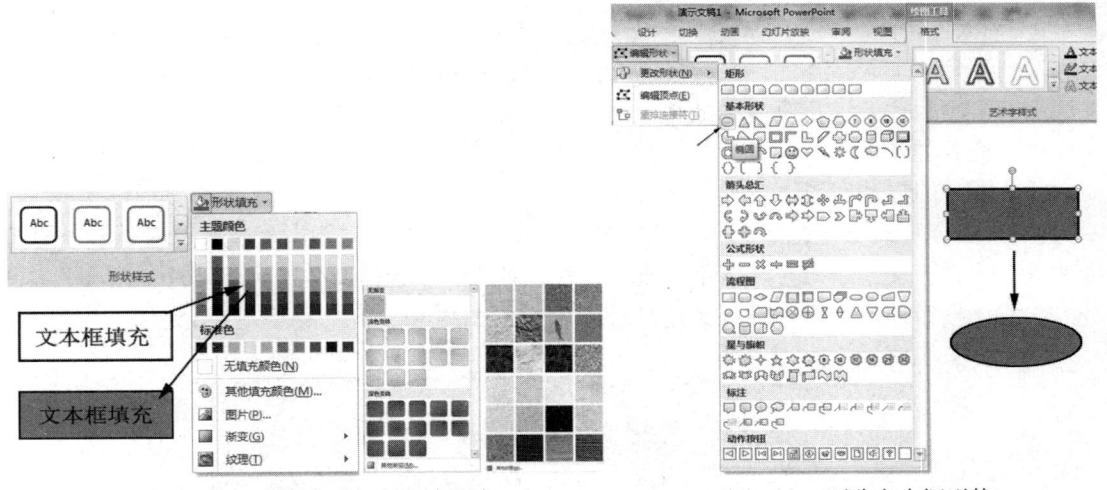

图 5.19　更改文本框的填充颜色　　　　　图 5.20　更改文本框形状

④ 为文本框应用快速样式：快速样式是 PowerPoint 预置的文本框样式，可以方便地将普通的文本框转换为具有一定专业水准的文本框。方法是：选定文本框，单击"开始"选项卡"绘图"命令组中的"快速样式"按钮（或单击"绘图工具－格式"选项卡"形状样式"命令组中的"其他"按钮），在预置的样式列表中，选择一种合适的样式，即可快速完成文本框样式的修改，如图 5.21 所示。

⑤ 使用"设置形状格式"对话框：如果需要进行更多、更细致的形状格式设置，可单击"绘图工具－格式"选项卡"形状样式"命令组右下角的按钮，打开"设置形状格式"对话框，在对话框中可以对文本框进行更多格式设置，如图 5.22 所示。

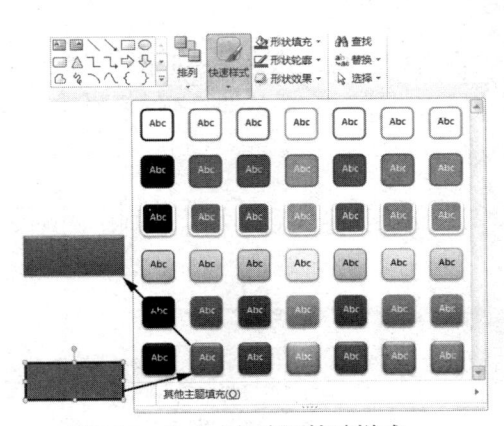

图 5.21　为文本框应用快速样式 　　　　　图 5.22　"设置形状格式"对话框

5.2.2 图片、剪贴画、艺术字的插入与编辑

在幻灯片中还可以插入图片、艺术字、表格、图表、音频和视频等多媒体对象，丰富幻灯片内容。这些对象有助于演讲者阐明自己的观点，更易直观地阐述对事物的理解，增强幻灯片的视觉效果。

1. 插入图片

在幻灯片中插入适当的图片，图文并茂，可以使枯燥的文字内容由抽象变得具体，有利于加深对主题的理解，增强视觉效果。

(1) 插入图片

插入图片的方法有以下几种。

① 通过图片命令按钮插入图片。方法是：在普通视图中，单击"插入"选项卡"图像"命令组中的"图片"按钮，打开"插入图片"对话框；选择要插入到幻灯片中的图片，单击 插入(S) 按钮即可将图片插入到幻灯片中，如图 5.23 所示。

图 5.23 打开"插入图片"对话框

② 通过图片占位符插入图片。方法是：单击占位符中的"插入来自文件的图片"按钮，在"插入图片"对话框中选择要插入的图片，单击 插入(S) 按钮，图片即可插入到幻灯片中，此时占位符虚线框消失。

(2) 修改图片

选定图片后，功能区中出现"图片工具－格式"选项卡，如图 5.24 所示，利用选项卡中的命令按钮可以调整图片大小、形状等。

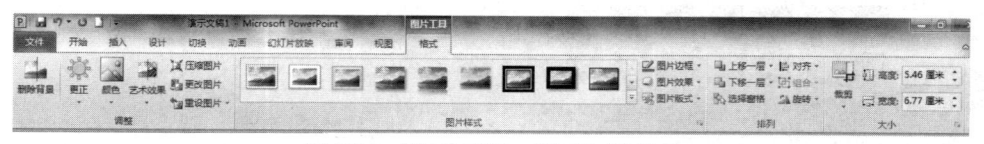

图 5.24 "图片工具－格式"选项卡

① 调整图片的大小：方法类同于文本框的调整。通过拖动图片四周的控制点来改变图片大小或旋转图片。在拖动控制点调整图片大小时，如果按住键盘上的 Shift 键再拖动，可实现图片等比例缩放。

② 图片的裁剪：单击"图片工具－格式"选项卡"大小"命令组中"裁剪"按钮下方的下拉箭头，在打开的下拉列表中单击"裁剪"命令，通过拖动图片四周的 8 个尺寸控制点可以裁剪图片。在图片外单击，即可实现图片裁剪（图片灰色区域将被裁剪掉），如图 5.25 所示。默认情况下，裁剪掉的图片部分只是暂时被隐藏。

图 5.25　图片的裁剪

③ 将图片裁剪为形状：选定图片，单击"图片工具－格式"选项卡"大小"命令组中的"裁剪"按钮下方的下拉箭头，在打开的下拉列表中单击"裁剪为形状"命令，在弹出的形状样式下拉列表中，单击某种形状，即可将图片裁剪成所选择的形状。此时图片仍会保持原有的比例，如图 5.26 所示。

④ 添加图片效果：选定图片，单击"图片工具－格式"选项卡"图片样式"命令组中的"其他"按钮，在打开的下拉列表中选择某种效果，如"圆形对角，白色"效果，即可将该效果应用于选定的图片上，如图 5.27 所示。

图 5.26　将图片截剪为形状　　　　图 5.27　添加图片效果

另外，使用"图片工具－格式"选项卡"调整"命令组中的命令按钮，还可以对图片进行亮度、对比度、颜色，以及去除图像背景等操作。丰富的图像表现效果展现了 PowerPoint 强大的图像处理功能。

⑤ 删除图片：选定图片，按键盘上的 Delete 键即可删除图片。

2. 插入剪贴画

剪贴画库中包括了大量的插图、照片、视频和音频等素材。

① 插入剪贴画。在普通视图中，单击"插入"选项卡"图像"命令组中的"剪贴画"

按钮 ![], 打开"剪贴画"窗格。在"搜索文字"文本框中输入要查找的剪贴画的关键词,如"车"或"car",单击 搜索 按钮,在搜索结果列表中单击要插入的剪贴画,如图 5.28 所示。另外还可以使用幻灯片占位符中的"剪贴画"按钮 ![] 插入剪贴画。

② 删除剪贴画。选定剪贴画,按键盘上的 Delete 键即可删除剪贴画。

3. 插入艺术字

PowerPoint 预置了丰富的艺术字样式。普通文本经过艺术字加工后,具有醒目、美观的特点,是美化幻灯片文本常用的方法,常用于标题修饰。艺术字既保留了文字属性,又具有图形的一些属性。

(1) 插入艺术字

单击"插入"选项卡"文本"命令组中的"艺术字"按钮 ![],在打开的下拉列表中选择一种艺术字样式,幻灯片上出现"请在此放置你的文本"艺术字编辑框,如图 5.29 所示,在其中输入你想要制作成艺术字的文字即可。插入的艺术字仍可以像普通文本框中的文字一样修改其内容及格式。

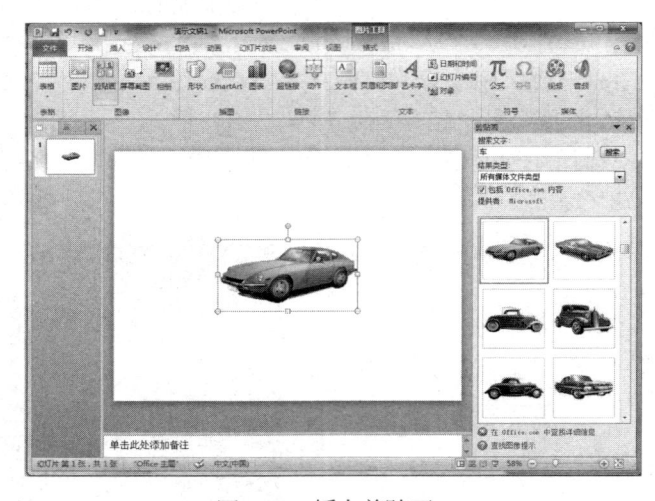

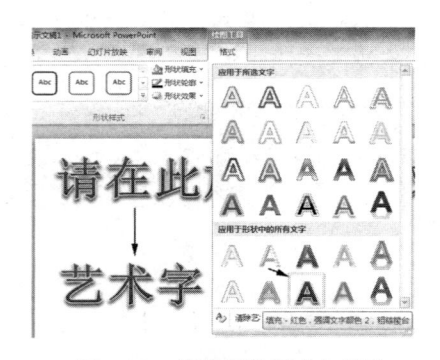

图 5.28　插入剪贴画　　　　　　　　图 5.29　艺术字的插入与修改

(2) 编辑艺术字

可以根据幻灯片的主题效果修改艺术字的格式,如可以修改艺术字的文本轮廓线、艺术字文本填充及艺术字文本的效果等属性。

① 艺术字文本轮廓线及填充的修改:单击艺术字文本框的边框选定艺术字,单击"绘图工具－格式"选项卡"艺术字样式"命令组中的"文本轮廓"或"文本填充"按钮,可以对艺术字文本的轮廓线样式、线型、颜色及填充颜色进行修改,如图 5.30 所示。具体操作与文本框编辑操作类似。

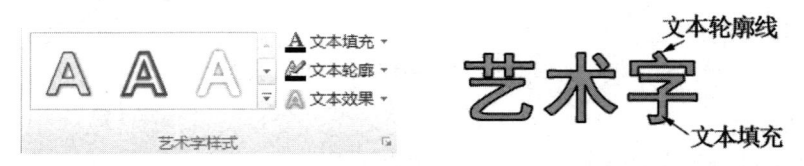

图 5.30　"艺术字样式"命令组和艺术字文本轮廓线、填充效果

② 艺术字文本效果的设置：选定艺术字，单击"绘图工具－格式"选项卡"艺术字样式"命令组中的"文本效果"按钮，在其下拉列表中有"阴影""映像""发光""棱台""三维旋转""转换"等效果可供选择。选择一种效果，如选择"转换"效果，在弹出的转换效果下拉列表中，选择一种文本效果(如朝鲜鼓)，即可将该效果应用于艺术字上，如图 5.31 所示。

③ 通过"设置文本效果格式"对话框设置：如果需要更多、更详细的艺术字样式设置，可单击"绘图工具－格式"选项卡"艺术字样式"命令组右下角的 按钮，打开"设置文本效果格式"对话框，在对话框中可设置更多的艺术字效果，如图 5.32 所示。

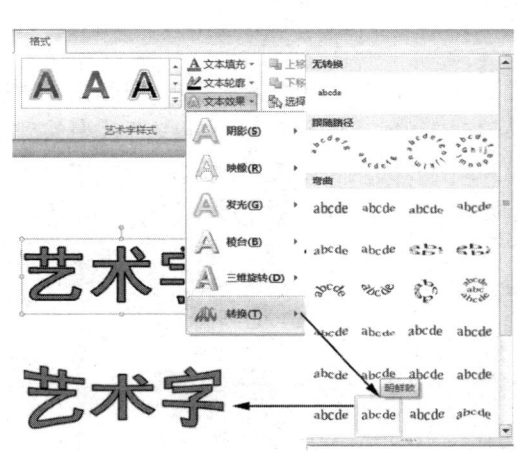

图 5.31　艺术字文本效果设置　　　　　图 5.32　"设置文本效果格式"对话框

④ 删除艺术字：选定艺术字，按键盘上的 Delete 键即可。

5.2.3　形状的插入与编辑

PowerPoint"绘图"命令组中提供了丰富的形状样式图库，可以方便地绘制基础形状图形，丰富幻灯片内容。

1. 插入形状

插入形状的方法是：单击"开始"选项卡"绘图"命令组中的"其他"按钮（如图 5.33 所示），或单击"插入"选项卡"插图"命令组中的"形状"按钮，在弹出的形状下拉列表中选择所需的形状，鼠标指针变成十字状，在幻灯片中按住鼠标左键拖动鼠标进行绘制，绘制完后松开鼠标左键即可。

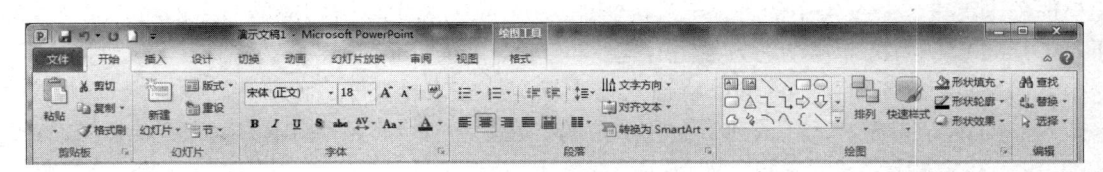

图 5.33　"开始"选项卡

2. 更改形状

更改形状的方法是：选定形状，单击"绘图工具－格式"选项卡"插入形状"命令组中的"编辑形状"→"更改形状"命令，在其下拉列表中单击要更改的形状，如单击椭圆形状，即可将选定的形状修改为椭圆形状。

> **注意**
> 若要创建规则形状，如正方形或圆形，在拖动鼠标绘制形状的同时按住 Shift 键即可。

5.2.4 表格的插入与编辑

表格可以使数据更加清晰、简洁，而且编辑、制作比较方便，因此经常需要在幻灯片中插入表格，并对表格进行简单的编辑。

1. 表格的插入

在普通视图中，单击"插入"选项卡"表格"命令组中的"表格"按钮，在弹出的"插入表格"下拉列表中按住鼠标左键拖动鼠标选择表格的行数、列数，即可在幻灯片中快速插入表格，该方法适合于快速插入小型表格。也可以单击"插入表格"下拉列表中的"插入表格"命令，在打开的"插入表格"对话框中设定行数和列数，再单击 确定 按钮，如图 5.34 所示。

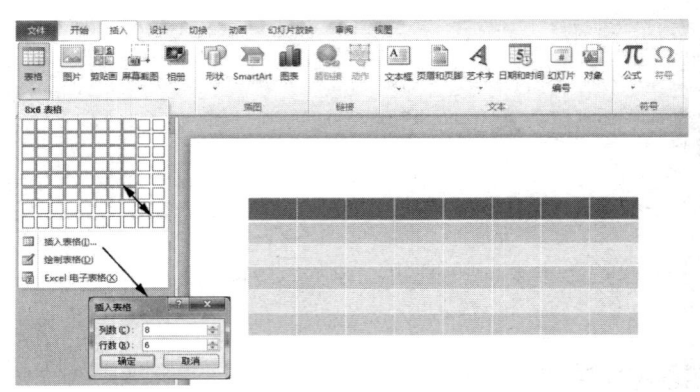

图 5.34　快速生成表格

另外，也可以通过单击幻灯片占位符中的"插入表格"按钮，在打开的"插入表格"对话框中设定行数和列数，再单击 确定 按钮插入表格。

2. 表格的编辑

插入表格后，功能区中会出现"表格工具－设计"和"表格工具－布局"选项卡，可以利用其中的命令按钮对表格进行修改和格式调整。

要编辑表格，首先要选定表格各对象，如整个表格、行(列)、单元格等。

① 选定整个表格、行(列)的方法：将插入点光标定位在表格内，单击"表格工具－布局"选项卡"表"命令组中的"选择"按钮，在下拉列表中单击相应的命令即可，如图 5.35 所示。还可以使用鼠标拖动的方法进行选择，其操作与 Word 表格中的相关操作类同。

② 插入表格行和列的方法：将插入点光标定位在表格某一行(列)单元格中，单击"表格工具－布局"选项卡"行和列"命令组中的"在上方插入"("在下方插入")或"在左侧插入"("在右侧插入")按钮，即可在当前行上方(下方)或当前列左侧(右侧)插入行或列；或者在表格某行或某列右击，在弹出的快捷菜单中单击"插入"命令，打开"插入"子菜单，

选择相应的命令即可完成行、列的插入操作，如图 5.36 所示。

③ 删除表格行、列和整个表格的方法：将插入点光标定位在表格中要删除行(列)的某个单元格中，单击"表格工具－布局"选项卡"行和列"命令组中的"删除"按钮，在下拉列表中单击"删除行"、"删除列"或"删除表格"命令，即可完成当前行(列)或者表格的删除，如图 5.37 所示。也可以使用鼠标右键快捷菜单完成相关操作。

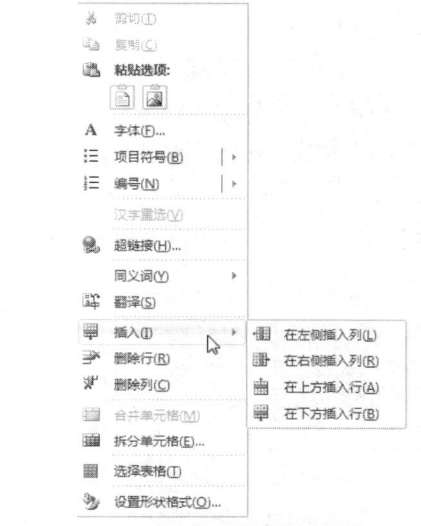

图 5.35　表格对象的选定　　　图 5.36　表格对象快捷菜单　　　图 5.37　表格对象的删除

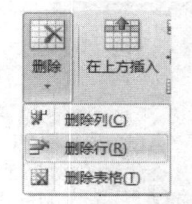

另外，在"表格工具－布局"选项卡中还可以实现单元格文本的对齐方式、行高、列宽，以及单元格大小、合并和拆分单元格、表格大小的设置，其操作与 Word 表格中的相关操作类似。

3. 表格样式的修改

表格样式的修改方法：选定表格，单击"表格工具－设计"选项卡"表格样式"命令组中的"其他"按钮，在弹出的内置表格样式下拉列表中，选择一种样式即可将该样式应用于表格，实现表格样式的快速修改，如图 5.38 所示。

与 Word 中的表格操作类似，也可以通过单击"表格工具－设计"选项卡"表格样式"命令组中的"底纹""边框""效果"按钮，对选定的单元格、行、列和表格的底纹、边框、表格效果进行个性化修改，如图 5.39 所示。

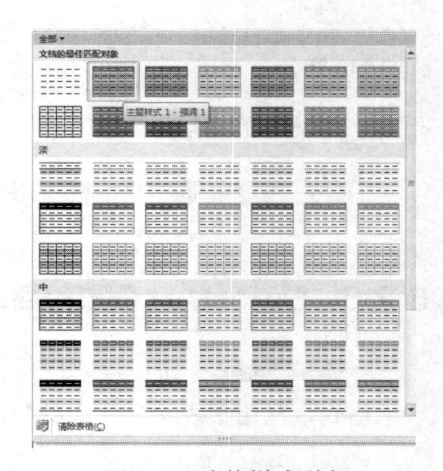

图 5.38　表格样式列表

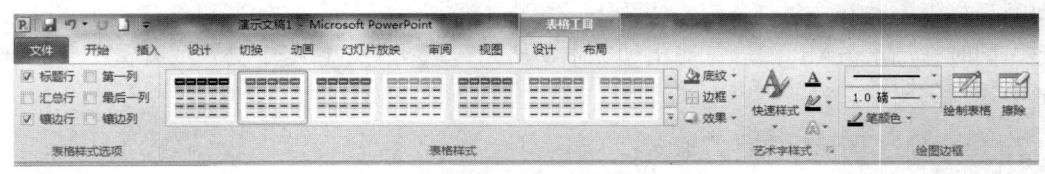

图 5.39　"表格工具－设计"选项卡

5.2.5 图表的插入

图表具有生动、形象,能使复杂和抽象的问题变得直观、清晰、简洁明了的功能。好的图表可以代替复杂的文字说明,便于理解。因此在演示文稿中常用图表来表达与数字相关的问题。

插入图表的方法:在普通视图中,单击"插入"选项卡"插图"命令组中的"图表"按钮,在弹出的"插入图表"对话框左侧的列表中选择图表类型,在右侧的列表中选择一种子图表类型,如图 5.40 所示。单击 确定 按钮后,所选的图表样式将插入到当前幻灯片中,同时系统会自动打开与图表数据相关联的 Excel 工作表窗口,并提供了默认的数据,根据需要修改数据即可在幻灯片中生成需要的图表。

在打开的 Excel 工作表窗口中,修改工作表中的数据后,关闭 Excel 窗口,即可完成图表的插入,如图 5.41 所示。

图 5.40 "插入图表"对话框   图 5.41 图表数据编辑

另外,还可以通过剪贴板将用 Excel 编辑的图表直接复制、粘贴到幻灯片中。

5.2.6 SmartArt 图形的插入

在演示文稿中,可以在幻灯片中插入 SmartArt 图形。SmartArt 图形是信息和观点的视觉表示形式,常用于表达文字间的层次或逻辑结构关系。

1. SmartArt 图形的插入

在普通视图中,单击"插入"选项卡"插图"命令组中的"SmartArt"按钮,打开"选择 SmartArt 图形"对话框,如图 5.42 所示。在左侧的列表框中选择 SmartArt 图形类型,在中间的列表框中选择一种 SmartArt 图形子类型。单击 确定 按钮即可创建一个 SmartArt 图形,同时在 SmartArt 图形左侧出现文本窗格,可以在文本窗格中输入或编辑在 SmartArt 图形中显示的文字。

2. SmartArt 图形中文字的输入

在[文本]框中单击,可以输入文字。按键盘上的 Enter 键可以增加项目;按键盘上的 BackSpace 键可以删除项目,如图 5.43 所示。

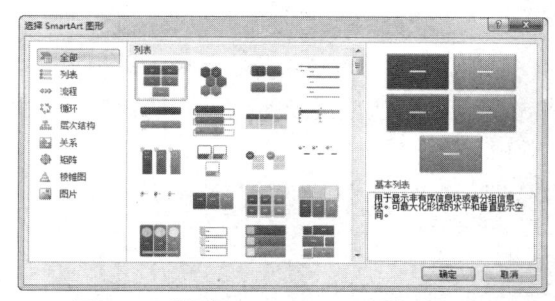

图 5.42 "选择 SmartArt 图形"对话框 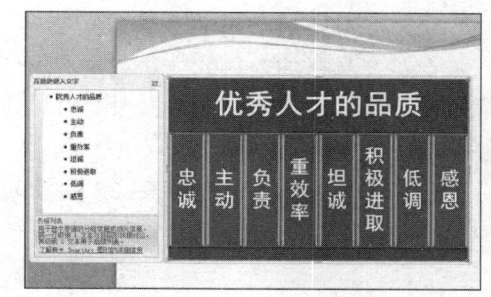　　　　图 5.43 在 SmartArt 图形中输入文字

另外，还可通过执行"SmartArt 工具－设计"与"SmartArt 工具－格式"选项卡中的相关命令，设置 SmartArt 图形的格式、样式及效果。选定整个 SmartArt 图形，在"SmartArt 工具－设计"选项卡的"SmartArt 样式"命令组中单击列表框右侧的"其他"按钮，在弹出的下拉列表中选择需要的 SmartArt 样式，可以改变 SmartArt 图形的样式。单击"更改颜色"按钮，在弹出的下拉列表中选择需要的颜色，可以改变 SmartArt 图形的颜色。

5.2.7　音频及视频的插入

在演示文稿中添加音频和视频，可以增强演示文稿的感染力和表现力。默认情况下，PowerPoint 可以将来自文件的音频和视频直接嵌入到演示文稿中，使其成为演示文稿文件的一部分。这样在移动演示文稿时不会再出现音频、视频丢失的情况，但会增加演示文稿文件的大小。

1. 音频的插入与效果设置

（1）音频的插入

插入音频的方法：单击"插入"选项卡"媒体"命令组中"音频"按钮下方的下拉箭头，在弹出的下拉列表（如图 5.44 所示）中单击"文件中的音频"命令，打开"插入音频"对话框，如图 5.45 所示。选择要插入的音频文件，单击"插入(S)"按钮，即可将音频文件嵌入到演示文稿中。插入的音频将以小喇叭图标的方式出现在幻灯片上，如图 5.46 所示。

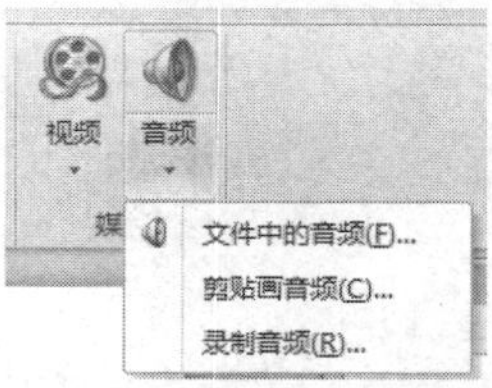

图 5.44 "音频"按钮下拉列表

PowerPoint 基本上支持常见的音频文件格式，无须转换。默认是嵌入音频，当然也可以实现音频文件的链接，以减少演示文稿文件的大小。

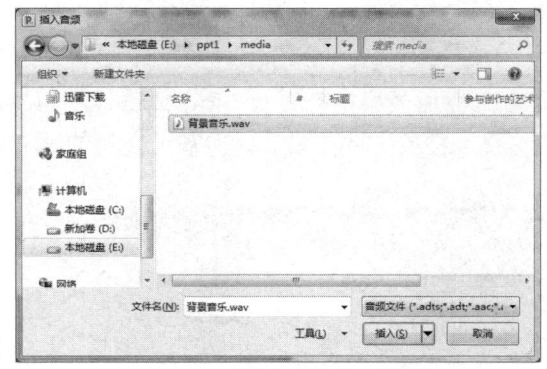

图 5.45 "插入音频"对话框 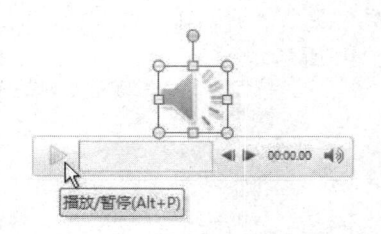　　　　图 5.46 幻灯片中音频文件的标识

(2) 音频播放效果的设置

设置音频播放效果的方法：单击幻灯片中的 图标，选中音频文件，通过"音频工具－播放"选项卡中相关的命令，可对音频进行简单的剪裁、播放效果及播放方式的设置，如图 5.47 所示。

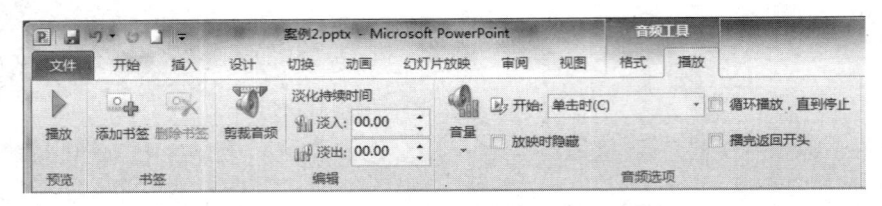

图 5.47 "音频工具－播放"选项卡

2. 视频的插入与效果设置

与插入音频文件的方法类似，也可以在幻灯片中嵌入和链接视频文件。

(1) 视频的嵌入与链接

单击"插入"选项卡"媒体"命令组中"视频"按钮下方的下拉箭头，在弹出的下拉列表中单击"文件中的视频"命令，打开"插入视频文件"对话框，如图 5.48 所示。在对话框中选择要插入的视频文件，单击 插入(S) 按钮右侧的 ，在下拉列表中单击"插入"命令可以将视频文件插入到幻灯片中，单击"链接到文件"命令可完成视频文件的链接操作。视频插入到幻灯片中后，幻灯片中会出现一个影片框，显示视频的第一帧图像。影片框下方还会出现一个播放控制条，用于调整视频的播放进度及播放音量等。

> **注意**
>
> 与嵌入的文件不同，链接的视频文件并不是演示文稿文件的一部分，它不会增加演示文稿的文件大小。但在移动演示文稿时，不要忘记将链接的视频文件一起拷贝。

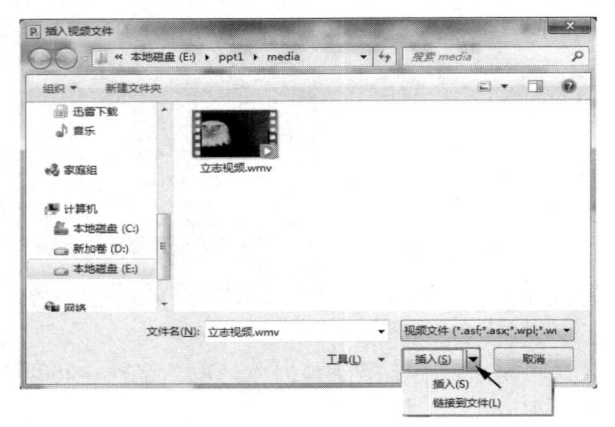

图 5.48 "插入视频文件"对话框

(2) 视频播放的设置

在"视频工具－播放"选项卡中可以对视频播放效果进行设置，如简单的视频剪辑、视频的淡入淡出播放效果、视频播放时的音量、视频播放方式的设置，丰富了视频的播放效果，如图 5.49 所示。

图 5.49 "视频工具－播放"选项卡

5.3 美化幻灯片

一个好的演示文稿，不但要有好的创意、优秀的文本和素材，而且还要求在设计上具有一致的外观风格和一定的艺术性及专业特征。美观悦目的演示文稿，能为其传播效果锦上添花。

幻灯片的美化主要是指幻灯片外观的美化设置。利用 PowerPoint 对演示文稿的主题、母版、背景、幻灯片版式等进行设置，可以更容易控制演示文稿的外观。

5.3.1 为幻灯片应用主题样式

1. 应用主题样式

主题是一组已设置好颜色、字体和图形外观效果的集合。应用主题可以快速设置整个演示文稿的格式，赋予它专业和时尚的外观、统一的风格，其设置方法如下。

① 打开要应用主题的演示文稿，切换到幻灯片浏览视图状态。

② 单击"设计"选项卡"主题"命令组中的"其他"按钮 ，在弹出的主题样式下拉列表中显示出 PowerPoint 提供的各种主题样式供选择，如图 5.50 所示，选择某种主题样式，如"流畅"主题，即可为演示文稿中的所有幻灯片应用这种主题样式。在幻灯片浏览视图中，可以直观地看到该主题影响到演示文稿中的所有幻灯片，幻灯片原有的背景和文字、项目编号、主题颜色等均做了改变，如图 5.51 所示。

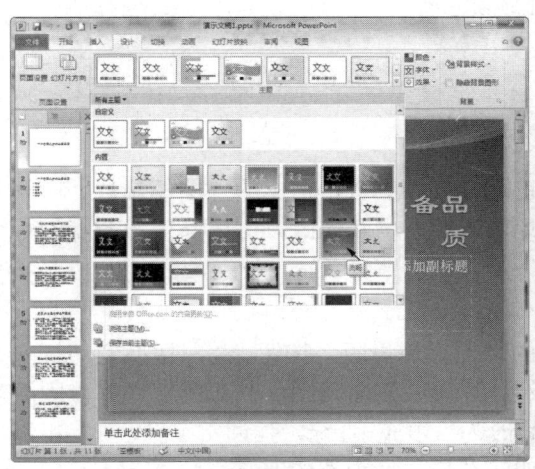

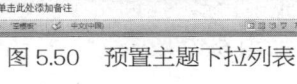

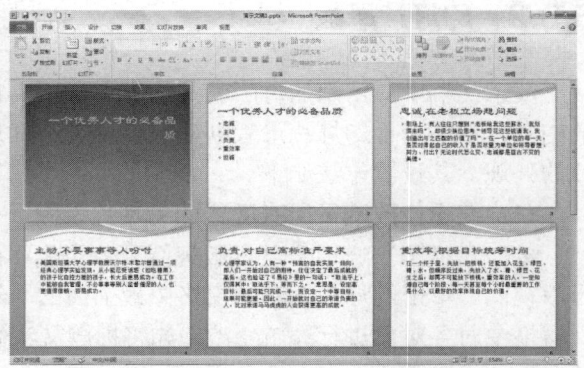

图 5.50　预置主题下拉列表　　　　　图 5.51　应用"流畅"主题后的效果

可以在一个演示文稿中应用多个主题样式，方法是：选定要应用同一主题样式的幻灯片，右击某个主题样式，在弹出的快捷菜单中单击"应用于选定幻灯片"命令，则只为选定的幻灯片应用该主题样式。单击"应用于所有幻灯片"命令，可以将这个主题样式应用于演示文稿中的所有幻灯片。

2. 应用主题颜色

PowerPoint 内置了几十种主题颜色，这些颜色是预先设置好的协调色，包含背景、文本和线条、标题文本、填充、超链接等使幻灯片层次鲜明的颜色，这些颜色的巧妙搭配，可使幻灯片的屏幕显示效果更加清晰。为演示文稿应用主题样式后，可以更改主题颜色，使演示文稿色彩搭配更合理、贴近表达主题。方法是：单击"设计"选项卡"主题"命令组中的"颜色"按钮，在打开的下拉列表中显示出可供选择的主题颜色方案，选择一组颜色（如凤舞九天），演示文稿的主题颜色就会发生改变，如图 5.52 所示。如果你具有一定的配色美术基础，也可以单击"颜色"下拉列表中的"新建主题颜色"命令自己创建主题颜色。

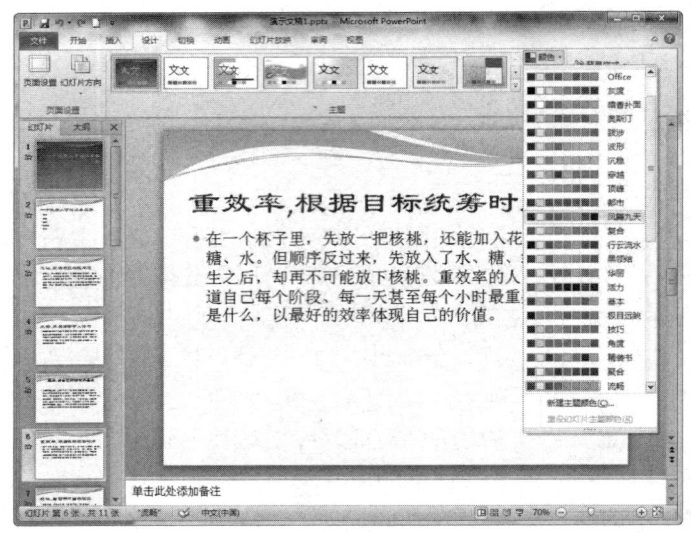

图 5.52　设置主题颜色

5.3.2　幻灯片母版

演示文稿中最常用的母版就是幻灯片母版，它是幻灯片层次结构中的顶层幻灯片。所有的幻灯片都是基于幻灯片母版创建的。通过幻灯片母版的编辑和修改，可以高效地改变幻灯片的外观。其设置方法如下。

(1) 编辑修改基于所有版式的幻灯片母版

单击"视图"选项卡"母版视图"命令组中的"幻灯片母版"按钮，切换到幻灯片母版视图。单击幻灯片缩略图窗格中最上面的"幻灯片母版"缩略图，在右侧幻灯片母版编辑窗格中对各对象进行编辑修改，如将标题文字修改为"填充-青绿，强调文字颜色 2，粗糙棱台"艺术字效果，在右上角插入一个"笑脸"形状图形，如图 5.53 所示。

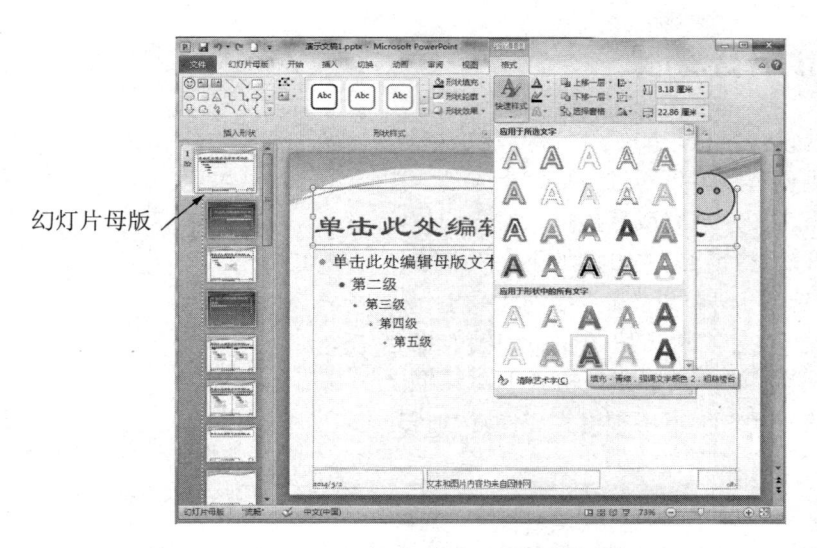

图 5.53 幻灯片母版对象的编辑

单击"幻灯片母版"选项卡中的"关闭母版视图"按钮 ，即可完成幻灯片母版的修改。当切换到幻灯片浏览视图后，可发现演示文稿中所有幻灯片的标题文字均发生了相应的改变，而且每页幻灯片中都插入了笑脸图案，如图 5.54 所示。

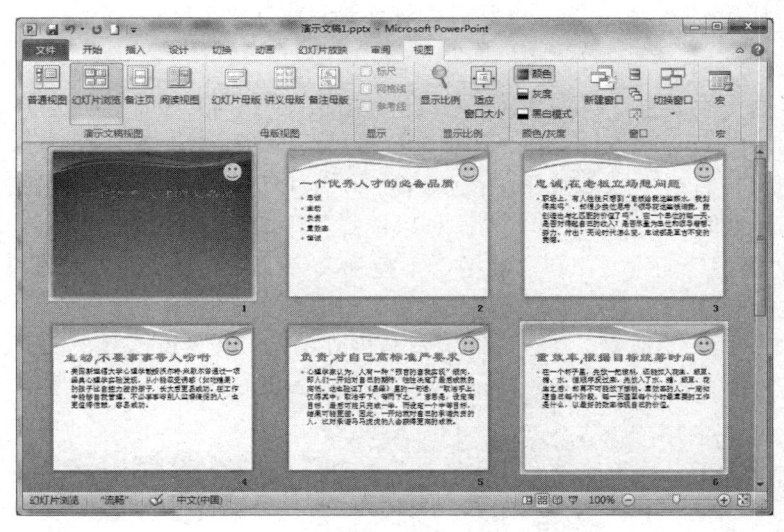

图 5.54 修改幻灯片母版后的幻灯片样式

(2) 编辑修改某一版式的幻灯片母版

可以修改某一版式的幻灯片母版，如要修改"标题和内容"版式幻灯片母版，其方法是：单击"视图"选项卡"母版视图"命令组中的"幻灯片母版"按钮 ，切换到幻灯片母版视图。单击幻灯片缩略图窗格中的"标题和内容"幻灯片版式缩略图，在右侧窗格中编辑和修改幻灯片中的对象后，单击"关闭母版视图"按钮 即可完成该版式幻灯片母版的修改。此时所有基于该版式创建的幻灯片均被修改。

5.3.3 更改幻灯片背景

幻灯片背景的设置直接影响幻灯片的放映效果，对表现主题也有重要影响。可通过改变背景颜色、图案填充、纹理填充、图片填充或直接插入背景图片修改背景样式。更改幻灯片背景的方法如下。

单击"设计"选项卡"背景"命令组右下角的 按钮（或右击幻灯片空白处，单击快捷菜单中的"设置背景格式"命令），打开"设置背景格式"对话框，如图 5.55 所示，在"填充"窗格中可完成幻灯片背景的设置。

图 5.55 "设置背景格式"对话框

1. 纯色填充

纯色填充指幻灯片背景使用单一的颜色，也称单色填充。默认的白色背景就是一种单色背景。

填充纯色背景的方法：在"设置背景格式"对话框中，选中 纯色填充(S) 单选按钮，单击"颜色"按钮 ，在打开的下拉列表中选择某种填充颜色。单击 关闭 按钮即可将选中的颜色应用到当前幻灯片中，单击 全部应用(L) 按钮可将选中的颜色应用到演示文稿的所有幻灯片中。单击 重置背景(B) 按钮，可取消当前设置的背景效果。

2. 渐变填充

渐变是指由一种颜色按照某种渐变方式（如线性、射线等）逐渐过渡到另一种颜色。

① 渐变"预设颜色"设置：在"设置背景格式"对话框中，选中 渐变填充(G) 单选按钮，单击"预设颜色"右边的 按钮，在弹出的下拉列表中列出了系统预设的各种渐变填充效果，如"雨后初晴""茵茵绿原"等，可以选择其中的一种。

② 渐变"类型"的设置：在"类型"下拉列表中可以选择所需要的渐变类型，有"线性""射线""矩形""路径""标题的阴影"5 种类型可供选择。

③ 渐变"方向"的调整：在"方向"下拉列表中可以设置渐变颜色的起点和终点方向，如线性渐变共 8 种方向，如图 5.56 所示。

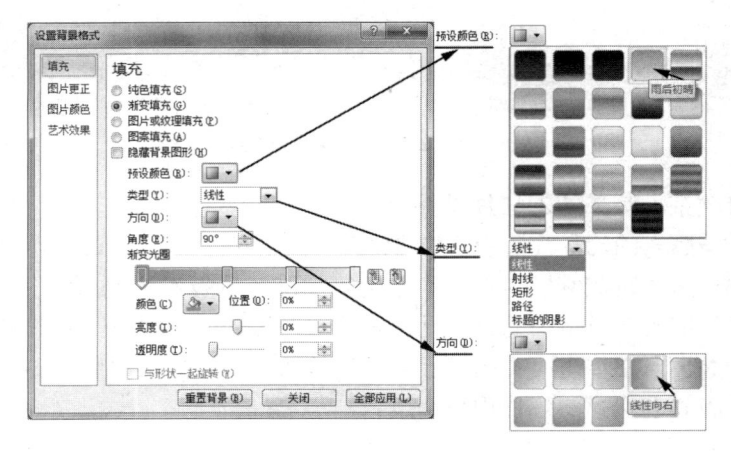

图 5.56 "渐变填充"背景格式设置

另外，还可以通过调整渐变的"角度"选项、调整"色标"的颜色、增加或减少"渐变光圈"色标、改变色标的"亮度"和"透明度"等选项，设置合适的渐变颜色及效果，达到背景个性化设计的要求。

④ 设置效果满意后，单击 关闭 或 全部应用(L) 按钮。

3. 图片、纹理填充

在"设置背景格式"对话框中，选中 图片或纹理填充(P) 单选按钮，单击"纹理"右侧的 按钮，在弹出的下拉列表中列出了许多纹理样式，如"纸莎草纸""画布"等纹理效果，可以选择其中的一种作为幻灯片的背景；也可以选择图片作为幻灯片背景，单击 文件(F)... 按钮，打开"插入图片"对话框，选择合适的背景图片后单击 插入(S) 按钮，即可将选择的图片应用于幻灯片背景，如图 5.57 所示。设置效果满意后，单击 关闭 或 全部应用(L) 按钮即可。

注意

在选择一张图片作为幻灯片背景时，程序会自动匹配幻灯片大小。因此，为了确保背景图片的效果，最好选用与幻灯片像素大小相匹配的图片，而纹理中的图片与背景图片不同，一般都比较小，它是按照平铺的方式填满整张幻灯片，看起来就像一张图片。

图 5.57 "图片或纹理填充"背景格式设置

4. 图案填充

在"设置背景格式"对话框中，选中 图案填充(A) 单选按钮，在预置的图案样式列表框中列出了若干种图案，可以从中选择一种；单击"前景色"框或"背景色"框右端的 按钮，可以打开颜色列表改变图案的颜色。设置效果满意后，单击 关闭 或 全部应用(L) 按钮即可，如图 5.58 所示。

图 5.58 "图案填充"背景格式设置

5.3.4 更改幻灯片版式

幻灯片版式可以根据需要进行修改，方法是：在普通视图的幻灯片窗格中显示要重新设置版式的幻灯片，如应用了"标题和内容"版式的幻灯片，单击"开始"选项卡"幻灯片"命令组中的"版式"按钮，在下拉列表中选择某种版式，如"两栏内容"版式，即可将当前幻灯片"标题和内容"版式改变为"两栏内容"版式，如图 5.59 所示。

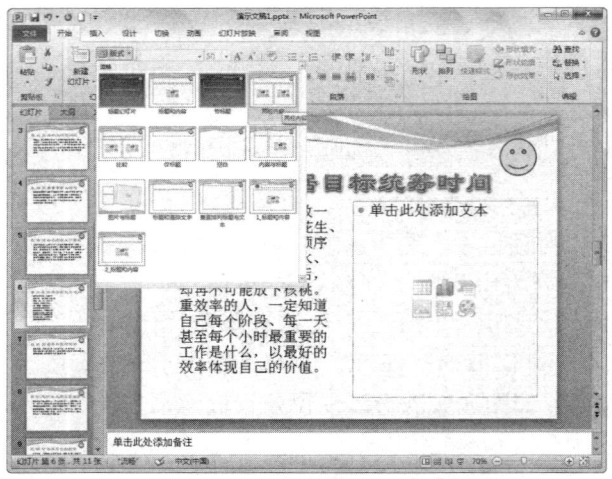

图 5.59　更改幻灯片版式

5.3.5　页眉和页脚、页码的设置

在演示文稿中，有时需要在每页幻灯片上显示日期、时间、页码、页脚等公共信息。采用插入页眉和页脚的方法比较快捷，其方法如下。

① 单击"插入"选项卡"文本"命令组中的"页眉和页脚"按钮，打开"页眉和页脚"对话框，如图 5.60 所示。

② 如果选中 自动更新(U) 单选按钮，单击其下方的 按钮，在弹出的下拉列表中可以选择时间的显示样式；如果选中 固定(X) 单选按钮，需要在下面的文字框中输入固定的日期和时间。

③ 选中 幻灯片编号(N) 复选框，幻灯片右下角就会显示编号。

④ 选中 页脚(F) 复选框并在其下的文字框中输入文字，可在幻灯片中显示页脚文字。

⑤ 如果不想让日期、时间、编号等信息显示在演示文稿的标题幻灯片中，可以选中 标题幻灯片中不显示(S) 复选框。

⑥ 单击 应用(A) 按钮即可将设置应用于当前幻灯片；单击 全部应用(Y) 按钮，即可在所有的幻灯片中显示页眉和页脚内容。

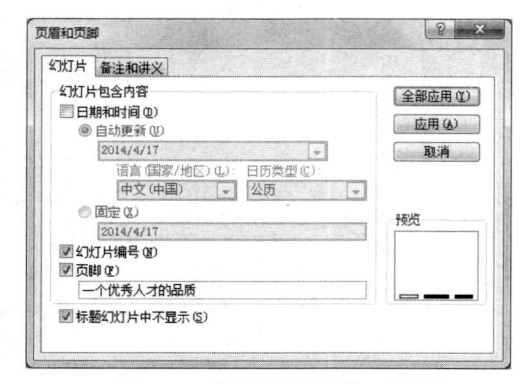

图 5.60　"页眉和页脚"对话框

> **注意**
>
> 在"页眉和页脚"对话框中，日期、时间、幻灯片编号等信息将作为幻灯片的页脚插入在幻灯片默认的占位符中。在对话框的"预览"框中可以看到这些信息在幻灯片中的默认位置，日期和时间在左下角，幻灯片编号在右下角，其他信息位于日期和时间与幻灯片编号之间。要改变它们在幻灯片中的位置，可以通过修改幻灯片母版中相关内容的占位符来改变。

5.4 幻灯片动画效果的设置

PowerPoint 预置了丰富的动画效果库，方便用户为幻灯片对象赋予各种动画效果及声音效果。恰当的动画和音效可以突出演示文稿的重点，吸引观众的注意力，让幻灯片更加生动有趣，富有表现力。

5.4.1 设置幻灯片的动画效果

1. 为幻灯片对象添加动画效果

为方便设置动画效果，PowerPoint 专门提供了一个"动画"选项卡，包含 4 类动画效果："进入""退出""强调""动作路径"效果。

"进入"效果是指对象进入幻灯片画面时的动画效果；"退出"效果是指对象离开幻灯片画面时的动画效果；"强调"效果是指对幻灯片对象起突出显示、强调作用的动画效果；"动作路径"是指可以使指定对象按设定的路径移动而产生的动画效果。

（1）添加动画

选定幻灯片中的某个对象（如剪贴画），单击"动画"选项卡"动画"命令组中的"其他"按钮 或单击"高级动画"命令组中的"添加动画"按钮 ，在预置的动画列表中，选择某种动画效果即可将该动画效果应用于被选定的对象，如图 5.61 所示。

（2）添加更多动画效果

如果对预置的动画列表中的动画效果不满意，可以通过单击"更多进入效果"命令，在打开的"更改进入效果"对话框中选择其他动画效果，如图 5.62 所示。设置"强调""退出""动作路径"动画效果时，也都有这种功能。

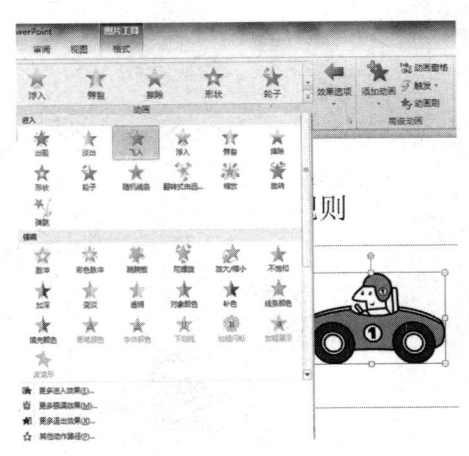

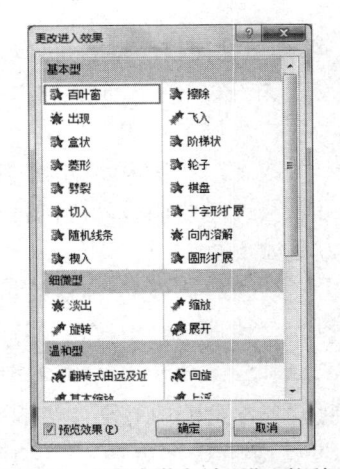

图 5.61　动画效果列表　　　　　图 5.62　"更改进入效果"对话框

（3）更细致的动画效果设置

选定设置了动画效果的对象，如对象已添加"飞入"动画效果，单击"动画"选项卡"动画"命令组右下角的 按钮，打开该动画效果的设置对话框，可设置该动画出现的方向、开始时间、结束时间、动画播放时是否有声音等效果，如图 5.63 所示。

2. 动画属性设置

幻灯片中动画的基本属性有：开始属性、方向属性和速度属性。如果未特意设置它的属性，将采用默认的动画属性。比如"飞入"动画：默认是单击动画开始、"自底部"进入、动画持续时间为 0.5 秒。动画的效果可根据要求重新进行设置，具体方法如下。

① 动画开始方式的设置：单击"计时"命令组中 开始:单击时 右端的下拉箭头，在弹出的选项列表中可以设置动画效果开始的方式，有 3 种："单击时"是指动画效果在单击鼠标时开始；"与上一动画同时"是指动画效果开始播放的时间与上一个动画的时间相同，即同时播放；"上一动画之后"是指动画效果在上一个动画播放完成后此动画自动开始播放。

② 动画方向的设置：选定设置了动画效果的对象，单击"动画"选项卡"动画"命令组中的"效果选项"按钮 ，在其下拉列表中可以设置该动画进入或退出的方向，如图 5.64 所示。

图 5.63 "飞入"动画效果设置对话框

③ 动画持续时间和延时的设置：在"计时"命令组中的"持续时间"框中可设置动画播放的长度，在"延迟"框中可设置经过几秒后播放动画。

3. 动画重新排序

为幻灯片中的多个对象设置了动画效果后，在每个对象的左上角均会出现一个数字，数字表示动画的播放顺序，可以根据需要调整动画的播放顺序，其方法如下。

单击"动画"选项卡"高级动画"命令组中的"动画窗格"按钮，打开动画窗格，如图 5.65 所示。动画窗格中显示了当前幻灯片中的所有动画列表，在列表中通过拖动鼠标可调整该动画的播放次序；或者单击动画窗格下方的"重新排序"按钮 或 ，重新排列动画的播放次序。

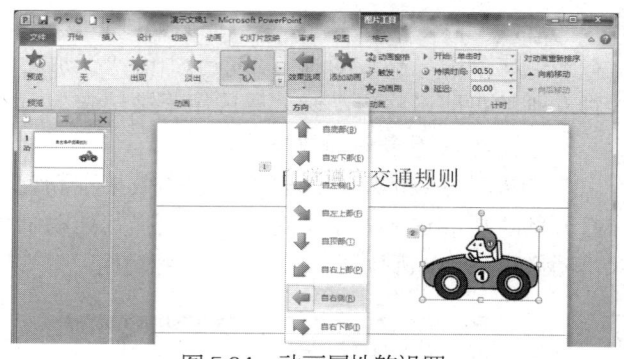

图 5.64 动画属性的设置

图 5.65 调整动画播放次序

4. 测试动画

单击"动画"选项卡"预览"命令组中的"预览"按钮★或单击动画窗格中的 ▶播放 按钮，可以实时查看动画效果。

5. 动画刷

PowerPoint 新增了一个非常有用的动画刷工具，与 Word 软件中的格式刷使用方法类似，通过动画刷可以快速地将某个对象的动画效果复制到另一个对象上，避免重复的动画设置。

（1）将动画效果复制到另一个对象上

选定某个设置了动画效果的对象，单击"动画"选项卡"高级动画"命令组中的"动画刷"按钮，鼠标指针变成 形状，再单击要应用此动画效果的另一个对象，便可实现动画效果的复制。

（2）将动画效果连续应用到多个对象上

单击一次"动画刷"按钮，只能将设置的动画效果应用于一个对象；如果双击"动画刷"按钮，可连续多次使用动画刷，即复制到动画刷上的动画设置可连续应用于多个对象上，直至再次单击"动画刷"按钮或按 Esc 键中止动画刷的应用。

（3）应用于不同的幻灯片、演示文稿

使用动画刷还可以将复制的动画效果应用于不同的幻灯片或不同的演示文稿的对象上，方法同上。

6. 取消动画效果

已设置的动画效果还可以取消，方法是：选定要取消动画效果的对象，在"动画"选项卡的"动画"命令组中单击"无"选项。还可以在动画窗格中选定要取消动画效果的对象，单击其右侧的 按钮，在打开的下拉列表中单击"删除"命令。

5.4.2 幻灯片切换效果的设置

幻灯片的切换效果是指在演示文稿播放过程中，幻灯片之间切换时的动态视觉效果。PowerPoint 提供了 3 类幻灯片切换效果：细微型、华丽型、动态内容。在演示文稿制作过程中，可以为选定的某张幻灯片设置切换效果，也可以为部分或全部幻灯片设置同一种切换效果。方法是：

① 将演示文稿切换到幻灯片浏览视图，选定要设置切换效果的幻灯片。

② 单击"切换"选项卡"切换到此幻灯片"命令组中的"其他"按钮（如图 5.66 所示），在动画切换效果下拉列表（如图 5.67 所示）中单击一种切换效果，就可以将这种切换效果应用于选定的幻灯片，幻灯片浏览视图中会显示这种切换方式的效果。如果单击"计时"命令组中的 全部应用 按钮，即可将切换效果应用于演示文稿中的所有幻灯片。

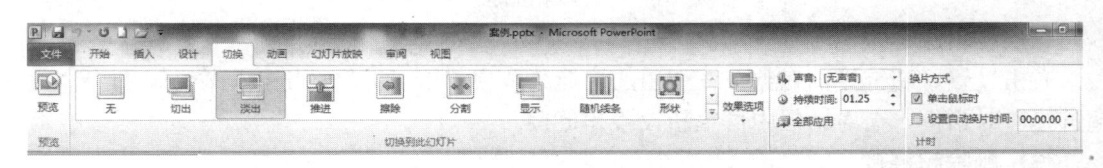

图 5.66 "切换"选项卡

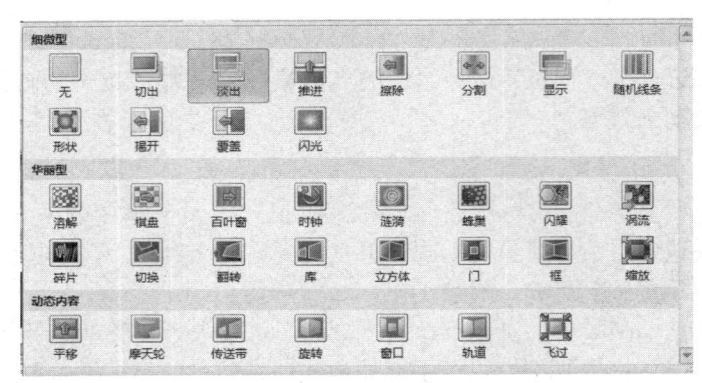

图 5.67　幻灯片切换效果下拉列表

③ 在"计时"命令组中可以设置幻灯片切换时的声音效果、切换效果持续时间、换片方式等。

5.4.3　幻灯片的超链接和动作设置

1. 设置超链接

在放映幻灯片的过程中，演示文稿是按照幻灯片的排列次序顺序线性播放的，可以通过设置超链接来实现由一张幻灯片跳转到另一张幻灯片的操作。

（1）创建超链接

① 在普通视图中，选定要建立超链接的对象，如图片或文字，单击"插入"选项卡"链接"命令组中的"超链接"按钮，或者右击对象，在弹出的快捷菜单中单击"超链接"命令，打开"插入超链接"对话框，如图 5.68 所示。

② 在"插入超链接"对话框左侧的"链接到"选项中，选择要做链接的对象，如选择了"本文档中的位置"选项，在"请选择文档中的位置"窗格中，单击要链接到的目标对象，单击 确定 按钮即可将幻灯片上的对象与目标对象建立超链接。

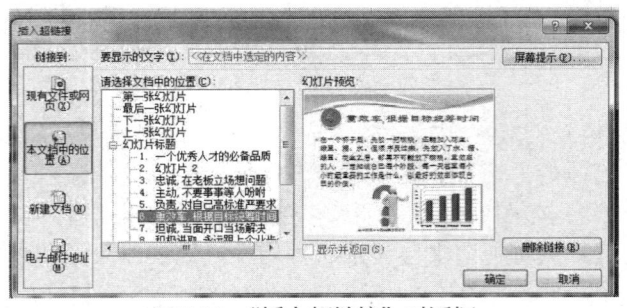

图 5.68　"插入超链接"对话框

（2）编辑超链接

右击设置了超链接的对象，在弹出的快捷菜单中单击"编辑超链接"命令，打开"编辑超链接"对话框，在对话框中可重新设置超链接。

（3）删除超链接

打开"编辑超链接"对话框，单击 删除链接(R) 按钮，或右击设置了超链接的对象，在弹出的快捷菜单中单击"取消超链接"命令，所设置的超链接就被取消了。

2. 动作设置

放映演示文稿时，由操控者通过控制幻灯片中的某对象去完成下一步的既定动作，这项既定的动作称为该对象的动作。设置对象动作的方法如下。

① 选定幻灯片中需要设置动作的对象（如图形），单击"插入"选项卡"链接"命令组中的"动作"按钮，打开"动作设置"对话框。

② 在"动作设置"对话框中，选择要执行的动作，如选择"超链接到"动作，在其下拉列表中选择目标选项，如选择"幻灯片"选项，打开"超链接到幻灯片"对话框。

③ 在"超链接到幻灯片"对话框中，从列表中选择要链接的目标幻灯片，单击 确定 按钮即可完成通过单击该对象跳转到指定幻灯片的设置，如图 5.69 所示。

图 5.69　进行动作设置

5.5　演示文稿的放映和打印

制作演示文稿的最终目的是要在受众面前展示。为了适应不同的演示场合，还需要掌握演示文稿的放映设置，主要包括设置幻灯片的放映类型、播放范围、放映时间等。当然也可以根据要求将演示文稿打印出来。

5.5.1　演示文稿的放映

放映演示文稿前，首先要对演示文稿进行放映设置，选择合适的放映方式。

1. 演示文稿的放映设置

演示文稿的放映方式默认为手动控制全屏幕放映，但也可以根据不同放映场合的要求进行设置。

(1) 放映类型设置

放映类型的设置方法是：单击"幻灯片放映"选项卡"设置"命令组中的"设置幻灯片放映"按钮，打开"设置放映方式"对话框，如图 5.70 所示。

① 演讲者放映：选中 ⦿演讲者放映(全屏幕)(P) 单选按钮，可以全屏幕播放演示文稿，这是最常用的方式。演讲者具有完全的控制权并可采用自动或人工方式放映演示文稿。

② 观众自行浏览：选中 ⦿观众自行浏览(窗口)(B) 单选按钮，幻灯片会在 PowerPoint 程序窗口中播放，而不是全屏幕播放，可以通过鼠标、键盘控制播放。

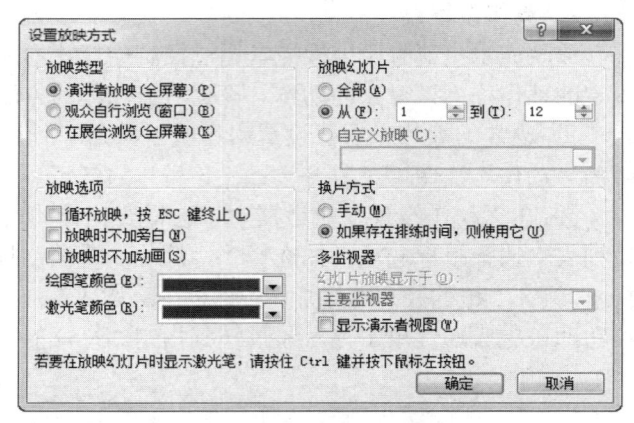

图 5.70 "设置放映方式"对话框

③ 在展台浏览：选中 ⦿在展台浏览(全屏幕)(K) 单选按钮可以实现自动循环播放演示文稿，无须专人放映演示文稿。使用"在展台浏览"方式放映演示文稿，幻灯片上的超链接或动作按钮仍起作用，但其他的按键均不起作用。按 Esc 键可以终止放映。

(2) 其他选项设置

选择放映类型后，还可以在"设置放映方式"对话框中对放映选项进行设置。

① 在"放映选项"栏中，选中 ☑循环放映，按 ESC 键终止(L) 复选框，在放映演示文稿时，播放完最后一张幻灯片后，会自动返回第 1 张幻灯片继续播放，直到按 Esc 键结束放映。

② 在"放映幻灯片"栏中可以设置要放映演示文稿中的哪几张幻灯片或全部幻灯片。

③ 在"换片方式"栏中设置换片方式："演讲者放映"和"观众自行浏览"两种放映方式强调自主控制放映，常选"手动"换片方式；"在展台浏览"方式通常为无人控制，可选择"如果存在排练时间，则使用它"换片方式。

(3) 排练时间设置

在"设置放映方式"对话框中的"换片方式"栏中，若选中 ⦿如果存在排练时间，则使用它(U) 单选按钮，则事先要为演示文稿设置排练时间。方法是：单击"幻灯片放映"选项卡"设置"命令组中的"排练时间"按钮，自动进入幻灯片放映视图，并显示"录制"工具栏，录制计时器开始计时。根据实际播放要求，手动切换幻灯片，按键盘上的 Esc 键可中止放映。在弹出的对话框中，单击 是(Y) 按钮，即可保存刚才的排练计时，如图 5.71 所示。

图 5.71 排练计时设置

在幻灯片浏览视图中，可以看到每张幻灯片的左下角都会显示一个时间，这个时间就是幻灯片的排练计时，指的是播放幻灯片时，该幻灯片在屏幕上的停留时间，如图 5.72 所示。

图 5.72　幻灯片的排练时间显示

2. 演示文稿的放映

将演示文稿的放映方式设置好后，就可以放映演示文稿了。

（1）从头放映

如果希望从第 1 张幻灯片开始依次放映演示文稿中的幻灯片，可以单击"幻灯片放映"选项卡"开始放映幻灯片"命令组中的"从头开始"按钮 或者按键盘上的 F5 键。

（2）从当前幻灯片开始

如果希望从当前选定的幻灯片开始放映演示文稿，可以单击"幻灯片放映"选项卡"开始放映幻灯片"命令组中的"从当前幻灯片开始"按钮 或者按键盘上的 Shift + F5 键。

（3）自定义幻灯片放映

如果演示文稿针对不同层次的观众放映，不希望将演示文稿中的所有幻灯片展现给观众，就需要事先将已有的幻灯片进行重组，即创建自定义幻灯片放映清单。自定义幻灯片放映设置方法如下。

① 创建自定义放映清单：单击"幻灯片放映"选项卡"开始放映幻灯片"命令组中的"自定义幻灯片放映"按钮 ，在打开的下拉列表中单击"自定义放映"命令，打开"自定义放映"对话框，单击 新建(N)... 按钮，打开"定义自定义放映"对话框，如图 5.73 所示。"在演示文稿中的幻灯片"列表框中列出了演示文稿所有的幻灯片，选择要设置为自定义放映的幻灯片，单击 添加(A)>> 按钮将幻灯片添加到"在自定义放映中的幻灯片"列表框中。单击 确定 按钮，返回"自定义放映"对话框，单击 关闭(C) 按钮即可创建名为"自定义放映 1"的放映清单。

② 自定义幻灯片放映：单击"开始放映幻灯片"命令组中的"自定义幻灯片放映"按钮 ，在打开的下拉列表中选择自定义放映的幻灯片（见图 5.74），即可启动幻灯片放映，并按照所设置的自定义放映中的幻灯片进行放映。

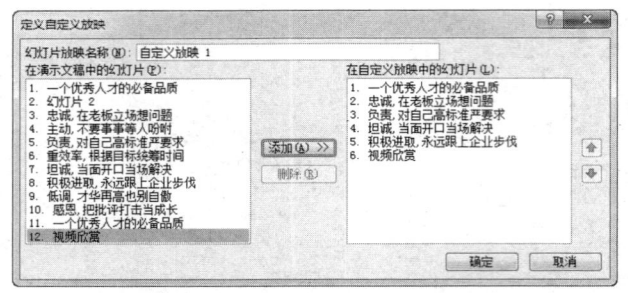

图 5.73 "定义自定义放映"对话框

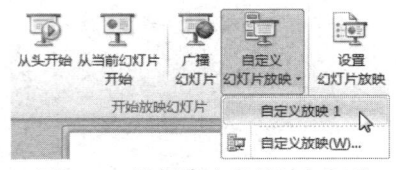

图 5.74 选择自定义放映幻灯片

5.5.2 演示文稿的打印

演示文稿有时也需要输出到纸上，即打印演示文稿。按要求将演示文稿准确地打印出来也需要熟悉演示文稿的页面设置和打印各选项的设置。

1. 页面设置

幻灯片的页面设置决定着幻灯片、备注页、讲义及大纲在打印纸上的尺寸和放置方向。页面设置的方法如下。

单击"设计"选项卡"页面设置"命令组中的"页面设置"按钮，打开"页面设置"对话框。在"幻灯片大小"下拉列表中，可设置要打印的纸张的大小；在"方向"栏中可设置"横向"或"纵向"打印，如图 5.75 所示。

2. 设置打印选项，打印幻灯片或讲义

页面设置好后，还可以设置打印份数、打印幻灯片的范围、打印的版式等，方法是：单击"文件"选项卡中的"打印"命令，在右侧窗格中可以预览打印效果。在打印"份数"框中可输入要打印的份数，如图 5.76 所示。

图 5.75 "页面设置"对话框

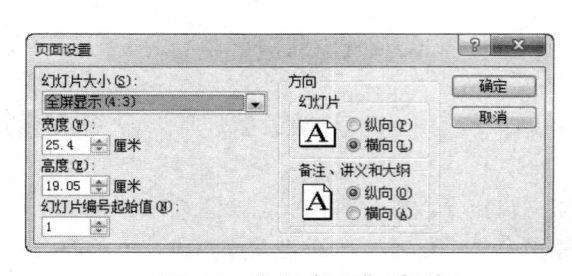

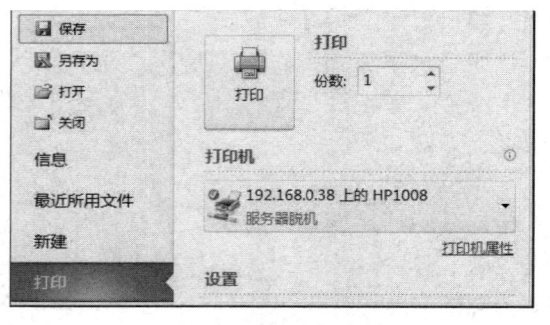

图 5.76 设置打印份数

在"设置"栏中，可以确定打印范围是"打印全部幻灯片"、"打印当前页"还是"自定义范围"打印，如图 5.77 所示。单击　　　，在打开的下拉列表中还可以设置打印的版式，可以打印整页幻灯片、打印备注页、大纲或按照讲义方式打印幻灯片，如图 5.78 所示。设置完毕后，单击"打印"按钮，即可完成打印操作。

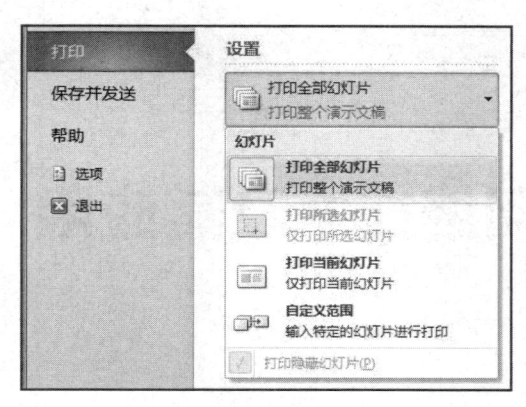

图 5.77　设置打印范围　　　　　　图 5.78　设置打印版式

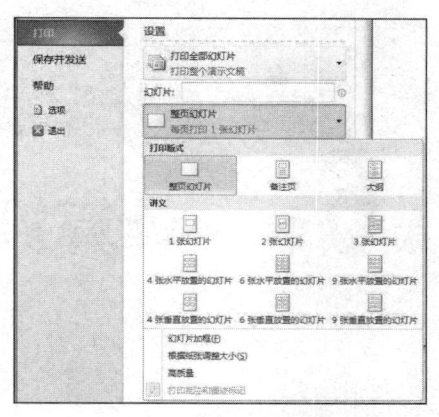

思考题

1. PowerPoint 提供的视图有哪些？最常用的是哪几种视图？各有什么特点？
2. PowerPoint 2010 保存的演示文稿默认的扩展名是什么？如何兼容之前低版本的 PowerPoint 程序制作的演示文稿？
3. 如何改变幻灯片的背景颜色？
4. 要设置幻灯片之间的切换效果，可通过什么方式来实现？
5. 在 PowerPoint 中，按下键盘上的什么键可以从当前幻灯片开始放映演示文稿？
6. 简述幻灯片母版的作用。
7. 简述为幻灯片中的对象设置动画效果的方法。
8. 简述设置幻灯片切换效果的方法。
9. 简述为幻灯片中的对象设置超链接的方法。
10. PowerPoint 提供了几种放映类型？每种放映类型各有什么特点？

第 6 章 计算机网络技术及其应用

本章导读

当今世界正处于一个以网络为核心的信息时代，社会的信息化、数据的分布式处理和各种计算机资源共享等应用需求，推动了计算机技术和通信技术的紧密结合。

以 Internet 为代表的计算机网络技术已经从根本上改变了人们获取信息的方式和效率，并在很大程度上改变了人们的观念和生活方式，对社会生活产生的和将要产生的影响也将是极为巨大和深远的。在网络无处不在的今天，具备一定的计算机网络知识非常必要。

本章介绍计算机网络的基本概念及组成、局域网技术和无线网络技术、Internet 基础、网页基础、网络安全与道德等内容。通过本章的学习，可以增强同学们对计算机网络技术和应用的认识，为更熟练地运用网络技术解决问题打下坚实的基础。

6.1 计算机网络概述

6.1.1 计算机网络基础

1. 计算机网络的定义

两台计算机的网卡通过一根双绞线连接起来就能够组成一个最简单的计算机网络。全世界成千上万台计算机相互间通过各种复杂的网络设备连接起来就构成了世界上最大的 Internet 网络。网络中的计算机可以在同一间办公室内，也可能分布在地球上的不同区域。

计算机网络的通常定义是：将地理位置分散的具有独立功能的多台计算机，通过网络连接设备和传输介质连接起来，在网络软件及网络协议的支持下，实现资源共享和信息传递的复合系统。

由计算机网络的定义可知，计算机网络是由计算机系统、网络连接设备和传输介质等硬件设备，以及网络操作系统和网络协议等软件系统共同组成的一个有机整体，网络的基本功能是资源共享和信息传递。

2. 计算机网络的功能

计算机网络最基本的功能是可以互相通信、资源共享。随着人们对计算机网络需求的不断提高和计算机网络技术的发展进步，计算机网络的功能也在不断延展，综合来说，计算机网络有以下基本功能。

(1) 数据通信

数据通信是计算机网络最基本的功能，用于在计算机与终端、计算机与计算机之间传送字符、声音、图像等各类数据。利用这一功能，可以超越地域的限制，让分布在不同地理位置的网络用户相互通信、交流信息，进行诸如发送电子邮件、电子商务、视频会议等活动。

(2) 资源共享

资源共享是计算机网络最显著的特点，它包括软件资源共享、硬件资源共享和数据资源共享。网络本身是一个巨大的信息资源库，蕴含着极其丰富的数据，人们可以通过共享数据资源，达到充分利用信息的目的，网上图书馆、视频网站、搜索引擎等都是数据资源共享的典型应用。计算机中的很多高端软、硬件资源是比较昂贵的，如高性能计算机、大容量存储设备、高速打印机、大型数据库软件、某些专用软件及特殊设备等，计算机网络允许用户共享这些软、硬件资源，提高了资源利用率，避免了重复购置资源所产生的浪费。

(3) 分布式处理

单台计算机的处理能力毕竟有限，对于一些复杂、庞大的任务，可以通过计算机网络，采用适当的算法，将大型任务转化成小型任务，分配给网络中的各台计算机共同完成。这种分散到网络中的各计算机上进行分布式处理的模式，提高了整个系统的处理能力，可用于实现重大科研项目的联合开发和研究。

(4) 提高系统的可靠性

系统的可靠性对于通信、金融及石化等工业过程控制要求较为严格的领域尤为关键，可以通过网络中的冗余部件大大提高系统的可靠性。冗余部件是指重复配置的一些系统关键部件，当系统发生故障时，冗余部件会自行介入并承担故障部件的工作。例如，在系统运行过程中，一台计算机发生故障，在管理软件的控制下故障机的当前任务会转给网络中的其他计算机；网络中一台通信设备发生故障时，可以选择另一台备用通信设备，从而保证了系统不间断地工作，降低了数据丢失风险，提高了整个系统的可靠性。

3. 计算机网络的发展历程

计算机网络的发展经历了从简单到复杂，从面向终端的计算机网络、计算机与计算机互联的系统，到网络互联与高速网络时代的发展过程，共分为 4 个阶段。

(1) 以终端数据通信为主的第一代计算机网络

计算机网络是计算机技术和通信技术紧密结合的产物。自从有了计算机，就有了把计算机技术与通信技术结合在一起的需求，早在 1951 年，美国麻省理工学院林肯实验室就开始为美国空军设计名为 SAGE 的半自动化地面防空系统，该系统被认为是计算机和通信技术结合的先驱。美国航空公司与 IBM 公司在 20 世纪 50 年代初开始联合研究、60 年代初投入使用的飞机订票系统 SABRE-I，由一台计算机和全美范围内 2000 多个远程终端(仅包括显示器、键盘，没有 CPU、内存和硬盘)组成，为了提高通信线路的利用率并减轻主机的负担，使用了多点通信线路、终端集中器，以及前端处理机等现代通信技术，这些技术为以后计算机网络的发展奠定了理论和技术基础。

早期的计算机通信网络实际上是一种以单个计算机为中心的远程联机系统,实现多个地理位置不同、不具备自主处理能力的远程终端与中心计算机之间的数据通信,严格来讲,这并不是真正的计算机之间的互联网络,只是计算机网络的雏形,一般称之为第一代计算机网络。

(2) 以资源共享为目的的第二代计算机网络

第一代计算机网络只能在终端和计算机之间进行通信,不同的计算机之间无法通信。20世纪60年代中期,出现了大型计算机,同时也出现了多台计算机相互连接以实现对大型计算机资源远程共享的需求,以分组交换为特征的网络技术的发展则为这种需求提供了实现的手段,于是以资源共享为目的的第二代计算机网络产生了。

这个阶段的典型代表是1969年由美国国防部高级研究计划局主持研究建立的ARPAnet实验网。ARPAnet实验网采用了分组交换技术、分布式资源共享及两级子网的概念。所谓两级子网,是从逻辑上把计算机网络分成通信子网和资源子网两大部分。通信子网由网络节点(又称通信处理机)和通信链路组成,负责完成网络数据传输、转发等通信处理任务;资源子网由主机、终端控制器和终端设备组成,负责运行用户程序,向用户提供网络资源和网络服务。ARPAnet实验网提出的这些技术和概念沿用至今,对计算机网络的发展产生了广泛而深刻的影响。

(3) 基于OSI标准化体系结构的第三代计算机网络

进入20世纪70年代,计算机网络技术、方法和理论的研究日趋成熟,网络应用越来越广泛,为了促进网络产品的开发,各大计算机公司纷纷制定自己的网络技术标准,如IBM公司于1974年公布的SNA(System Network Architecture,系统网络体系结构),DEC公司于1975年公布的DNA(Distributed Internetwork Architecture,分布式网络体系结构)等。这些网络技术标准都只在本公司范围内有效,从而造成不同公司生产的计算机及网络产品很难实现互联,这给用户的使用带来极大的不便,同时也制约了计算机网络的发展。

1977年,国际标准化组织(ISO)开始着手制定开放系统互联参考模型(简称OSI模型)。作为一个能使各种计算机在世界范围内进行互联的国际标准框架,OSI模型把网络划分为七个层次,简化了网络通信原理,规定了可以互联的计算机系统之间的通信协议,为今后网络体系和网络协议的开发提供了依据。此时的计算机网络在共同遵循OSI标准的基础上,形成具有统一网络体系结构,并遵循国际标准的开放式和标准化的网络,这标志着第三代计算机网络的诞生。

(4) 以Internet为核心的第四代计算机网络

如何将世界范围内不计其数的局域网、广域网连接起来,从而达到扩大网络规模和实现更大范围的资源共享的目的？Internet的出现解决了这一问题。Internet也被称为"国际互联网"或"因特网",是由遍布于全球的不同类型的局域网和广域网通过TCP/IP协议互联而成的一个世界范围的信息资源网络。20世纪90年代以来,随着国家信息基础设施和全球信息基础设施等信息高速公路计划的推动实施,Internet呈现出爆炸式的高速发展,并在很短的时间内演变成现今覆盖全球的国际互联网。如今,Internet已发展成一个现代化国家离不开的、极为重要的基础设施,尤其在当今全球化经济发展的进程中已成为不可缺少的信息基础设施,对推动世界科学、文化、经济和社会的发展起着不可估量的作用。目前,网络的发展正处在以Internet为核心的第四代计算机网络时代,高速互联、智能、更广泛的应用服务已成为这一阶段网络的特点。

随着 Internet 的迅猛发展和全球信息高速公路的建设，Internet 在中国取得了令世人瞩目的成就，中国互联网络信息中心发布的《中国互联网络发展状况统计报告》显示，截至 2013 年 6 月底，我国的网民规模达到 10.79 亿人，互联网普及率达 76.4%。回顾 Internet 在中国的发展，大致可以分为三个阶段。

第一阶段(1987—1993 年)是与 Internet 的 E-mail 连通阶段，1987 年 9 月 20 日钱天白教授发出的 E-mail 标志着我国开始进入 Internet。第二阶段(1994—1995 年)是教育科研网阶段，1994 年 4 月，教育科研示范性网络 NCFCnet 开通了一条 64Kb/s 的国际 Internet 线路，成为中国第一个正式与 Internet 实现全面互联的大型网络。第三阶段(1995 年至今)是商业应用网络阶段，中国四大主干网络的建成标志着中国已经全方位进入 Internet。虽然随着时代的变迁，中国的 Internet 主干网络也在不断推陈出新，但里程碑式的四大主干网仍值得铭记。四大主干网是：中国公用计算机互联网(ChinaNET)、中国教育和科研计算机网(CERNET)、中国科技网(CSTNET)、国家公用经济信息通信网络(ChinaGBN)。

4. 计算机网络的发展趋势

随着网络规模的日益扩大、网络技术的推陈出新和网络应用服务的不断增加，计算机网络正在朝着 IP 技术+光网络的方向发展。从服务层面上看，IP 协议将成为各种网络业务的共同语言，通信网络、计算机网络和有线电视网络将通过 IP 技术三网合一；从传送层面上看，计算机网络将是一个全光网络，信息流在网络中的传输及交换始终以光通信的形式实现；从接入层面上看，计算机网络将是一个有线和无线的多元化世界。

(1) 三网融合

三网融合是指电信网、广播电视网、互联网在向宽带通信网、数字电视网、下一代互联网演进过程中，三大网络通过技术改造，其技术功能趋于一致，业务范围趋于相同，网络互联互通、资源共享，能为用户提供语音、数据和广播电视等多种服务。三网融合并不意味着三大网络的物理合一，而主要是指高层业务应用的融合。三网融合应用广泛，遍及智能交通、环境保护、政府工作、公共安全、平安家居等多个领域。三者之间相互交叉，形成你中有我、我中有你的格局。

(2) 光通信技术

随着光器件、各种光复用技术和光网络协议的发展，光传输系统的容量已从 Mb/s 级发展到 Tb/s 级，提高了近 10 万倍。光通信技术的发展主要有两个大的方向：一是主干传输向高速率、大容量的光传送网发展，最终实现全光网络；二是接入向低成本、综合接入、宽带化光纤接入网发展，最终实现光纤到家庭、光纤到桌面。全光网络是指光信息流在网络中的传输及交换始终以光的形式实现，不再需要经过光/电、电/光转换，即信息从源节点到目的节点的传输过程中始终在光域内。

(3) IPv6 协议

TCP/IP 协议是互联网的基石之一。目前广泛使用的 IP 协议的版本为 IPv4，其地址位数为 32 位，即理论上约有 40 亿(2^{32})个地址。随着互联网应用的日益广泛和网络技术的不断发展，IPv4 的问题逐渐显露出来，主要有地址资源枯竭、路由表急剧膨胀、对网络安全和多媒体应用的支持不够等。IPv6 作为下一代的 IP 协议，采用 128 位地址长度，即理论上约有 2^{128} 个地址，几乎可以不受限制地提供地址。IPv6 除一劳永逸地解决了地址短缺问题外，还同时解决了 IPv4 中端到端 IP 连接、服务质量、安全性等缺陷。目前，很多网络设备都已经支持 IPv6，我们正在逐步走进 IPv6 的时代。

(4) 宽带接入技术与移动通信技术

光纤到户的宽带接入技术和更高速的 4G、5G，甚至 6G 宽带移动通信系统技术的应用，使得不同的网络间无缝连接，为用户提供满意的服务。同时，网络可以自行组织，终端可以重新配置和随身携带，它们带来的宽带多媒体业务也逐渐步入我们的生活。

(5) 更多智能化的应用

随着各种感知技术在互联网上的广泛应用，物联网技术飞速发展，网络能够为我们提供更多、更智能、更易管控的应用。

6.1.2 计算机网络的分类

计算机网络依据不同的划分标准有不同的分类，这些分类方法都只能反映网络某一方面的特征，如使用范围、拓扑结构、覆盖范围等。下面分别介绍几种常见的计算机网络分类。

1. 按覆盖地理范围分类

按照网络覆盖的地理范围的大小，可以将网络分为局域网、广域网和城域网，这也是计算机网络最常用的分类方法。

(1) 局域网(Local Area Network，LAN)

局域网是将较小的地理范围内(通常是 10 千米之内)的计算机连接在一起进行高速数据通信的计算机网络。例如，一个办公室、一栋楼、一个楼群、一个企业或学校内部的网络多为局域网。局域网配置容易，传输速率高。目前主流的局域网技术是百兆以太网(Ethernet)，速率为 100Mb/s，在一些对传输速率要求较高的应用场合，千兆网、万兆网也已经被普遍采用。

(2) 广域网(Wide Area Network，WAN)

广域网在物理空间上跨越很大，覆盖范围约在几百千米至几千千米，往往是跨省、跨国甚至跨洲际通过若干局域网进行互联，实现更广范围的资源共享。例如，中国教育和科研计算机网就是一个把各地教育机构局域网、各高校校园网互联构建而成的广域网。由于广域网用户众多，远距离数据传输的带宽则十分有限，因此从用户的角度看，广域网的数据传输速率比局域网要慢得多。

(3) 城域网(Metropolitan Area Network，MAN)

城域网的覆盖范围介于局域网和广域网之间，通常为几十千米至上百千米，覆盖整个城市。城域网往往由所在城市的电信企业组建，作为一种公用设施将城市内不同地点的多个局域网连接起来实现资源共享。从技术上看，为了达到局域网间的高速通信，城域网普遍使用诸如万兆以太网等与局域网相似的技术，同时为了使覆盖范围扩大，也采用了一些广域网技术，城域网可以看作是广域网和局域网之间的桥接区。

2. 按网络拓扑结构分类

网络拓扑结构是指网络中各台计算机和网络设备的分布形式和相互连接的方式，它代表网络的物理布局。常见的网络拓扑结构有：星形结构、总线形结构、环形结构、树形结构、网状结构，与之对应的，网络可以根据所采用的网络拓扑结构的不同分为以下几类。

(1) 星形网

星形网的拓扑结构如图 6.1 所示。这种结构中的每个端节点都用单独的线路连接到中心节点，各个端节点之间的通信必须通过中心节点的存储转发技术实现。这种结构的优点是：

网络结构简单、建网容易且便于集中管理和故障诊断，增加、删除节点容易，不会因为某个端节点发生故障而导致整个网络不能正常工作。缺点是：网络的可靠性差，完全依赖中心节点，对中心节点的性能和可靠性要求高，若中心节点出现故障，则会导致全网瘫痪。在实际应用中，中心节点采用交换机等专用网络设备来实现，传输速度快，故障率极低。星形网是局域网中应用最广、实用性最强的一种连接形式。

(2) 总线形网

总线形网的拓扑结构如图 6.2 所示。这种结构采用一条单根的通信线路（总线）作为公共的传输通道，所有节点都通过相应的硬件接口直接连接到总线上，并通过总线使用广播式传输技术进行数据传输，同一时刻只允许一个节点发送数据。这种结构的优点是：网络结构简单，不需要专用的网络连接设备，使用线缆少，成本低。缺点是：广播式传输使每个节点都能监听所有网络信息，信息安全性差，且易造成网络拥塞，使得网络规模受限，故障不易诊断和隔离。总线形网仅在早期网络和小型低成本网络中使用，如同轴电缆以太网。

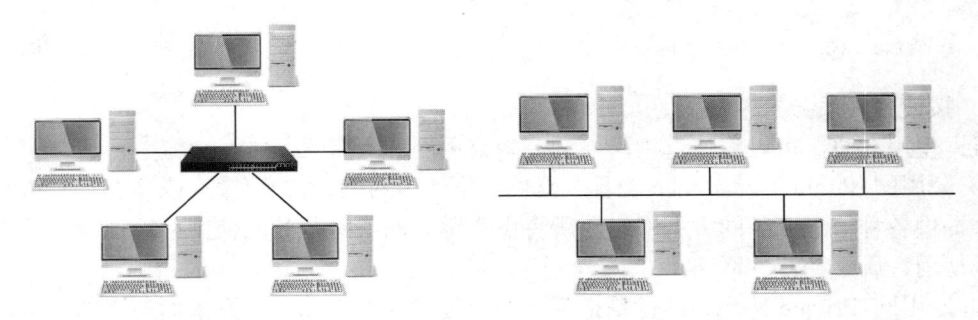

图 6.1　星形网的拓扑结构　　　　图 6.2　总线形网的拓扑结构

(3) 环形网

环形网的拓扑结构如图 6.3 所示。在这种结构中，各节点通过环接口连在一条首尾相接的闭合环形通信线路中，数据在环中单向传送，每个节点只能与它相邻的节点直接通信。如果要与网络中的其他节点通信，数据需要依次经过两个通信节点之间的每个节点。这种结构的优点是：网络路径选择和网络管理机制简单，通信设备和线路较为节省。缺点是：传输速率和效率低，可靠性差，任何线路或节点的故障都有可能引起全网瘫痪，且故障诊断困难。

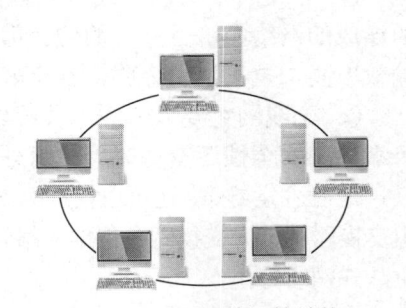

图 6.3　环形网的拓扑结构

(4) 树形网

树形网的拓扑结构如图 6.4 所示。树形结构是从星形结构扩展而来的，是一种多级星形结构，在树形结构的顶端有一个根节点，其下带有分支，每个分支还可以再带子分支，各个节点按一定的层次连接起来，形状像一棵倒置的树。这种结构的优点、缺点与星形结构极为相似，便于扩展和管理，但对根节点和各分支节点可靠性要求高。目前层次化架构的大中型局域网几乎都采用树形结构。

(5) 网状结构网

网状结构网的拓扑结构如图 6.5 所示。在这种结构中，各网络节点与通信线路连接成一个不规则的"网",任意两个节点之间至少有两条链路,这就相当于起到了均衡和冗余的双重作用,一条线路故障就走另外一条,某个节点故障不会影响整个网络的正常工作。这种结构的优点是:网络可靠性高,路径选择灵活,提高了网络性能。缺点是:结构复杂,不易管理和维护,建网成本高。广域网通常采用网状结构。

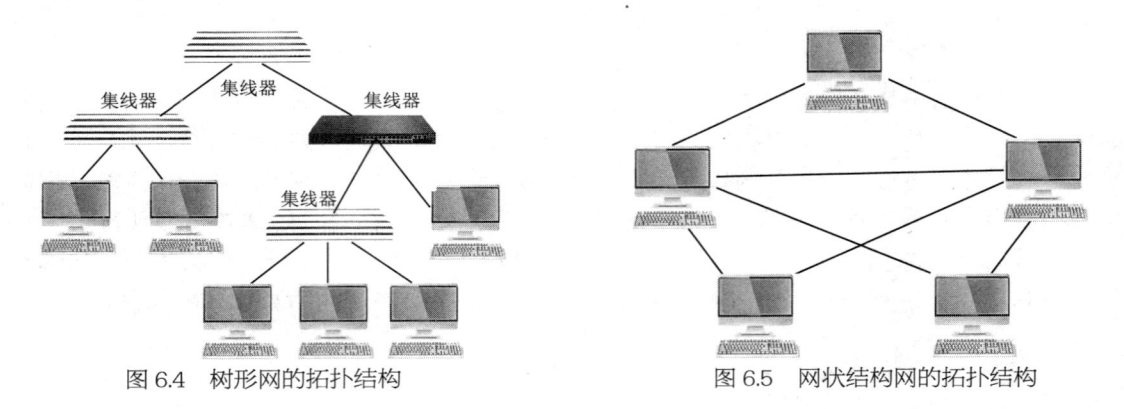

图 6.4 树形网的拓扑结构　　　　　图 6.5 网状结构网的拓扑结构

3. 按使用性质分类

根据使用性质,可以将计算机网络划分为公用网和专用网两类。

① 公用网(Public Network):也称公众网,是指由网络运营商(国有或私有)出资建造的,为公众提供各种信息服务的大型网络。所有愿意遵守网络运营商的使用、管理规定的人都可以付费使用,属于经营性网络。

② 专用网(Private Network):是指某个单位为自身的特殊业务需求而建造的网络,这种网络仅为本单位业务提供服务,不向本单位以外的人开放。例如,军队、铁路、金融、电力等系统均有自己的专用网。

4. 按传输介质分类

计算机网络按传输介质的不同,可以分为有线网和无线网。

① 有线网采用双绞线、同轴电缆、光纤或电话线作为传输介质。采用双绞线和同轴电缆连成的网络经济且安装简便,但传输距离相对较短。以光纤为介质的网络传输距离远,传输效率高,抗干扰能力强,安全好用,但成本稍高。

② 无线网主要以无线电波或红外线为传输介质,组网方式灵活方便,但组网费用稍高,可靠性和安全性还有待完善。另外,还有卫星数据通信网,通过卫星进行数据通信。

除上述分类外,还可以根据网络的交换方式将计算机网络分为电路交换网、报文交换网、分组交换网和信元交换网;根据网络管理模式将计算机网络分为对等式网络、专用服务器式网络、主从式网络等。

6.1.3　计算机网络的协议与体系结构

1. 网络协议

(1) 网络协议的概念

为了使计算机网络中的众多不同功能、不同配置及不同使用方式的设备能够有条不紊地交换数据、共享资源,需要事先约定一些通信双方共同遵守的规则,即网络协议。网络协议规定了网络中每台设备所发送的每条信息的格式和意义,每台设备在何种情况下应该发送何种信息,以及设备在接收到信息时应作出的应答等。具体来说,网络协议由以下 3 个要素组成。

① 语法:即数据与控制信息的结构或格式。语法表示要怎么做。
② 语义:即需要发出何种控制信息、完成何种动作及做出的应答。语义表示要做什么。
③ 时序:指事件发生的时序关系。时序表示做的顺序。

(2) 网络协议的层次式结构

由于计算机网络是一个十分复杂而庞大的系统,涉及不同的计算机、软件、操作系统、传输介质等,要相互通信所需要的网络协议是非常复杂的。在工程设计中,对这种复杂系统的常规处理方法就是把很多相关的功能分解开来,将一个复杂系统划分为若干个容易处理的子系统,这就是网络协议的层次式结构。层次式结构的好处在于使各层网络协议功能相对简单且独立,每一层都是利用下层提供的服务完成本层的功能,从而为上层提供服务,且服务细节对上层屏蔽,完成本层功能的协议可以独立设计和实现,具有很大的灵活性,更易于交流、理解和标准化。

我们可以通过一个生活中的例子来说明层次式结构的优势,如图 6.6 所示是中日两家公司进行商务交流活动的示意图。经理层、秘书层、报务员层的功能都相对简单且独立,每一层并不需要关心其他层的工作细节。例如,秘书层只要能够实现英文翻译功能,就可以利用下一层的报务员送来的英文电报为上一层的经理层提供服务,至于报务员层是如何收发电报的,以及经理层是如何进行商业决策的,都与秘书层无关。

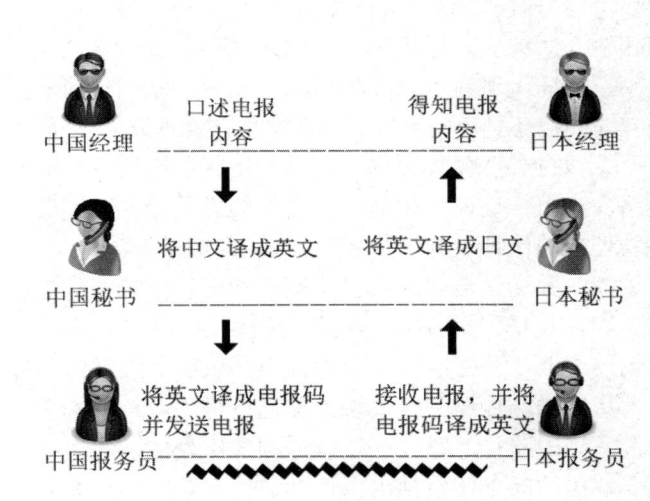

图 6.6 层次式结构实例

2. 网络体系结构

计算机网络的层次及各层协议的集合,被称为网络体系结构或参考模型。常见的两种网络体系结构为:作为国际标准的 OSI 体系结构和作为业界标准的 TCP/IP 体系结构。

(1) OSI 体系结构

为了使不同网络体系结构的异种网络能够互联,1977 年,国际标准化组织着手制定了一个国际范围的网络体系结构标准,并于 1984 年 10 月正式发布了作为网络体系结构国际标准的开放系统互联参考模型(Open System Interconnection,OSI)。OSI 体系结构是开放的,无论参与互联的网络系统的差异有多大,只要它们都遵循 OSI 标准,便可有效地进行通信,从而解决了异种计算机、异种操作系统、异种网络间的通信问题。

OSI 体系结构在逻辑上将整个网络的功能划分为七个层次,由低到高分别为物理层、数据链路层、网络层、传输层、会话层、表示层和应用层,如图 6.7 所示。其中最低两层解决网络信道问题,第三、四层解决传输服务问题,第五、六、七层处理应用进程的访问,解决应用进程通信问题。下面简要说明这七层的主要功能。

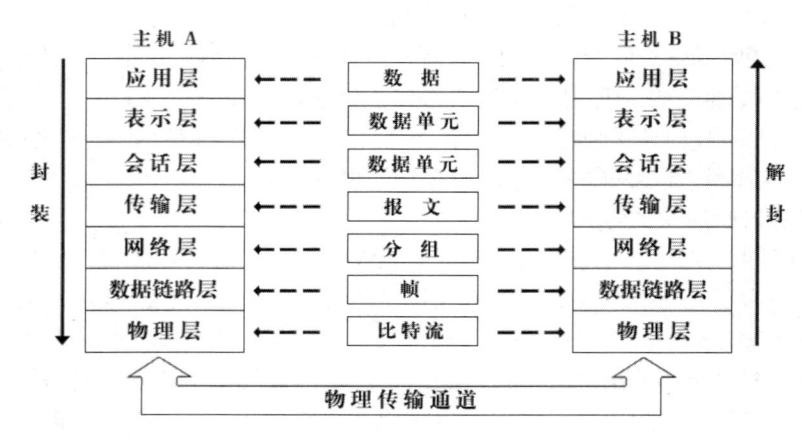

```
           主机 A                              主机 B
        ┌─────────┐                       ┌─────────┐
        │ 应用层  │ ←── 数据 ──→          │ 应用层  │
        │ 表示层  │ ←── 数据单元 ──→      │ 表示层  │
   封   │ 会话层  │ ←── 数据单元 ──→      │ 会话层  │   解
   装   │ 传输层  │ ←── 报 文 ──→         │ 传输层  │   封
        │ 网络层  │ ←── 分 组 ──→         │ 网络层  │
        │数据链路层│ ←── 帧 ──→           │数据链路层│
        │ 物理层  │ ←── 比特流 ──→        │ 物理层  │
        └────┬────┘                       └────┬────┘
             └─────── 物理传输通道 ───────────┘
```

图 6.7　OSI 体系结构

① 物理层。物理层是 OSI 体系结构的最底层，它向下直接与传输介质相连接，利用物理传输介质为上一层提供一个物理连接。物理层的主要功能是对传输介质、调制技术、传输速率、接插头等具体的特性加以说明。例如，什么信号代表"1"，什么信号代表"0"；传输是双向的，还是单向的等，从而实现在物理介质上传输原始的二进制数据，即比特流。

② 数据链路层。数据链路层利用物理层所建立起来的物理连接形成相邻节点之间的数据链路，为上一层提供相邻节点之间的无差错的数据传输服务。这一层以帧为单位传送数据，将物理层的比特流封装成帧（包含目的地址、源地址、数据段及其他控制信息），然后按顺序传输帧，并通过接收端的校验检查和应答保证可靠地传输。

③ 网络层。网络层主要负责提供连接和路由选择。在网络层中交换的数据单位称为分组或包，数据在网络层被转换为分组，然后通过路由选择、流量、差错、顺序、进/出路由等控制，从发送端传送到接收端。传送过程中要解决的关键问题是通过执行路由算法，为分组选择最适当的路径，路径既可以是固定不变的，也可以是根据网络的负载情况动态变化的。其他要解决的问题还包括阻塞控制、信息包顺序控制和网络记账等功能。

④ 传输层。传输层的作用是为上层提供端到端的可靠和透明的数据传输服务，主要负责确保数据可靠、顺序、无差错地从发送端传输到接收端。如果没有传输层，数据将不能被接收端验证或解释，所以，传输层常被认为是 OSI 体系结构中最重要的一层。传输层还执行端到端差错检测和恢复、顺序控制和流量控制功能。传输层传送的数据单位是报文。

⑤ 会话层。应用进程间的一次连接称为一次会话。例如，一位用户通过网络登录到一台主机，或一个正在用于传输文件的连接等都是会话。会话层负责控制发送端和接收端究竟什么时间可以发送与接收数据，为不同用户建立、识别、拆除会话关系，并对会话进行有效管理。例如，当许多用户同时收发信息时，会话层主要控制、决定何时发送或接收信息才不会有"碰撞"发生；当一段信息传错了，会话层使用校验点可使会话从校验点继续恢复通信，而不必重传数据。

⑥ 表示层。表示层以下各层只关心如何可靠地传输数据，而表示层关心的是所传输数据的语法表示问题。其主要功能是完成数据转换、数据压缩和恢复、加密和解密等服务，使双方均能识别对方数据的含义。例如，ASCII 码和 Unicode 码之间的转换、不同格式文件的转换、文本压缩、数据加密等。

⑦ 应用层。应用层是 OSI 体系结构的最高层，也是用户访问网络的接口层。应用层负责为网络操作系统或网络应用程序提供访问网络服务的接口，监督并管理相互连接起来的应用系统及所使用的应用资源，为用户提供各种网络服务，如电子邮件、文件传输、远程登录等。

以上所述的各层的最主要功能可以归纳如下：

应用层：与用户应用进程的接口，即相当于"做什么"。
表示层：数据格式的转换，即相当于"对方看起来像什么"。
会话层：会话的管理与数据传输的同步，即相当于"轮到谁讲话和从何处讲"。
传输层：从端到端经网络透明地传送报文，即相当于"对方在何处"。
网络层：分组交换和路由选择，即相当于"走哪条路可到达该处"。
数据链路层：在链路上无差错地传送帧，即相当于"每一步该怎么走"。
物理层：将比特流送到物理传输介质上传送，即相当于"对上一层的每一步我们怎样利用物理传输介质"。

(2) TCP/IP 体系结构

OSI 所定义的网络体系结构虽然在理论方面比较完整，概念清晰，但由于其实现起来过分复杂，而且制定周期较长，导致其实用性较差，不能被市场所认可，只被视为一种用来理解网络体系结构的理论性成果，无法进入商业化领域。生产厂商们公认和使用的业界标准则是相对简单的 TCP/IP 体系结构。

TCP/IP 是 Transmission Control Protocol/Internet Protocol（传输控制协议／互联网协议）的缩写，是罗伯特·卡恩和文顿·瑟夫为 Internet 的前身 ARPAnet 实验网所开发设计的网络体系结构和协议，Internet 上的计算机均需采用 TCP/IP 协议。TCP/IP 体系结构随着 Internet 的流行而获得广泛的支持和应用，在市场化方面获得成功，TCP/IP 体系结构已成为目前事实上的国际标准和业界标准。

TCP/IP 体系结构是一个四层的体系结构，自下而上依次是：网络接口层、网际层、传输层和应用层。TCP/IP 体系结构与 OSI 体系结构的层次对应关系如图 6.8 所示。

TCP/IP 体系结构的网络接口层与 OSI 体系结构的物理层和数据链路层相当，但实际上 TCP/IP 体系结构在这一层并没有实质性内容，而是允许参与互联的各网络使用自己的物理层和数据链路层协议，如 PPP 协议、SLIP 协议等。TCP/IP 体系结构的网际层与 OSI 体系结构的网络层相当，网际层协议有 IP 协议（网际协议）、ICMP 协议（网际控制报文协议）、IGMP 协议（网际组报文协议）、ARP 协议（地址解析协议）等。TCP/IP 体系结构的传输层与 OSI 体系结构的传输层相当，传输层协议有 TCP 协议（传输控制协议）和 UDP 协议（用户数据报协议）。TCP/IP 体系结构的应用层相当于 OSI 体系结构的高三层：会话层、表示层和应用层，提供了各种应用程序使用的协议，常见的应用层协议有 HTTP 协议（超文本传输协议）、FTP 协议（文件传输

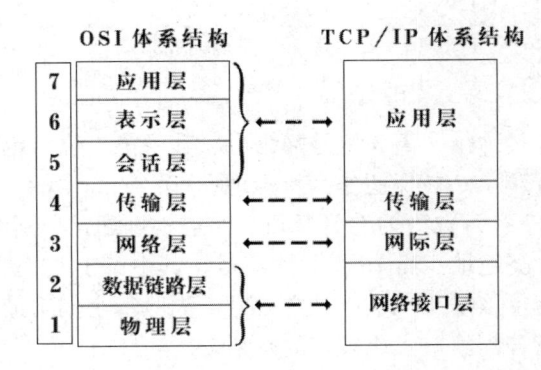

图 6.8 TCP/IP 体系结构与 OSI 体系结构层次对应关系

协议)、Telnet 协议(网络终端协议)、DNS 协议(域名解析协议)、SMTP 协议(简单邮件传输协议)、RIP 协议(路由信息协议)、SNMP 协议(简单网络管理协议)等。

6.1.4 IP 地址及域名系统

1. IP 地址

为了使接入 Internet 的众多计算机在通信时能够相互识别，Internet 中的每一台计算机都被赋予一个唯一的标识，即 IP 地址。

如同唯一标识电话网中每台电话机的电话号码一样，IP 地址采用一组 32 位的二进制数来表示，理论上能够提供 2^{32} 个地址。由于 32 位的二进制数字难以书写和记忆，实际使用时把 IP 地址的 32 位二进制数分成四组，每一组的 8 位二进制数转换成相应的十进制数，各组之间用一个圆点符号"."分隔开，这种表示 IP 地址的方法被称为点分十进制表示法。例如，某计算机的 IP 地址"11001010.01111000.11100000.00000101"可以写为"202.120.224.5"。

电话网中的每个电话号码都是由电话区号和本区内电话号码两部分组成的，与此类似，每个 IP 地址也都是由网络号和主机号两部分组成的，网络号由 Internet 管理机构统一分配，主机号则由具体网络的网络管理员自行分配。

Internet 是由若干个不同规模的网络连接而成的，每个网络所含的计算机数目各不相同。为了便于对 IP 地址进行管理，充分利用 IP 地址以适应不同规模的网络，IP 地址根据网络号和主机号所占位数的不同进行了分类，共分为五类，即 A 类、B 类、C 类、D 类和 E 类，如表 6.1 所示。

表 6.1 IP 地址的分类

类型					IP 地址		
A 类	0			网络号(7 位)	主机号(24 位)		
B 类	1	0		网络号(14 位)	主机号(16 位)		
C 类	1	1	0	网络号(21 位)			主机号(8 位)
D 类	1	1	1	0	多播地址(28)		
E 类	1	1	1	1	保留(28)		

A 类地址：高 8 位是网络号，其中第 1 位固定为 0，因此全球只有 126(即 2^7-2，减 2 是因为 0 和 127 被保留作为特殊地址)个 A 类网络；低 24 位是主机号，因此每个网络最多可容纳 1677 多万($2^{24}-2$)台计算机。A 类地址通常分配给大型公司和 Internet 主干网。

B 类地址：高 16 位是网络号，其中第 1、2 位固定为 1、0，因此全球允许有 16384(2^{14})个 B 类网络；低 16 位是主机号，因此每个网络最多可容纳 65534($2^{16}-2$)台计算机。B 类地址通常分配给节点比较多的网络。

C 类地址：高 24 位是网络号，其中第 1、2、3 位固定为 1、1、0，允许有 209 多万(2^{21})个网络；低 8 位是主机号，因此每个网络最多可容纳 254(2^8-2)台计算机。C 类地址通常分配给节点比较少的网络，如校园网。一些地址申请较早的校园网可以拥有多个 C 类网络号。

D 类地址：高 4 位为 1110，用于多址广播(组播)。目前使用的视频会议等应用系统都采用了组播技术进行传输。

E 类地址：高 4 位为 1111，是实验性地址，保留未用。

2. 子网和子网掩码

按照 IP 地址分成网络号和主机号的设计本意来讲，一个单位申请 IP 地址段的最小单位应该是一个 C 类网络号(即 254 个 IP 地址)，但随着 IP 地址资源的紧缺，往往一个 C 类网络地址段被分配给多个单位，为了区分各单位的网络，引入了子网和子网掩码的概念。IP 地址的主机号部分可以根据子网掩码被再次分为子网号和真正主机号两部分，子网号和网络号合在一起表示实际获得的网络号，这样一个网络可以被划分为若干子网。

子网掩码是一个网络管理员指定的 32 位的二进制数码，IP 地址与子网掩码按位做逻辑与运算后，所得出的值中的非 0 的部分才是实际的网络号，从而获得一个范围较小的、实际的网络地址。

例如，一个 C 类网络，如果将子网掩码设为 255.255.255.0(即 11111111.11111111.11111111.00000000)，经过逻辑与运算后，实际获得的网络号仍是 24 位，表明这个 C 类网络中没有划分任何子网，是一个单一的物理网络；如果将子网掩码设为 255.255.255.128(即 11111111.11111111.11111111.10000000)，可见实际获得的网络号增加了一位子网号，这个增加的子网号能够把 C 类网络划分为 2 个子网，每个子网中的真正主机号只有 7 位，表示子网中最多容纳 126 台计算机；如果这个 C 类网络希望划分成 4 个子网，则子网掩码应设为 255.255.255.192(即 11111111.11111111.11111111.11000000)。

3. 域名和 DNS

数字形式的 IP 地址记忆起来十分困难，为了方便用户使用，出现了以有意义的名称来标记 Internet 地址的方式，称为域名地址，简称域名。通过 DNS(Domain Name System，域名系统)可以将域名翻译成 IP 地址，实现网络寻址，翻译的过程称为域名解析。

域名由几个子域名组成，每个子域名均是一个具有明确意义的字符代码，从右到左分别表示所在国家或地区、所在组织的类别、组织名称和主机名称，一般格式为："主机名.组织名称.组织类别代码.国家或地区代码"。如果某个组织不需要特别申明所在国家或地区，可以申请没有国家或地区代码子域名的国际域名。

域名地址最右边的子域名称为顶级域名，顶级域名大体可分为两类：组织类别顶级域名和地理顶级域名，常用的顶级域名如表 6.2 所示。

表 6.2 常用的顶级域名对照表

组织类别顶级域名		地理顶级域名			
域名	组织类别	域名	国家或地区	域名	国家或地区
edu	教育机构	cn	中国	it	意大利
com	商业机构	de	德国	jp	日本
gov	政府机构	dk	丹麦	sg	新加坡
int	国际性组织	eg	埃及	uk	英国
net	网络管理机构	fr	法国	us	美国
org	其他机构	nl	荷兰	au	澳大利亚

运行域名系统并提供域名解析服务的计算机称为 DNS 服务器，Internet 中存在着成千上万台彼此互联的 DNS 服务器，每台 DNS 服务器上都存有记录着大量域名与 IP 地址映射关系的数据库。例如，用户要访问电子工业出版社的 Web 服务器，当用户在客户端输入域名地址 www.phei.com.cn 后，客户端首先向本地 DNS 服务器查询 www.phei.com.cn 对应的 IP 地址，如果本地 DNS 服务器在域名解析数据库中找到了 www.phei.com.cn 所对应的 IP 地

址，则将该 IP 地址发送给发出查询请求的客户端；如果没找到，则本地 DNS 服务器会向上级 DNS 服务器查询。客户端得到电子工业出版社 Web 服务器的 IP 地址后，便可以通过 Internet 访问了。

6.2 网络连接

6.2.1 计算机网络的组成

网络根据网络规模、网络结构、应用范围及采用的技术不同而不尽相同，但无论网络的复杂程度如何，从系统组成上来说，一个计算机网络是由网络硬件和网络软件这两大部分共同组成的。网络硬件提供的是数据处理、数据传输和建立传输通道的物质基础，而网络软件则控制数据通信，对网络资源进行管理、调度和分配，提供各种网络服务。没有网络软件的支撑，网络硬件只是一堆摆设，网络软件所实现的各种网络功能需要依赖网络硬件去完成，二者缺一不可，共同组成一个有机整体。

1. 网络硬件

网络硬件包括计算机系统、网络连接设备和传输介质。

（1）计算机系统

计算机系统是计算机网络中的主体设备，是被连接的对象。构建网络的目的就是将各个功能独立的计算机系统互相连接，以实现数据通信和资源共享。用于网络连接的计算机可以是巨型机、大型机，也可以是个人计算机、笔记本电脑，根据在网络中所担当的角色不同，网络中的计算机可分为服务器和客户机两类。

服务器也被称为中心站，是网络的核心设备，是网络中的"服务提供者"，它提供网络通信服务和网络管理功能，并提供各种网络资源，用户通过网络向服务器提出各种各样的网络服务请求，服务器响应并处理这些请求，从而实现网络功能。服务器的性能决定了所提供网络服务的能力，因此多由配置较高的计算机担当。

客户机也被称为工作站，是用户与网络之间的接口，是网络服务的"享用者"。用户通过操作客户机接入网络并向服务器提出服务请求，获取网络资源。客户机只是一个接入网络的设备，它的接入和离开对网络系统不会产生影响，因此配置不需要很高，多采用普通的个人计算机。

（2）网络连接设备

在计算机网络中，除了计算机，还有大量的用于计算机之间、网络与网络之间的连接设备，这些设备称为网络连接设备。常见的网络连接设备有网卡、调制解调器、中继器、集线器、交换机、网桥和路由器等。这些网络连接设备负责控制数据的发出、传送、接收或转发，包括信号转换、路径选择、编码与解码、差错校验、通信控制管理等，是连接计算机系统的桥梁。

(3)传输介质

传输介质是指网络中相邻计算机或网络连接设备之间的物理路径,是传输数据的物理载体。传输介质分为有线和无线两大类。有线传输介质有双绞线、同轴电缆和光纤,前两者通过铜导线传递电信号;后者则通过极细的石英光导纤维传递光信号,高速稳定。无线传输是通过自由空间传播电磁波信号,不受地理条件的约束,部署灵活,按照信号频谱和传输技术的不同,无线传输方式包括无线电频率通信、地面微波通信、卫星通信、红外线通信和激光通信等。

2. 网络软件

根据软件的功能,网络软件可分为网络系统软件和网络应用软件两大类。

(1)网络系统软件

网络系统软件是控制数据通信、对网络资源进行管理、调度和分配的网络软件,它包括网络操作系统、网络协议软件和网络管理软件等。网络操作系统是网络系统软件的核心,也是整个网络软件系统的基础。网络操作系统是指能够提供基本网络连接、网络协议安装,以及实现基本网络服务的计算机操作系统,使用户能有效地利用计算机网络的功能和资源。网络协议软件是指包含网络通信双方必须共同遵守的网络协议的软件包,网络操作系统通常都内置了一些典型的网络协议软件,如 TCP/IP 协议包、IPX/SPX 协议包等。服务器上运行的网络操作系统有 Unix、Linux 及 Windows 系列的服务器级版本 Windows Server 2000/2003/2008 操作系统等,客户机上运行的网络操作系统则主要是 Windows 系列的桌面级版本 Windows XP/7/8/10 操作系统,以及一些 Linux 操作系统的桌面级版本。

(2)网络应用软件

网络应用软件是指为满足用户某个网络应用需求而开发的网络软件。网络应用软件为用户提供访问网络的方法、网络服务、资源共享和信息传输。运行在服务器上对外提供网络服务的网络应用软件被称为服务器端软件。例如,WWW 服务器上的 IIS 或 Apache、FTP 服务器上的 Serv-U 等,这一类软件通常由服务器管理人员负责管理和维护。普通网络用户不需要关心服务器端软件,只要学会使用运行在客户机上用来获取网络服务的客户端软件即可。例如,用来获取 WWW 服务的各类浏览器,用来收发电子邮件的 Outlook Express、Foxmail,用来即时聊天的 QQ、微信,等等。

6.2.2 传输介质

1. 传输介质的性能指标

不同的道路状况会影响车辆的行驶性能,与此类似,作为数据传输物理载体的传输介质也会对网络传输性能产生重要影响。不同种类的传输介质由于其自身物理特性、传输特性等的差异,在性能上都有各自的优势和缺陷,在实际应用中,需要根据具体的通信要求,合理地选择各种传输介质。传输介质的性能指标主要包括以下内容。

① 传输距离:能够保证数据正常通信的最大距离。
② 抗干扰性:屏蔽外部噪声干扰的能力。
③ 衰减性:信号在传输过程中会逐渐减弱。衰减性与传输距离关系密切,衰减性越低,传输距离就越远。

④ 性价比：指性能值与价格值之比，是网络性能与投入成本的量化方式，对于控制网络建设成本有重要意义。

⑤ 带宽：指传输信道的宽度，也就是可传送信号的最高频率与最低频率之差，带宽的单位是 Hz（赫兹）。作为网络用户，最感兴趣的是数据在某种传输介质中所能达到的最大传输速率，传输速率的单位是 b/s（位/秒）。带宽可比作道路上行车道的数量，数据最大传输速率可比作理想状态下（不堵车、最高车速）每小时车辆的通过数量。随着技术的发展，未来有可能还会出现"更高车速"的编码技术，从而使得数据最大传输速率也相应提高，因此，传输速率并不能准确地描述传输介质的性能，而传输介质的带宽则是物理受限的，所以带宽成为评价传输性能的一个重要指标。由于带宽和最大传输速率之间有着明确的关系，在日常使用中常不加区别视为同义词。

2. 双绞线

双绞线是局域网内最常用的一种网络传输介质，常见的双绞线由 8 根绝缘的彩色铜导线两两扭绞组成，共计 4 个线对，外围包着一层塑料保护套管，如图 6.9 所示。每个线对内的两根线都按规定好的扭矩相互缠绕，4 个线对之间也按照一定的规律相互缠绕，目的是把导线与导线、线对与线对之间的电磁干扰降至最小，同时还能抵御一部分外界电磁波干扰。双绞线有多种分类方式，

图 6.9　双绞线

按照有无金属屏蔽层可分为屏蔽双绞线（STP）和非屏蔽双绞线（UTP）；按照线径粗细及扭矩的不同可分为三类（CAT3）、五类（CAT5）、超五类（CAT5e）、六类（CAT6）和七类（CAT7）双绞线等；按照外部护套保护能力的不同可分为室内双绞线和室外双绞线；工程应用上还有一类大对数双绞线，在一根线缆中有几十个线对，便于集中施工。

双绞线传输衰减性较高，最大传输距离为 100 米；双绞线抗电磁干扰能力较差，布线时应与电线等强电系统保持一定距离；三类双绞线能支持 10Mb/s 的传输速率，五类双绞线能支持 100Mb/s 的传输速率，超五类及以上的双绞线的传输速率能达到 1000Mb/s。双绞线的突出优势是性价比高，工程造价低廉，在一般的局域网建设中被广泛采用。例如，一栋楼宇范围内的网络连接通常使用双绞线作为传输介质。

双绞线两端与计算机网卡或网络设备连接时需要使用 RJ-45 接头（俗称水晶头）。将 8 根彩色铜线排列整齐后按照一定的线序并排插入 RJ-45 接头中，然后使用专业压线钳压制，即可完成双绞线与 RJ-45 接头的连接。标准化布线系统中双绞线的线序排列应遵循两种国际标准之一，EIA/TIA 568B：白橙-1，橙-2，白绿-3，蓝-4，白蓝-5，绿-6，白棕-7，棕-8；EIA/TIA 568A：白绿-1，绿-2，白橙-3，蓝-4，白蓝-5，橙-6，白棕-7，棕-8。实际应用中一般都使用 EIA/TIA568B 线序。标准化布线除了基本的双绞线和 RJ-45 接头，还会根据实际情况使用信息模块、配线架等部件，便于线路维护和管理。例如，暗埋在楼体内部的双绞线可通过信息模块盒提供外接接口；机柜内的大量双绞线先汇集到配线架上，再通过一根根较短的跳接双绞线连接到交换机端口。

3. 光纤

光纤是光导纤维的简称，是一种极细、柔韧并能传输光信号的介质，材质以石英玻璃为主。因为光纤本身纤细脆弱，不能直接与外界接触，所以在实际使用中，一般以光缆、尾纤、

光纤跳线等形式出现。光缆中含有多根光纤及加强芯、填充物、保护层等，如图 6.10 所示，能够应用在条件严苛的室外环境，适用于光纤铺设；尾纤和跳线只是在单根光纤外部加一层较薄的保护层，保护能力较差但柔软灵活，而且带有光纤连接头，如图 6.11 所示，适用于光纤与网络设备的连接。根据光传输方式的不同，光纤可分为多模光纤和单模光纤，单模光纤在带宽、传输距离、衰减性等方面都要优于多模光纤，相应地，光缆、尾纤、光纤跳线也分成多模、单模两大类。

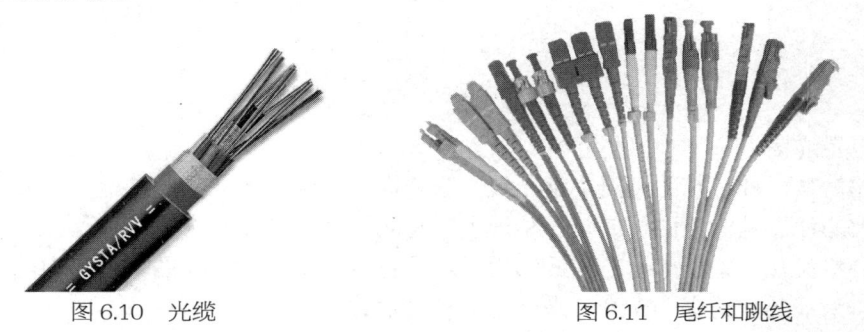

图 6.10　光缆　　　　　　　　　　　图 6.11　尾纤和跳线

光纤带宽比较宽，传输速率可达到 10Gb/s 以上的级别；传输光信号不受电磁干扰，保密性强；衰减性低，传输损耗小；传输距离远，光纤的传输距离与两端的光纤收发器本身的发射功率、接收灵敏度和使用波长有关，通常情况下单模光纤的传输距离可达 10 千米，多模光纤的传输距离可达 2 千米；性价比方面，光纤本身价格并不高，但支持光纤传输的部件如光纤模块、光纤网卡等价格昂贵，而且光纤熔接等施工工艺的技术门槛较高，造成使用光纤的综合成本较高。由于光纤的这些性能特点，光纤目前广泛用于广域网主干网传输及局域网内跨楼宇的高速、骨干网连接。随着科技的进步，塑料光纤等光纤新技术迅猛发展，全光网络已进入商用领域。

4. 同轴电缆

同轴电缆的结构类似于有线电视的铜芯电缆，由同轴的内外两个导体组成，内导体是一根位于中心轴线的铜芯，外导体是一个圆柱形的、由细金属线编成的网状套管(起到屏蔽作用)，内、外导体及外界之间分别用塑料绝缘材料隔开。同轴电缆根据其直径大小可以分为粗缆与细缆两类。

与双绞线相比，同轴电缆的屏蔽性能好，抗干扰性强，损耗小，粗缆传输距离达到 500米，细缆传输距离达到 185 米。同轴电缆使用的是 BNC 接头，适用于总线形结构的网络，主要用于早期总线形局域网的建设，传输速率低，网络稳定性和可维护性差，随着总线形网络的没落，同轴电缆已经很少使用了。

5. 无线传输
(1) 地面微波通信

微波是指频率在 300MHz～300GHz 的电磁波，地面微波通信中主要使用的是 2GHz～40GHz 频率范围的电磁波。微波的特点是在空间沿直线传播，由于地球表面是曲面，所以每隔几十千米便需要设立中继站进行信号的中继，如图 6.12 所示。微波通信对环境干扰不敏感，但受障碍物的影响大，微波收发器必须安装在建筑物的外面，最好放在建筑物顶部。微波通信的优点是带宽较高，传输距离远，抗干扰性强，建设成本低、见效快；缺点是隐蔽性和保密性差，使用成本高。常用于电缆（或光缆）铺设不便的特殊地理环境，或作为地面传输系统的备份和补充。

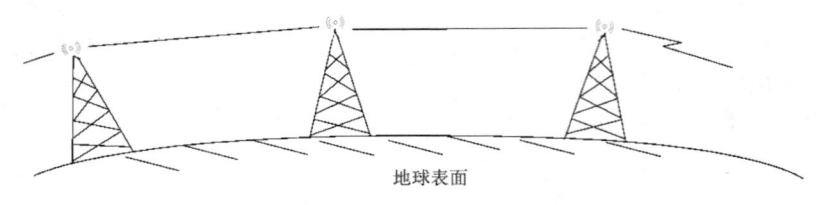

图 6.12　地面微波中继通信

(2) 卫星通信

卫星通信是一种特殊的微波中继系统，它将微波中继站放在了人造地球同步卫星上。卫星通信最大的优点是覆盖面积广，在赤道上空每隔 120°设置一个同步通信卫星，只需要三颗卫星即可覆盖几乎整个地球，因此常用于远程计算机网络，中国四大网络中的金桥网就是以卫星通信为基础，结合了光纤、微波等多种传输方式，形成天地一体的网络结构。卫星通信的缺点是传输延迟较大，因为无论地面上两站距离的远或近，都需要通过卫星来中继，天地往返间就会产生大约 0.27 秒的传输延迟，不能用于对时延要求较高的网络系统。例如，国内很多证券公司通过小型卫星通信地球站接收卫星通信广播的证券行情，而证券的交易信息则通过延迟小的有线方式（如光纤）来传输。

(3) 无线局域网 WLAN

无线局域网 WLAN（Wireless LAN）是以无线方式构成的局域网，一般用于家庭或办公区域、咖啡厅、商场等公共场所。基于 IEEE 802.11 标准的 2.4GHz/5GHz 扩展频谱通信是目前无线局域网的主流技术，其家用级设备的覆盖距离也可达到近百米。而蓝牙、红外线等技术由于覆盖距离很短，多用于随身数码设备间的近距离通信。无线局域网的优点是组网快捷、成本低廉，灵活性和移动性较高；缺点是性能指标方面无法与双绞线等有线传输方式比拟，不仅覆盖距离短，传输速率也有限，目前最高速率也只能达到 150Mb/s，只适合个人终端和小规模网络应用。

6.2.3　网络连接设备

1. 网卡

网卡又被称为网络适配器（Network Adapter）、网络接口卡 NIC（Network Interface Card），是局域网中计算机与传输介质之间相互连接的设备。无论是普通客户机还是高端服务器，只要连接到局域网中，都需要有一块网卡。网卡从功能上看，对应着 OSI 体系结构中的物理层和数据链路层，一方面将发送给其他计算机的数据封装成帧通过传输介质发送出去，另一方面又接收从网络中传送过来的帧，并将帧重新组合成数据送给本机。为了区分数据从哪里来到哪里去，每个网卡在出厂时都被分配了一个全球唯一的 48 位的 MAC 地址（即网卡的物理地址），用于数据链路层寻址。

按照传输速率，网卡可分为 10Mb/s 网卡、100Mb/s 网卡、1000Mb/s 网卡、10Gb/s 网卡。按照与传输介质连接的接口类型，网卡可分为连接双绞线用的 RJ-45 接口网卡、连接细缆用的 BNC 接口网卡、连接光纤用的 SFP 接口网卡、HBA 接口网卡、FCoE 接口网卡等。按照物理形式的不同，可分为集成网卡和独立网卡，早期的网卡都是独立网卡，如图 6.13 所示，插在主机箱内的主板扩展插槽中。随着网络的普及，很多主板内部集成了网卡功能，网卡成为主板的一部分。集成网卡成本低廉，能够满足普通大众的需求，但性能相对较低，种类也比较单一，大多数是 RJ-45 接口的 10/100/1000Mb/s 自适应网卡；高性能网卡如光纤网卡均为独立网卡，按照与主板总线接口的不同又分为 PCI 网卡、USB 网卡、ISA 网卡，等等，应针对不同的网络应用和网络环境选择合适的网卡。

2. 集线器和交换机

集线器(Hub)和交换机(Switch)都属于集线设备，从外观上看两者几乎没有区别，都是通过面板上的很多个 RJ-45 端口把引自各个计算机网卡接口的双绞线集中连接起来，组成一个物理形态上的星形网络。但两者的内部工作原理有很大差别，性能上也无法相提并论，交换机(见图 6.14)由于其高性能成为市场主流，而功能单一、性能不高的集线器已经被市场所淘汰。

集线器工作在物理层，主要功能是对接收到的信号进行放大和转发，达成传递数据、扩大网络传输距离的目的。集线器以广播方式传送数据，数据不会主动发给目的端口，而是发向集线器的每一个端口，因此易被窃听造成泄密，而且容易产生广播风暴。集线器的所有端口共享同一个信息通道，就像道路交通中的多岔路口，同一时刻只能传递一个端口发出的数据，其他端口需要等待，其实质上属于总线形网络。

图 6.13　网卡 　　　　　　　　　　图 6.14　交换机

交换机工作在数据链路层，不但能够完成集线器的功能，还有通过 MAC 地址寻址、错误校验、防止广播风暴等功能，一些可网管的中档交换机还具有划分虚拟网络(VLAN)、MAC 访问控制列表等功能，某些高档交换机甚至可以通过增加路由模块而具备三层交换能力。交换机拥有一个很高带宽的背板总线和内部交换矩阵，就像一座立交桥，两个端口之间传送数据不会影响其他端口工作，连接在每个端口的网络设备都独自享有全部的网络带宽，无须同其他设备竞争使用，是真正的星形网络。交换机有许多类型，按照应用领域，可分为局域网交换机和广域网交换机；按照应用规模，可分为企业级交换机、部门级交换机和工作组级交换机，部门级以上的交换机具备网络管理功能，且提供光纤端口；按照网络构成方式，可分为接入层交换机、汇聚层交换机和核心层交换机，分别用于客户机接入、多台接入层交换机的汇聚、高速骨干网络的搭建。

3. 路由器

路由器(Router)是用于连接多个不同网络的广域网设备，它通过路由选择决定数据的转发策略，这也是路由器名称的由来。路由器是一种典型的网络层设备，通过判断网络层地址(如 IP 地址)和选择最佳路径，在多网络互联环境中建立灵活的连接，大大提高了通信速度，减轻网络系统通信负荷，节约网络系统资源，提高网络系统畅通率，从而让网络系统发挥出更大的效益。

无论是局域网之间的连接，还是局域网接入 Internet，都离不开路由器。在 Internet 中，路由器是主要的节点设备，构成了 Internet 的骨架。在许多网络设备生产厂商的研发体系中，路由器技术始终处于核心地位。路由器的性能和可靠性直接影响着网络互联的质量，如图 6.15 所示。

普通用户所能接触到的路由器是指家用宽带路由器，它实际上是一个内置了 NAT（网络地址转换）等功能的双口路由器和一个小型多口交换机的结合

图 6.15　路由器

体，其路由功能非常简单，只有两个网段，LAN 端口对应着家庭内部网络，WAN 端口用来接入 Internet。

4. 其他网络连接设备
（1）中继器

中继器（Repeater）工作在物理层，是最简单的网络连接设备，适用于物理层协议完全相同的两个同类网络的互联，它的作用是放大信号，补偿信号衰减，延长传输距离。中继器是扩充网络距离最简单、最廉价的方法。例如，双绞线的最大传输距离为 100 米，经一个中继器连接，可以将传输距离扩大到 200 米。中继器只有在网络负载很轻和网络延时要求不高的条件下才能使用，当网络负载增加时，网络性能会急剧下降。

（2）网桥

网桥（Bridge）又称桥接器，它工作于数据链路层，能够互联两个采用不同数据链路层协议、不同传输介质、不同传输速率的局域网，并对网络数据的流通进行管理。它不但能扩展局域网的距离，还能提高网络的性能、可靠性和安全性。如今的交换机已经完全涵盖了网桥的功能，交换机相当于一个多端口网桥，单独的网桥产品已经很少见了。

（3）网关

网关（Gateway）又称协议转换器，网关所连接的往往是两个采用不同的传输协议、数据格式，甚至体系结构完全不同的网络系统，作为两个异种网络的"关口"，网关担负着翻译转换的重任，是最复杂的网络互联设备。按照转换功能的不同，网关可以工作在 OSI 体系结构的传输层或更高层上，常用的网关大多数属于应用层网关，如数据库网关、电子邮件网关等。网关是软件和硬件的结合产品，如果对性能要求较高，可以购买生产厂商提供的硬件级网关设备；如果对性能要求不高，或者属于自行开发的网关，可以将通用计算机作为硬件平台，在其上运行网关软件就能够实现网关的功能。

（4）调制解调器

调制解调器（Modem）是通过电话线等模拟线路连接上网所必不可少的网络连接设备，人们根据 Modem 的谐音亲昵地称之为"猫"。其主要作用是实现数字信号与模拟信号之间的相互转换，即在发送端通过调制将数字信号转换成适合在电话线所提供的信道上进行传输的模拟信号，而在接收端则通过解调再将模拟信号转换成计算机能够识别的数字信号。如图 6.16 所示是调制解调器的工作示意图。

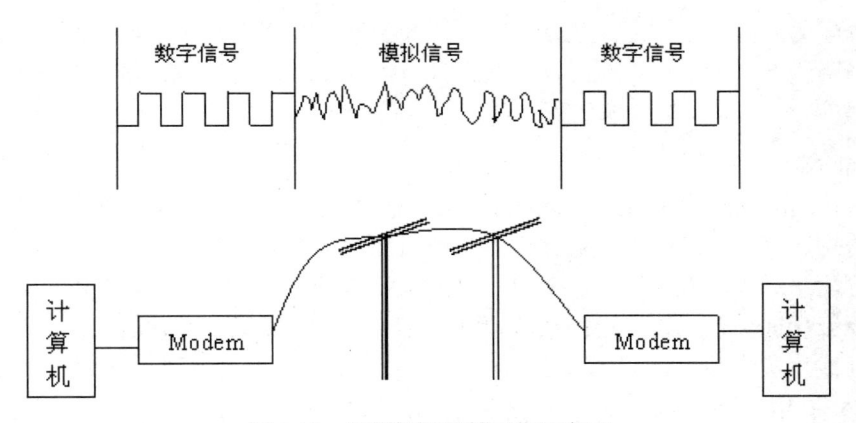

图 6.16　调制解调器的工作示意图

　　传统的电话线 Modem 传输速率较慢，随着模拟线路数字化改造技术的推陈出新，出现了多种传输速率较高的 Modem 设备，如使用有线电视线路的 Cable Modem、使用电话线路的 ISDN Modem、ADSL Modem 等，能够满足用户宽带上网的需求。

6.2.4　接入 Internet 的方式

　　用户的计算机想要接入 Internet，必须选择一个可以为用户提供 Internet 接入服务的公司和机构，即 ISP（Internet Service Provider，Internet 服务提供商）。根据接入环境情况、ISP 服务能力等实际因素，可能会存在多种接入 Internet 的方式供用户选择，用户可通过比较，选择一种能够满足自身需求、性价比高的接入方式。以下介绍几种常见的接入方式。

　　1. **局域网接入方式**

　　如果用户位于某个局域网的覆盖范围内，并且该局域网已经通过路由器接入了 Internet，用户计算机就可以通过接入该局域网接入 Internet。对于上网需求比较密集的园区、居民区等环境，局域网接入是最理想的接入方式。

　　这种接入方式可以充分利用 Internet 线路资源，局域网中所有用户的 Internet 访问请求通过各级交换机汇聚到核心交换机上，再经路由器通过一条由上级 ISP 提供的带宽较高的 Internet 线路（光纤、数字专线等）接入 Internet。由于所有局域网用户共享一条出口线路，出口带宽和同时在线用户数量是影响访问速度的两个重要因素，一个数千用户的校园网出口速率一般需达到 1Gb/s 以上才能令用户满意；一个 10M 光纤专线接入的网吧中所有上网者共享 10Mb/s 的网速；一个通过宽带线路共享上网的宿舍局域网内，如果某位同学正在进行高速下载，则会影响到其他用户的上网速度。

　　在这种接入方式中，局域网的管理机构担当了本地 ISP 的角色，例如，校园网的网络中心就是 ISP，宿舍网中管理上网设备的同学就是 ISP。ISP 根据自身性质会采用多种 Internet 接入管理方式，例如，网吧、宿舍等小型局域网，可以通过物理线路控制上网用户；规模相对较大的局域网如校园网、企业网等，为了防止线路被盗接，往往通过用户绑定静态 IP 地址的方式进行管理，只有使用网络中心分配的合法 IP 地址（通常是私有地址）才能接入 Internet；联通、电信、长城宽带等网络运营商管理的居民区局域网，也就是俗称的小区宽带，考虑到计费的需求，大多数都是通过使用 PPPoE（虚拟拨号）软件来进行用户名、密码验证及 TCP/IP

参数动态分配的。随着中国城镇化水平的提高及上网用户数目的快速增长，光纤到楼、交换机到单元、网线入户的小区宽带上网方式已经逐渐普及，成为性价比最高的首选 Internet 接入方式。

2. ADSL 接入方式

ADSL（Asymmetric Digital Subscriber Line，非对称数字用户线路）是一种能够利用普通电话线直接传输数字信号的技术，名称中的"非对称"是指其上行、下行速率的不对称，最高下行速率可达 8Mb/s，最高上行速率可达 1Mb/s，这种下行速率相对较高的特性符合个人上网用户下载流量远高于上传流量的实际情况，且下行速率能达到宽带的入门标准，再加上使用既有电话线路成本较低，因此 ADSL 技术成为传统电信运营商面向个人用户推广的一种 Internet 接入方式，在没有被小区宽带所覆盖的区域很有竞争优势。

ADSL 技术对电话线路质量要求较高，线路长度要求不超过 3 千米，否则容易造成工作不稳定或断线。为了对普通电话线进行数字改造以传输数字信号，需要在电话线路的两端增设数字改造设备，即 ADSL Modem，在用户端 ADSL Modem，通过双绞线与计算机网卡相连，从而实现计算机到 ISP 的连接。ADSL 有两种接入类型，一种是 ADSL 专线，用户拥有固定的静态 IP 地址，24 小时在线，适用于小型局域网的接入；还有一种是 ADSL 虚拟拨号方式，常用于家庭宽带，通过 PPPoE（虚拟拨号）技术来进行用户名、密码验证及 TCP/IP 参数动态分配。

3. PSTN 接入方式

PSTN（Published Switched Telephone Network，公用电话交换网）接入方式也称"拨号上网"，是指使用 Modem（调制解调器）通过传统电话网接入 Internet 的方式。与同样通过电话线上网的 ADSL 方式的区别是，PSTN 方式并不对线路进行数字改造，而是在线路两端通过调制、解调技术进行数字信号和模拟信号的转换，电话线上传输的仍然是模拟信号，因此对电话线路质量和传输距离没有严格要求，即便是距离电信机房很远、线路质量较差的广大农村地区也能上网，是适用范围很广的一种方式。

由于模拟信道带宽有限，PSTN 接入方式远远不能满足宽带传输标准，是一种低速上网方式。使用此方式上网的计算机不需要网卡，只需安装一个 Modem 即可，电话机房一端也有相应的 Modem 设备与之对应。作为 ISP 的电信运营商对外公布建立连接所需拨打的电话号码，以及公共账号、密码，在用户计算机的"网络连接"中增加一个拨号连接，之后就可以通过计算机拨号上网了，上网费用将会在所使用电话线路对应的电话号码话费账单中扣除。也可以到 ISP 营业厅申请个人拨号上网账号和密码，实现按账号缴费。

4. 无线接入方式

无线接入方式是指从计算机到 ISP 交换节点间部分或者全部采用无线传输的接入技术。无线接入的最大好处是可移动性，配合笔记本电脑、平板电脑、智能手机、网络盒子等移动数字设备，可以实现随时随地上网。

（1）通过移动通信网络上网

这里说的移动通信网络，就是俗称的手机网络，具有语音通话功能和数据传输功能。目前移动通信网络建设已经非常成熟，覆盖范围极广，而另一方面手机尤其是智能手机的普及度也很高，借助移动通信网络的数据传输功能，可以非常便捷地接入 Internet，移动性强，只要手机有信号就能上网。

(2) Wi-Fi 上网

如今，人们拿出手机准备上网时，往往不是打开 4G 或 5G 等手机数据连接，而是先看看有没有适合的 Wi-Fi 信号。随着无线城市、智慧城市等的兴起，机场、候车厅、图书馆等公共区域大都提供免费 Wi-Fi，各类餐饮等服务业场所也纷纷打出"免费 Wi-Fi"的招牌来吸引顾客，在流量费居高不下的今天，Wi-Fi 上网已经成为经济型上网的代名词。Wi-Fi 功能也成为各类个人数字终端设备的基本配置。

Wi-Fi 是 wireless fidelity（无线保真）的缩写，是一种无线组网技术。笔记本电脑、智能手机等无线终端采用 Wi-Fi 技术，通过无线电波连接到附近的无线 AP(Access Point，无线接入点，也称为"热点"），组成一个无线局域网（Wireless Local Area Network，WLAN），这个无线局域网再通过 ADSL、数据专线等有线接入方式或者移动通信网络等无线接入方式接入 Internet，从而实现了无线终端访问 Internet，这种上网模式就是俗称的 Wi-Fi 上网，如图 6.17 所示。

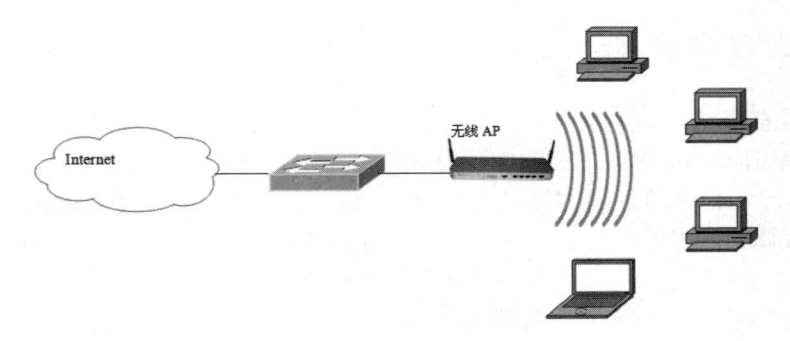

图 6.17 通过无线局域网接入 Internet

Wi-Fi 实际上是产业标准组织"无线局域网联盟（WLANA）"所拥有的一个商标品牌，用来保障使用该商标的商品互相之间的兼容性，是一种无线相容性认证，因此，用户在选购无线设备时，最好选购有 Wi-Fi 商标的产品，以保证设备之间的互联互通更可靠。由于 Wi-Fi 所采用的 IEEE 802.11 系列协议是目前最常用的一种无线局域网组网技术标准，所以在一些不太严格的场合，Wi-Fi 甚至成为了无线局域网（WLAN）的代名词。

对于一名拥有智能手机或平板电脑等移动终端的用户来说，要组建一个覆盖住宅或者办公室的无线局域网，只需要在原有的有线网络基础上增加一台无线路由器或者随身 Wi-Fi 共享设备即可。如果台式计算机也希望通过无线方式接入，则需要为其购买无线网卡，一般选用 USB 类型的无线网卡插入计算机的 USB 口即可。笔记本电脑通常已经内置了无线网卡。

无线路由器是在传统家用双口宽带路由器的基础上增加了无线热点（AP）功能，能够向周围发出 Wi-Fi 信号，把各类 Wi-Fi 设备连在一起，并且充当了传统的有线网络与无线局域网络之间的桥梁，从而成为网络的核心。采用最新的 IEEE 802.11n 协议的无线路由器的传输速率可达 300Mbps，覆盖范围可达数十米（与室内墙壁等障碍物的多少关系密切）。如果范围较广需要跨楼层，甚至覆盖整个建筑物，则可以使用多台 AP 通过线缆连接在有线网络上，或者通过无线桥接来实现，为了实现无缝覆盖和最佳的服务用户数（如容纳数百人的会议室、教室），建议进行专业的无线布局规划。

如果覆盖范围不大，用户数也较少，譬如一个宿舍、一间办公室，也可以不用无线路由器，只购买一个随身 Wi-Fi 共享设备插入已经通过有线上网的计算机的 USB 口，即可成为一个 Wi-Fi 热点，将有线网络共享给 Wi-Fi 终端。目前很多厂商都出品此类设备，其实质就是一个无线网卡，只不过更易于被普通用户使用。此外，大部分智能手机也具有便携式热点功能，一旦开启该功能，手机就成为一个 Wi-Fi 热点，可以将自身正在使用的 4G 或 5G 网络或者收费 Wi-Fi 网络共享给笔记本电脑等其他终端。

以上介绍了几种较为普遍采用的 Internet 接入方式，此外还存在一些特定运营商使用的接入技术，如使用有线电视线路上网的 Cable Modem 接入，使用电力供电线路上网的 PLC 接入，使用电话线路的综合业务数字网接入，等等。

6.3 Internet 服务

6.3.1 WWW 服务

1. WWW 服务概述

WWW（World Wide Web，万维网）简称 3W 或 Web，是目前应用最为广泛的 Internet 服务之一。它是一个将信息检索技术与超文本（Hypertext）技术相融合而形成的全球信息系统，以图文声像多媒体的方式展示信息，使用简单且功能强大。WWW 由遍布在 Internet 上的许许多多台 WWW 服务器组成，每台服务器除了提供自身独特的信息服务，还"指引"着存放在其他服务器上的信息，而这些服务器又"指引"着更多的服务器，就这样，世界范围内的 WWW 服务器互相指引而形成信息网络，所以它的发明者将其命名为 World Wide Web（布满世界的蜘蛛网）。

WWW 最初是由蒂姆·贝纳斯·李于 1989 年开发的，其目的是便于研究人员查询信息。1991 年，WWW 在 Internet 上首次露面便立即引起轰动，并迅速得到推广和应用。如今，WWW 的影响力已远远超出了专业技术的范畴，并且已经进入了广告、新闻、销售、电子商务与信息服务等诸多领域，它的出现是 Internet 发展中的一个革命性的里程碑。

2. 相关概念

（1）网页与 HTML

网页（Web page）是构成 WWW 服务的基本元素，是展现在用户眼前传递信息的一张张图文并茂的多媒体页面。网页实质上是一个由 HTML（Hypertext Markup Language，超文本标记语言）编写的超文本文件。HTML 的特点：一是包含指向其他相关网页的超链接，这样用户便可以通过一个网页中的超链接访问其他网页；二是可以将图像、音频、视频等多媒体信息集成在一起，使用户在一个界面中既可以阅读到文字信息，也可以欣赏到各种图像、音频、视频。

（2）超文本传输协议 HTTP

HTTP 协议（Hyper Text Transfer Protocol，超文本传输协议）是客户机与 WWW 服务器之间相互通信的协议，是 TCP/IP 协议族中专门负责 WWW 服务的协议。WWW 服务的基本工作原理如图 6.18 所示，信息资源以超文本文件的形式存储在 WWW 服务器中，用户通过客户机上的 WWW 应用程序（即浏览器）向 WWW 服务器发出访问某个网页的请求，WWW 服务器对请求进行响应，将该网页的超文本文件使用 HTTP 协议传送给客户机，客户机在本地浏览网页文件，通过单击网页中感兴趣的超链接再次发出访问请求，服务器再次响应……HTTP 协议在中间起着关键的信息桥梁作用。

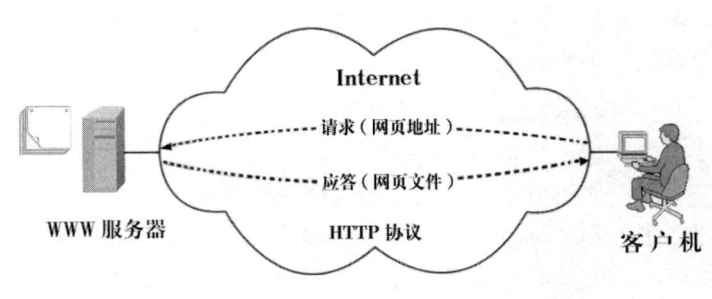

图 6.18　WWW 服务的基本工作原理示意图

(3) 统一资源定位器 URL

Internet 中的信息资源都以文件的形式存放在网络服务器中，统一资源定位器(URL)用来描述资源文件所在的位置。我们通常所说的"网址"就是指 URL。URL 包括三个部分：所使用的传输协议、存放该资源的服务器地址、该服务器上资源文件的路径，格式为：传输协议://服务器域名或 IP 地址/具体文件路径。例如，http://sports.xxx.com/nba/index.html，表示用 HTTP 协议来访问域名地址为 sports.xxx.com 的 WWW 服务器中的 nba 文件夹下名为 index.html 的网页文件。用户只要将 URL 输入浏览器的地址栏中，或单击包含该 URL 的超链接，就可以直接访问该网页。

3. Web 浏览器

Web 浏览器是为了使用 WWW 服务而运行在客户机上的 WWW 客户端软件。它的作用主要有两个方面：一是通过在地址栏输入 URL 或者单击带有 URL 的超链接，向 WWW 服务器发送访问网页的请求；二是对 WWW 服务器响应请求发来的网页文件进行解释、显示和播放，供用户浏览。

常见的 Web 浏览器包括 Internet Explorer 浏览器、Firefox 浏览器、Safari 浏览器、Chrome 浏览器、Opera 浏览器等，这些浏览器在使用界面和支持功能上各有特点，但从初学者角度上讲基本功能方面并没有本质的区别。其中 Windows 操作系统附带的 Internet Explorer(简称 IE)浏览器最为用户熟知，浏览器的具体使用方法是每位用户所应掌握的最基本的网络技能，在此不做赘述。

6.3.2　电子邮件服务

1. 概述

电子邮件(Electronic Mail，简称为 E-mail)服务，是一种在 Internet 上快速、方便、高效地传递邮件的服务，是传统邮政服务的电子化。电子邮件早在 ARPAnet 实验网时期就已经出现，是 Internet 中最古老、最基本、最重要的服务之一。电子邮件不但可以发送普通文字内容的信件，还可以附带发送其他类型的文件，如办公文档、计算机软件程序、声音文件、图像文件、视频文件，等等。

电子邮件的特点是收发方便、高效可靠、费用低廉。发件人可以在任意时间、任意地点通过 Internet 发送信件，几分钟内即可送达世界上任何指定的电子邮箱，收件人随时随地都能通过 Internet 收发邮件；邮件服务器采用冗余、均衡负载、云计算等多种技术，安全可靠；

只需低廉的上网费用即可实现全球范围的邮件传送，与国内、国际长途电话的费用相比，大大降低了用户通信费用。

2. 相关概念

（1）电子邮箱与 E-mail 地址

用户使用电子邮件服务的首要条件是要拥有一个电子邮箱。Internet 上分布着成千上万的邮件服务器，每台邮件服务器中都为本服务器的每一位用户开辟专用的存储空间，用来存放该用户的电子邮件，这就是电子邮箱。用户要想获得一个电子邮箱，需要向某个邮件服务器进行申请，Internet 上有一些邮件服务商面向大众提供免费的电子邮箱服务，如新浪邮箱、163 邮箱、126 邮箱等，只要填写注册信息，就能获得电子邮箱。

每个电子邮箱都有一个邮箱地址，称为电子邮件地址或 E-mail 地址，是用户的电子邮件通信地址，具有唯一性。电子邮件地址有固定的格式："用户名@邮箱所在服务器的域名"，其中间隔符"@"读作"at"。例如，lduzhangsan@phei.com.cn，指的是 phei 邮件服务器中用户名注册为 lduzhangsan 的电子邮件地址。

（2）电子邮件的发送和接收

从用户角度看，电子邮件服务分为两个相对独立的环节：收信和发信，邮件服务器也分为收信服务器（POP3 服务器）和发信服务器（SMTP 服务器）两种，POP3 服务器就如同传统邮政服务里的邮局收发室，SMTP 服务器如同邮筒，各司其职。

用户要发送一封电子邮件，首先用客户机上的电子邮件客户端软件写好信件，再通过 SMTP 协议（简单邮件传送协议）发送给本地 SMTP 服务器，这就好比把信件投入邮筒，本地 SMTP 服务器根据电子邮件的收件人地址对邮件进行存储并转发到相邻的其他 SMTP 服务器，经过 SMTP 服务器间的若干次传递，最终邮件到达收件人电子邮件地址所在的 SMTP 服务器，并被转移到相应的 POP3 服务器中，即存放在了邮局收发室中。

用户要接收电子邮件，先通过客户机上的电子邮件客户端软件使用 POP3 协议（邮局协议版本 3）访问本地 POP3 服务器，查看电子信箱中有无新邮件，如果有，则将电子邮件下载到客户机中阅读。

（3）电子邮件格式

同普通的邮政信件类似，电子邮件也有自己的固定格式。电子邮件包括邮件头与邮件体两部分。邮件体是信的正文内容，符合传统书信格式即可。邮件头类似信封，由若干个关键字加冒号开头的域组成，用来向邮件服务器提供收件人地址和向收件人提供相关信息，主要有以下几个域：

① To：域（收件人地址），是电子邮件正确传递的关键。

② From：域（发件人地址），方便收件人回复邮件。

③ Subject：域（主题），方便收件人快速了解邮件内容。

④ Cc：域（抄送），抄送域中的 E-mail 地址也将收到邮件，但礼仪上不如收件人正式。

⑤ Bcc：域（密送），密送域中的 E-mail 地址将秘密地收到邮件，密送人 E-mail 地址不为他人所知。

⑥ Attachment：域（附件），在电子邮件中附加文件，如图像文件、电子文档等。

3. 电子邮件客户端软件

电子邮件客户端软件安装在客户机上，方便用户与邮件服务器联系、收发电子邮件。虽然很多提供免费电子邮箱服务的网站都提供 Web 客户端界面供用户使用，但对于拥有个人固定使用的计算机的用户来说，电子邮件服务客户端软件是与 Web 浏览器同等重要的上网软件。

电子邮件客户端软件支持管理多个 E-Mail 地址；能够对收到的邮件进行过滤，把符合规则要求（这些规则可由用户设定）的邮件自动存放到指定的文件夹中；可以通过从其他程序导入、直接输入或从接收的邮件中添加等方式，将 E-Mail 地址保存到通讯录中；支持包括纯文本、超文本在内的多种邮件格式。

思 考 题

1. 什么是计算机网络？
2. 简述计算机网络的主要功能。
3. 简述计算机网络发展的 4 个阶段的主要特点。
4. 简述计算机网络的分类情况。
5. 常见的网络互联设备有哪些？
6. 简述 Internet 的产生与发展过程。
7. IP 地址由多少位二进制数组成？一个 C 类网络可以容纳多少台主机？
8. Internet 能提供的主要信息服务有哪些？
9. 什么是 WWW？
10. 什么是浏览器？
11. 什么是 URL、HTTP 和 HTML？

第 7 章　数据库管理技术

本章导读

数据库管理技术是一种用计算机辅助管理数据的方法，是信息系统的一个核心技术，它研究如何高效地获取数据、组织和存储数据、处理数据。

1968 年，世界上诞生了第一个商品化的信息管理系统 IMS（Information Management System），从此，数据库技术得到了迅猛发展。如今数据库技术能够有效地帮助人们处理各种各样的数据信息，已经成为信息管理、办公自动化、计算机辅助设计等应用的主要软件工具之一。

本章重点介绍 Access 2010 数据库管理软件，主要包括数据库、数据库管理系统、数据模型等关系型数据库的相关概念，数据表、查询等对象的功能、创建及使用方法等。通过本章的学习，同学们能够基本掌握数据库中各对象的基本操作方法，更好地进行各种数据的检索及处理工作。

7.1　数据库概述

数据库（Database，简称 DB）技术是计算机技术的一个重要的分支，始于 20 世纪 60 年代，经历了基于文件的初级系统、20 世纪 60—70 年代流行的层次系统和网状系统的发展过程，现在广泛使用的是关系型数据库系统。

随着计算机技术与网络通信技术的发展，数据库技术已成为信息社会对大量数据进行组织与管理的重要技术手段及软件技术，是网络信息化管理系统的基础。数据库应用也从简单的事务管理扩展到各个应用领域，如工程数据库、Web 数据库、数据仓库技术等。随着信息时代的发展，数据库也相应产生了一些新的应用领域，主要有多媒体数据库、移动数据库、空间数据库等。

7.1.1 数据管理技术发展阶段

数据管理技术到目前共经历了人工管理阶段、文件系统阶段和数据库系统阶段 3 个阶段。数据库系统阶段是目前最高级的阶段。

1. 人工管理阶段

20 世纪中期，计算机问世不久，价格昂贵，软硬件均不完善。硬件存储设备只有卡片、纸带和磁带，没有磁盘等直接存取的存储设备，这些存储设备存储的信息容量小，存取速度慢；软件方面没有系统软件和管理数据的软件，程序员在程序中不仅要规定数据的逻辑结构，还要考虑存储结构、存取方法、输入输出方式等。程序直接与物理设备打交道，从而使程序与物理设备高度相关，没有任何独立性。不同的计算程序之间不能共享数据，使得不同的应用之间存在大量的重复数据。这一时期，计算机主要用于科学计算，批处理为数据的处理方式。

2. 文件系统阶段

20 世纪 50 年代至 60 年代期间，随着晶体管技术的出现，计算机的价格大幅降低，性能也有极大的提高。硬件方面有了可以长期保存数据的磁鼓、磁盘等外存设备；软件方面形成了操作系统，出现了专门管理数据的软件，一般称为文件系统。

文件系统将数据组织成相互独立的数据文件，各个文件内部有结构但数据整体无结构。数据和应用程序之间由文件系统提供的存取方法进行转换，使数据和应用程序之间有了一定的独立性。与人工管理阶段相比，文件系统阶段对数据管理的效率提高了很多，但仍然存在数据独立性差、共享性差、数据冗余大等缺点。这一时期计算机不仅用于科学计算，也开始用于数据管理；处理方式上不仅有批处理，还能够联机进行实时处理。

3. 数据库系统阶段

20 世纪 60 年代后期开始，随着集成电路的出现，计算机技术有了进一步的发展，硬件方面出现了大容量磁盘，硬件价格也大幅下降。计算机的应用更加广泛，数据管理技术进入了数据库系统阶段。由于数据库技术日趋成熟，出现了许多种数据库管理系统，例如，在微型计算机上流行的 dBASE 系列数据库管理系统，在大、中、小型计算机上使用的 Oracle 数据库管理系统等。

概括起来，数据库系统阶段的数据管理具有以下特点。

① 数据结构化。通过采用特定的数据模型，可以有效地利用模型表达客观事物之间的联系，从而对数据进行有效管理。

② 高度共享，减少数据冗余。

③ 有较高的数据独立性，并与程序分离。

④ 数据集中式管理，有统一的数据控制功能。

7.1.2 数据库系统的组成

数据库系统(Database System)是指在计算机系统中引入数据库后的系统，一般由数据库、数据库管理系统(及其开发工具)、数据库应用系统、数据库管理员和用户构成，如图 7.1 所示。

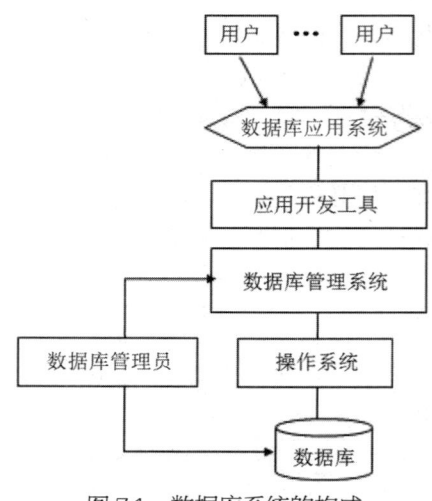

图 7.1 数据库系统的构成

1. **数据库(DataBase，简称 DB)**

顾名思义，数据库就是存储数据的仓库，只不过这个仓库是在计算机的存储设备上，数据按照一定的格式进行存放。其中，数据是存储在某种媒体上的用来描述事物的能够识别的物理符号，如文字、数字、图形、音频、视频等。例如，学生档案、教师基本情况、图书信息、学生成绩等都是数据。总之，数据库是指长期存储在计算机内、有组织、可共享的数据集合，它不仅包括数据本身，而且包括相关数据之间的联系。

2. **数据库管理系统(DataBase Management System，简称 DBMS)**

数据库管理系统是一种系统软件，用于建立、使用和维护数据库，使用户能方便地定义数据和操纵数据，并能够保证数据的安全性、完整性及数据恢复等。它提供了数据定义、数据操纵、数据库运行管理、数据组织存储和管理、数据库的建立和维护，以及数据通信接口 6 大功能。常用的数据库管理系统有很多，如 Access、SQL Server、FoxPro、Oracle、dBASE、DB2、MySQL、Sybase 等。

3. **数据库应用系统(DataBase Application System)**

数据库应用系统是系统开发人员利用数据库管理系统开发的面向某一类实际应用的软件系统，由数据库系统、应用软件、应用界面组成。例如，常见的以数据库为基础的银行业务系统、人事管理系统、超市业务系统、图书管理系统等。

4. **数据库管理员(DataBase Administrator，简称 DBA)**

在数据库系统中，有两类共享资源：一类是数据库，另一类是数据库管理系统软件。为此，需要有专门的管理机构来监督和管理数据库系统。

数据库管理员是这个机构中的一个(组)人员，负责全面管理和控制数据库系统。其具体职责包括：决定数据库中的信息内容和结构、决定数据库的存储结构和存取策略、定义数据的安全性要求和完整性约束条件、监控数据库的使用和运行、负责数据库的改进和重组重构等。

5. 用户(User)

这里指的是终端用户，是整个数据库系统面向的服务人群，他们只与应用程序提供的用户界面进行交互，不了解位于后台的 DBMS 如何工作。他们通常只具备各自专业领域的知识，而不具备数据库和应用程序设计的相关知识，如教师了解授课教学流程、银行工作人员了解账户操作流程等。他们虽然熟悉各自的领域，但不了解数据库系统内部的构造。

7.1.3 数据模型

数据库需要根据应用系统中数据的性质、内在联系，按照惯例的要求来设计和组织。数据模型就是从现实世界到计算机机器世界的一个中间层次。

现实世界的事物千差万别，人们用计算机管理事物，就是将事物反映到人脑中，然后把这些事物抽象为一种既不依赖于具体的计算机系统，又与特定的 DBMS 无关的概念模型，再将其转换为计算机上某一 DBMS 支持的数据模型。

1. 实体描述

现实世界中存在各种事物，事物之间是有联系的，这种联系是客观存在的，是由事物本身的性质决定的。例如，图书管理系统中有图书和读者、读者借阅图书等联系，在学校的教务管理系统中有教师、学生和课程、学生选修课程等联系。如果管理的对象较多或者比较特殊，事物之间的联系就可能较为复杂。

① 实体：客观存在且相互区别的事物。

实体可以是实际事物也可以是抽象事物，如教师、学生、课程、图书等属于实际的事物，而学生选课、教师授课、图书借阅等都是比较抽象的事物。

② 实体的属性：用来描述实体的某方面特性的属性，如学生实体可以用学号、姓名、系别、班级等属性来描述。

③ 实体集和实体型：属性值集合表示一个实体，同类型实体集合称为实体集，属性的集合表示一种实体的类型，称为实体型。

2. 实体间的联系及分类

在现实世界中，每个实体不是孤立存在的，实体之间存在着各种联系，联系是反映实体内部与实体外部之间的关系，实体内部的联系主要表现为实体内部各种属性之间的联系，实体外部的联系则可以分为一对一联系、一对多联系和多对多联系。

（1）一对一联系(One-to-One Relationship)

若对于实体集 A 中的每一个实体，则实体集 B 中有且至多有一个实体与之联系；反之亦然，则称实体集 A 与实体集 B 具有一对一联系，记为 1∶1。如"学校"与"校长"这两个实体的联系，一个学校只有一个校长，一个校长也只能管理一个学校，所以学校与校长之间就是一对一的联系。

（2）一对多联系(One-to-Many Relationship)

若对于实体集 A 中的每一个实体，则实体集 B 中有且有 n 个实体(n≥0)与之联系；反之，对于实体集 B 中的每一个实体，实体集 A 中只有一个实体与之联系，则称实体集 A 与实体集 B 具有一对多联系，记为 1∶n。如"学校"与"学生"这两个实体的联系，一个学校有多名学生，而一个学生只能属于一个学校，所以学校与学生之间就是一对多的联系。

(3) 多对多联系(Many-to-Many Relationship)

若对于实体集 A 中的每一个实体，则实体集 B 中有 n 个实体(n≥0)与之联系；反之，对于实体集 B 中的每一个实体，实体集 A 中也有 m 个实体(m≥0)与之联系，则称实体集 A 与实体集 B 具有多对多联系，记为 m∶n。如"课程"与"学生"这两个实体的联系，一门课程可以由多个学生选修，一个学生可以选修多门课程，所以课程与学生之间就是多对多的联系。

3. 数据模型简介

为了反映事物本身及事物之间的各种联系，数据库中的数据必须有一定的结构，这种结构用数据模型来表示。数据库管理系统支持的传统数据模型分 3 类：层次数据模型、网状数据模型和关系数据模型。关系数据模型对数据库的理论和实践产生很大的影响，也是目前广泛应用的数据模型。

(1) 层次数据模型

层次数据模型是数据库系统中最早出现的数据模型，它用树形结构表示各类实体以及实体间的联系。层次数据模型的特点是：有且仅有一个无双亲根节点，其他节点仅有一个双亲。树形结构便于描述一对多的关系。例如，在一个学校中，每个系分为若干个专业，而每个专业只属于一个系，系与教师、专业与课程、专业与学生之间也是一对多的层次型联系，其数据模型如图 7.2 所示。

层次模型数据库的优点是对具有一对多的层次关系的描述非常自然直观，易于理解，但不能直接表示多对多联系。

(2) 网状数据模型

网状数据模型是一种可以灵活描述事物及其之间关系的数据库模型。网状数据模型的数据结构主要有以下两个特征：允许一个以上的节点无双亲；一个节点可以有多于一个的双亲。若用图表示，网状数据模型就是一个网络。图 7.3 给出了一个抽象的简单的网状数据模型。

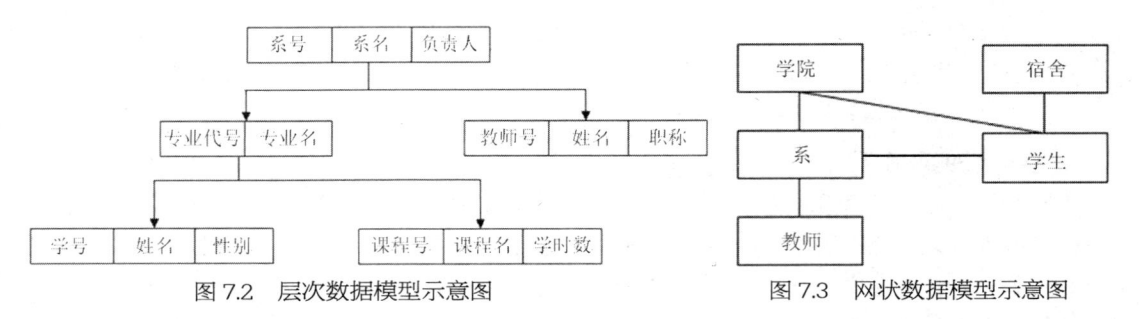

图 7.2　层次数据模型示意图　　　　图 7.3　网状数据模型示意图

(3) 关系数据模型

1970 年，IBM 的研究员 E.F.Codd 博士在他发表的《大型共享数据银行的关系模型》一文中提出了关系模型的概念，后来 Codd 又陆续发表多篇文章，奠定了关系数据库的基础。

关系数据模型有严格的数学基础，抽象级别比较高，而且简单清晰，便于理解和使用。关系数据模型用二维表结构来表示实体及实体之间的联系，在关系数据模型中，操作的对象和结果都是二维表，这种二维表就是"关系"，如图 7.4 所示。

目前关系数据模型是数据库管理系统使用最多、应用最广泛的数据模型。

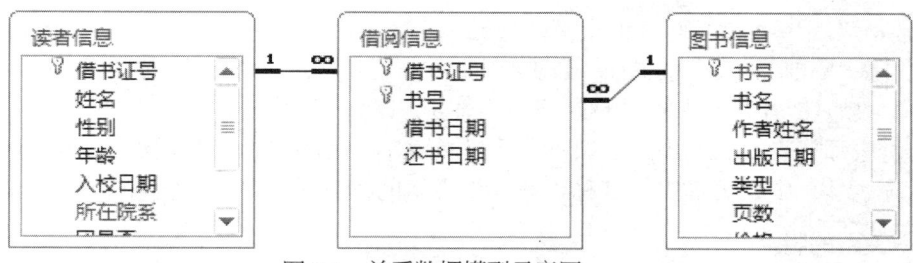

图 7.4 关系数据模型示意图

7.1.4 关系型数据库

自 20 世纪 80 年代以来，新推出的数据库管理系统几乎都支持关系数据模型，Access 就是一种关系数据库管理系统。下面结合 Access 2010 介绍关系数据库的基本概念。

1. 关系数据库的重要术语

（1）关系

一个关系就是一张二维表，用来描述各个实体之间的联系。常用关系模式来描述关系，它对应一个关系结构，其格式如下。

　　关系名(属性名 1，属性名 2，…，属性名 n)

在 Access 2010 中，一个关系存储为一个表，具有一个表名。关系模式在 Access 2010 数据库中对应的二维表的表结构如下。

　　表名(字段名 1，字段名 2，…，字段名 n)

（2）元组

在二维表中，水平方向的行称为元组，每一行是一个元组，一个元组对应于表中的一条记录。例如，图书信息表和学生表两个表各自包括多条记录(或多个元组)。

（3）属性

在二维表中，垂直方向的列称为属性，每一列有一个属性名即二维表中的列名。Access 2010 数据库中的属性用字段来表示。在创建数据表结构时规定每个属性(或字段)的数据类型、宽度等。例如，学生表由"学号""姓名""性别""专业""出生日期"等属性组成数据表的结构。

（4）域

属性的取值范围称为域。域限定了同一个属性的取值范围。例如，"性别"字段的取值范围是"男""女"两个值之一；"年龄"字段只能取整型数据。

（5）关键字

关键字能唯一标识一个元组的属性或属性的集合。例如，对于 Access 2010 数据库中的一个表：

　　　　学生(学号，姓名，性别，出生日期，专业，入学日期)

"学号"可以作为标识一条记录的关键字，"姓名""性别"等属性值可能不唯一，因此它们不能作为关键字。

（6）外部关键字

如果表中的某一个字段不是本表的关键字，而是另一个表的关键字，则称其为外部关键字。例如，对于 Access 2010 数据库中的两个表：

系(系号，系名，系主任，电话)

教师(教师号，姓名，专业，职称，性别，年龄，系号)

在"教师"表(从表)中，"教师号"是关键字，"系号"不是关键字，但是"系号"在"系"表(主表)中是关键字，则称"教师"表中的"系号"是外部关键字。

2. 关系的特点

关系模型看起来简单，但并不能将日常手工管理的各种表格按照一张表一个关系直接存放到数据库系统中。在关系模型中对关系有一定的要求，关系应具有以下特点。

① 关系必须规范化。即模型中每个关系模式都应满足一定的要求，一般要求一个属性是不可再分的数据单元，即表中不能再包含表。

② 同一关系中不能出现同名属性。在 Access 2010 数据库中不允许一个表中有相同的字段名。

③ 同一关系中不允许有完全相同的元组。在 Access 2010 数据库中不允许两个完全相同的记录。

④ 同一关系中元组次序无关紧要。也就是说任意交换两个元组的位置并不影响数据的实际含义。日常生活中常见的"排名不分先后"正反映这种意义。

⑤ 关系中属性次序无关紧要。也就是说任意交换表中两列的位置不影响数据的实际含义。例如，"教师"表的"教师号"和"姓名"字段哪一项放前面都是被允许的。

7.2 Microsoft Access 2010 概述

Access 2010 是 Microsoft Office 2010 套装软件中的一个重要组成部分，主要用于数据库管理。由于使用它可以高效地完成各类中小型数据库管理工作，因此被广泛应用于现实社会的各个领域。

7.2.1 Access 2010 的启动

同启动其他 Microsoft Office 应用程序一样，Access 2010 的启动可以通过"开始"菜单选项快速启动、桌面图标快速启动和通过已存文件快速启动。

① 单击"开始"按钮，执行"所有程序"→"Microsoft Office"→"Microsoft Office Access 2010"菜单命令，启动 Access 2010。

② 如果已经为 Access 2010 程序创建了桌面快捷方式，双击桌面上的 Access 2010 快捷方式图标也可以启动 Access 2010。

③ 双击计算机中存在的 Access 2010 数据库文档图标也可以启动 Access 2010 程序，并自动打开相应的数据库文档。

7.2.2 Access 2010 的窗口

双击一个 Access 2010 数据库文档，即可打开如图 7.5 所示的窗口。

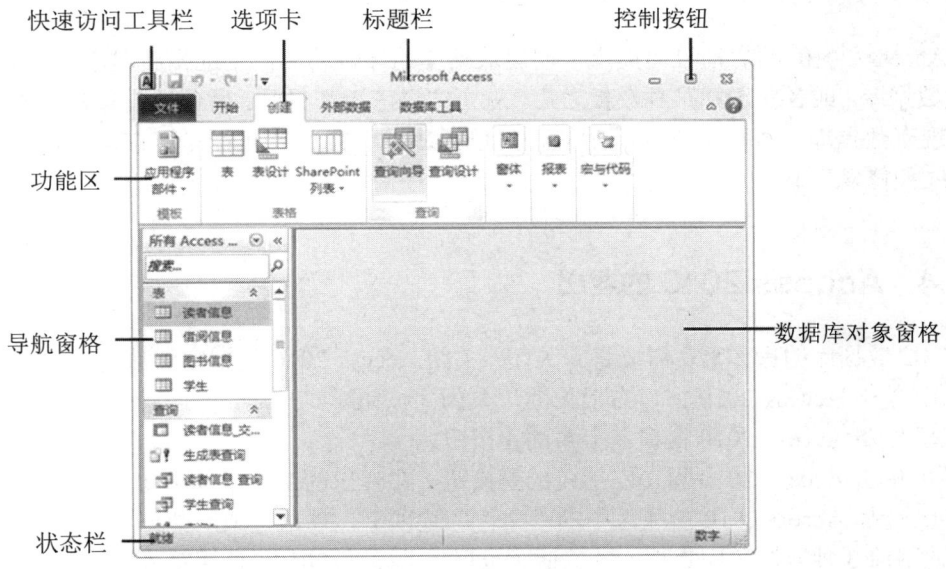

标题栏位于 Access 2010 窗口的最上端，用于显示当前打开的数据库文件名。在标题栏的右侧有 3 个按钮，分别是最小化按钮、最大化(还原)按钮和关闭窗口按钮。

通常系统默认的快速访问工具栏位于窗口标题栏的左侧，但也可以显示在功能区的下方。用户可通过快速访问工具栏右侧的"自定义快速访问工具栏"按钮 ▼ 进行切换。

数据库对象窗格是用来设计、编辑、修改、显示，以及运行数据表、查询、窗体、报表和宏等对象的区域。对 Access 2010 对象进行的所有操作都在数据库对象窗格中进行，操作结果也显示在数据库对象窗格中。

图 7.5　Access 2010 窗口

Access 2010 功能区包括"文件""开始""创建""外部数据""数据库工具"选项卡。通过"文件"选项卡可切换至 Backstage 视图；"开始"选项卡用来对数据表进行各种常用操作；"创建"选项卡包括"模板"等 6 个命令组，包含创建 Access 2010 数据库对象的常用工具；"外部数据"选项卡用来实现对内部、外部数据交换的管理和操作；"数据库工具"选项卡是 Access 2010 提供的一个管理数据库后台的工具。

状态栏位于 Access 2010 窗口的底部，用于查找状态信息、属性提示、进度指示及操作提示等。状态栏右侧有 4 个命令按钮，单击其中一个按钮，即切换到该对象相应的视图。

7.2.3 Backstage 视图

Backstage(后台)视图是 Access 2010 中新增的功能，启动 Access 2010 但未打开数据库时，或者打开数据库后选择"文件"选项卡所看到的窗口就是后台视图，如图 7.6 所示。

图 7.6 Access 2010 的后台视图

Access 2010 的启动界面提供了创建数据库的导航功能,当选择新建空白数据库、新建 Web 数据库,或者在选择某种模板之后,就正式进入工作界面。后台视图具有创建新数据库、打开现有数据库、维护数据库等功能,且包括适用于整个数据库文件的其他命令和信息(如"压缩和修复"命令)。

7.2.4 Access 2010 的退出

完成数据库的操作后,需要将其关闭,关闭 Access 2010 数据库的常用方法有以下 4 种。
① 单击 Access 2010 窗口右上角的"关闭"按钮 。
② 双击 Access 2010 窗口左上角的 按钮。
③ 单击 Access 2010 窗口左上角的 按钮,在弹出的快捷菜单中单击"关闭"命令。
④ 选择 Access 2010 功能区中的"文件"选项卡,单击"关闭数据库"命令。

使用前 3 种方法关闭数据库的同时,也退出 Access 2010;使用第 4 种方法,仅关闭当前正在操作的数据库,不退出 Access 2010。

7.2.5 选项卡与导航窗格

在 Access 2010 窗口中,最常用的部分是选项卡和导航窗格,这两部分结合在一起使用可以完成 Access 2010 数据库各种对象的创建、修改和使用。

1. 选项卡

在 Access 2010 窗口中选择某选项卡,功能区中将出现该选项卡对应的命令组。例如,选择"创建"选项卡,功能区中就会出现"模板""表格""查询""窗体""报表""宏与代码" 6 个命令组,每个命令组中包含若干命令按钮,例如,在"查询"命令组中又包含了"查询向导""查询设计"两个与创建查询相关的命令按钮,如图 7.7 所示。

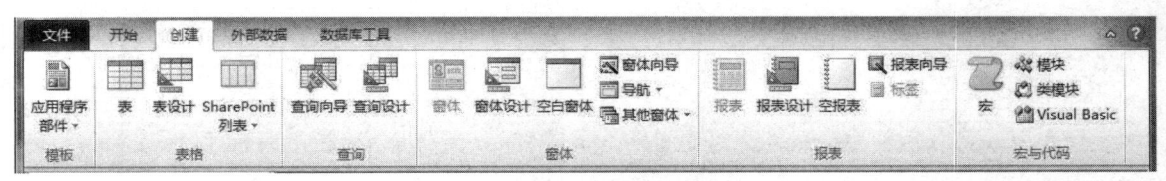

图 7.7 Access 2010 的功能区

2. 导航窗格

导航窗格位于 Access 2010 窗口的左侧，如图 7.8 所示，可以在其中选择使用的数据库对象。导航窗格有"展开"和"折叠"两个状态，单击导航窗格上部的»或«按钮，可以展开或折叠导航窗格。

导航窗格按类别分组显示数据库中的所有对象，单击窗格上部的下拉箭头，可以显示分组列表。导航窗格中的分组类型可以从多种组织选项中进行选择，也可以创建自定义组织方案，在默认情况下使用"对象类型"类别进行分组。

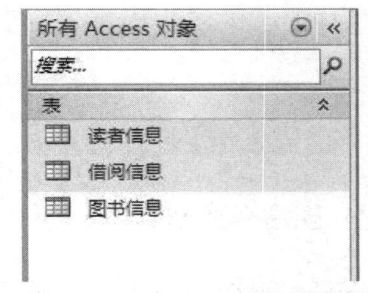

图 7.8 Access 2010 的导航窗格

导航窗格可以最小化也可以隐藏，但不能用打开的数据库对象覆盖导航窗格。

7.3 数据库和表的建立

利用 Access 2010 组织、存储并管理各类数据时，首先需要建立数据库，然后再建立相关数据表并设置相应属性。创建数据库有两种方法：利用模板创建数据库和创建空数据库。创建数据库后，可随时修改或扩展数据库。Access 2010 创建的数据库文件的扩展名是 accdb。

7.3.1 利用模板创建数据库

使用模板是创建数据库的最快方式，除了可以使用 Access 2010 提供的本地模板创建数据库，还可以利用 Internet 搜索需要的模板。利用模板创建数据库的操作步骤如下。

① 在 Access 2010 窗口中，选择"文件"选项卡，然后在左侧窗格中单击"新建"命令。

② 单击"样本模板"选项，从所列模板中选择合适的模板，在右侧窗格下方的"文件名"文本框中给出了默认的数据库文件名和默认的存储路径，如图 7.9 所示。单击右侧的"浏览"按钮可以修改存储路径。

③ 单击"创建"按钮，即完成数据库的创建，结果如图 7.10 所示。

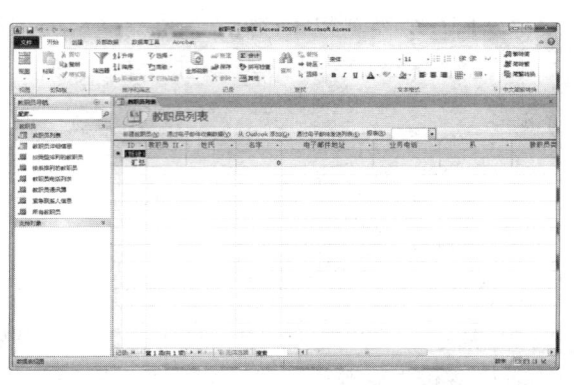

图 7.9　利用模板创建数据库　　　　　图 7.10　利用"教职员"模板创建的数据库

7.3.2 创建空数据库

如果能找到并使用与要求最接近的样本模板，则可以利用这些模板方便、快速地创建数据库；如果没有满足要求的模板，就只能创建空数据库了。

空数据库是一个没有对象和数据的数据库外壳。创建空数据库的操作步骤如下。

① 在 Access 2010 窗口中，选择"文件"选项卡，然后在左侧窗格中单击"新建"命令，在右侧窗格中单击"空数据库"选项，如图 7.6 所示。

② 在右侧窗格下方的"文件名"文本框中包含了默认的数据库文件名和默认的存储路径，单击右侧的"浏览"按钮可以修改存储路径。

③ 单击"创建"按钮，Access 2010 创建空数据库，并自动创建名称为"表 1"的数据表，该表以数据表视图的方式打开，如图 7.11 所示。

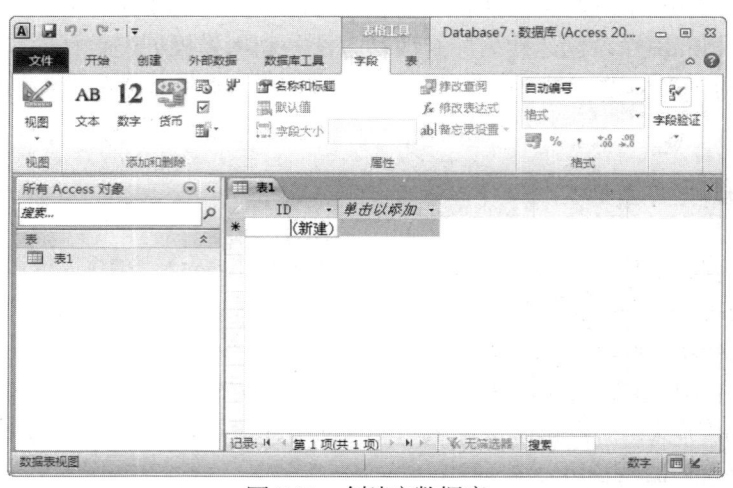

图 7.11　创建空数据库

7.3.3 创建新表

表是 Access 数据库的基础，是存储数据的地方，其他数据库对象都要在表的基础上建立并使用。在建好数据库后，要先建立表对象和各表之间的关系，以提供数据的存储构架，然后逐步创建其他 Access 对象，最终形成完整的数据库。

1. 表的构成

Access 表由表结构和表内容(记录)两部分构成。其中表结构是指数据表的框架，包括字段名称、数据类型和字段属性等。

通过在表设计视图的字段输入区输入字段名、数据类型、字段属性即可建立字段。字段的命名规则如下。

① 长度为 1～64 个字符。
② 可以包含字母、汉字、数字、空格和其他字符，但不能以空格开头。
③ 不允许出现句点(.)、惊叹号(!)、方括号([])、单引号(')。
④ 不能使用 ASCII 码为 0～32 的 ASCII 码字符。

2. 数据类型

一个表中的同一列必须具有相同的数据特征，称其为字段的数据类型。数据类型决定了数据的存储方式和使用方式。Access 2010 的数据类型包括以下几种。

① 文本型：文本或文本与数字的组合，如地址等，也可以是不用于计算的数字，如电话号码、邮政编码等。文本型字段最多可存储 255 个字符，当超过 255 个字符时应使用备注型。

② 备注型：适用于长度较长的文本及数字，如备注、说明。与文本型字段一样，备注型字段存储的数据也是字符或数字，最多可存储 65535 个字符。注意，不能对备注型字段进行排序和索引。

③ 数字型：用于存储进行算术运算的数字数据，可通过设置字段大小属性来定义特定的数字类型。数字类型的种类包含字节型、整型、长整型、单精度型和双精度型。

④ 日期/时间型：用来存储日期、时间或日期时间合在一起的数据，每个日期/时间字段需要 8 个字节空间来存储。

⑤ 货币型：这种类型是特殊的数字数据类型，等价于具有双精度属性的数字字段类型。向货币型字段输入数据时，不必输入人民币符号和千位处的逗号，Access 会自动显示人民币符号和逗号，并添加两位小数到货币字段。当小数部分多于两位时，Access 会对数据四舍五入后显示，其精度为整数部分 15 位，实际可保留 4 位小数。

⑥ 自动编号型：这种类型较为特殊，每次向表格添加新记录时，Access 会自动插入唯一顺序或者随机编号，即在自动编号字段中指定某一数值。自动编号一旦被指定，就永久地与记录连接，如果删除了表格中含有自动编号字段的一个记录后，Access 不会为表的自动编号字段重新编号。当添加某一记录时，Access 不再使用已被删除的自动编号字段的数值，而是按递增的规律重新为其赋值。

⑦ 是/否型：针对只包含两个不同可选值而设立的字段，通过"是/否"数据类型的格式特性，如"Yes/No""On/Off"等，用户可以对是/否型字段的数据进行选择。

⑧ OLE 对象型：用于存储"链接"或"嵌入"的 OLE 对象。可以链接或嵌入 Access 表中的 OLE 对象是其他使用 OLE 协议程序创建的对象，如 Word 文档、Excel 电子表格、图

像、声音或其他二进制数据。OLE 对象型字段最大容量可为 1GB。

⑨ 超链接型：主要用来保存超链接的地址，包含作为超链接地址的文本或以文本形式存储的字符与数字的组合。当单击一个超链接时，Web 浏览器或 Access 将根据超链接地址到达指定的目标。

⑩ 附件型：用于存储所有种类的文档和二进制文件，可将其他程序中的数据添加到该类别字段中。对压缩的附件，字段最大容量为 2GB；对非压缩的附件，字段最大容量约为 700KB。

⑪ 计算型：用于显示计算结果，计算时必须引用同一表中的其他字段。可以使用表达式生成器来创建计算字段。计算型字段的长度为 8 个字节。

⑫ 查阅向导型：用来查阅列表中的数据，或查阅从一个列表中选择的数据。通过查阅向导可以建立字段数据的列表，在列表中选择需要的数据作为字段的内容。

3. 创建表

要创建表，首先要创建表结构。创建表结构包括定义字段名称、数据类型、设置字段属性等。创建数据表的方法有两种，使用数据表视图或使用表设计视图。

(1) 使用数据表视图创建表

使用数据表视图创建表的操作步骤如下。

① 打开数据库文件，选择"创建"选项卡，单击"表格"命令组中的"表"按钮，这时将创建默认名为"表1"的新表，并以数据表视图的方式打开该表，如图 7.12 所示。

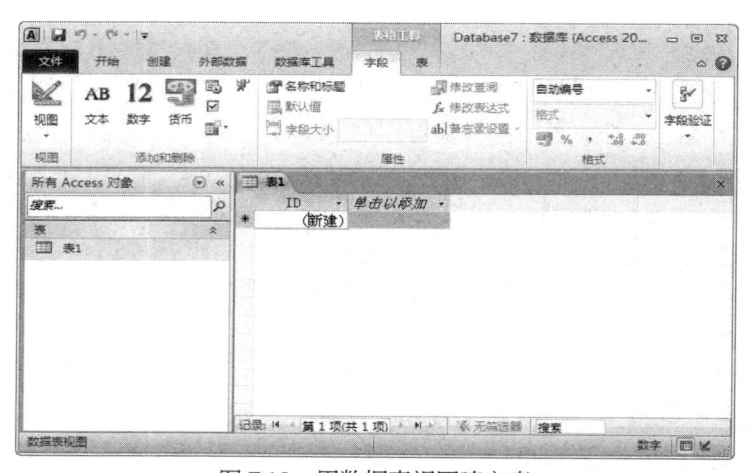

图 7.12 用数据表视图建立表

② 选中"ID"字段列，在图 7.12 所示的"表格工具—字段"选项卡的"属性"命令组中单击"名称和标题"按钮，打开"输入字段属性"对话框，如图 7.13 所示。

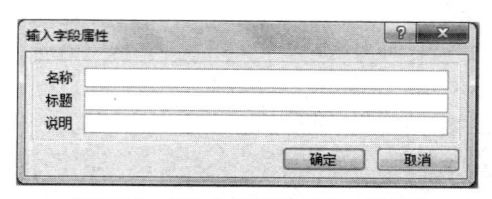

图 7.13 "输入字段属性"对话框

③ 在对话框中输入相应的字段名称，单击 确定 按钮。

④ 选中该字段名，在"表格工具—字段"选项卡的"格式"命令组中单击"数据类型"右侧的下拉箭头，在弹出的下拉列表中选择相应的数据类型，如图 7.14 所示，通过该工作界面完成默认值、字段属性等简单属性的设置。

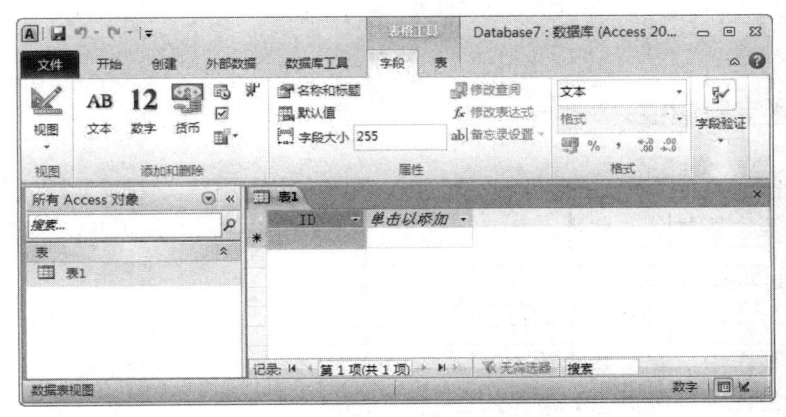

图 7.14　设置字段名称及属性

⑤ 单击"表 1"中的"单击以添加"列，即可从弹出的下拉列表中选择新字段的数据类型。然后按照上面介绍的步骤设置字段名称和属性。

⑥ 参照以上步骤，逐一添加其他字段后，单击快速访问工具栏上的"保存"按钮 完成操作。

使用数据表视图创建表结构时，无法设置更详细的属性，对于有特殊要求或复杂的表结构，可以在创建完毕后使用表设计视图修改表结构。

(2) 使用表设计视图创建表

使用表设计视图创建表的操作步骤如下。

① 打开数据库文件，选择"创建"选项卡，单击"表格"命令组中的"表设计"按钮，打开表设计视图，如图 7.15 所示。

表设计视图分为上下两部分。上半部分是字段输入区，从左到右依次为字段选定器、"字段名称"列、"数据类型"列和"说明"列。字段选定器用来选定字段，"字段名称"列用来输入字段名称，"数据类型"列用来定义字段的数据类型。下半部分是"字段属性"窗格，用来设置字段的属性值。

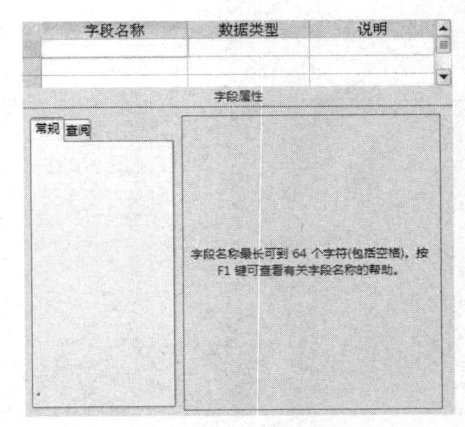

图 7.15　表设计视图

② 单击表设计视图"字段名称"列的第一行，在其中输入相应的字段名称；单击"数据类型"列的第一行，其右侧出现下拉箭头，单击下拉箭头，在打开的下拉列表中选择相应的数据类型。

③ 使用相同方法逐一添加其他字段后，单击快速访问工具栏上的 按钮完成操作，图 7.16 显示了"读者信息"表的设计结果。

图 7.16 "读者信息"表设计结果

7.3.4 设置字段属性

在创建表的过程中，有时需要修改表结构，如重命名字段名、设置数据类型、添加说明，以及设置数据表字段的其他属性，如字段大小、默认值、有效性规则等。

1. 修改表结构

要修改数据表字段名及其他属性可以通过数据表视图和表设计视图两种方法来实现。

在数据表视图中，双击要修改的字段名，即可在插入点光标处输入修改后的字段名。

在表设计视图中可以进行如下操作。

① 修改字段名称：将插入点光标置于需要修改的字段名处进行修改。

② 修改数据类型：将插入点光标置于需要修改的字段名后的"数据类型"列，单击下拉箭头，在打开的下拉列表中选择正确的数据类型。

③ 输入说明：将插入点光标置于需要修改的字段名后的"说明"列，输入必要的说明文字，如图 7.17 所示。

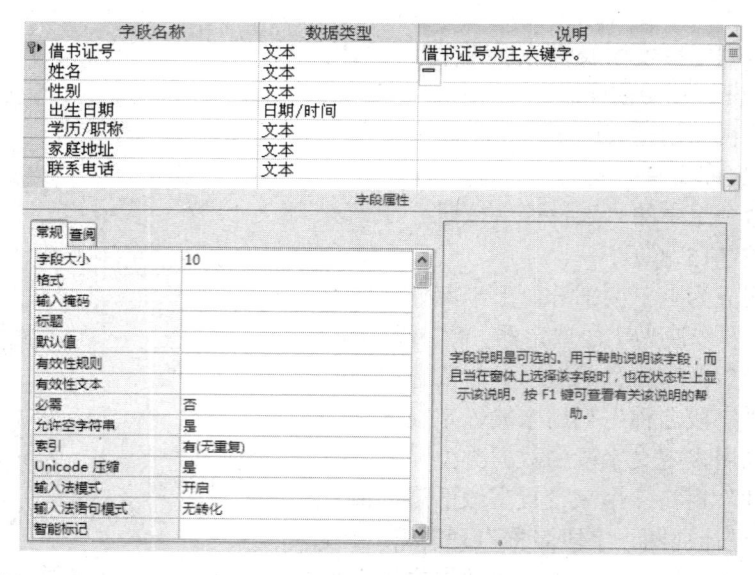

图 7.17 用表设计视图修改表结构

2. 设置字段的其他属性

在创建表的过程中，除了对字段名称、数据类型进行设置，还要设置字段的其他属性，这些属性主要包括以下内容。

① 字段大小：用于限制输入到该字段的最大长度。当输入的数据超过设置的字段大小时，系统将拒绝接收。字段大小属性只适用于文本型、数字型和自动编号型字段。

文本型字段大小属性取值范围是 0~255，默认值为 255；数字型字段根据取值可以设置为整型、长整型、单精度型、双精度型等；自动编号型的字段大小可设置为长整型或同步复制 ID 两种。

② 格式：数据在窗体中的显示效果，包括大小写转换、日期/时间的显示等。

③ 小数位数：用来指定小数点的位数(只有数字型和货币型字段可用)。

④ 默认值：当表中有多条记录的某个字段值相同时，可以将相同的值设置为该字段的默认值，这样每产生一条新记录时，这个默认值就自动填入到该字段中，避免重复输入同一数据。用户可以直接使用这个默认值，也可以输入新的值。

⑤ 有效性规则：一个与字段或记录相关的表达式，通过它提供数据有效性检查，对用户输入的值加以限制。建立有效性规则时，必须创建一个有效的 Access 表达式，该表达式是一个逻辑表达式，用来控制输入到数据表记录中的数据。

⑥ 有效性文本：一个提示信息，当输入的数据不在设置的范围内时，系统会给出提示信息，提示输入的数据有错，这个提示信息可以由系统自动加上，也可以由用户设置。

⑦ 输入掩码：用来设置字段中数据的输入格式，并限制不符合规格文字或符号的输入。这种特定的输入格式对在日常生活中相对固定的数据形式尤其适用，如电话号码、日期、邮政编码等。

⑧ 标题：用来指定字段名的显示名称，即在表、查询或报表等对象中显示的标题文字。如果没有为字段设置标题，则会显示相应的字段名称。

⑨ 必需：该属性中只有"是"或"否"两个选项，对某个字段设置该属性为"是"时，在输入该字段时，该字段的内容不允许为空。

设置字段属性的操作步骤如下。

① 打开数据库，选择需要操作的表，打开该表的表设计视图。

② 在表设计视图的字段选定器中选择需要修改的字段。

③ 在"字段属性"窗格中选择某个属性行并输入相应的内容，如图 7.18 所示，单击 按钮完成操作。

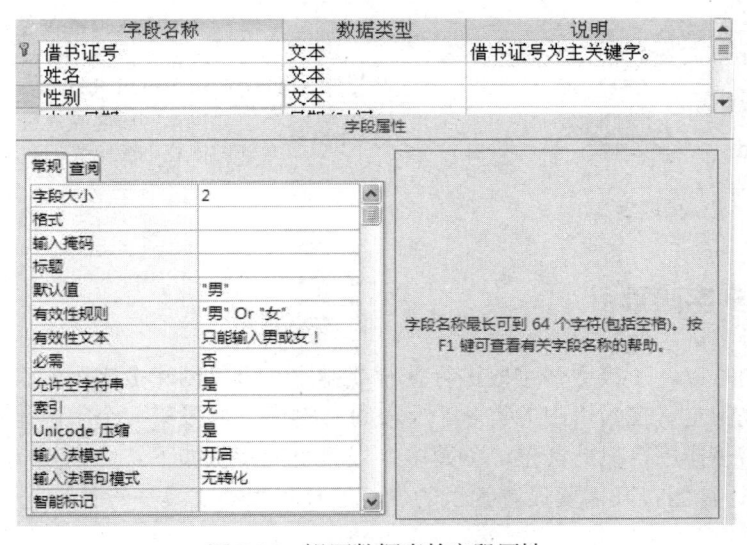

图 7.18 设置数据表的字段属性

7.4 创建索引

在 Access 数据库中，如果要快速地对数据表中的记录进行查找或排序，建立索引是最好的方法。按索引功能分，索引可分为唯一索引、普通索引和主索引。其中唯一索引的索引字段值不能相同，即没有重复值，如果为该字段输入重复值，则系统会给出操作错误的提示；如果要将有重复值的字段设置为索引，则不能设置为唯一索引。普通索引的索引值可以有重复值。在 Access 中，同一个表可以创建多个唯一索引，其中一个可以设置为主索引。一个表只能有一个主索引。

为数据表创建索引时，可以基于单个字段创建，也可以基于多个字段创建。创建多字段索引的目的是区分前几个字段值相同的记录。

7.4.1 创建单字段索引

创建单字段索引的步骤如下。
① 用表设计视图打开需要创建索引的表。
② 在"字段属性"窗格"索引"属性框的下拉列表中选择相应的属性，如图 7.19 所示。可以选择的索引属性值有 3 个，如表 7.1 所示。

图 7.19 创建单字段索引

表 7.1 索引属性值说明

索引属性值	说　明
无	不用该字段建立索引
有(有重复)	以该字段建立索引，且字段中的内容可以重复
有(无重复)	以该字段建立索引，且字段中的内容不能重复

7.4.2 创建多字段索引

如果需要同时以两个或更多字段进行搜索或排序，可以创建多字段索引。使用多字段设置索引时，首先用定义在索引中的第一个字段进行排序，如果第一个字段是重复的，再按索引中的第二个字段排序，以此类推。创建多字段索引的步骤如下。
① 用表设计视图打开需要设置索引的表，选择"表格工具—设计"选项卡，如图 7.20 所示。

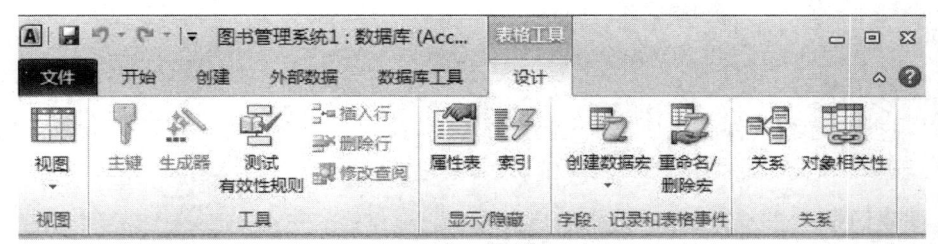

图 7.20 "表格工具–设计"选项卡

② 单击"显示/隐藏"命令组中的"索引"按钮，打开"索引"对话框。
③ 在"索引名称"列的第一行输入要设置的索引名称，在"字段名称"列选择用于索引的第一个字段，在"排序次序"列按照需要选择"升序"或"降序"选项，如图 7.21 所示。
④ 参照第③步，依次添加需要索引的字段。

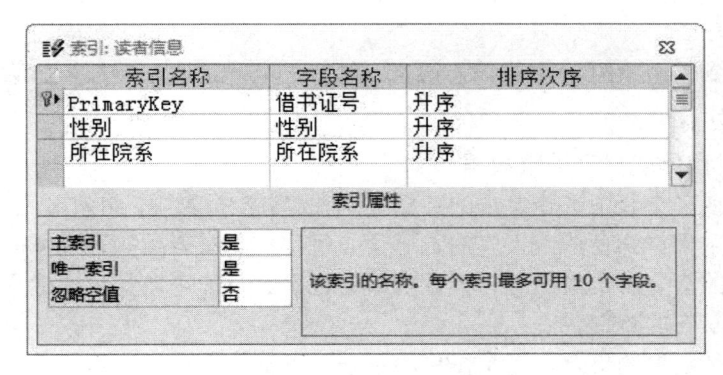

图 7.21 "索引"对话框

7.5 查询

数据表是数据库的基础对象，查询则是数据库功能的体现。这里提到的"查询"是一个名词，它与表一样，都是数据库的对象。查询是 Access 2010 处理和分析数据的工具，能够将多个表中的数据抽取出来，供用户查看、统计、分析和使用。

7.5.1 查询的定义和功能

查询能依据一定的条件(或目标)，查找出用户感兴趣的数据库中的数据信息。它允许用户依据一定的准则或查询条件抽取表中的记录与字段。在 Access 中，利用查询可以实现多种功能。

1. 选择字段

在查询中，可以只选择表中的部分字段，如可以建立一个只显示"图书信息"表中每本图书的书号、书名、作者和出版社的查询。利用此功能，可以选择一个表中的不同字段生成所需的多个表或多个数据集。

2. 选择记录

可以根据指定的条件查找所需的记录，并显示找到的记录，如可以建立一个只显示"图书信息"表中"电子工业出版社"出版的图书信息的查询。

3. 编辑记录

编辑记录包括添加记录、修改记录和删除记录等。在 Access 中，可以利用查询添加、修改和删除表中的记录，如将 2002 年以前出版的图书从"图书信息"表中删除。

4. 进行计算

不仅可以通过查询找到满足条件的记录，还可以在建立查询的过程中进行各种统计计算，如按出版社名称统计各出版社的图书数量。另外，还可以在查询中建立计算字段，利用计算字段保存计算的结果，如根据"图书信息"表中的"价格"字段计算图书的平均价格。

5. 建立新表

利用查询得到的结果可以建立一个新表，如将"电子工业出版社"出版的图书找出来并存放在一个新表中。

6. 为查询、窗体或报表提供数据

为了从一个或多个表中选择合适的数据显示在窗体、报表中，用户可以先建立一个查询，然后用该查询的结果作为窗体或报表的数据源。每次打印报表或打开窗体、数据访问页时，该查询就会从它的基表中检索出符合条件的最新记录。不仅可以基于表建立查询，还可以基于已有的查询建立新的查询。

查询对象不是数据的集合，而是操作的集合。查询的运行结果是一个数据集，也称为动态集，它很像一个表，但并没有存储在数据库中。创建查询后，只保存该查询要进行的操作，只有在实际运行查询时才会从数据库中抽取数据并创建它；只要关闭查询，查询对应的动态集就会自动消失。

7.5.2 创建查询

创建查询有两种方法，使用查询向导或表设计视图。查询向导又可分为"简单查询向导"方法和"交叉表查询向导"方法，查询向导能够有效地指导操作者顺利创建查询，在创建过程中有详细的说明。使用查询设计视图不仅可以完成新建查询的设计，修改已经创建好的查询，还可以创建满足各种条件的查询并进行各种统计。

1. 使用简单查询向导

使用简单查询向导创建查询比较容易，用户可以在向导引导下选择一个或多个表、一个或多个字段，但不能设置查询条件。使用简单查询向导创建查询的操作步骤如下。

① 选择"创建"选项卡，单击"查询"命令组中的"查询向导"按钮，打开"新建查询"对话框，如图 7.22 所示。

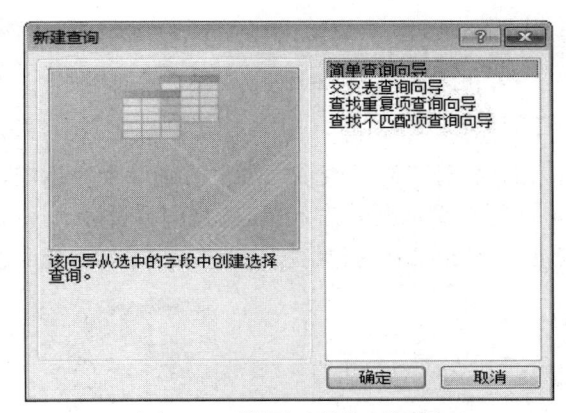

图 7.22 "新建查询"对话框

② 单击"简单查询向导"命令，再单击 确定 按钮，打开"简单查询向导"的第 1 个对话框。

③ 在对话框中单击"表/查询"下拉列表框右侧的下拉箭头，从弹出的下拉列表中选择数据源，如"表：读者信息"，这时"可用字段"列表框中显示出"读者信息"表中包含的所有字段。双击所需字段名，将其添加到"选定字段"列表框中，结果如图 7.23 所示。

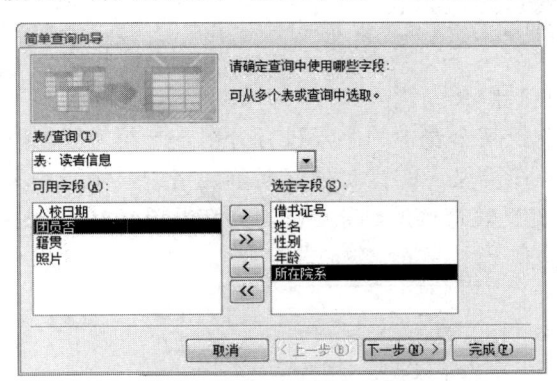

图 7.23 选择数据源和字段

④ 单击 下一步(N) 按钮，打开"简单查询向导"的第 2 个对话框，如图 7.24 所示。选中"明细(显示每个记录的每个字段)"单选按钮，这样建立的查询将用来查看详细的信息。

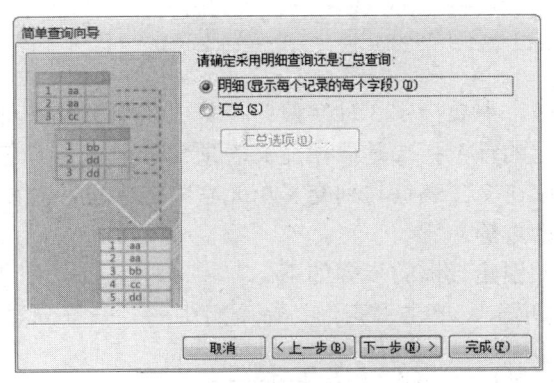

图 7.24 选择查询类型

> **注意**
>
> 如果是建立"汇总"查询，则需要对一组或者全部记录进行各种统计。"汇总"查询将在后续章节中介绍，本节仅介绍"明细"查询。

⑤ 单击 下一步(N) 按钮，打开"简单查询向导"的第 3 个对话框，如图 7.25 所示。在该对话框的"请为查询指定标题"文本框中输入相应的查询名称。

⑥ 单击 完成(F) 按钮，Access 2010 开始建立查询，然后显示查询的结果，如图 7.26 所示。

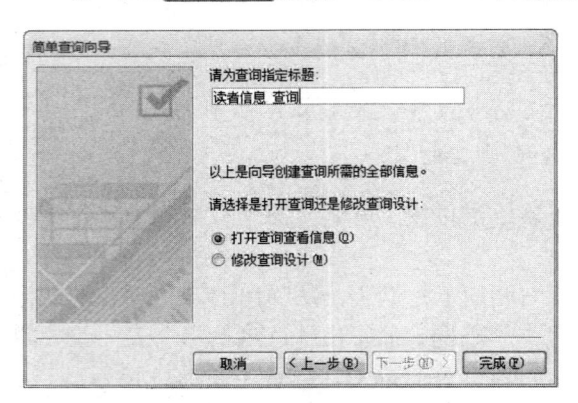

图 7.25　指定查询标题　　　　　　　　图 7.26　查询结果

2. 使用交叉表查询向导

交叉表查询是将来源于某个表中的字段进行分组，一组字段名列在交叉表左侧，一组字段名列在交叉表顶部，并在交叉表的行与列交叉单元格中显示表中某个字段的各种计算值。如图 7.27 所示的是一个交叉表查询的结果，行与列交叉单元格显示的是每个院系的男生人数或女生人数。

图 7.27　交叉表查询示例

在创建交叉表查询时，需要指定 3 种字段：一是放在交叉表最左端的行标题，它将某一字段的相关数据放入指定的行中；二是放在交叉表顶部的列标题，它将某一字段的相关数据放入指定的列中；三是放在交叉表行与列交叉单元格中的字段，需要为该字段指定一个计算项，如总计、平均值、计数等。

使用交叉表查询向导创建查询的步骤如下。

① 选择"创建"选项卡，单击"查询"命令组中的"查询向导"按钮，打开"新建查询"对话框，如图 7.22 所示。

② 单击"交叉表查询向导"命令，单击 确定 按钮，打开"交叉表查询向导"的第 1 个对话框，如图 7.28 所示。在上方方框内选择创建交叉表查询所需要的数据源。

③ 单击 下一步(N) 按钮，打开"交叉表查询向导"的第 2 个对话框，如图 7.29 所示。在该对话框的"可用字段"列表框中选择需要的行标题字段，最多可以有 3 个字段作为行标题。

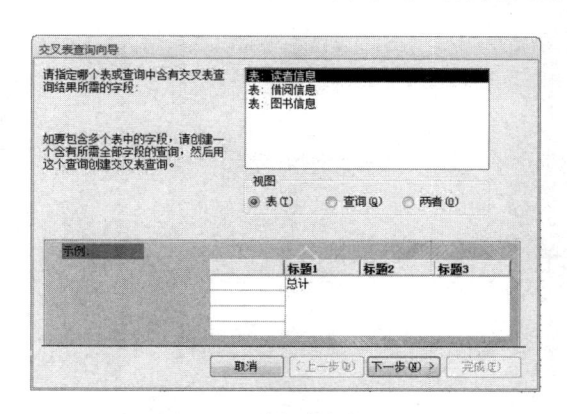

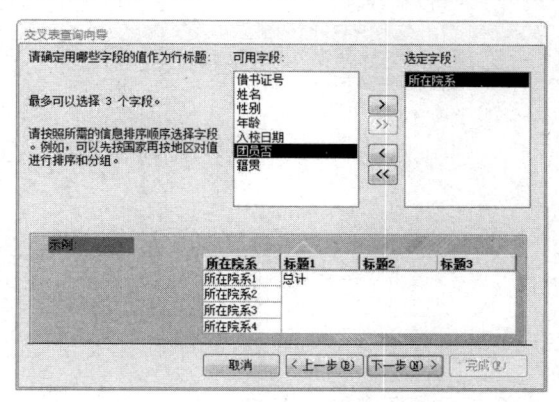

图 7.28　选择数据源　　　　　　　　　　图 7.29　选择行标题字段

④ 单击 下一步(N) 按钮，打开"交叉表查询向导"的第 3 个对话框，如图 7.30 所示。在该对话框中选择列标题字段。

⑤ 单击 下一步(N) 按钮，打开"交叉表查询向导"的第 4 个对话框，如图 7.31 所示。在该对话框的"字段"列表框中选择需要计算的字段，在"函数"列表框中选择计算所需要的函数。

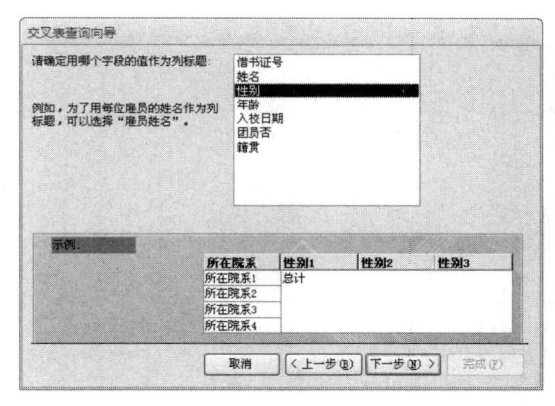

图 7.30　选择列标题字段　　　　　　　　图 7.31　选择计算字段

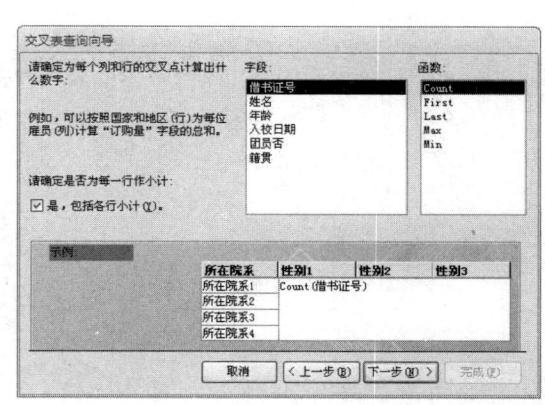

⑥ 单击 下一步(N) 按钮，打开"交叉表查询向导"的第 5 个对话框，如图 7.32 所示。在该对话框的"请指定查询的名称"文本框中输入相应的查询名称。

⑦ 单击 完成(F) 按钮，这时 Access 2010 开始建立交叉表查询，并显示查询结果，如图 7.33 所示。

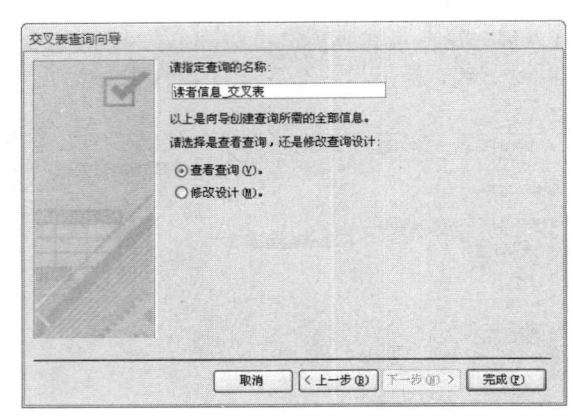

图 7.32　指定查询名称　　　　　　　　图 7.33　交叉表查询结果

3. 使用查询设计视图

在实际应用中，需要创建各种各样的查询，有不带任何条件的，有带条件的。使用查询向导创建查询虽然快捷、方便，但它只能创建不带条件的查询。对于带条件的或有其他特殊要求的查询则需要使用查询设计视图来创建。查询设计视图包括上下两部分，如图 7.34 所示。

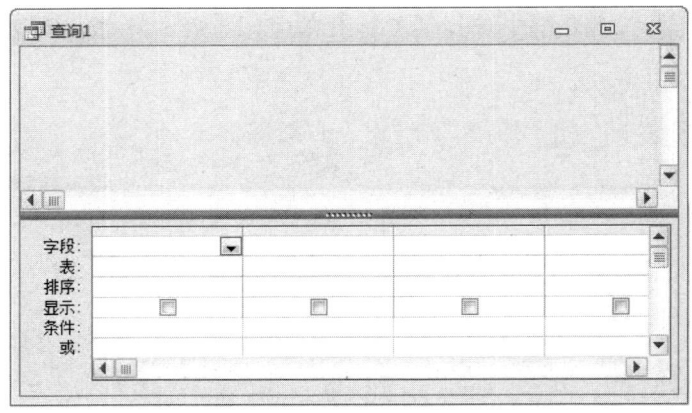

图 7.34　查询设计视图

上部分放置查询涉及的数据库表、显示关系和字段，称为"字段列表"区。

下部分给出设计网格，通过该网格设计查询所需的数据和条件，称为"设计网格"区。区中的每一列对应查询动态集中的一个字段，每一行对应该字段的一个属性或要求。每行的作用如表 7.2 所示。

表 7.2　查询"设计网格"区中行的作用

行的名称	作　　用
字段	设置查询对象需要的字段
表	设置字段所在的数据源表或查询
排序	定义字段的排序方式
显示	定义选择的字段是否在查询的结果中显示
条件	设置字段的查询条件
或	设置"或"条件来限定记录的选择

注意，对于不同类型的查询，"设计网格"区中包含的项目会有所不同。

利用查询设计视图创建查询的步骤如下。

① 选择"创建"选项卡，单击"查询"命令组中的"查询设计"按钮，打开查询设计视图，并弹出"显示表"对话框，如图 7.35 所示。

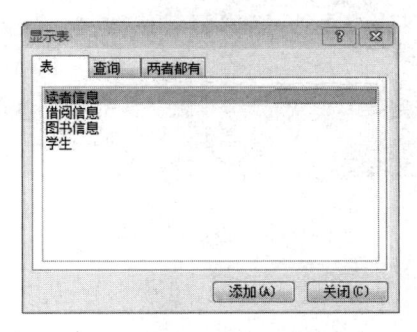

图 7.35 "显示表"对话框

② 选择创建查询所需的数据源，可以根据数据源的类型为表或查询选择合适的选项卡。选择完毕后关闭"显示表"对话框，得到如图 7.36 所示的查询设计视图窗口。

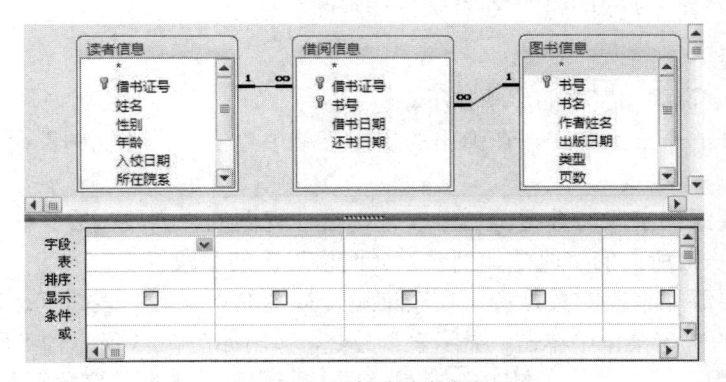

图 7.36 添加查询数据源

③ 选择字段。方法有 3 种：第一种是在"字段列表"区中选定某字段，按住鼠标左键拖动鼠标将其拖动到"设计网格"区的字段行上；第 2 种是双击"字段列表"区中的某字段，该字段会自动添加到"设计网格"区的字段行上；第 3 种方法是单击"设计网格"区中字段行要放置字段的列，再单击右侧的下拉箭头，从下拉列表中选择所需字段。图 7.37 显示了字段选择的结果。

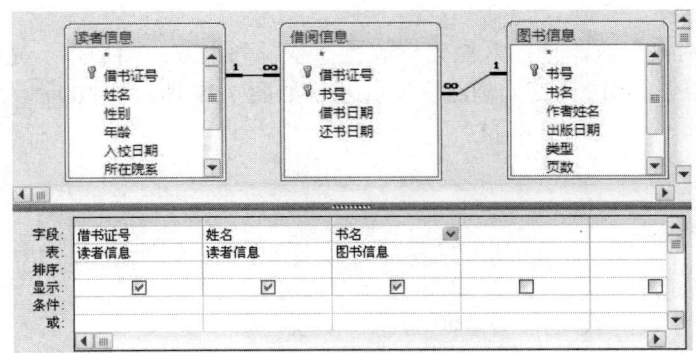

图 7.37 选择查询所需字段

④ 保存查询。单击快速访问工具栏上的■按钮,在打开的"另存为"对话框的"查询名称"文本框中输入相应名称,单击 确定 按钮。

⑤ 查看结果。双击保存后的查询,即可看到查询运行结果,如图7.38所示。

借书证号	姓名	书名
100171	王怡	新军事理论教程
100171	王怡	大学生安全教育
100171	王怡	大学生创业教育
100177	路亮	大学生就业指导与职业生涯规划
100177	路亮	大学生人文素质修养
100183	程隆莹	大学生时事报告

图 7.38 查询运行结果

7.5.3 修改查询

创建完查询后,需要运行查询,检查结果是否满足要求,如果没有获得所需要的结果,还需要修改查询。修改查询的工作在查询设计视图中进行。

1. 添加字段

对创建好的查询添加字段的步骤如下。

① 在要打开的查询上右击,在弹出的快捷菜单中单击"设计视图"命令,打开该查询的查询设计视图。

② 如果需要添加字段的数据源已经在查询设计视图的"字段列表"区中,则可以采用双击或拖动的方法把所需的字段添加到"设计网格"区的字段行上。

③ 如果需要添加字段的数据源不在查询设计视图的"字段列表"区,则右击"字段列表"区,在弹出的快捷菜单中单击"显示表"命令,弹出如图7.35所示的"显示表"对话框。选中字段所在的数据源,单击 添加(A) 按钮,再按照步骤②把所需字段添加到"设计网格"区的字段行上。

④ 单击快速访问工具栏上的■按钮,即可完成操作。

2. 删除字段

删除添加到查询中的字段的操作步骤如下。

① 在要打开的查询上右击,在弹出的快捷菜单中单击"设计视图"命令,打开该查询的查询设计视图。

② 在"设计网格"区,把插入点光标放置在字段列上方,当插入点光标变成箭头形状时单击,选定该字段,字段列变为黑底白字显示,如图7.39所示。按 Delete 键,即可从查询中删除该字段。

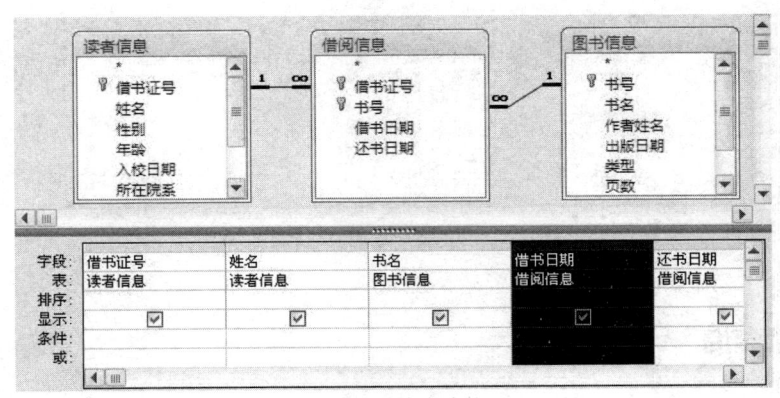

图 7.39　选定字段

3. 插入、移动字段

如果需要在某个字段列前插入字段，首先在"字段列表"区选定这个字段，然后按住鼠标左键拖动鼠标把该字段拖动到要插入的字段列处。原来位置处的字段会依次向后移动一列。如果需要调整某字段的位置，选定该字段列，然后按住鼠标左键拖动鼠标把它拖动到相应位置，松开鼠标即可。

4. 重命名字段标题

通常情况下，查询将自动继承在表设计视图中定义的"标题"属性。如果在表中定义的"标题"属性不能满足需要，可以重新命名字段标题。重命名字段标题有两种方法：一是利用"字段属性"对话框，另一种是在"字段"行的单元格中直接输入字段标题。重命名字段标题的操作步骤如下。

① 打开需要修改的查询，切换到该查询的查询设计视图。

② 将插入点光标定位到需要修改的字段列，右击，在弹出的快捷菜单中单击"属性"命令，打开"属性表"对话框，如图 7.40 所示，在"标题"行中输入新的字段标题。或者把插入点光标定位到"设计网格"区中需要修改的字段单元格中，在原字段名前输入新的字段标题和英文冒号":"，如图 7.41 所示。

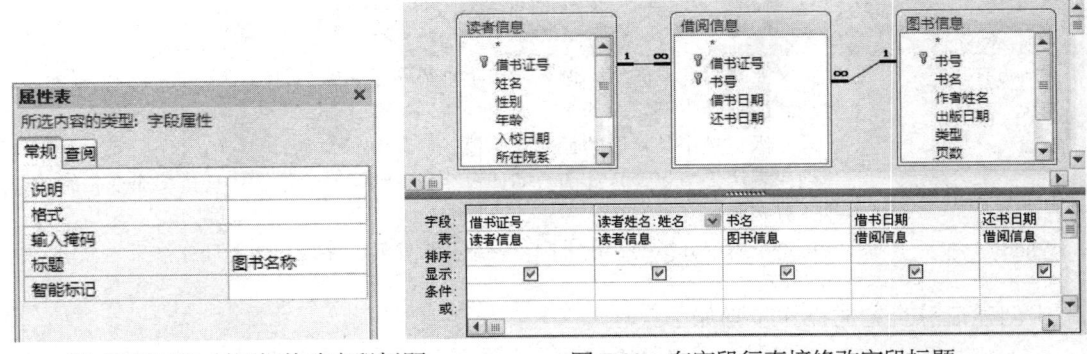

图 7.40　用"属性表"对话框修改字段标题　　图 7.41　在字段行直接修改字段标题

③ 保存并运行查询，可以看到查询结果的字段标题已经修改了，如图 7.42 所示。

借书证号	读者姓名	图书名称	借书日期	还书日期
100171	王怡	新军事理论教程	2014-3-12	
100171	王怡	大学生安全教育	2014-3-3	2014-4-3
100171	王怡	大学生创业教育	2014-4-9	
100177	路亮	大学生就业指导与职业生涯规划	2014-4-8	
100177	路亮	大学生人文素质修养	2014-4-8	
100183	程隆莹	大学生时事报告	2014-3-4	2014-4-2

图 7.42 字段标题修改后的效果

7.5.4 汇总查询

应用查询不仅可以重现数据表中的数据，更高层次的应用表现在它能对数据表中的数据进行分析，得到汇总或分解后的数据，可以进行求总和或平均值、查找极值、计数等统计类的计算。Access 2010 允许在查询中利用"设计网格"区中的"总计"行创建各种汇总查询。

在查询设计视图中，单击"查询工具—设计"选项卡"显示/隐藏"命令组中的"汇总"按钮Σ，可以在"设计网格"区中插入一个"总计"行。对"设计网格"区中的每一个字段，均可以通过在"总计"行中选择总计项来计算查询中的记录。

"总计"行包括 12 个总计项，分为函数和其他总计项，如表 7.3、表 7.4 所示。

表 7.3 "函数总计项"名称及含义

总计项	功　能	可使用的字段数据类型
合计(Sum)	求字段值的总和	数字型、日期/时间型、货币型和自动编号型
平均值(Avg)	求字段值的平均值	数字型、日期/时间型、货币型和自动编号型
最小值(Min)	求字段值的最小值	文本型、数字型、日期/时间型、货币型和自动编号型
最大值(Max)	求字段值的最大值	文本型、数字型、日期/时间型、货币型和自动编号型
计数(Count)	求字段值的数量，不包括 Null(空) 值	文本型、备注型、数字型、日期/时间型、货币型、自动编号型、是/否型和 OLE 对象型
StDev	求字段值的标准偏差值	数字型、日期/时间型、货币型和自动编号型
Var	求字段值的方差值	数字型、日期/时间型、货币型和自动编号型

表 7.4 "其他总计项"名称及含义

总计项	功　能
Group By	定义要执行计算的组。例如，按类别显示销售额总计
First	求一组记录中某字段的第一个值
Last	求一组记录中某字段的最后一个值
Expression	创建表达式中包含合计函数的计算字段。通常在表达式中使用多个函数时，会创建计算字段
Where	指定不用于分组的字段准则。设置了该参数的字段，将不能在结果中显示

创建汇总查询的操作步骤如下。

① 在 Access 2010 窗口中，选择"创建"选项卡，单击"查询"命令组中的"查询设计"按钮，打开查询设计视图，并弹出"显示表"对话框。将需要的数据源添加到查询设计视图的"字段列表"区。

② 依次将查询所需要的字段添加到"设计网格"区的字段行上。

③ 在"查询工具—设计"选项卡的"显示/隐藏"命令组中单击"汇总"按钮Σ，这时

在"设计网格"区中会插入一个"总计"行,各字段"总计"单元格的值自动设置为"Group By"。

④ 单击某字段对应的"总计"行右侧的下拉箭头,从打开的下拉列表中选择合适的总计项,图 7.43 中第 3 列"总计"行单元格中选择的是"计数"。

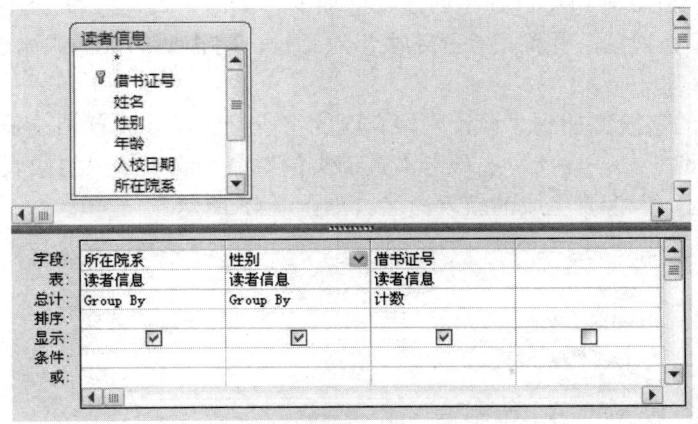

图 7.43　设置总计项

⑤ 命名并保存创建的查询。

⑥ 在"查询工具—设计"选项卡中的"结果"命令组中选择数据表视图,查看汇总查询结果,如图 7.44 所示。

图 7.44　汇总查询结果

7.5.5　建立操作查询

在对数据库进行维护时,常需要大量地修改数据。使用操作查询可以满足这一要求,因为它能够一次完成批量修改的工作。操作查询包括生成表查询、追加查询、更新查询和删除查询。以下仅介绍生成表查询和追加查询。

1. 生成表查询

操作一个数据库时可能经常使用某些数据，这些数据可能来源于一个或多个表，为提高效率，可以创建查询，将这些数据存储在一个新数据表中，这种查询称为生成表查询。创建生成表查询的操作步骤如下。

① 在 Access 2010 窗口中选择"创建"选项卡，单击"查询"命令组中的"查询设计"按钮，打开查询设计视图，并弹出"显示表"对话框。将需要的数据源添加到查询设计视图的"字段列表"区。

② 将所需要的字段添加到"设计网格"区的字段行上，并设置相关条件。

③ 单击"查询工具—设计"选项卡"查询类型"命令组中的"生成表"按钮，打开"生成表"对话框，为将要生成的新表命名，如图 7.45 所示。

图 7.45 "生成表"对话框

④ 单击 确定 按钮，保存查询。

⑤ 单击"查询工具—设计"选项卡"结果"命令组中的"运行"按钮，弹出一个生成表提示框，如图 7.46 所示。

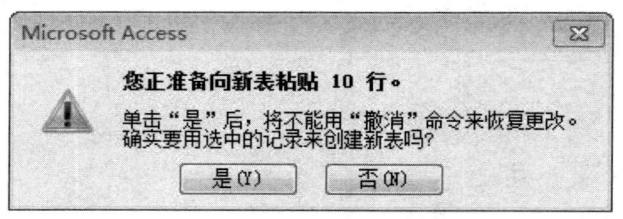

图 7.46 生成表提示框

⑥ 单击 是(Y) 按钮，创建新表。这时在导航窗格的表对象类型中就会生成一个新表，用数据表视图打开该表，效果如图 7.47 所示。

图 7.47 生成表查询结果

2. 追加查询

在维护数据库时，常常需要把某个表中符合一定条件的记录添加到另一个表中，这种操作可以用追加查询完成。创建追加查询的步骤如下。

① 在 Access 2010 窗口中，选择"创建"选项卡，单击"查询"命令组中的"查询设计"按钮，打开查询设计视图，并弹出"显示表"对话框。将需要的数据源添加到查询设计视图的"字段列表"区。

② 单击"查询类型"命令组中的"追加"按钮，打开"追加"对话框，选择需要追加的数据表，如图 7.48 所示。

图 7.48 "追加"对话框

③ 单击 确定 按钮，这时查询视图的"设计网格"区中显示一个"追加到"行。
④ 将所需字段添加到"设计网格"区的字段行上，并设置相关条件，如图 7.49 所示。

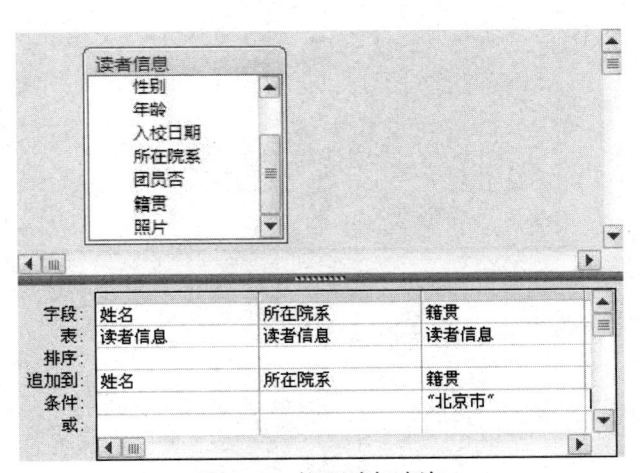

图 7.49 设置追加查询

⑤ 单击"查询工具—设计"选项卡"结果"命令组中的"运行"按钮，弹出一个运行追加查询的提示框。

⑥ 单击 是(Y) 按钮，就可以将满足条件的记录追加到表中。

思 考 题

1. 简述数据库、数据库管理系统、数据库应用系统、数据库系统的概念。
2. 简述数据库系统的组成。
3. 主关键字对应的字段应满足什么条件?
4. 有几种创建数据库的方法?
5. Access 2010 支持哪些数据类型?
6. 实体之间的联系有哪些?
7. 为什么要使用查询处理数据?
8. 有哪几种建立查询的方法?
9. 如何在查询设计视图中添加"总计"行?
10. Access 2010 中有哪些操作查询?

第 8 章　人工智能基础

本章导读

人工智能自诞生以来，理论和技术日益成熟，应用领域也不断扩大。本章介绍人工智能的基本知识，从人工智能概述、人工智能的发展、人工智能常用技术、生活中的人工智能、人工智能的安全与防范、人工智能的未来等方面入手，深入浅出地介绍人工智能的起源及发展过程，并重点介绍人工智能相关技术及其在生活中的应用。

通过学习本章，同学们可以初步了解人工智能的基本原理，形成对人工智能一般应用的轮廓性认识，正确理解人工智能的本质与内涵，思考人工智能对人类文明、社会进步的价值和意义，并为今后在相关领域应用人工智能技术奠定基础。

8.1 人工智能概述

8.1.1 人工智能的概念

人工智能(Artificial Intelligence)，英文缩写为 AI，从字面意思可以理解为人工的、人造的智能，是让机器能够模拟人类的思维能力，让机器像人一样去感知、思考，甚至决策。人工智能是研究、开发用于模拟、延伸和扩展人的智能的理论、方法、技术及应用系统的一门新的技术，是计算机科学的一个分支，它试图了解智能的本质，并生产出一种新的能以与人类智能相似的方式做出反应的智能机器，该领域的研究包括机器人、语言识别、图像识别、自然语言处理和专家系统等。尼尔逊教授对人工智能的定义是："人工智能是关于知识的科学——怎样表示知识、怎样获得知识并使用知识的科学。"美国麻省理工学院的温斯顿教授认为："人工智能就是研究如何使计算机去做过去只有人才能做的智能工作。"这些说法反映了人工智能学科的基本思想和基本内容，即人工智能是研究人类智能活动的规律、构造具有一定智能的人工系统，研究如何让计算机去完成以往需要人的智力才能胜任的工作，也就是研究如何应用计算机的软硬件来模拟人类某些智能行为的基本理论、方法和技术。

通俗地讲，人工智能是研究用计算机模拟人的某些思维过程和智能行为(如学习、推理、思考、规划等)的学科，主要包括计算机实现智能的原理、制造类似于人脑智能的计算机，使计算机能实现更高层次的应用。人工智能涉及计算机科学、心理学、哲学、语言学等自然科学和社会科学的几乎所有学科，被认为是 21 世纪三大尖端技术(基因工程、纳米科学、人工智能)之一。近年来人工智能得到了迅速的发展，在很多学科领域都获得了广泛应用，并取得了丰硕的成果，人工智能已逐渐成为一个独立的分支，在理论和实践上都已自成系统。

8.1.2 人工智能的起源

1956 年夏，在美国汉诺斯小镇的达特茅斯学院中，约翰·麦卡锡、马文·明斯基(人工智能与认知学专家)、克劳德·艾尔伍德(信息论的创始人)、艾伦·纽厄尔(计算机科学家)、赫伯特·西蒙(诺贝尔经济学奖得主)等科学家聚在一起，举行了为期两个月的学术讨论会，从不同学科的角度探讨人类各种学习和其他智能特征的基础，研究在原理上如何进行更加精确的描述，并探讨用机器模拟人类智能等问题，首次提出了人工智能这一术语，这一事件被广泛认为是人工智能诞生的标志。

8.1.3 人工智能的发展

人工智能从诞生之初，它的发展一直是一个充满未知、跌宕起伏的过程。对于如何描述人工智能自 1956 年诞生以来 60 多年的发展历程，学术界一直持有不同意见。人工智能的发展通常可分为起步发展期、反思发展期、应用发展期、低迷发展期、稳步发展期和蓬勃发展期等 6 个阶段。

1. 起步发展期

这一时期以达特茅斯会议为起点，一直持续到 1960 年前后。这一时期，伴随着人工智能概念的提出，先后出现了一批令人瞩目的研究成果，其中包括西洋跳棋程序、机器定理证明、图灵测试等应用实例，掀起了人工智能发展的第一个高潮。

1950 年，艾伦·麦席森·图灵在论文《计算机器与智能》中提出：让计算机来冒充人与人类在隔开的情况下通过一些装置(如键盘)展开对话，如果计算机能在 5 分钟内回答由人类测试者提出的一系列问题，且其超过 30%的回答让测试者误认为是人类所答，那么就称这台机器具有智能，这就是著名的"图灵测试"。这篇论文预言了创造出具有真正智能机器的可能性。

1952 年，阿瑟·萨缪尔在 IBM 公司研制了一个西洋跳棋程序(见图 8.1)，这个程序具有自学习能力，可通过对大量棋局的分析逐渐辨识出当前局面下的"好棋"和"坏棋"，从而不断提高弈棋水平。1961 年，萨缪尔向康涅狄格州跳棋冠军、当时全美排名第四的棋手发起了挑战，结果萨缪尔的西洋跳棋程序获胜，在当时引起很大的轰动，人们首次接触了"人工智能"的概念。萨缪尔的西洋跳棋程序不仅在人工智能领域产生了重大影响，而且影响了整个计算机科学的发展。早期计算机科学研究认为，计算机不可能完成事先没有编程好的任务，而萨缪尔的西洋跳棋程序否定了这个假设。

图 8.1　萨缪尔的西洋跳棋程序

2. 反思发展期

20 世纪 60 年代至 70 年代初，人工智能发展初期取得的一系列突破性进展，大大提升了研究人员和广大用户对人工智能的期望，更多的研究人员开始尝试更多、更具挑战性的人工智能任务，并提出了很多不切实际的研发目标，这导致不可避免出现了接二连三的失败，也出现了很多预期目标无法达成的现象。例如，人工智能程序无法证明两个连续函数之和是连续函数，通过人工智能程序实现的机器翻译任务也闹出了很多笑话，直接导致人工智能的发展第一次陷入了低谷。

3. 应用发展期

这一时期从 20 世纪 70 年代初持续到 80 年代中期，20 世纪 70 年代出现的专家系统通过模拟人类专家的知识和经验解决特定领域的问题，使得人工智能从理论研究走向了实际应用，从一般推理策略探讨转向运用专门知识的重大突破。这一时期，专家系统在医疗、制造、金融、化学、地质等领域得到了成功应用，成为推动人工智能从实验室走向具体应用的动力。

1976 年，美国斯坦福大学肖特里夫等人发布的医疗咨询系统 MYCIN，可用于对传染性血液病患者进行诊断。1980 年，美国卡耐基梅隆大学为 DEC 公司制造出 XCON 专家系统，帮助 DEC 公司每年节约 4000 万美元左右的费用，特别是在决策方面能提供有价值的内容。

1970 年，早稻田大学建造了第一个拟人机器人 WABOT-1，它由肢体控制系统、视觉系统和会话系统组成，可以自行导航和自由移动，甚至可以测量物体之间的距离。1977 年，电影"星球大战"上映，电影中的 C-3PO 是一个人形机器人（见图 8.2）。同年，还在斯坦福大学人工智能实验室读博士的汉斯·摩拉维克为斯坦福推车配备了立体视觉和计算机远程控制系统，电视摄像机安装在车顶栏杆上，从几个不同的角度拍摄照片，并将其传送到计算机，计算机计算小车和周围的障碍物之间的距离，并操纵小车绕过障碍物。1979 年，在没有人干预的情况下，斯坦福推车花了大约 5 个小时成功地穿过了一个放满椅子的房间。斯坦福推车相当于早期的无人驾驶汽车。

图 8.2　C-3PO

4. 低迷发展期

从 20 世纪 80 年代中期至 90 年代初期持续十年的时间是人工智能的低迷发展期。在这一时期，随着人工智能应用规模的不断扩大，前一时期得到广泛应用的专家系统所存在的应用领域狭窄、缺乏常识性知识、知识获取困难、推理方法单一、缺乏分布式功能，以及难以与现有数据库兼容等问题逐渐暴露出来，人们开始怀疑人工智能的前景，这直接导致人工智能再次陷入低迷。

5. 稳步发展期

20 世纪 90 年代中期，人工智能的发展走出了低迷期，进入了稳步发展期，这一过程一直持续到 21 世纪的前十年。计算机网络技术特别是互联网技术的迅速发展，加快了人工智能的创新性研究和应用的步伐，也促使人工智能技术不断走向实用化。

这一时期具有标志性的成果是深蓝超级计算机战胜了国际象棋世界冠军卡斯帕罗夫。1997 年 5 月 11 日，IBM 开发的"深蓝"计算机经过六场比赛以 3.5∶2.5 的总比分，成为世界上首个击败世界国际象棋冠军卡斯帕罗夫的机器(见图 8.3)。

图 8.3　卡斯帕罗夫在与超级电脑"深蓝"对弈(右为"深蓝"现场操作者)

6. 蓬勃发展期

从 2011 年一直到今天，随着互联网、云计算和大数据的发展和应用，特别是泛在感知数据和图形处理器等计算平台的发展，推动了以深度神经网络为代表的人工智能技术的飞速发展，很大程度上跨越了科学与应用之间的"技术鸿沟"。其中比较有代表性的有图像分类、语音识别、知识问答、人机对弈、无人驾驶等，越来越多的人工智能技术的应用迎来了人工智能爆发式增长的新高潮。

2000 年，麻省理工学院的 Cynthia Breazeal 发明了一种能够识别和模拟情绪的机器人 Kismet，Kismet 的外观结构像人类一样，有脸、眼睛、嘴唇、眼睑和眉毛；2011 年，苹果公司发布了 Apple iOS 操作系统的虚拟助手——Siri，Siri 使用自然语言用户界面来向用户推断、观察、回答和推荐事物，并为每个用户投射"个性化体验"；2014 年，微软发布了类似于 Siri 的虚拟助手——Cortana，同年亚马逊创建了家庭助理亚马逊 Alexa。

2009 年，谷歌开发了一款无人驾驶汽车，2014 年，这款无人驾驶汽车通过了内华达州的自动驾驶测试。

2016 年 3 月，AlphaGo 与围棋世界冠军、职业九段棋手李世石进行围棋人机大战（见图 8.4），以 4 比 1 的总比分获胜；2016 年末 2017 年初，该程序在中国棋类网站上以"大师"(Master)为注册账号与中日韩数十位围棋高手进行快棋对决，连续 60 局无一败绩；2017 年 5 月，在中国乌镇围棋峰会上，该程序与排名世界第一的世界围棋冠军柯洁对战，以 3 比 0 的总比分获胜。

图 8.4 李世石与 AlphaGo 对战

2016 年 10 月，在美国 CBS 电视台的电视新闻节目《60 Minutes》的人工智能特辑中，名嘴 Charlie Rose 采访了一个叫作 Sophia 的女性机器人（见图 8.5）。节目中，Sophia 谈论了有关情绪的内容，妙语连珠，震惊四座，她被称为第一个"机器人公民"。Sophia 与以前的类人生物的区别在于它与真实的人类相似，能够进行图像识别，并做出面部表情进行交流。2016 年，Google 发布了 Google Home，这是一款智能扬声器，使用人工智能充当"个人助理"，帮助用户记住任务，创建约会，并通过语音搜索信息；同年三星推出虚拟助手 Bixby，用户可以与它交谈并提出问题。

2012 年，Jeff Dean 和 Andrew Ng 通过向 YouTube 视频展示 1000 万张未标记的图像，训练了一个拥有 16000 个处理器的大型神经网络来识别猫的图像；2013 年，来自卡内基梅隆大学的研究团队发布了 Never Ending Image Learner（NEIL）系统，这是一种可以比较和分析图像关系的语义机器学习系统。

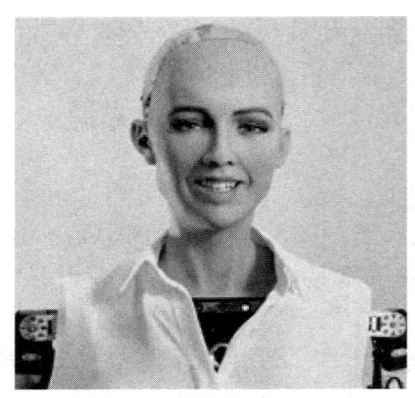

图 8.5　机器人 Sophia

进入 21 世纪，随着人工智能的发展，自然语言处理(NLP)领域取得了显著进展。OpenAI 作为人工智能领域的前沿企业，推出了 GPT 系列的自然语言处理模型。ChatGPT 是一款人工智能 AI 对话软件，可以用各种拟人化的方式与用户进行智能交互、实时对话等。

8.1.4　人工智能在中国

与国际上人工智能的发展情况相比，国内的人工智能研究不仅起步较晚，而且发展道路曲折坎坷，历经了质疑、批评甚至打压的十分艰难的发展历程。直到改革开放后，中国的人工智能技术才逐渐走上发展之路。

2015 年 7 月，在北京召开的"2015 中国人工智能大会"发布了《中国人工智能白皮书》，该文件包括"中国智能机器人白皮书""中国自然语言理解白皮书""中国模式识别白皮书""中国智能驾驶白皮书""中国机器学习白皮书"，为中国人工智能相关行业的科技发展描绘了一个轮廓，为产业界指引了一个发展方向。

2016 年 5 月，国家发改委和科技部等 4 部门联合印发《"互联网+"人工智能三年行动实施方案》，明确未来 3 年智能产业的发展重点与具体扶持项目，进一步体现出人工智能已被提升至国家战略高度。

人工智能是引领新一轮科技革命和产业变革的关键技术，也是全球科技竞争的制高点。党的二十大报告中指出，必须坚持科技是第一生产力、人才是第一资源、创新是第一动力，深入实施科教兴国战略、人才强国战略、创新驱动发展战略，开辟发展新领域新赛道，不断塑造发展新动能新优势。推动战略性新兴产业融合集群发展，构建新一代信息技术、人工智能、生物技术、新能源、新材料、高端装备、绿色环保等一批新的增长引擎。

《机器人产业发展规划(2016—2020 年)》和《"互联网+"人工智能三年行动实施方案》的发布与施行，表明了国家领导层对人工智能的高度关切和对发展我国人工智能的重视，体现了我国已把人工智能技术提升到国家发展战略的高度，为人工智能的发展创造了前所未有的优良环境，同时也赋予人工智能艰巨而光荣的历史使命。

现在，中国已有数以十万计的科技人员和大学师生从事不同层次的人工智能相关领域研究、开发与应用，人工智能的研究与应用硕果累累，必将为促进其他学科的发展和中国的现代化建设作出新的重大贡献。

8.2 生活中的人工智能

当今社会，随着互联网走进千家万户，我们已经进入万物互联的时代。各种事物与事物的连接、人与人的连接、人与物的连接越来越紧密，越来越快捷，人工智能也不断出现在我们的生活中。

8.2.1 智慧农业

所谓"智慧农业"，就是充分利用现代信息技术成果，集成计算机与网络技术、物联网技术、音视频技术、无线通信技术及专家智慧与知识，实现农业可视化远程诊断、远程控制、灾变预警等智能管理。

智慧农业是农业生产的高级阶段，集新兴的互联网、移动互联网、云计算和物联网技术于一体，依托部署在农业生产现场的各种传感器(环境温湿度、土壤水分、二氧化碳、图像等传感器)和无线通信网络，可以实现农业生产环境的智能感知、智能预警、智能决策、智能分析、专家在线指导，为农业生产提供精准化种植、可视化管理、智能化决策(见图 8.6)。

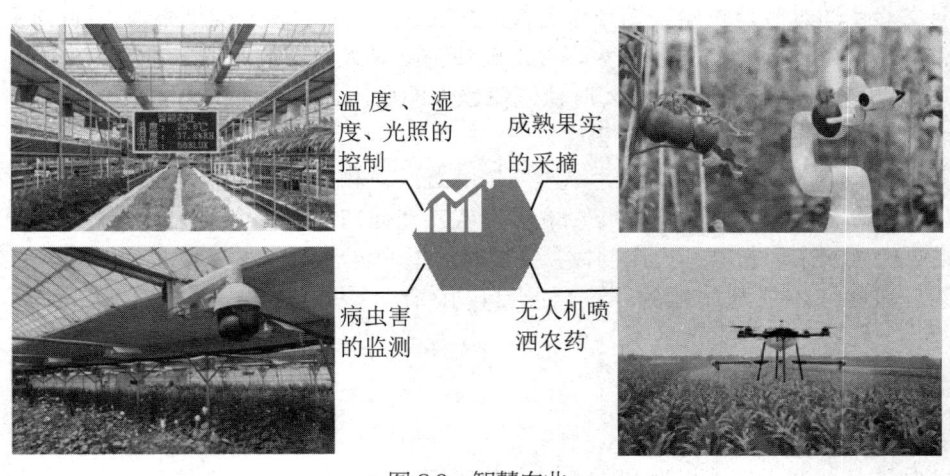

图 8.6　智慧农业

8.2.2 智慧出行

智慧出行也称智能交通，是指借助移动互联网、云计算、大数据、物联网等先进技术和理念，将传统交通运输业和互联网进行有效渗透与融合，利用卫星定位、移动通信、高性能计算、地理信息系统等技术实现对城市、城际道路交通系统状态的实时感知，准确、全面地将交通路况通过手机导航、路侧电子布告板、交通电台等途径提供给人们。在此基础上，集成驾驶行为实时感应与分析技术，实现公众出行多模式、多标准动态导航，提高出行效率；辅助交通管理部门制定交通管理方案，促进城市节能减排，提升城市运行效率。

8.2.3 智慧医疗

在安德森癌症中心的肿瘤医院里，有一个超级"助理医生沃森"，它是一台超级计算机。"沃森"就像躺在口袋里的专家，医生在它的界面中输入病人的信息，几秒钟之内，它就会结合最新研究为病人量身定制出多种诊疗方案。"沃森"能力超强：30名医生夜以继日做上一个月的研究，它9分钟就能完成。

2015年7月，英国曼彻斯特皇家眼科医院已经成功实施了世界首例人工仿生机器眼移植治疗老年性视网膜黄斑变性导致失明的手术。这个人工智能仿生眼装置被称为 Argus Il，由两部分组成：体内植入设备和体外病人必须穿戴的部分。植入设备将植入到病人的视网膜上，设备中含有电极阵列、电池和无线天线。外部设备包含一副眼镜、内置前向摄像头和无线电发射器，以及一个视频处理单元。

8.2.4 智慧养老

随着科技的进步，新型养老方式日趋流行，社会上也涌现出一系列为老人设计的高科技产品，提升了老人的晚年生活质量。

精神关怀：通过智能机器人为独居老人、空巢老人、失能老人提供心理咨询、心理疏导、健康咨询、谈心等关怀性服务，最大程度地解决空巢老人寂寞的问题。

健康监测：借助智能腕表，可随时监测佩戴人的血压、血氧、心率等基本生理指标状况，GPS定位功能可以有效预防老人走丢。

远程监控：利用智能腕表，结合家庭监控装置，检测到有老年人跌倒或越出围栏等意外情况时，就会通过短信、电话、手机App等方式立即通知此前协议约定的医护人员和老人亲属；如果厨房煮的东西长时间无人问津，装在厨房里的传感器会发出警报，提醒健忘的老人，如果报警一段时间还是无人响应，煤气便会自动关闭。

8.2.5 智能制造

智能制造是一种由智能机器和人类专家共同组成的人机一体化智能系统，它在制造过程中能进行智能活动，诸如分析、推理、判断、构思和决策等。人与智能机器的合作共事，扩大、延伸和部分地取代人类在制造过程中的脑力劳动。

智能制造技术包括自动化、信息化、互联网和制造成型四个层次（见图8.7），产业链涵盖机器人及系统集成（工业机器人、服务机器人、机器人零部件及其他自动化装备）、高端数控机床、工业互联网（工业视觉、智能传感器、RFID、工业以太网）、工业软件及数据处理系统（ERP/MES/DCS等）、增材制造装备（3D打印）等。

图8.7 智能制造

8.2.6　AI 个人助理

如今，几乎每个智能手机中都有手机助手。例如，苹果手机中的 Siri，还有小米手机中的小爱同学等，手机助手通过语音识别技术，执行用户所发出的指令。

基于人工智能的个人语音助理服务正日益受到用户的欢迎，同时，人工智能助手也将改变消费者在家中与智能终端交互的方式。例如，随着越来越多的厂商和运营商投资开发自己的消费者 AI 平台，智能家居 AI 助手市场的竞争愈演愈烈，许多厂商和运营商将语音作为智能家居的主要接口，这再次引发了智能家居市场的竞争。

8.2.7　智能家居

所谓智能家居（见图 8.8），是以住宅为平台，利用综合布线技术、网络通信技术、安全防范技术、自动控制技术、音视频技术，将家居生活相关的设备集成起来，构建可集中管理、智能控制的住宅设施管理系统，从而提升家居的安全性、便利性、舒适性、艺术性，实现环保节能的居住环境。换句话说，智能家居并不是一个单一的产品，而是通过技术手段将家中所有的产品连接成一个系统，主人可随时随地控制该系统。

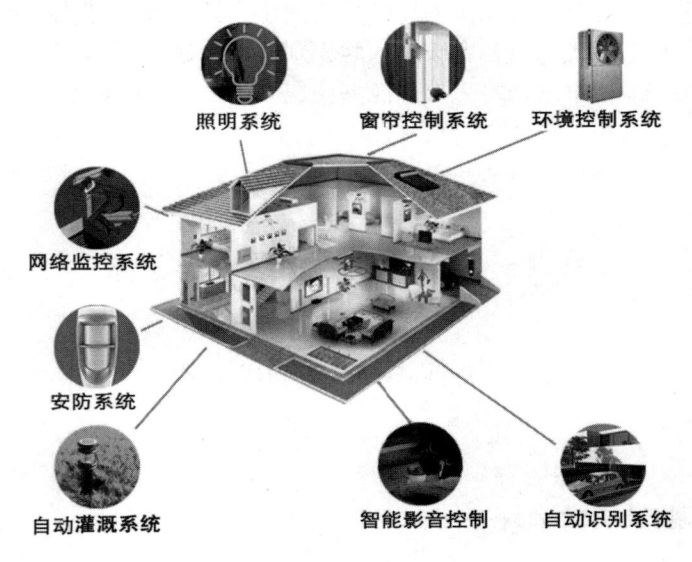

图 8.8　智能家居

智能家居利用物联网技术将家中的各种设备（如音视频设备、照明系统、窗帘控制、空调控制、安防系统、数字影院系统、网络家电等）连接到一起，提供家电控制、照明控制、电话远程控制、室内外遥控、防盗报警、环境监测、暖通控制、红外转发，以及可编程定时控制等多种功能。与普通家居相比，智能家居不仅具有传统的居住功能，还兼备建筑信息化、网络通信、智能家电、设备自动化，提供全方位的信息交互功能，甚至还能节约各种能源费用。

8.2.8 虚拟主播

在"人民智播报"微信公众号上,由科大讯飞与人民日报共同打造的 AI 虚拟主播"果果"每天准时到岗,智能播报国内外的热点事件,为网友们带来了便捷的新闻资讯阅读体验(见图 8.9)。

图 8.9 虚拟主播

据悉,"果果"以主持人果欣禹为原型。科大讯飞技术人员通过对果欣禹人像、音频素材进行采集,运用科大讯飞的语音合成、人脸识别、人脸建模、图像合成、机器翻译等多项人工智能技术,使 AI 虚拟主播"果果"能够实现多语言的新闻自动播报,并支持文本到视频的输出与转换。

8.3 人工智能常用技术

计算机视觉技术、机器学习、自然语言处理技术、机器人技术和语音识别技术是人工智能的五大核心技术。

8.3.1 计算机视觉技术

计算机视觉是一种利用计算机和数字图像处理技术对真实世界中的图像进行自动分析和处理的技术。计算机视觉技术起源于 20 世纪 60 年代,最初的研究内容主要是图像处理和模式识别。随着计算机性能的提高和计算机视觉算法的不断创新,计算机视觉技术得到了快速发展,其中深度学习技术的出现为计算机视觉技术带来了革命性的变化。

计算机视觉技术的主要研究方向包括图像处理、特征提取和描述、目标检测和识别、三维重建和场景理解等。

① 图像处理:包括图像去噪、图像增强、图像分割、图像配准等技术,为后续的计算机视觉任务提供清晰、准确的输入数据。

② 特征提取和描述:通过对图像特征进行提取和描述,将图像转换成易于计算机处理

的形式，为图像分类、目标检测、人脸识别等任务提供基础。

③ 目标检测和识别：通过对图像中的目标进行检测和识别，实现自动化的物体识别、跟踪和分析。

④ 三维重建和场景理解：通过对多个视角的图像进行处理和分析，实现三维重建和场景理解，为虚拟现实、机器人控制等领域提供支持。

随着计算机技术和数字图像处理技术的不断发展，计算机视觉技术在各个领域得到了广泛应用。

① 遥感图像识别：航空遥感和卫星遥感图像通常用图像识别技术进行加工以便提取有用的信息。该技术主要用于地形地质探查，森林、水利、海洋、农业等资源调查，灾害预测，环境污染监测，气象卫星云图处理，以及地面军事目标识别等。

② 军事、公安刑侦等领域的应用：图像识别技术在军事、公安刑侦方面的应用很广泛。例如，军事目标的侦察、武器制导和警戒系统；公安部门对现场照片、指纹、手迹、印章、人像等的处理和辨识；历史文字和图片档案的修复和管理等。

③ 机器视觉领域的应用：作为智能机器人的重要感觉器官，机器视觉主要进行 3D 图像的理解和识别。例如，用于军事侦察、危险环境的自主机器人，邮政、医院和家庭服务的智能机器人。此外机器视觉还可用于工业生产中的工件识别和定位，以及太空机器人的自动操作等。

8.3.2 机器学习

机器学习的概念建立在人类学习概念的基础上。机器学习指的是计算机系统无须遵照显式的程序指令，而是通过归纳思维方法从已有数据中归结出一般性的知识，或基于环境的反馈总结规律以用于预测或进行决策。

机器学习的结构模型是建立在计算机系统上的，主要包括 3 个部分：数据、模型和算法。算法通过在数据上进行训练产生模型。

大部分机器学习的模式都是通过数据进行学习的，数据是外部世界海量学习对象在计算机中的表示。这种数据一般称为样本数据，一般都是通过感知设备从外部环境中获得的，而在特殊情况下，则是从网络中的文件、数据库中获得的。

模型是机器学习的结果，这个学习过程称为训练。一个已经训练好的模型，可以被理解成一个可以直接应用的函数：把数据输入进去，得到对应的输出结果。这个输出结果可能是一个数值(回归问题)，如预测股票价格；也可能是一个标签(分类问题)，如判断一张图片是不是玫瑰花。人工智能的各类应用都是建立在机器学习模型基础上的。

机器学习的模型是通过算法训练出来的。机器学习算法大致可以分为三类。

监督学习算法：在监督学习训练过程中，可以由训练数据集学到或建立一个模式，并依此模式推测新的实例。该算法要求特定的输入/输出，因此需要首先决定使用哪种数据作为范例。例如，文字识别应用中使用一个手写的字符或一行手写文字。主要的算法包括神经网络、支持向量机、最近邻居法、朴素贝叶斯法、决策树等。

无监督学习算法：无监督学习是利用无标记的有限数据描述隐藏在未标记数据中的结构/规律。无监督学习不需要训练样本和人工标注数据，便于压缩数据存储、减少计算量、提高算法速度，还可以避免正负样本偏移引起的分类错误问题，主要用于经济预测、异常监测、数据挖掘、图像处理、模式识别等领域。例如，组织大型计算机集群、社交网络分析、市场分析、天文数据分析等。

强化学习算法：强化学习是智能系统从环境到行为映射的学习。由于外部环境提供的信息很少，强化学习系统必须靠自身的经历进行学习，才能使外部环境对学习系统在某种意义上的评价为最佳。其在机器人控制、无人驾驶、棋类、工业控制等领域获得成功应用。在这种学习模式下，输入数据作为对模型的反馈，不像监督模型那样，输入数据仅仅是一个检查模型对错的方式。在强化学习模式下，输入数据直接反馈到模型，模型必须立即做出调整。

8.3.3 自然语言处理技术

自然语言处理技术是指计算机拥有的人类般的文本处理的能力。例如，可以从文本中提取意义，甚至可以从那些可读的、风格自然、语法正确的文本中自主解读出含义。一个自然语言处理系统并不了解人类处理文本的方式，但是它却可以用非常成熟的方法巧妙地处理文本。例如，可以自动识别一份文档中所有被提及的人与地点，并识别文档的核心议题；在一堆仅人类可读的合同中，可以将各种条款与条件提取出来并制作成表。

自然语言处理技术像计算机视觉技术一样，将各种有助于实现目标的技术进行了融合，建立语言模型来预测语言表达的概率分布，举例来说，就是某一串给定字符或单词表达某一特定语义的最大可能性。选定的特征可以和文中的某些元素结合起来识别一段文字，通过识别这些元素可以把某类文字同其他文字区分开来，如把垃圾邮件同正常邮件区分开来。

8.3.4 机器人技术

机器人技术是综合了计算机、控制论、信息和传感技术、人工智能、仿生学等多学科而形成的高新技术，是当代研究十分活跃、应用日益广泛的领域。机器人的应用情况是一个国家工业自动化水平的重要体现。

机器人按发展进程一般可分为三代：第一代机器人是一种"遥控操作器"；第二代机器人是按照事先编好的程序对机器人进行控制，使其自动重复完成某种操作的方式；第三代机器人是智能机器人，它是通过各种传感器、测量器等获取环境数据，然后利用智能技术进行识别、理解、推理，最后做出规划与决策，能自主行动实现预定目标的高级机器人。

从人工智能的角度来看，机器人技术包括感知、学习、规划、控制和交互等方面的内容。在感知方面，机器人能够借助传感器和计算机视觉、语音识别与分析、自然语言理解等技术感知周围环境，包括识别人和物体、识别声音和语音等。在学习方面，机器人可以通过监督学习、无监督学习和强化学习等方式进行学习。在监督学习中，机器人可以通过输入输出数据来训练模型，从而更好地预测结果。在无监督学习中，机器人可以自主地学习如何从数据中提取出有用的特征。在强化学习中，机器人通过与环境的交互来学习最佳行为。在规划方面，机器人需要使用路径规划、运动规划等算法，以便在不同的环境中自主地移动和执行任务。在控制方面，机器人需要能够控制自己的动作和行为，以实现特定的目标，如物品抓取、货物搬运等。在交互方面，机器人需要能够与人类进行交互，这通常需要使用自然语言处理、情感识别、人机界面等技术，以便机器人能够更好地理解人类的需求和意图，并提供更好的服务和支持。

2022 年 11 月，OpenAI 发布了全新聊天机器人模型 ChatGPT，其凭借强大而惊艳的语言能力，一时间在互联网上掀起了一场"AI 风暴"。ChatGPT 不仅能够模拟人类的语言行为，流畅地与人对话，在同一个会话期间内回答上下文相关的后续问题，还能写诗、写论文、编写代码，等等。

人形仿生机器人是智能机器人研究领域最前沿的研究方向之一，同时被誉为 AI 领域的终极形态，两款人形仿生机器人"CyberOne"和"Optimus"一经面世，便在业内掀起一股新热潮。全尺寸人形仿生机器人 CyberOne（见图 8.10）由中国小米科技有限责任公司研制，它除了能实现双足运动，还可以感知 6 类 45 种人类语义情绪，模拟人的各项动作，以及重建三维真实世界等，其单手还可握持 1.5kg 重物。CyberOne 凭借其极具科技感的外观和各项优异功能成为 2022 年机器人行业内的"网红"。不过，目前制作 Cyberone 的成本还需要六七十万元，因此暂时无法实现量产销售，还需要降低开发成本。另一款人形仿生机器人 Optimus 则是由美国特斯拉公司研制的，它搭载了特斯拉车系上主导 FSD 辅助自动驾驶的 AI 运算的同款计算芯片，并且采用仿生学的视觉设计，完全借助头部的摄像头去"看"世界，去判断不同的物体、生物、障碍的种类、高度等信息，能够正常行走并完成一系列动作，如搬运货箱、给植物浇水、移动金属棒等。

图 8.10 人形仿生机器人 CyberOne

8.3.5 语音识别技术

语音识别技术是一门涉及数字信号处理、人工智能、语言学、数理统计学、声学、情感学及心理学等多学科交叉的科学，旨在让智能设备听懂人类的语音。这项技术可以提供如自动客服、自动语音翻译、命令控制、语音验证码等多项应用。

也许你对智能音箱并不陌生，但它是如何回应你的呢？你用语音唤醒智能音箱，智能音箱接收到你的语音后，将其上传到智能应用平台。智能应用平台使用 ASR（音频转文字）和 NLP（自然语言处理）技术，智能解析出你的语音包含的意图（你当前期望智能音箱完成什么样的操作），自动将当前用户指令匹配到各类应用服务对应的功能和意图中。应用服务接收到智能应用平台发送的请求参数（用户指令）后，执行业务逻辑（如天气预报查询、智力题、语音游戏等)并组装回复结果。智能应用平台收到服务执行完的响应数据后，使用TTS(文字转音频)合成音频，并将音频推送回智能音箱。智能音箱通过麦克风播放收到的音频，本轮交互就完成了。

语音识别是人机交互的入口，是指机器/程序能够接收、解释声音，或理解和执行口头命令的能力。随着语音识别技术与智能手机、平板电脑等电子产品芯片集成的深入发展，用户交互体验水平将得到大幅提升，用户认知和习惯也会随之发生变化。微信的语音输入信息、手机的语音搜索、智能汽车的语音助手、智能客服机器人等，已自然而然地融入我们的日常生活。在日常办公中，语音识别技术也为我们提供了极大的便利，直播或录播视频中的字幕生成、自动会议纪要、即时语音翻译等都已成为基本的工具。

语音识别技术并不完美，在使用时，会因为你的方言或是并不纯正的英语发音而无法正确识别。此外，隐私保护也存在一定的风险，语音识别模型需要大量的语音数据进行训练，而用户无法确定这些语音数据是否涉及自己的隐私。

8.4 人工智能的未来

人工智能具有广阔的应用前景，"人工智能+"的英文Artificial Intelligence Plus缩写为"AI+"，它为人类社会赋予了巨大的活力。通俗地说，"AI+"就是"AI+各个行业"，但这并不是简单的两者相加，而是利用人工智能技术及互联网平台，使人工智能与传统行业、新兴行业进行深度融合，创造新的发展生态。它代表了一种新的社会形态，即充分发挥"人工智能"在社会中的作用，将"人工智能"的创新成果深度融合于经济、社会各领域之中，提升全社会的创新力和生产力，形成更广泛的以互联网为基础设施和实现工具的经济发展新形态。建设智慧社会是我国在新时代把握信息化带来的重大机遇，是以信息化推动经济社会发展的战略部署。智慧社会作为智慧政务、智慧产业、智慧民生、智慧城市等各种智慧系统的总和，是人类文明发展的新阶段。

8.4.1 传媒领域

随着人工智能技术的不断发展和应用，传媒领域开始迎来一场巨大的变革。目前，"生成式人工智能"技术(AIGC)已经广泛应用于智能写作、代码生成、有声阅读、新闻播报、语音导航、影像修复等领域，通过机器自动合成文本、语音、图像、视频等正在推动互联网数字内容生产的变革。听、说、读、写等能力的有机结合是人工智能在传媒领域未来的发展趋势。例如，央视、新华社、光明网等均推出了数字人主播，支持根据音频/文本内容一键生成视频，能够实现节目内容的快速、自动化生产，相关数字人主播和数字人记者，已在全国两会、春节晚会等大型报道和节目中广泛应用(见图8.11)。

图 8.11　新华社 3D 版 AI 合成主播"新小微"

1. 新闻传播领域的 AI 变革

首先，人工智能可以帮助传媒从业者更好地理解和分析用户的需求和行为。通过对大数据的分析和挖掘，人工智能可以帮助传媒从业者更好地了解用户的兴趣爱好、消费习惯等信息，从而更好地为用户提供个性化的服务和内容。

其次，人工智能还可以帮助传媒从业者进行内容生产和编辑。在新闻报道方面，人工智能可以帮助传媒从业者从海量数据中抓取关键信息，并自动生成新闻稿件。人工智能技术可以改变传媒从业者的工作模式，帮助传媒从业者自动处理稿件的排版、剪辑、翻译等工作，从而将更多的时间和精力用于创意和创新而非重复性、烦琐的工作。

人工智能技术还可以帮助传媒从业者对网络舆情进行监测和分析，及时发现并回应网民关注的热点问题。

2. 影视传媒领域的 AI 变革

影视传媒领域的创作流程主要包括前期创作，如剧本编写、场景设计、影视风格设计、妆效设计等，以及中期拍摄、后期制作等环节，而人工智能几乎可以参与其中的每一个环节。

在剧本编写阶段，人工智能目前已经具备了创作轻小说的能力，而且正在往长篇剧本创作方向发展。在故事编写和场景创作方面，人工智能也可以逐渐创作出人物丰富、逻辑完整的剧本。重要的是，这种创作剧本的方式大大压缩了影视传媒作品所需要的人工、时间和经费。

在影视拍摄方面，拍摄场景的寻找与搭建经常要花费拍摄人员很长的时间，而且找到拍摄场景后极易受天气条件的影响。人工智能就没有这些顾虑，只要预先给定想要的场景图片，它就能够根据给定的图片自动生成后续图片，通过算法将图片自动整合，完成一部影视传媒作品的拍摄。此外，这种拍摄方式不必受到场地和自然条件的约束。人工智能在拍摄阶段大大提高了影视传媒作品制作的效率，使得影视传媒市场涌现出更多优秀的作品。

在后期配音方面，人工智能能够不受配音人员数量和声音条件的限制，借助算法让每一个影视人物都能拥有属于自己的声音。但目前用人工智能进行后期配音主要存在的问题是人工智能配出的声音感情色彩不足以引起观众共鸣，如何做到使人工智能合成的声音充满更多的情感是该领域的一个研究重点。

在发行宣传方面，影视传媒作品的宣传活动多且持续时间较长，很多时候还受场地和天气的影响。人工智能可以极大地改善这一局面，通过互联网海量大数据可以对受众人群进行任务侧写和分析，有针对性地对潜在受众进行网络推送和定点投放，扩大宣传频次与宣传效果。此外，借助现有的 VR 技术，可以实现特定群众的观影活动，观众不必再耗费精力和成本去抢购首映门票。

人工智能在传媒领域已得到较多的应用和发展，可以预见，传媒工作的工作模式将更加数字化、智能化和个性化，更加注重人机协同，充分发挥人工智能在传媒领域的优势和价值。

8.4.2 交通领域

车联网是人工智能推动交通领域变革的伟大愿景，目前已经在智慧交通和无人驾驶两个领域得到初步发展。

智慧交通是指通过信息技术手段，对城市交通进行全方位、高效率、智能化管理，以提高交通系统的效率和安全性。其中，人工智能是智慧交通建设的核心，具体的应用包括交通流量预测、智能信号控制、交通事故预警等。交通流量预测主要通过对历史交通数据进行分析，结合实时交通数据，利用人工智能算法精准地预测交通流量，提前做好路网调整和疏导工作，减缓拥堵。智能信号控制利用人工智能技术，实现对红绿灯的智能控制，根据不同时间段和路段的交通流量变化，自动调整信号配时，使交通更加顺畅。在交通事故预警方面，人工智能可以对交通事故发生的概率进行预测，并发出预警，以便人们及时采取措施避免事故的发生。

无人驾驶是指利用自动驾驶技术，实现车辆自主行驶，不需要人类驾驶员操作的技术。目前，无人驾驶汽车已经应用于国家试点区域的出租车、公交车、货车、物流配送等领域，大幅度提高了交通效率和安全性。无人驾驶汽车的推广面临着技术层面、法律层面、安全层面等诸多挑战，需要政府、企业和社会共同努力解决。

近年来，国家在数字交通领域制定了相应的政策和规划，《车联网（智能网联汽车）产业发展行动计划》《新能源汽车产业发展规划（2021—2035 年）》《智能汽车创新发展战略》《推动交通运输领域新型基础设施建设的指导意见》《交通领域科技创新中长期发展规划纲要（2021—2035 年）》《数字交通"十四五"发展规划》等顶层规划的相继发布，促进了汽车、交通运输行业加速拥抱新一代信息通信技术。

在车联网基础设施方面，在车联网先导区、智能网联汽车示范区建设过程中，各地积极推动车联网设施设备与智慧交通、交管信息化系统的融合，显著提升了基础设施的集约化水平。北京经济技术开发区依托已有的智慧灯杆，在其上加装 5G 基站模块、路侧感知设施，支持车路协同场景的同时也支持了其他智慧城市应用。上海结合智能交通基础设施建设进程，同步部署 LTE-V2X 路侧单元、全息道路感知系统等，优化了基础设施建设流程及成本控制，取得了显著成效。

自动驾驶技术正在不断突破并进行区域性示范。根据中国信通院 2022 年的数据，自动驾驶示范落地加速推进，全国开放各级测试公路超过 7000 千米，实际道路测试里程超过 4000 万千米。5G、C-V2X 直连通信等车辆联网的渗透率和量产车型数量显著增长。2022 年 1 月至 11 月，我国乘用车前装标配车联网功能交付上险量为 1164.33 万辆，前装搭载率为 66.69%，其中前装标配 5G 车联网的交付上险量为 32.75 万辆。此外，C-V2X 直连通信功能的前装量产也取得新突破，已有 20 余款量产车型搭载了 C-V2X 直连通信功能，其中部分车型实现全系标配。

但是，车联网也面临着业务连续性难以保障、不同系统业务数据互通难度高等挑战，需要在各地现有车联网基础设施先行先试的基础上，进一步提炼总结形成标准化建设部署方案，强化跨区域基础设施互联互通和服务能力互通，统一建设运营。

8.4.3 医疗领域

近年来，我国智慧医疗发展迅速，各大省、市、县级医院逐步接入智慧医疗系统，实现线上预约、小程序接收检查报告、在线问诊、药品自动分发等基础操作，简化患者就医流程的同时，也提高了医疗工作效率。人工智能技术在医疗领域的重要性日益凸显。通过计算机视觉能够实现 CT 等各类检查结果的自动识别，通过自然语言理解能"认字"读懂病历并出具诊断报告，通过知识图谱或专家系统等给出具体的治疗建议。

脑机接口是人工智能与脑神经科学的交叉研究方向，也是人工智能在医疗领域的又一研究重点。近年来，脑机接口在分子细胞、关键元器件、软硬件开发、应用系统、仪器仪表等多方面取得了进展和突破，使得面向该领域的商业应用也逐渐成为可能。

脑机接口是指在有机生命形式的脑与具有处理或计算能力的设备之间，创建用于信息交换的连接通路，实现信息交换及控制的技术。按照信号采集方式的不同，脑机接口主要分为植入和非植入两种技术路线。

植入式脑机接口采用有创方式，可以对深入到颅骨以下的组织进行信号采集和记录。常见的技术手段包括皮层脑电图、单个神经元的动作电位和局部场电位。也有技术以介入为手段，以创伤性较小的方式将电极送入颅内血管来采集脑电信号。植入式脑机接口记录的信号具有时空分辨率高、信息量大的特点，能够实现对复杂任务的实时、精确控制。

植入式脑机接口技术最有可能实现率先落地并带来市场收益的是神经替代、神经调控相关技术和产品。神经替代脑机接口技术是为了弥补特殊人群因器官损伤导致的信息收发能力缺损，采用脑机接口技术把感觉信息直接写入大脑，或是将脑意图信息从脑内读出，解码后实现对外交互，完成意愿动作。神经替代脑机接口技术在国内外都已经进入科研临床阶段，主要针对感觉和/或运动神经损伤人员(如瘫痪、失语和失明患者)做基本功能替代或功能重建。神经调控脑机接口技术可以实时解析人的精神状态并精准刺激调控脑内神经活动的异常状态，对于记忆丧失、中重度抑郁、精神分裂、毒瘾戒断等病症，神经调控脑机接口技术比药物治疗更为精确高效。

非植入式脑机接口采用无创采集技术在头皮表面或附近采集大脑响应信号。常用的技术手段包括脑电图、功能近红外光谱、脑磁图、功能核磁共振成像等。非植入式脑机接口由于安全无创的特点，得到了广泛的研究与产业应用。配合虚拟现实、增强现实、眼动仪、外骨骼等外设，人们可以利用非植入式脑机接口系统开展多场景应用探索，如运动康复训练；利用用户脑波创造音乐和控制电器；利用用户情绪识别数据，个性化推荐用户潜在喜好的产品；通过对用户情绪进行识别感知和提示预警，可以实现疲劳驾驶提醒和安全生产等功能。

脑科学问题是人类社会面临的基础科学问题之一，脑机接口技术涉及脑科学、人工智能技术、信息通信技术、电子信息技术和材料科学。未来的脑机接口技术，应实现"脑智芯连，思行无碍"这一行业发展总体愿景。其中，"脑"寓意为大脑和思维意图，"智"寓意为人工智能和类脑智能，"芯"寓意为以芯片为代表的外部设备，"连"有通信、接口、协同三重含义。通过"脑智芯连"的科学融合，实现"思行无碍"的目标，即期待大脑及人类智能和外部设备相互连接后，人类的思想和行为控制之间，不再有疾病和空间的障碍；人类的能力得到显著增强，不再承受神经疾病带来的痛苦。

8.4.4 教育领域

在我国教育产业发展中,国家出台了一系列关于建设终身学习型社会、推进教育制度改革、加强知识产权保护的政策。智能化、数字化正在教育领域引发巨大变革。

1. 政策支持数字教育发展

我国互联网在线教育行业有强大的战略政策作为支撑,近年来,教育部陆续发布了《关于组织开展"5G+智慧教育"应用试点项目申报工作的通知》《中国教育现代化 2035》等相关领域重点支持政策,以信息化为重点,大力推进"互联网+""智能+"教育新形态,推动教育教学变革创新,为在线教育产业的发展营造良好的环境氛围。党的二十大报告首次将"推进教育数字化"写入报告,赋予了教育在全面建设社会主义现代化国家中新的使命任务,明确了教育数字化未来发展的行动纲领。2023 年 2 月,世界数字教育大会在北京召开。会议以"数字变革与教育未来"为主题,我国在会上表示,将深化实施教育数字化战略行动,一体推进资源数字化、管理智能化、成长个性化、学习社会化,让优质资源可复制、可传播、可分享,让大规模个性化教育成为可能,以教育数字化带动学习型社会、学习型大国建设迈出新步伐。

2. 学习需求推动数字教育生态的建设

在政策利好、资本助力、需求释放的环境下,市场上催生了许多教育科技企业,这些企业都在不断完善数字教育设备、资源与服务的开发与部署,积极探索布局在线教育新模式。

数字经济时代,大众学习的个性化需求不断增强,时间碎片化问题逐渐增多,为在线教育提供了广阔的发展前景。互联网技术能够有效突破时间和空间的限制,在教育领域得到深入融合应用,并逐步推动各类教育资源实现开放共享。

教育和科技的融合使得教育新物种的增加、教育产品的打磨效率和管理效率都得到了极大提升。通过在线课堂、在线备课、在线作业、在线答疑等科技手段,教师能够给予学生更多个性化的关注和精准的指导。

3. 数字教育的发展推动学习模式的变革

通过互联网随处可得的知识,还有教育产品中有大量录制好的课程,学生们可以随时随地学习。通过线上完成学习任务和课程,以及师生、同学之间的互动合作,可以激发学生的学习热情和参与感。

在线学习平台的不同之处在于,其产品不以课程为中心,而是以学生的学习计划为中心。例如,在线学习平台的第一个重要任务就是让学生自己规划课程表,分别安排周课表、月课表和社交活动,学生可以根据不同的课程分类、课程形式、学习时长、开课时间和周期等信息,将适合自己的课程加入到课表里。最关键的是,在线学习平台会在学生选课时给出合理建议,提醒学生注意连续长时间的课程是否合理,多长时间需要离线休息,是否需要增加社交课程等。针对选择社交课程的学生,在线学习平台会在每周或每月根据适当的主题,帮助学生建立社群,鼓励学生进行线上社交。

在线学习的场景不是整齐划一、按部就班的,这保证了每个学生都能够按照自己的进度和节奏学习,而学生们又有共同的学习课题和任务,大家会按照各自的分工来共同完成任务,并且将学到的知识运用其中。

8.4.5 智慧社会

智慧社会是对我国信息社会发展前景的前瞻性概括，建设智慧社会对于推动经济社会发展、满足人民日益增长的美好生活需要具有重要意义。

我国提出建设智慧社会，让人耳目一新。智慧社会是在网络强国、数字中国发展基础上的跃升，是对我国信息社会发展前景的前瞻性概括。建设智慧社会要充分运用互联网、物联网、云计算、大数据、人工智能等新一代信息技术，以网络化、平台化、远程化等信息化方式提高全社会基本公共服务的覆盖面，构建立体化、全方位、广覆盖的社会信息服务体系，推动经济社会高质量发展，建设美好社会。我们可以从以下几个方面来展望智慧社会。

1. 信息网络泛在化

以实现在任何时间、任何地点、任何人、任何物都能顺畅地通信为目标，信息网络逐步向人与物共享、无处不在的泛在化方向演进，信息网络智能化、泛在化和服务化的特征愈加明显。

网络的无处不在催生了计算的无处不在、软件的无处不在、数据的无处不在、连接的无处不在，从而为智慧社会打下坚实基础。

2. 规划管理信息化

通过 CIM（城市信息模型）和 GIS（地理信息系统）等技术的综合运用，可以实现城乡规划和布局的"看得见""摸得着""想得清"，从而显著提升城乡规划的信息化和科学化水平，如图 8.12 所示。

图 8.12　规划管理信息化示意图

通过发展智慧城乡公共信息平台，统筹推进城乡规划、国土利用、城乡管网、园林绿化、环境保护等城乡基础设施管理的数字化和精准化，能够有效提升城乡范围内人、地、事物、组织、事件管理的精细化水平，为发展更多服务民生的智慧应用、实现"科技让生活更美好"的目标提供支撑。

3. 基础设施智能化

基础设施智能化是智慧社会体现其"智慧"的重要基础。智慧交通能够实现交通引导、指挥控制、调度管理和应急处理的智能化，有效提升交通出行的高效性和便捷程度。智慧交通的深入发展将解决交通拥堵这一城市病，宽带网络支持下的无人驾驶汽车将逐步推广使用，汽车被纳入互联网、车联网，智能汽车将成为仅次于智能手机的第二大移动智能终端。智能电网支持分布式能源接入，实现了居民和企业用电的个性化智能管理。智慧水务覆盖供水全过程，运用水务大数据能够保障供水质量，实现供排水和污水处理的智能化。智能管网能够实现城市地下空间、地下管网的信息化管理、可视化运行。智能建筑广泛普及，城市公共设施、建筑等的智能化改造全面实现，建筑数据库等信息系统和服务平台不断完善，实现建筑的设备、节能、安全等的智慧化管控。智慧物流通过建设物流信息平台和仓储式物流枢纽平台，实现港口、航运、陆运等物流信息的开放共享和社会化应用。

4. 公共服务普惠化

公共服务能力和水平关乎老百姓的福祉。充分利用互联网、云计算、大数据、人工智能等新一代信息技术，建立跨部门、跨地区业务协同、共建共享的公共服务信息体系，有利于创新发展教育、就业、社保、养老、医疗和文化的服务模式。在智慧社会中，智慧医院、远程医疗深入发展，电子病历和健康档案普及应用，医疗大数据不断汇聚和深度利用，优质医疗资源自由流动，预约诊疗与诊间结算大幅减少了人们看病挂号、缴费的等待时间，看病难、看病烦等问题将得到有效缓解。

具有随时看护、远程关爱等功能的智慧养老信息化服务体系为人们的晚年生活提供温馨保障。公共就业信息服务平台实现就业信息全国联网，就业大数据为人们找到更好、更适合自己的工作提供全方位的支撑和帮助。围绕促进教育公平、提高教育质量和满足人们终身学习需求的智慧教育和智慧学习持续发展，教育信息化基础设施不断完善，充分利用信息化手段扩大优质教育资源覆盖面，有效推进优质教育资源共享。智慧文化促进数字图书馆、数字档案馆、数字博物馆等公益设施的建设，为满足人民群众日益增长的文化需求提供了坚实保障。智慧旅游提供了基于移动互联网的旅游服务系统和旅游管理信息平台，旅游大数据的应用为旅游服务转型升级带来新机遇。

5. 社会治理精细化

在市场监管、环境监管、信用服务、应急保障、治安防控、公共安全等社会治理领域，通过新一代信息技术的应用，建立和完善相关信息服务体系，不断创新社会治理方式。构建全面设防、一体运作、精确定位、有效管控的社会治安防控体系，整合各类视频图像信息资源，推进公共安全视频联网应用，大幅提升社会安全水平，如图 8.13 所示。

图 8.13　社会治理精细化示意图

在食品、药品、消费品安全等领域，具有溯源追查、社会监督等功能的市场监管信息服务体系不断完善。征信信息系统在整合信贷、纳税、履约、参保缴费和违法违纪等信用信息记录后不断完善，为建设诚信社会提供重要保障。建立环境信息智能分析系统、预警应急系统和环境质量管理公共服务系统，构建"天地一体化"的生态环境监测体系，对重点地区、重点企业和污染源实施智能化远程监测。

6. 产业发展数字化

充分利用新一代信息技术推动传统产业信息化改造，向数字化、网络化、智能化、服务化方向加速转变，提高全要素生产率，释放数字对经济发展的放大、叠加、倍增作用。智慧农业的发展将使我们能够运用信息化手段把城市物流配送体系、城市消费需求与农产品供给紧密衔接起来。

智能工业意味着工业化与信息化深度融合，工业互联网不断发展。智慧服务业的发展促进电子商务向旅游、餐饮、文化娱乐、家庭服务、养老服务、社区服务等领域进一步延伸。在智慧社会，以数据为关键要素的数字经济迅猛发展，加快推动数字产业化，不断催生新产业、新业态、新模式。

7. 政府决策科学化

通过建立健全大数据辅助决策的机制，可以有效改变一些地方政府在决策中存在的"差不多"现象，推动形成"用数据说话、用数据决策、用数据管理、用数据创新"的政府决策新方式（见图 8.14）。利用大数据平台，综合分析各种风险因素，可以提高政府对风险因素的感知、预测、防范能力。通过政企合作、多方参与，促进公共服务领域数据的集中和共享，使政府掌握的相关数据同企业积累的相关数据进行有效对接，形成社会治理的强大合力。通过完善群众诉求表达的网络平台，政府可以更好地掌握社情民意，构建阳光政府、透明政府。

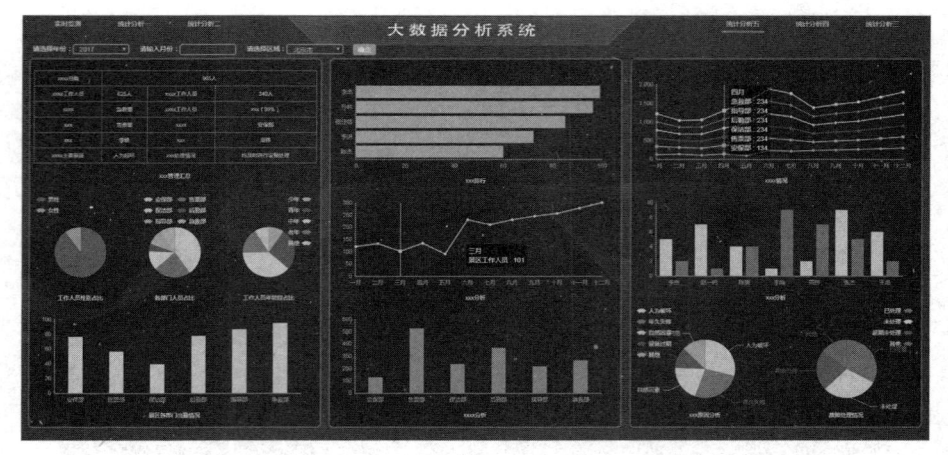

图 8.14　大数据平台示意图

8.5　人工智能的安全与防范

央视"3·15"晚会揭露了某些商家使用在门店安装的摄像头进行人脸识别,用于消费者管理的问题。顾客进店后在完全不知情的情况下被采集了人脸数据,这些信息一旦被泄露,将严重威胁个人的财产、隐私安全。

人工智能技术已经广泛应用到人们的生产和生活中,历史经验表明新技术常常能够提高生产效率,促进社会进步。但与此同时,由于人工智能技术尚处于初期发展阶段,该领域的安全、伦理、隐私的政策、法律和标准尚不健全。

8.5.1　人工智能技术带来的安全隐患

人工智能的普及极大地改变了人类的生活和工作方式:从小巧便携的智能手表、智能手环等穿戴设备到影响人类生活和工作的智能管家、无人驾驶技术、智慧交通等。通过收集、储备、分析大量的个体数据,并对这些庞杂的信息进行计算和驱动,寻求对应的计算结果,可以为人类提供更加精准化的服务。在利用智能系统获取和分析大数据使用价值的同时,也存在泄露敏感信息和个人隐私的法律风险。

在人工智能时代,除了完善隐私保护的法律、加强行业自律管理,作为数据信息的提供者,我们也应当培养法治意识,积极学习互联网安全知识,养成良好的上网习惯,加强个人隐私安全保护能力。

在使用软件之前,应该先认真阅读隐私条款,再决定是否接受,而非直接勾选"同意",以免陷入可能泄露自身隐私的风险中;在公共网络环境下,要警惕可能入侵自己手机或者计算机的黑客,要安装杀毒软件或防火墙,完善电子设备的防御系统;要及时清除浏览器的历史记录,将重要资料离线保存,充分保护好自己的隐私数据。

对于敏感数据的泄露,我们应当学会用法律武器维护自己的权益,而非采取放任态度。

要保障人工智能技术的使用安全,人工智能技术本身及其在各个领域的应用应遵循人类社会所认同的伦理原则。建立一个让人工智能技术真正造福于社会、保护公众利益的政策、法律和标准化环境，是人工智能技术持续、健康发展的重要前提。

8.5.2 关于人工智能安全的相关政策

我国高度重视人工智能的发展，近年来相继颁布了《"互联网+"人工智能三年行动实施方案》《人工智能标准化白皮书(2018版)》《新一代人工智能发展规划》《促进新一代人工智能产业发展三年行动计划》等一系列政策性文件，从战略层面引领人工智能的发展。

《人工智能标准化白皮书(2018版)》中指出以下内容。

人工智能是人类智能的延伸，也是人类价值系统的延伸。在其发展的过程中，应当包含对人类伦理价值的正确考量。设定人工智能技术的伦理要求，要依托于社会和公众对人工智能伦理的深入思考和广泛共识，并遵循一些共识原则：

一是人类利益原则，即人工智能应以实现人类利益为终极目标。这一原则体现了对人权的尊重、对人类和自然环境利益最大化以及降低技术风险和对社会的负面影响。在此原则下，政策和法律应致力于人工智能发展的外部社会环境的构建，推动对社会个体的人工智能伦理和安全意识教育，让社会警惕人工智能技术被滥用的风险。此外，还应该警惕人工智能系统做出与伦理道德偏差的决策。例如，大学利用机器学习算法来评估入学申请，假如用于训练算法的历史入学数据(有意或无意)反映出之前录取程序的某些偏差(如性别歧视)，那么机器学习可能会在重复累积的运算过程中恶化这些偏差，造成恶性循环。如果没有纠正，偏差会以这种方式在社会中永久存在。

二是责任原则，即在技术开发和应用两方面都建立明确的责任体系，以便在技术层面可以对人工智能技术开发人员或部门问责，在应用层面可以建立合理的责任和赔偿体系。在责任原则下，在技术开发方面，应遵循透明度原则；在技术应用方面则应当遵循权责一致原则。

其中，透明度原则要求人应当了解系统的工作原理从而预测未来发展，即人类应当知道人工智能如何以及为何做出特定决定，这对于责任分配至关重要。例如，在神经网络这个人工智能的重要议题中，人们需要知道为什么会产生特定的输出结果。另外，数据来源透明度也同样非常重要。即便是在处理没有问题的数据集时，也有可能面临数据中隐含的偏见问题。透明度原则还要求开发技术时注意多个人工智能系统协作产生的危害。

权责一致原则，指的是未来政策和法律应该做出明确规定：一方面必要的商业数据应被合理记录、相应算法应受到监督、商业应用应受到合理审查；另一方面商业主体仍可利用合理的知识产权或者商业秘密来保护本企业的核心参数。在人工智能的应用领域，权利和责任一致的原则尚未在商界、政府对伦理的实践中完全实现。主要是由于在人工智能产品和服务的开发和生产过程中，工程师和设计团队往往忽视伦理问题，此外人工智能的整个行业尚未习惯于综合考量各个利益相关者需求的工作流程，人工智能相关企业对商业秘密的保护也未与透明度相平衡。

8.6 人工智能实验

8.6.1 实验一——体验网上购物

1. 实验目的
本实验旨在通过"淘宝"App 体验人工智能的智能推荐功能带来的便利。

2. 实验内容
① 安装"淘宝"App。
② 用"淘宝"App 搜索自己喜欢的商品。
③ 退出"淘宝"App，再次打开"淘宝"App，观察首页推荐的物品，并与上次输入的物品关键词进行比较。

3. 实验参考步骤
① 安装"淘宝"App。
② 用"淘宝"App 搜索自己喜欢的商品。

打开"淘宝"App，在首页上方的搜索栏里（如图 8.15）输入自己喜欢的物品的关键词，如咖啡杯，单击"搜索"按钮，就可以看到相关的物品的链接。

图 8.15　在"淘宝"App 中搜索物品

③ 退出"淘宝"App。
④ 再次打开"淘宝"App，观察"淘宝"App 首页推荐的物品，会发现在"淘宝"App 首页会出现上次搜索过的同类物品。

8.6.2 实验二——体验"文心一言"

1. 实验目的
本实验旨在通过"文心一言"体验生成式人工智能的强大与便利。

2. 实验内容

大一新生入学了，学生会要给新同学发送一封"温馨寄语"，内容是如何过好大学生活，以及如何让大学生活更有意义。使用"文心一言"生成一份"温馨寄语"。

3. 实验参考步骤

① 打开"文心一言"，其窗口如图 8.16 所示。

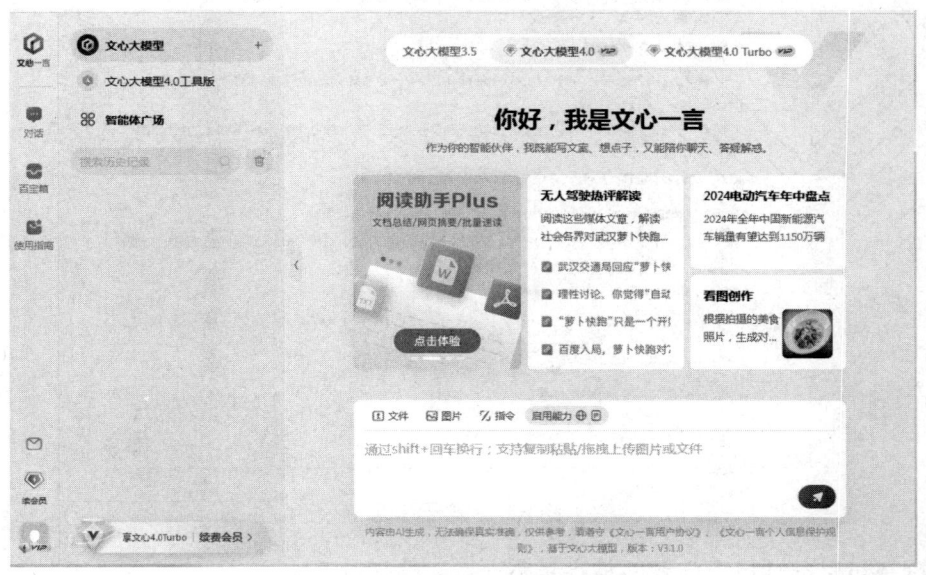

图 8.16　"文心一言"窗口

② 在聊天框中输入要提问的内容，如图 8.17 所示，单击 按钮，稍等片刻就会出现聊天结果，如图 8.18 所示。

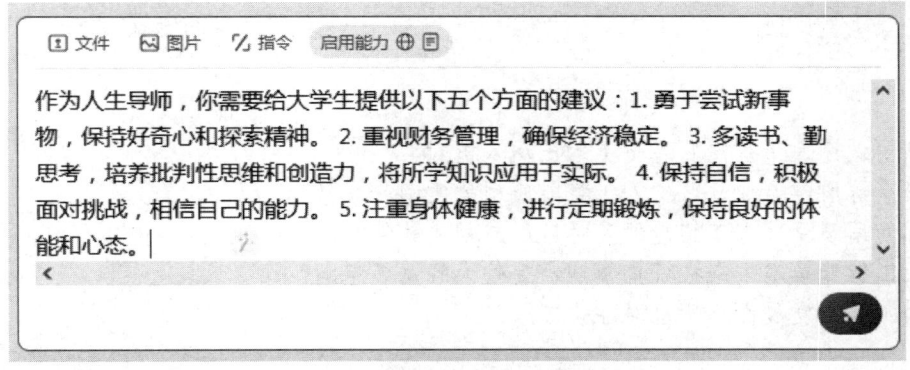

图 8.17　输入聊天内容

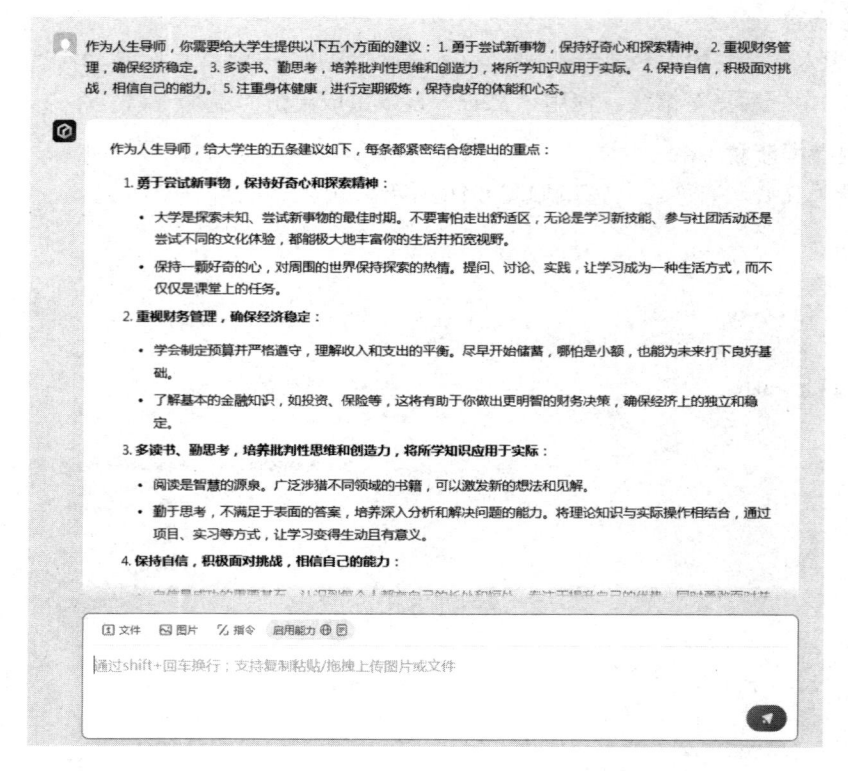

图 8.18　聊天结果

③ 你还可以继续提出问题并与"文心一言"进行对话。

思 考 题

1. 简要叙述人工智能发展史上的三次人机对弈。
2. 分享你所学专业领域中人工智能应用的案例。
3. 你使用过哪些人工智能的实际应用或相关软件？
4. 人工智能技术未来在哪些领域会有较大的发展空间？
5. 人工智能发展面临哪些潜在的威胁？

第 9 章 Python 编程入门

本章导读

程序设计语言是计算机与人类交流的重要工具。自计算机诞生以来，编程语言经历了从低级到高级、从简单到复杂的演变，旨在提高编程效率和程序的可读性。

在众多编程语言中，Python 凭借其易读性和简洁性快速赢得了开发者的青睐，并得到广泛应用。作为一门高级编程语言，Python 支持多种编程范式，包括面向对象、命令式和函数式编程，能够适应不同的开发需求。Python 的简单语法和强大库生态使其成为数据科学、人工智能、Web 开发以及自动化任务的首选语言。本章主要介绍 Python 的安装、开发环境，以及 Python 基础语法等内容。

9.1 Python 语言概述

9.1.1 Python 的历史与演进

Python 作为如今广受欢迎的编程语言，其诞生和发展背后蕴含着丰富的故事和不断演进的历程。了解它的历史，不仅能帮助我们更好地理解 Python 的设计理念，还能激发我们对编程技术的热情。

1. Python 的诞生

Python 的诞生可以追溯到 1989 年的荷兰。在圣诞节期间，一位名叫吉多·范罗苏姆（Guido van Rossum）的程序员，决定开发一种更加高效、易读且易于维护的编程语言，于是他开始着手设计 Python。范罗苏姆之前在阿姆斯特丹的 CWI（Centrum Wiskunde & Informatica，数学与计算机科学研究中心）工作，那里有着浓厚的编程氛围和对创新技术的追求。

Python 的名字来源于范罗苏姆喜欢的一部英国喜剧电视剧《蒙提·派森的飞行马戏团》（Monty Python's Flying Circus）。这部电视剧以其独特的幽默感和无厘头风格而著称，范罗苏姆希望他的新语言也能像这部剧一样，既有趣又实用。

2. Python 的演进

Python 从最初的设计到现在，经历了多个版本的迭代和功能的不断完善。以下是 Python 发展过程中的一些重要里程碑。

① 1991 年：Python 的第一个公开版本 0.9.0 发布。这个版本已经包含了 Python 的一些基本特性，如动态类型、自动内存管理等。

② 1994 年：Python1.0 正式发布。这个版本标志着 Python 已经成熟到可以用于实际开发，并且开始吸引越来越多的开发者关注。

③ 2000 年：Python 2.0 发布。这是一个重大的版本更新，引入了许多新特性，如列表推导式、垃圾收集器等。Python 2.x 系列成为接下来多年里 Python 的主流版本。

④ 2008 年：Python 3.0（也被称为 Python 3000 或 Py3k）发布。这是一个具有划时代意义的版本，它解决了 Python 2.x 中的一些遗留问题，如字符串处理的不一致性等。Python 3.x 引入了新的语法和特性，但同时也与 Python 2.x 不完全兼容，这导致了一段时间内的"Python 2 与 Python 3 之争"。

⑤ 至今：Python 持续演进，不断发布新版本，添加新特性，优化性能，并改进用户体验。Python 社区也非常活跃，不断推出各种库和框架，使得 Python 在数据科学、机器学习、Web 开发、自动化等多个领域都得到了广泛应用。

3. Python 的设计理念

Python 的设计理念强调简洁、清晰和可读性。范罗苏姆在创建 Python 时，就希望它能够成为一种"优雅"且"强大"的语言。Python 的语法简洁明了，结构清晰，使得开发者能够用更少的代码实现更多的功能。同时，Python 也注重代码的可读性，鼓励开发者编写易于理解和维护的代码。

9.1.2 Python 的优点与应用场景

Python 作为一门高效、灵活的编程语言，自诞生以来就受到了广泛的关注和喜爱。

1. Python 的优点

① 简洁易学：Python 的语法简洁明了，结构清晰，易于上手。它去掉了许多其他编程语言中的烦琐细节，如分号和花括号等，使得代码更加简洁易读。即使是编程初学者，也能在短时间内掌握 Python 的基本语法，并开始编写简单的程序。

② 面向对象：Python 是一门面向对象的编程语言，支持类和对象的定义，以及继承、封装和多态等面向对象特性。这使得 Python 的代码更加模块化、可重用和易于维护。

③ 解释型语言：Python 是一门解释型语言，无须编译即可直接运行。这意味着开发者可以更加灵活地进行调试和测试，快速验证代码的正确性。同时，Python 还提供了交互式编程环境，使得开发者能够更加方便地进行代码实验和学习。

④ 丰富的库和框架：Python 拥有庞大的标准库和第三方库，涵盖了网络编程、文件处理、数据分析、机器学习等多个领域。这些库和框架为开发者提供了丰富的功能和工具，大大提高了开发效率和代码质量。

⑤ 跨平台性：Python 可以在多种操作系统上运行，如 Windows、Linux 和 macOS 操作系统等。这使得 Python 程序具有良好的可移植性和兼容性，能够在不同的平台上轻松

部署和运行。

2. Python 的应用场景

① Web 开发：Python 在 Web 开发领域有着广泛的应用。许多知名的 Web 框架，如 Django 和 Flask 等，都是基于 Python 构建的。这些框架提供了丰富的功能和工具，使得开发者能够快速构建稳定、高效的 Web 应用。

② 数据分析：Python 在数据分析领域也表现出色。Pandas、NumPy 和 SciPy 等库为数据处理和分析提供了强大的支持。同时，Python 还集成了许多数据可视化工具，如 Matplotlib 和 Seaborn 等，使得数据分析结果更加直观和易于理解。

③ 机器学习：Python 是机器学习领域的热门语言之一。TensorFlow、Keras 和 Scikit-learn 等库为机器学习提供了丰富的算法和工具。这些库使得开发者能够更加方便地进行模型训练、评估和部署，推动了机器学习技术的广泛应用。

④ 自动化运维：Python 在自动化运维领域也有着广泛的应用。通过编写 Python 脚本，可以实现服务器管理、日志分析、自动化测试等多种任务。这大大提高了运维效率和准确性，降低了人为错误的风险。

⑤ 科学计算：Python 在科学计算领域也有着举足轻重的地位。许多科学家和工程师选择使用 Python 进行数值计算、模拟和可视化等工作。Python 的简洁语法和强大功能使得他们能够更加专注于问题的解决，而不是编程语言的细节。

Python 以其独特的优点和广泛的应用场景，成为当今最受欢迎的编程语言之一。无论是初学者还是资深开发者，都能从 Python 中找到适合自己的应用场景和工具。

9.1.3　Python 与其他编程语言的对比

在编程语言的广阔天地里，Python 并不是孤立存在的。它与其他编程语言共享编程的基本概念和思想，但又在语法、特性、应用场景等方面有着独特的差异。将 Python 与其他编程语言进行对比，可以帮助我们更好地理解 Python 的优势和适用场景。

1. 与 C/C++的对比

C 和 C++是底层编程语言，它们允许开发者对计算机硬件进行直接操作，因此非常适合开发性能要求较高的应用，如操作系统、游戏引擎等。相比之下，Python 是一种高级编程语言，它更注重代码的简洁性和可读性，而不是执行效率。Python 的自动内存管理、动态类型等特性，使得开发者能够更快速地编写和调试代码，但这也意味着 Python 的运行速度通常比 C/C++慢。

然而，Python 与 C/C++并不是完全对立的。实际上，Python 提供了多种与 C/C++进行交互的方式，如 Cython、ctypes 和 cffi 等。这些工具使得开发者能够在 Python 中调用 C/C++库，从而结合两种语言的优势，编写出既高效又易于维护的代码。

2. 与 Java 的对比

Java 是一种面向对象的编程语言，它具有强类型、静态类型等特性。Java 虚拟机（Java Virtual Machine，JVM）使得 Java 程序能够在不同的平台上运行，而无须修改代码。这与 Python 的跨平台性有些相似，但实现方式却不同。Python 是通过解析器来运行代码的，而 Java 则是通过将代码编译成字节码后在 JVM 上运行的。

在语法上，Java 比 Python 更加严格和烦琐。Java 要求开发者明确地声明变量的类型、使用分号和花括号等。相比之下，Python 的语法更加简洁和灵活，这使得 Python 的代码更加易读和易写。

在应用场景上，Java 和 Python 也有所不同。Java 在企业级应用、Android 开发等领域有着广泛的应用，而 Python 则在数据分析、机器学习、Web 开发等领域表现出色。

3. 与 JavaScript 的对比

JavaScript 是一种用于 Web 开发的脚本语言，它主要用于在浏览器中运行代码，实现动态网页效果。与 Python 相比，JavaScript 的语法更加灵活和宽松，但也因此容易引发一些难以察觉的错误。

在应用场景上，JavaScript 和 Python 有着明显的差异。JavaScript 主要用于前端开发，而 Python 则更多地用于后端开发、数据分析、机器学习等领域。然而，随着 Node.js 等技术的出现，JavaScript 也开始向后端领域拓展。

尽管 JavaScript 和 Python 在语法和应用场景上有所不同，但它们之间并不是完全隔离的。实际上，许多 Web 应用都采用了前后端分离的开发模式，其中前端使用 JavaScript 进行交互效果的开发，而后端则使用 Python 等语言进行业务逻辑的处理。

总之，每种编程语言都有其独特的优势和适用场景。Python 以其简洁的语法、丰富的库和框架、跨平台性等特点，在数据分析、机器学习、Web 开发等领域表现出色。然而，这并不意味着 Python 是万能的。在实际开发中，我们需要根据项目的具体需求和团队的实际情况，选择最合适的编程语言和技术栈。

9.2　快速搭建 Python 开发环境

安装 Python 解析器并配置集成开发环境（IDE）如 VSCode，即可搭建 Python 开发环境，进而编写、运行 Python 程序，并通过注释与遵循 PEP 8 风格指南保持代码的清晰和可维护性。

9.2.1　安装 Python 解析器

Python 解析器是执行 Python 代码的关键组件。它负责读取 Python 源代码，将其转换为字节码，并最终在计算机上执行。没有 Python 解析器，我们就无法运行 Python 程序。因此，在安装 Python 之前，了解 Python 解析器的作用是非常重要的。

1. Python 解析器的作用

Python 解析器有如下作用。

① 代码转换：Python 解析器首先将源代码（.py 文件）转换为字节码。字节码是一种中间形式，它介于源代码和机器码之间，使得 Python 程序能够在不同的平台上运行。

② 执行代码：转换后的字节码由 Python 虚拟机（Python Virtual Machine，PVM）执行。PVM 是 Python 解析器的一部分，它负责处理字节码，并执行相应的操作。

③ 错误处理：在代码执行过程中，Python 解析器还会负责处理语法错误和运行时错误，

并提供相应的错误信息，帮助开发者调试程序。

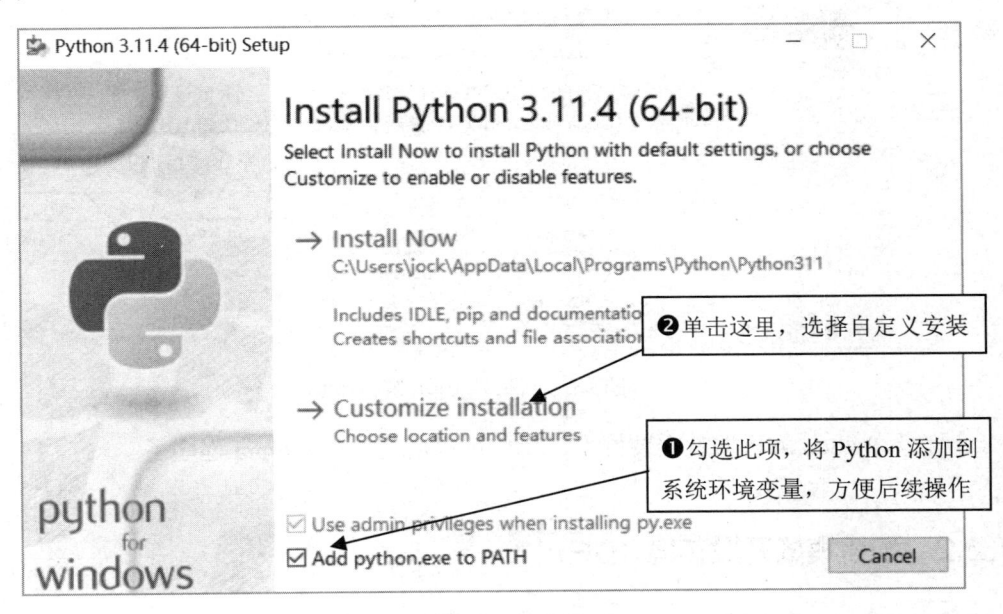

2. 安装 Python 解析器

要安装 Python 解析器，我们需要做以下准备工作。

① 启动计算机，连接到互联网。

② 进入 Python 官方网站的下载页面。

③ 选择最新的 Python 版本，单击 Download Python 3.11.4 按钮，如图 9.1 所示，Python 解析器的安装文件就下载到计算机中了。

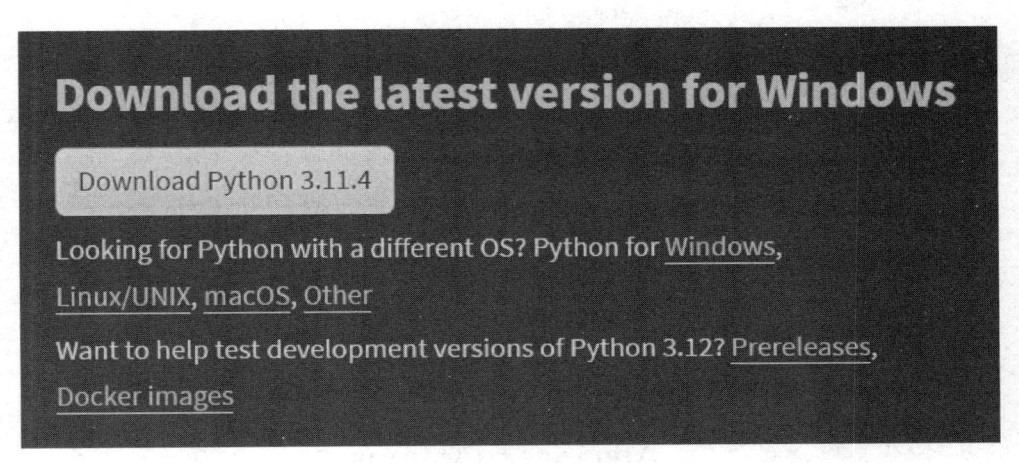

图 9.1　从官网下载 Python 解析器

④ 双击已下载的安装程序，按照提示一步一步安装 Python 解析器，如图 9.2、图 9.3、图 9.4 所示。

图 9.2　安装 Python 解析器(1)

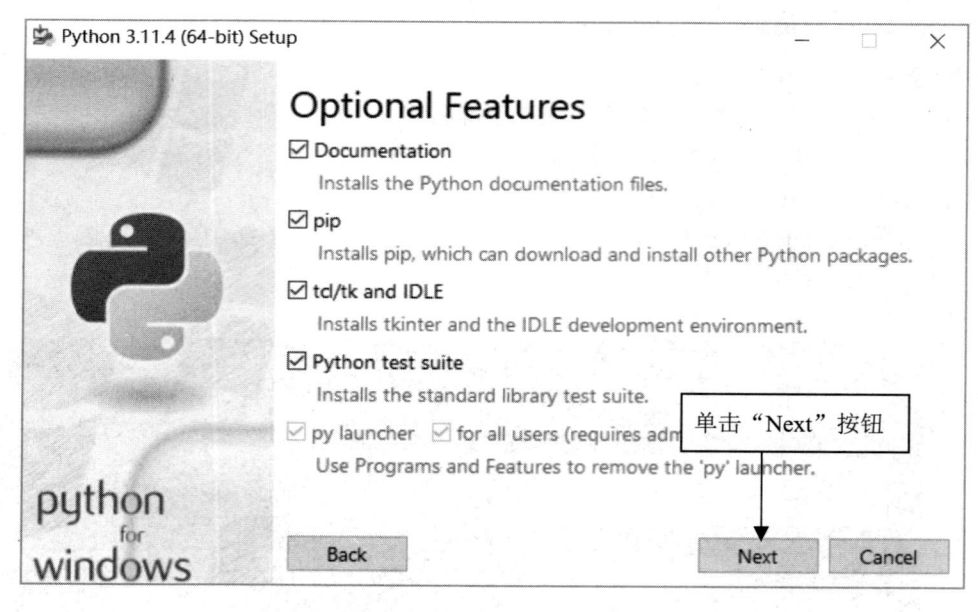

图 9.3　安装 Python 解析器(2)

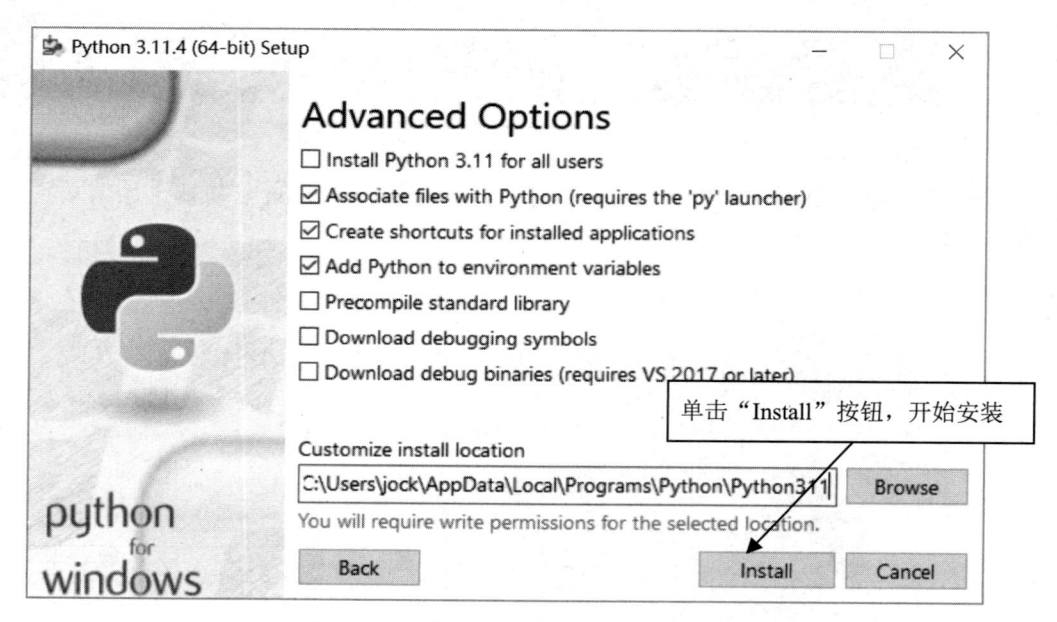

图 9.4　安装 Python 解析器(3)

现在，Python 解析器就安装好了，我们可以用它执行 Python 程序了。

9.2.2　配置集成开发环境(IDE)

使用集成开发环境(IDE)可以让我们方便地写下 Python 程序，首先我们需要将其安装到计算机中。

① 启动计算机，连接到互联网。

② 进入 Visual Studio Code（简称 VSCode）的官方网站。VSCode 是一个非常友好的 IDE，特别适合初学者学习编程。

③ 在 VSCode 的下载页面，根据自己计算机的操作系统选择所需的下载文件，单击下载按钮，将 VSCode 下载到计算机中，如图 9.5 所示。

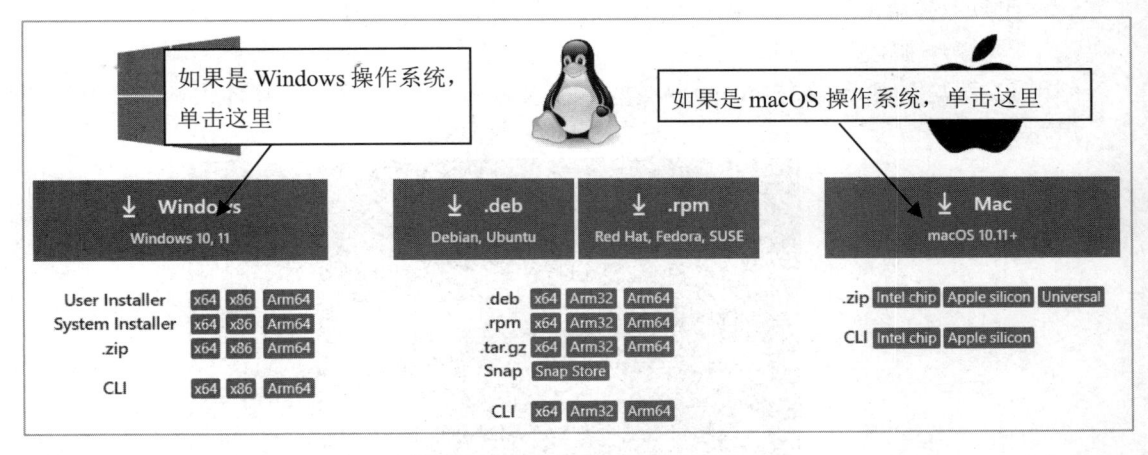

图 9.5　下载 VSCode

④ 双击已下载的安装程序，按照提示一步一步安装 VSCode。

⑤ 安装 Python 插件。要想在 VSCode 中编写 Python 代码，还需要安装一个适合 Python 的插件，如图 9.6 所示。

图 9.6　在 VSCode 中安装 Python 插件

现在，VSCode 就安装好了，我们可以用它编写 Python 代码了。

9.2.3 运行第一个 Python 程序

在 VSCode 中输入以下代码：

```
print("Hello, Magic World!")
```

代码写好后，就可以让计算机运行这个程序了，具体操作步骤如下。

① 打开刚刚安装的 VSCode。

② 创建 Python 文件 magic.py，写入第一个 Python 程序，其具体操作如图 9.7、图 9.8 所示。

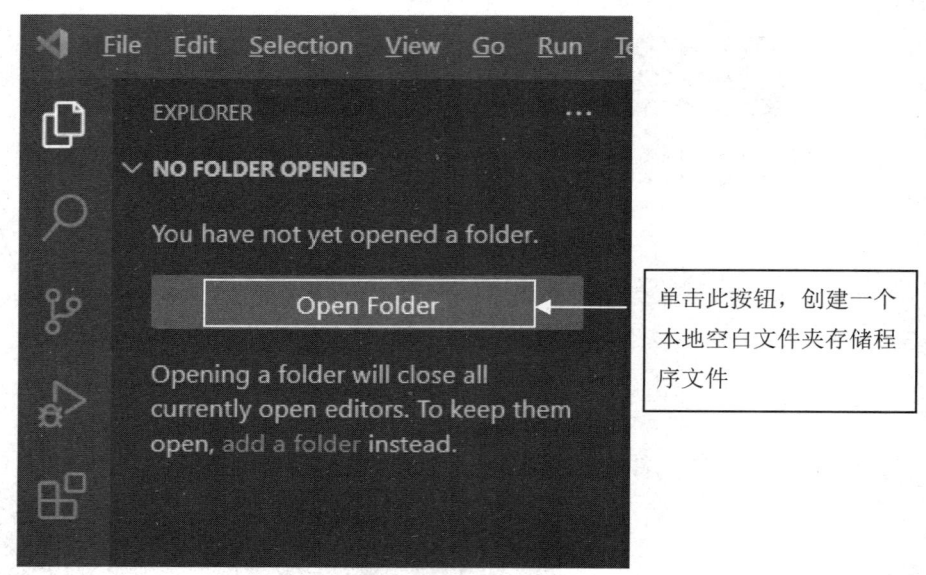

图 9.7 创建本地空白文件夹存储程序文件

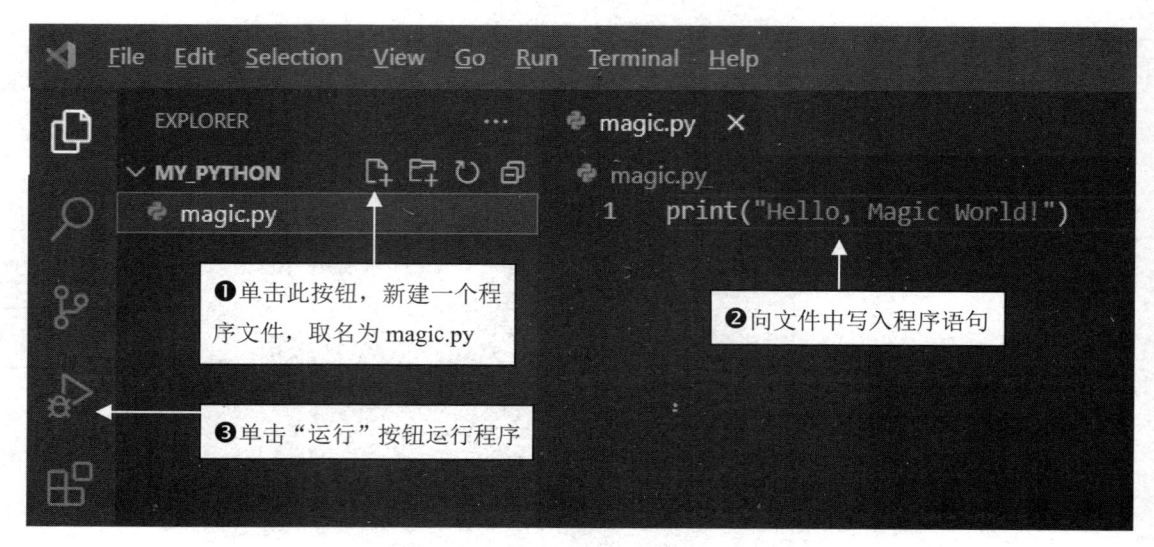

图 9.8 写入程序并运行

也可以单击右上角的"运行"按钮运行程序，如图 9.9 所示。

图 9.9 运行程序

③ 按 Ctrl + S 键保存程序。

④ 单击"运行"按钮后，计算机会自动将程序发送给 Python 解析器，Python 解析器会执行程序指令，并输出结果，如图 9.10 所示。

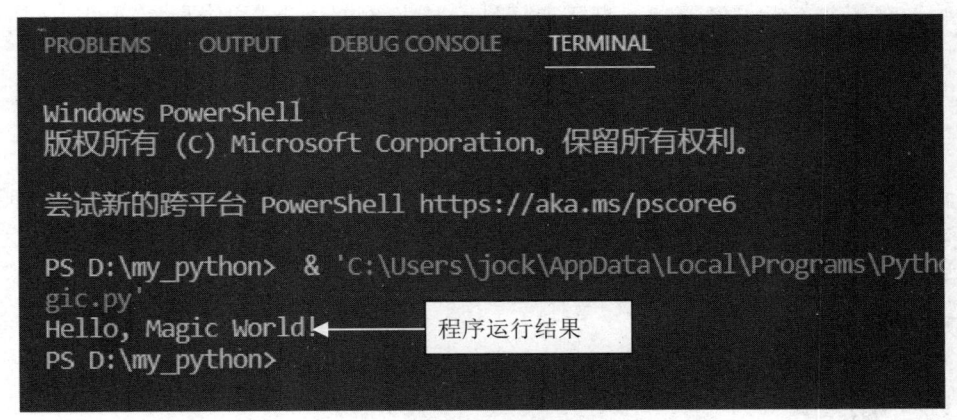

图 9.10 输出程序运行结果

9.2.4 Python 程序的执行过程

Python 程序的执行过程可以概括为：编写源代码、编译成字节码、执行字节码、输出结果和错误处理。

（1）编写源代码

一切始于编写源代码。开发者可以使用文本编辑器或集成开发环境(IDE)创建.py 文件，并在其中编写 Python 代码。这些代码是我们可读的文本，描述了程序应该执行的操作。

（2）编译成字节码

当执行 Python 程序时，首先由 Python 解析器介入。Python 解析器不会直接将源代码转换为机器码，而是先将其编译成一种称为字节码的中间形式。字节码是一种与平台无关的代码，它使得 Python 程序能够在不同的操作系统和硬件上运行。

编译过程通常是自动且透明的，对开发者而言，只需关心源代码的编写。然而，了解这一步骤有助于理解 Python 程序的跨平台性。

（3）执行字节码

源代码被编译成字节码后，Python 虚拟机(PVM)接管执行过程。PVM 负责读取字节码，并根据其中的指令执行相应的操作。这些操作包括变量赋值、函数调用、条件判断等。

PVM 通过逐条解释字节码指令，并在内存中维护程序的状态（如变量值、函数调用栈等），从而实现程序的运行。

(4) 输出结果

随着字节码指令的执行，程序会输出结果。这些输出结果可能是打印到控制台的文本、写入文件的数据，或是通过网络发送的信息等。输出结果是程序与外界交互的重要方式，也是开发者验证程序正确性的依据。

(5) 错误处理

在程序执行过程中，可能会遇到语法错误、运行时错误等问题。Python 解析器负责捕获这些错误，并提供相应的错误信息，帮助开发者定位问题所在。

语法错误通常在编译成字节码之前就能被发现，而运行时错误则可能在程序执行过程中的任何时刻发生。开发者需要根据错误信息，对代码进行调试和修正。

9.2.5 代码注释与风格

在 Python 编程中，代码注释与风格是确保代码可读性、可维护性和团队协作顺畅的关键因素。良好的注释和一致的编码风格不仅能帮助开发者快速理解和回顾代码，还能让其他开发者轻松接手和协作。

1. 代码注释

注释是对代码的解释和说明，它帮助读者理解代码的意图、逻辑和复杂操作。

(1) 单行注释

在 Python 中，使用#符号后跟注释内容来添加单行注释。

```
# 这是一个单行注释
x = 5  # 声明一个变量 x，并赋值为 5
print(x)  # 打印变量 x 的值
```

代码解析：

① # 这是一个单行注释：这行代码以#开头，后面跟随的是注释内容，解释了这行代码的作用。

② x = 5：这行代码声明了一个变量 x，并将其赋值为 5。

③ print(x)：这行代码可以打印出变量 x 的值，即 5。

(2) 多行注释

多行注释通常使用三个单引号'''或三个双引号"""进行说明。

```
'''
这是一个多行注释，
它可以跨越多行，
用于解释更复杂的逻辑。
'''
y = 10  # 声明一个变量 y，并赋值为 10
print(y)  # 打印变量 y 的值
```

代码解析：

① '''...'''：这三个单引号包围的内容是一个多行注释，用于解释更复杂的逻辑或代码块。

② y = 10：这行代码声明了一个变量 y，并将其赋值为 10。

③ print(y)：这行代码可以打印出变量 y 的值，即 10。

2. 代码风格

Python 社区有一套被开发者广泛接受的代码风格指南，即 PEP 8。它涵盖了缩进、命名约定、行宽与空行、导入排序等多个方面。遵循 PEP 8 可以使代码更加规范、易读。

(1) 缩进

Python 使用缩进来区分代码块，而不是大括号。推荐使用 4 个空格作为一级缩进，避免使用制表符(Tab)，以确保代码在不同编辑器和平台下的显示一致性。

```python
# 使用 4 个空格缩进的示例
for i in range(5):
    print("当前数字是:", i)
    if i % 2 == 0:
        print(f"{i} 是偶数")
```

(2) 命名约定

变量名和函数名应使用小写字母，并且单词之间用下画线分隔。这种命名方式有助于提高代码的可读性。

```python
# 变量命名
my_variable = 10


# 函数命名
def my_function():
    print("这是一个函数")
```

类名应采用驼峰命名法，即首字母大写，后续单词的首字母也大写。这种命名方式有助于区分类和普通变量或函数。

```python
# 类命名
class MyClass:
    def __init__(self, value):
        self.value = value


    def display_value(self):
        print(f"类的值是: {self.value}")
```

常量名应全部大写，并且单词之间用下画线分隔。虽然 Python 本身没有常量的概念(即没有语法上强制的不可变变量)，但通过这种命名方式，可以提示其他开发者该变量应被视为常量。

```python
# 常量命名
MY_CONSTANT = 3.14
```

(3) 行宽与空行

在编写 Python 程序时,为了便于阅读和多窗口编辑,建议每行代码不超过 79 个字符。可以将过长的代码行适当地拆分为多行。同时,在函数定义、类定义和长代码块之间使用空行来分隔,可以提高代码的可读性。

```python
# 行宽示例(假设这里有一个很长的字符串)
long_string = "这是一个非常长的字符串," \
              "我们为了遵守行宽限制将其拆分为两行"


# 空行示例
def my_function():
    print("这是一个函数")


class MyClass:
    def __init__(self, value):
        self.value = value


# 在函数和类之间使用空行分隔
my_instance = MyClass(10)
```

(4) 导入排序

导入排序的语句应分为三部分:标准库导入、第三方库导入、应用程序指定导入,并且每部分中的导入应按字母顺序排列。这样可以使导入部分更加清晰、有序。

```python
# 导入排序示例

# 标准库导入
import os
import sys

# 第三方库导入
import numpy as np
import pandas as pd

# 应用程序指定导入
from my_module import my_function
from my_package import MyClass
```

9.3 输入与输出

input()函数用于获取用户输入，print()函数用于输出信息，二者结合使用可以实现用户与程序的交互。

9.3.1 输入函数 input()

在编程中，用户与程序进行交互是至关重要的一环。而获取用户的输入信息，则是实现这一交互的基础。在 Python 中，我们通过使用 input()函数来轻松实现这一功能。

（1）什么是 input()函数

input()函数是 Python 内置的一个函数，其主要作用是暂停程序的运行，并等待用户从键盘输入一些文本信息。随后，该函数会将用户输入的文本信息作为字符串类型返回给程序，以便程序进一步处理和使用这些信息。

（2）input()函数的基本语法

input()函数的基本语法如下：

```
变量名 = input("提示信息")
```

在使用 input()函数时，通常会添加一段提示信息，告知用户需要输入的内容。提示信息是一个字符串，将在程序运行时显示给用户。例如：

```
name = input("请输入您的姓名：")
print("您好, " + name + "！")
```

运行结果示例：

```
请输入您的姓名：张三
您好，张三！
```

在上述代码中，input("请输入您的姓名：")会显示提示信息"请输入您的姓名："，等待用户输入姓名并按下回车键后，程序会将用户输入的内容赋值给变量name，并输出结果"您好，张三！"

（3）使用 input()函数进行数字求和示例

使用 input()函数可以对两个数字进行求和操作。例如：

```
number1 = input("请输入第一个数字：")
number2 = input("请输入第二个数字：")
number1 = float(number1)
number2 = float(number2)
result = number1 + number2
print("两个数字的和为：",result)
```

运行结果示例：

请输入第一个数字：5
请输入第二个数字：3
两个数字的和为：8.0

在这个示例中，用户输入两个数字，程序通过 input() 函数获取输入信息，将其转换为浮点数，然后计算并输出两个数字的和。

(4) 使用 input() 函数的注意事项

① 返回值类型。input() 函数的返回值始终是字符串类型。如果需要将输入的数据转换为其他数据类型（如整数或浮点数），需要使用类型转换函数，如 int() 或 float() 函数。

```
age = input("请输入您的年龄：")
age = int(age)    # 将字符串转换为整数
```

② 处理用户输入。用户输入的内容可能包含多余的空格或特殊字符，因此，在处理用户输入时，可能需要使用字符串的 strip()、split() 等函数来清理和分割输入内容。

③ 安全性考虑。在接收用户输入时，应始终保持警惕，防范潜在的安全风险，如 SQL 注入或命令注入等攻击。虽然这些风险在简单的脚本中可能不太明显，但在开发大型应用程序时却至关重要。

9.3.2 输出函数 print()

在编程中，将程序的执行结果或其他信息展示给用户，是实现人机交互的重要环节之一。在 Python 中，我们使用 print() 函数来完成这一任务。

(1) 什么是 print() 函数

print() 函数是 Python 中最常用的输出函数，用于将指定的内容输出到控制台。通过 print() 函数，程序可以将变量的值、表达式的结果或其他信息展示给用户，以便用户理解程序的执行过程和输出结果。print() 函数的使用使程序具有可读性和可交互性，这对于编程新手来说尤为重要，因为它有助于直观理解代码执行的效果。

(2) print() 函数的基本语法

print() 函数的基本语法如下：

```
print(输出内容)
```

在使用 print() 函数时，可以直接输出文本信息、变量的值或者计算的结果。例如：

```
print("欢迎使用 Python！")
name = "张三"
print("您好，",name,"！")
```

运行结果：

```
欢迎使用 Python！
您好，张三！
```

在上述代码中，print() 函数用于输出文本"欢迎使用 Python！"，以及变量 name 的值，并在控制台中显示。

(3) print()函数的格式化输出

在程序开发中,常常需要格式化输出信息,以使输出结果更加清晰、美观。在 Python 中,可以通过多种方式实现格式化输出。

① 使用字符串连接。通过使用加号(+)将多个字符串连接起来,可以实现简单的格式化输出。例如:

```
name = "李四"
print("您好, " + name + "! 欢迎来到 Python 的世界。")
```

运行结果:

```
您好,李四!欢迎来到 Python 的世界。
```

这种方式适用于简单的输出场景,但当需要输出多个变量或者复杂的字符串时,代码的可读性可能会降低。

② 使用占位符格式化。另一种格式化输出的方法是使用占位符(%)来格式化字符串。例如:

```
age = 25
print("您的年龄是 %d 岁。" % age)
```

运行结果:

```
您的年龄是 25 岁。
```

这种方式适合需要插入多个变量的情况,通过"%"和相应的类型标识符(如"%d"表示整数)可以灵活地控制输出内容。

③ 使用 f-string 格式化。Python3.6 引入了 f-string,提供一种更加简洁的字符串格式化方法。通过在字符串前添加 f,可以直接在字符串中嵌入变量的值。例如:

```
name = "王五"
age = 30
print(f"您好, {name}! 您今年 {age} 岁。")
```

运行结果:

```
您好,王五!您今年 30 岁。
```

f-string 的使用使得格式化输出变得更加直观,尤其在涉及多个变量时,代码更加简洁、易读。

(4) 使用 print()函数的注意事项

① 输出多个内容。print()函数可以同时输出多个内容,内容之间使用逗号分隔。每个逗号分隔的内容之间,输出时会自动添加一个空格。例如:

```
print("结果是: ", 10, "+", 20, "=", 30)
```

运行结果:

```
结果是: 10 + 20 = 30
```

这种用法可以避免频繁使用字符串连接符号,从而简化代码。

② 换行输出。print()函数在输出内容后会自动换行。如果不希望换行,可以通过设置

end 参数来改变默认行为。例如：

```
print("这是第一行。", end=" ")
print("这是接在第一行后的内容。")
```

运行结果：

这是第一行。 这是接在第一行后的内容。

通过设置 end 参数，我们可以控制输出的结尾字符，使输出内容更加灵活，可以在同一行内连续输出多段内容。

③ 转义字符的使用。在输出多行内容时，可以使用转义字符控制输出的格式，如\n 表示换行，\t 表示制表符。例如：

```
print("第一行内容\n第二行内容")
print("项目1:\t 学习 Python\n 项目2:\t 练习编程")
```

运行结果：

第一行内容
第二行内容
项目1:   学习 Python
项目2:   练习编程

通过使用转义字符，可以使输出内容更加符合预期的格式，尤其在处理包含多行内容或需要对齐的输出内容时非常有用。

9.4 变量与数据类型

本节主要介绍 Python 中变量的定义与使用，以及各种数据类型的特点和应用。首先，我们将学习如何定义变量并了解变量的命名规则。接下来，我们会深入探讨 Python 中的几种常见数据类型，包括整数类型、浮点数类型、字符串类型和布尔类型等，并说明它们在编程中的具体应用场景。此外，本节还将介绍如何进行数据类型之间的转换，以便在不同的操作中灵活使用数据。最后，我们会结合"简易计算器"项目，展示如何合理使用变量和数据类型，将理论知识应用于实际项目开发中，提升代码可读性和我们的编程能力。

9.4.1 变量

变量是编程中最基本的概念之一，它们是程序中用来存储和操作数据的命名空间。可以将变量理解为程序中的"命名盒子"，用于保存各种类型的值。在 Python 中，定义变量十分简单，只需要为变量赋一个值即可，但需要遵循一定的命名规则和良好的编程习惯，以提高代码的可读性和可维护性。理解变量的定义与使用，是编写灵活、可扩展程序的基础。

1. 定义变量的语法

在 Python 中，定义变量的语法非常直观，只需要将变量名放在等号的左边，将要存储的值放在等号的右边即可。例如：

```
x = 5
y = "Hello"
z = 3.14
```

在上述代码中，x 是一个变量，它被赋值为整数 5；y 是一个字符串变量，它被赋值为"Hello"；z 是一个浮点数变量，它被赋值为 3.14。这种简单直接的赋值方式使得 Python 变量的定义非常灵活和易于使用。

2. 变量命名规则

在定义变量时，需要遵循一些命名规则，以确保代码的可读性和规范性。

① 变量名只能包含字母、数字和下画线，并且不能以数字开头。例如，my_variable 是合法的变量名，而 2variable 则是不合法的变量名。

② 变量名区分大小写，也就是说，age 和 Age 是两个不同的变量。

③ 避免使用 Python 的关键字作为变量名，如 if、else、for 等，因为这些关键字在 Python 中有特殊含义，使用它们作为变量名会导致语法错误。

④ 变量名应具有描述性，以使代码具有更好的可读性。例如，用 radius 来表示圆的半径比用 r 更具可读性。

3. 动态类型语言的特性

Python 是一种动态类型语言，这意味着变量的类型在赋值时被自动确定，且可以随时更改。例如：

```
x = 10      # x 是一个整数
x = "Python" # 现在 x 是一个字符串
```

在上述代码中，x 最初被赋值为整数 10，但随后又被赋值为字符串"Python"，这体现了 Python 变量类型的灵活性。这种特性使得编程更加方便，但也要求开发者在编写代码时保持谨慎，确保变量类型的一致性，以避免出现逻辑错误。

4. 变量的赋值与使用

在定义了变量之后，就可以在程序的其他部分使用它们。变量可以参与运算、传递给函数、用于条件判断等。例如：

```
name = "Alice"
age = 25
print(f"您好,{name}! 您今年 {age} 岁。")
```

在上述代码中，name 和 age 是两个变量，它们的值被用于构建输出信息。通过使用变量，程序可以更加灵活地处理数据，避免硬编码(直接在代码中写具体值)，从而提高程序的可维护性。

9.4.2 常见的数据类型

在 Python 中，数据类型用于定义变量可以存储的数据种类。不同的数据类型用于处理不同类型的数据，使得程序能够根据需要执行各种操作。

1. 整数类型(int)

整数类型是最基本的数据类型之一，用于表示没有小数部分的数字。在 Python 中，整数类型的数据可以是正数、负数或零。例如：

```
x = 10
negative_num = -5
zero = 0
```

在上述代码中，x、negative_num 和 zero 都是整数类型的变量。整数类型在许多计算和逻辑操作中非常常用，如计数、索引和基本算术运算。

2. 浮点数类型(float)

浮点数类型用于表示带有小数部分的数字，也就是通常所说的实数。在 Python 中，浮点数可以用于存储需要更高精度的数值。例如：

```
pi = 3.14159
grade = 92.5
```

浮点数在涉及精确计算、测量值或数学常数时非常有用。例如，科学计算和金融计算中常常需要用到浮点数。

3. 字符串类型(str)

字符串类型用于表示文本，是由一个或多个字符组成的数据类型。在 Python 中，字符串可以用单引号或双引号括起来，例如：

```
name = "张三"
greeting = '你好'
```

字符串类型的数据在处理文本数据时非常重要，常用于用户输入、消息显示和数据文件的操作等。在 Python 中，字符串还可以通过加号进行拼接，或者通过内置的字符串方法进行处理，如大小写转换、查找特定字符等。

4. 布尔类型(bool)

布尔类型的数据用于表示逻辑上的真和假，其取值(即布尔值)只有两个：True 和 False。在条件判断和逻辑运算中，布尔类型的数据的使用非常广泛。例如：

```
is_sunny = True
is_raining = False
```

布尔类型的数据通常用于条件语句中，以决定程序的执行路径。例如，当某个条件为真时执行某段代码，否则执行另一段代码。

9.4.3 数据类型的转换

在 Python 编程中,数据类型转换是一个非常常见且重要的操作,因为在程序实际开发过程中,我们经常会遇到需要不同类型数据之间进行相互转换的情况,以满足特定的运算需要。例如,可以将字符串转换为整数或浮点数,或者将整数转换为字符串。下面我们将进一步探讨数据类型转换的原理与应用,并介绍几种常见的数据类型转换方式,以便更好地理解和掌握如何在不同的数据类型之间进行操作。

数据类型转换可以有效地处理各种类型的数据,使得程序能够在不同的场景下执行正确的逻辑操作。掌握数据类型转换的技巧不仅有助于理解 Python 语言的运行机制,还能够帮助开发者编写更加高效、易读且健壮的程序。

1. 隐式转换与显式转换

在 Python 中,数据类型转换分为隐式转换和显式转换两种形式。隐式转换是由 Python 解析器自动完成的,而显式转换则需要开发者手动调用相应的函数进行控制。

(1) 隐式转换

当程序中涉及不同数据类型的运算时,Python 会自动将较低精度的数据类型转换为较高精度的数据类型,以避免数据丢失。例如,在整数类型和浮点数类型的数据之间进行计算时,整数会被自动转换为浮点数:

```
x = 10
y = 3.5
result = x + y   # x被隐式转换为浮点数
print(result)    # 输出:13.5
```

在上述代码中,x 是整数类型,y 是浮点数类型。当它们相加时,Python 自动将 x 转换为浮点数,以确保运算结果的精度。隐式转换的好处在于,它使得程序能够自然地处理混合类型运算,而无须开发者手动干预。

(2) 显式转换

显式转换是由开发者明确地使用转换函数来进行的。在需要将一种数据类型转换为另一种数据类型时,可以使用 Python 的内置转换函数,如 int()、float()、str()等函数。例如:

```
num_str = "123"
num_int = int(num_str)      # 将字符串转换为整数
num_float = float(num_str)  # 将字符串转换为浮点数
```

显式转换在处理用户输入、文件读取等场景时非常常见,因为这些操作得到的数据通常是字符串类型,需要进一步的转换才能用于数学计算或逻辑判断。显式转换提供了对数据类型转换的精确控制,这在确保程序运行正确性和避免错误方面起到了重要作用。

2. 常见的数据类型转换方法

(1) 整数与浮点数之间的转换

整数与浮点数之间的转换可以使用 int()和 float()函数。例如:

```
x = 10.75
y = int(x)    # y的值为10
z = float(y)  # z的值为10.0
```

需要注意的是,整数转换为浮点数不会有数据丢失,但浮点数转换为整数时,仅保留整数部分,小数部分会被舍弃(向下取整)。因此在某些场景中,需要谨慎处理这种转换,以免丢失重要的数据精度。例如,在金融计算中,舍弃小数部分可能会导致金额计算的错误,需要特别注意。

(2)数值与字符串之间的转换

在用户与程序的交互中,用户输入的数据通常是字符串类型,这时我们经常需要将其转换为数值,以便进行后续的计算和处理。字符串与数值之间的转换在处理用户输入和输出时尤其重要,可以使程序更加灵活和人性化。

使用 str() 函数可以将数值转换为字符串,使用 int() 或 float() 函数可以将字符串转换为相应的数值。需要注意的是,字符串转换为数值时,必须保证字符串的内容是合法的数字,否则会引发 ValueError 异常。例如:

```
age = 25
age_str = str(age)    # 转换为字符串
print("您的年龄是" + age_str + "岁。")
```

运行结果:

```
您的年龄是 25 岁。
```

在这里,str() 函数将整数 25 转换为字符串"25",并将结果存储在变量 age_str 中。这种转换可以用于将数值和其他字符串组合在一起,以便输出给用户查看。

```
num_str = "123"
num_int = int(num_str)    # 转换为整数
float_str = "3.14"
num_float = float(float_str)    # 转换为浮点数
```

在上述代码中,字符串"123"被转换为整数 123,字符串"3.14"被转换成浮点数 3.14。

(3)布尔类型与其他类型数据之间的转换

布尔类型的数据可以与整数、字符串等类型的数据相互转换。True 在转换为整数时为 1,False 为 0;使用 bool() 函数可以将整数、字符串转换为布尔值。将整数转换为布尔值时,0 会被转换为 False,其他所有的数值都会被转换为 True。

```
print(int(True))     # 输出:1
print(int(False))    # 输出:0
print(bool(0))       # 输出:False
print(bool(42))      # 输出:True
```

字符串也可以转换为布尔值,非空字符串转换为 True,空字符串转换为 False。

```
print(bool("Hello"))    # 输出:True
print(bool(""))         # 输出:False
```

这种转换在条件判断中非常有用，例如，可以直接使用字符串或数值来控制程序的执行逻辑，而不需要显式地判断其是否为真。

3. 数据类型转换的应用场景

数据类型转换在编程中有许多重要的应用场景。例如，在数据分析中，往往需要将从文件或数据库中读取的数据从字符串转换为数值类型，以便进行数学计算和统计分析。对于数据的预处理工作，数据类型转换是必不可少的一环，可以确保后续的分析过程顺利进行。例如，在读取 CSV 文件时，所有的数据默认是字符串类型，但对于数值列，需要将其转换为整数或浮点数，才能进行数学运算或比较。例如：

```python
import csv
with open("data.csv") as file:
    reader = csv.reader(file)
    for row in reader:
        value = float(row[1])  # 将字符串转换为浮点数以便计算
        print("数值为: ", value)
```

在这个例子中，从 CSV 文件中读取的数据最初是字符串类型，需要将其转换为浮点数，才能用于后续的计算和分析。

数据类型转换还常用于 API（Application Programming Interface，应用程序编程接口）数据的处理。例如，从 API 获取的数据通常是 JSON 格式，其中数值、布尔值、字符串等混合在一起。为了在程序中进行合理的逻辑判断和操作，往往需要将这些数据进行适当的类型转换。例如：

```python
import json
response = '{"temperature": "25.3", "humidity": "60", "status": "true"}'
data = json.loads(response)
temperature = float(data["temperature"])  # 将字符串转换为浮点数
humidity = int(data["humidity"])  # 将字符串转换为整数
status = bool(data["status"])  # 将字符串转换为布尔值
print(f"温度: {temperature}°C，湿度: {humidity}%，状态: {status}")
```

在这个例子中，API 返回的数据需要进行多种数据类型转换，以便程序能够正确地处理和使用这些数据。数据类型转换的正确使用能够确保数据在不同的处理环节中保持一致性，并使程序更加健壮。

4. 数据类型转换中的注意事项

在进行数据类型转换时，有一些常见的注意事项需要了解。

（1）转换的合法性

并不是所有的字符串都可以转换为数值。例如，字符串"abc"无法转换为整数或浮点数。在进行转换前，可以使用字符串的 isdigit() 函数进行判断，或者使用异常处理机制捕获可能的错误。例如：

```python
value = "abc"
try:
```

```
        num = int(value)
except ValueError:
    print("无法将字符串转换为整数！")
```

在编写程序时，处理好非法输入是确保程序健壮性的重要一步，尤其在用户可能输入错误数据的场景下，使用异常处理可以避免程序崩溃。

(2) 精度丢失

在将浮点数转换为整数时，小数部分会被舍弃，可能导致精度丢失。因此，在需要保留精度的场景中，应该尽量避免这种转换。为了避免由于精度丢失导致的计算错误，可以考虑使用四舍五入函数 round() 来处理浮点数。例如：

```
x = 5.87
y = round(x)    # y 的值为 6
```

这种方法在需要对结果进行精度调整时非常有用，尤其在金融计算或科学计算中。

(3) 自动类型提升

在混合类型运算中，Python 会自动进行类型提升，将低精度类型转换为高精度类型，以保证运算的正确性。这种自动转换虽然方便，但也可能在某些情况下导致意想不到的结果，需要开发者保持警惕。

例如，在涉及整数和浮点数的运算时，结果通常会是浮点数。

```
a = 5
b = 2.0
result = a * b    # 结果为 10.0，而不是 10
```

理解自动类型提升的规则有助于编写出更加精确和可靠的代码。

通过对隐式转换和显式转换的深入理解，以及对各种常见数据类型转换方法的掌握，我们可以更自如地处理数据类型的变化，提高程序的健壮性和灵活性。同时，在实际应用中，注意数据类型转换的合法性和精度问题，可以帮助我们避免一些常见的编程错误，确保代码的正确性和可靠性。数据类型转换不仅是编程中的基础操作，也是编写高质量代码的关键环节之一。

9.4.4 "简易计算器"项目实践

在"简易计算器"项目中，程序会提示用户输入两个数字和一个运算符，程序会根据输入的运算符进行相应的计算并输出结果，实现一个简单的计算器功能。例如：

```
num1 = float(input("请输入第一个数字："))
num2 = float(input("请输入第二个数字："))
operator = input("请输入运算符(+、-、*、/)：")
```

在这段程序中，num1、num2 和 operator 都是变量，用于存储用户输入的数字和运算符。这些变量在后续的计算过程中起着关键作用，使得程序能够根据用户的输入执行不同的运算。

input() 函数主要用于获取用户输入的数学表达式或操作指令，print() 函数用于将计算结果显示出来。例如，下述程序只完成两个数的相加。

```
num1 = float(input("请输入第一个数字："))  # 转换为浮点数
num2 = float(input("请输入第二个数字："))  # 转换为浮点数
operator = input("请输入运算符(+、-、*、/)：")
if operator == "+":
    result = num1 + num2
    print("计算结果是：", result)
```

如果依次输入两个数字 3 和 5，再输入"+"，则上述程序的运行结果如下：

```
计算结果是： 8.0
```

在"简易计算器"项目中，不同的数据类型用于处理用户输入、运算符和计算结果。用户输入的数字需要从字符串转换为浮点数才能进行计算，而运算符则是字符串类型，用于决定执行的具体操作。根据运算符的值，程序执行相应的计算并输出结果。

通过这种方式，用户可以直观地看到自己输入的数字经过程序处理后的结果，从而了解程序的执行效果。

思 考 题

1. 简述变量的作用及其定义方法。

2. Python 中有几种数据类型？每种数据类型的特点是什么？它们之间如何相互转换？

3. 完成"简易计算器"项目的程序编写，使得用户输入不用的数值和运算符能得出相应的结果。

第 10 章 信息技术应用创新产业与国产操作系统——统信 UOS

本章导读

当今世界，机遇和挑战并存。以信息安全为基础的非传统安全新威胁的出现，给各个国家带来了一定的发展挑战。在过去的时间里，由于中国在信息技术领域长期处于非技术自主可控的地位，维护国家信息安全变得尤为重要。2016 年 3 月 4 日，"信息技术应用创新工作委员会"成立。组委会简称"信创工委会"，由此诞生了"信创"一词。

信息技术应用创新产业是当前我国经济发展的新动能和重要战略方向，也是"新基建"的重要内容。

经过多年的努力和布局，我国的信息技术应用创新产业已经取得了显著的进步。国家和地方政府在信息技术应用创新产业发展方面表现出强烈的决心和积极性，为其创造了良好的政策环境。2019 年，统信软件技术有限公司（简称统信软件）成立，旨在打造中国操作系统创新生态。

本章将介绍信息技术应用创新产业的政策与发展趋势、统信 UOS 基本信息、统信 UOS 安装与系统激活方法，并重点介绍制作统信 UOS 启动盘的具体方法。

10.1 信息技术应用创新产业

信息技术应用创新产业（以下简称信创产业）包含了从信息技术底层的基础软硬件到上层的应用软件全产业链的安全、可控，是当前我国经济发展的新动能和重要战略方向。它旨在推动经济数字化转型、提升产业链发展水平，从技术体系引进、强化产业基础、加强保障能力等方面着手，促进信创产业在本地落地生根，带动传统信息技术产业转型，构建区域级产业集群。信创产业涉及的行业包括信息技术基础设施（芯片、服务器、存储器、交换机、路由器、各种云和相关服务内容）、基础软件（数据库、操作系统、中间件）、应用软件、信息/网络安全等。

信创产业的发展背景在于，过去中国信息技术的底层标准、架构、产品、生态大多由国外的信息技术商业公司制定，因此存在底层技术、信息安全、数据保存方式被限制的风险。因此，我国要逐步建立基于自己的信息技术底层架构和标准。基于自有信息技术底层架构和标准建立起来的信息技术产业生态是信创产业的重要内涵。

我国的信息技术发展较为不平衡，一直以来都局限在技术应用层面，核心底层技术的进步缓慢。我们要从技术层面，纵向深入到软件开发、操作系统、数据库、云计算，以及芯片应用的深度发展。只有掌握核心底层技术才能避免被"卡脖子"，也才不会受制于人。

在国家战略层面上，经过多年的努力和布局，我国的信创产业已经取得了显著的进步。国家政策的支持与战略布局对于推动我国信创产业的发展起到了关键作用。自 2014 年开始，我国在推动国产化替代进程中，逐步增加了对国产终端设备的采购量，从最初的几千台规模的采购到 2020 年的数千万台的采购规模，标志着国产终端设备不仅实现了从"不可用"到"可用"的转变，而且在用户体验上也逐渐达到了"好用"的水平。这一进步的背后，是我国在芯片、操作系统、数据库、中间件等关键技术领域的不断投入和突破。信创产业的推进节奏如图 10.1 所示。

这些进步不仅提升了我国在全球信息技术产业链中的地位，而且增强了国家的信息安全和技术自主可控能力。未来，随着技术的不断进步和市场的不断扩大，信创产业有望在中国乃至全球市场中发挥更加重要的作用。

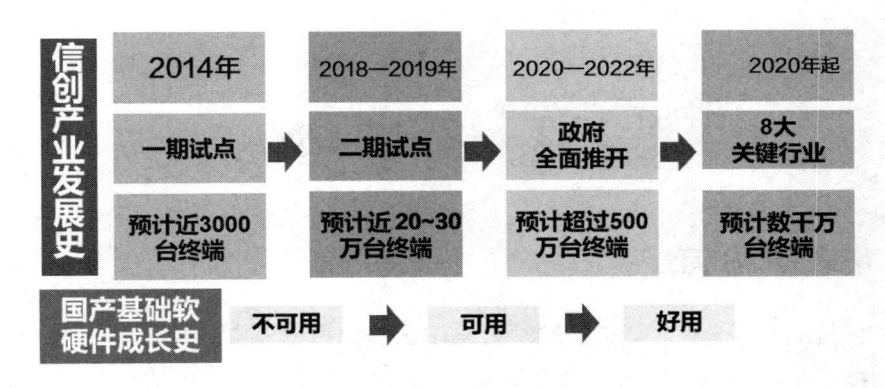

图 10.1　信创产业的推进节奏

1. 产业政策

在国家政策层面，自主可控、国家创新体系建设、信创替代等成为关键词，这表明了国家对于提升信息技术自主创新能力和保障信息安全的决心。在国家规划层面，与信创产业相关的规划有《国家信息化发展战略纲要》《"十三五"国家信息化规划》《软件和信息技术服务业发展规划(2016—2020 年)》。根据规划目标，到 2025 年，我国将彻底改变关键核心技术受制于人的局面。为了实现这一目标，国家政策的发布十分频繁。例如，出台了《新时期促进集成电路产业和软件产业高质量发展若干政策》《国家政务信息化项目建设管理办法》《关于促进网络安全产业发展的指导意见(征求意见稿)》等文件。

在地方政策层面，地方政府频繁发布涉及信创产业发展的鼓励政策。其中，信创产业示范基地、信息技术创新平台、协同发展等成为关键词，显示出地方政府在推动信创产业发展上的积极性。目前，广州、广西、浙江、湖南、福建等省、市、自治区、直辖市已经在地区数字经济发展规划、新型基础设施建设计划、电子信息产业发展计划中明确了当地信创产业的发展办法及具体目标，这些政策多围绕信创产业生态基地建设的内容展开，旨在推动信创产业的协同发展和创新。

综合来看，国家和地方政府在信创产业发展方面表现出了强烈的决心和积极性。通过制定相关的规划和政策，国家和地方政府致力于提升信息技术的自主创新能力，保障信息安全，并推动信创产业的发展。这为信创产业的健康发展提供了良好的政策环境和机遇。

2. 发展趋势

近年来，在科技领域竞争日益激烈的背景下，信创自主可控和信息安全的重要性愈发凸显。国家和地方性政策的持续推动，使得信创产业成为一个新兴的市场领域受到社会各界的广泛关注。信创产业的项目正在各个领域得到大规模的推广和应用。信创产业发展的目标在于全面实现以操作系统、芯片、数据库、应用软件等为核心的信创自主安全平台。这一目标的实现，对于提升国家的信息技术自主创新能力，保障信息安全具有重要意义。

根据信创产业在国家"2+8"安全可控体系下的行业渗透现状，可以将其分为三大梯队。党政体系和金融领域渗透率最高，位居第一梯队；石油、电力、电信、交通、航空航天五个行业处于第二梯队；教育和医疗领域渗透率最低，位于第三梯队。随着标准体系的逐渐完善和产业发展的日趋明朗，信创产业在庞大的教育市场上的布局空间将会进一步扩大。这将为教育领域提供更加安全、可靠的信息技术服务，同时也为信创产业的发展提供更为广阔的市场空间。

10.2 统信 UOS

10.2.1 统信 UOS 简介

统信软件技术有限公司（简称统信软件）是中国基础软件公司，成立于 2019 年，致力于"打造中国操作系统创新生态"。公司专注于操作系统等基础软件的研发和服务，为不同行业的用户提供安全稳定、智能易用的操作系统产品和解决方案。

统信操作系统（简称统信 UOS）基于 Linux 内核，同源异构支持五种 CPU 架构（AMD64、ARM64、LoongArch、SW64、MIPS64）和七个国产 CPU 平台（鲲鹏、龙芯、申威、海光、兆芯、飞腾、海思）。统信 UOS 为用户提供高效简洁的人机交互、美观易用的桌面应用、安全稳定的系统服务，是真正可用和好用的自主操作系统。

统信 UOS 通过对硬件的适配支持，对应用软件的兼容和优化，以及对应用场景解决方案的构建，可以满足项目支撑、平台应用、应用开发和系统定制的需求，体现了当今 Linux 操作系统发展的最新水平。

国家信创园位于北京经开区，是由工信部和北京市政府联合部署建设的唯一的国家级信创园区和国家信息技术应用创新基地，承担着培育国产信息技术体系，保障信创工程战略实施的职责使命。

10.2.2 安装统信 UOS

1. 安装前的准备

（1）配置要求

在硬件方面，统信 UOS 支持目前市面上的大多数主机，对于主机其他硬件的配置要求如下。

CPU：频率 2GHz 或更高。

内存：至少 2GB 内存（RAM），4GB 以上是达到更好性能的推荐值。

硬盘：至少 25GB 的空闲空间。

（2）下载系统镜像文件

安装统信 UOS 需要先获得系统镜像文件，此文件需要前往统信 UOS 生态社区网站下载，具体操作如下。

① 打开统信 UOS 生态社区网站。

② 在网站主页依次单击"资源中心"→"镜像下载"命令，如图 10.2 所示。

③ 单击"统信 UOS 桌面专业版 AMD64"下方的"镜像下载"按钮，如图 10.3 所示，即可将系统镜像文件下载到本地硬盘中。

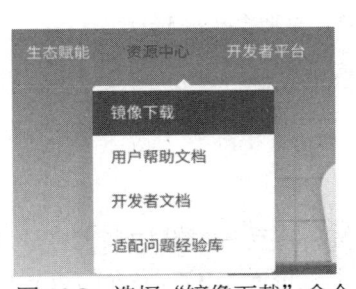

图 10.2　选择"镜像下载"命令　　　　图 10.3　下载系统镜像文件

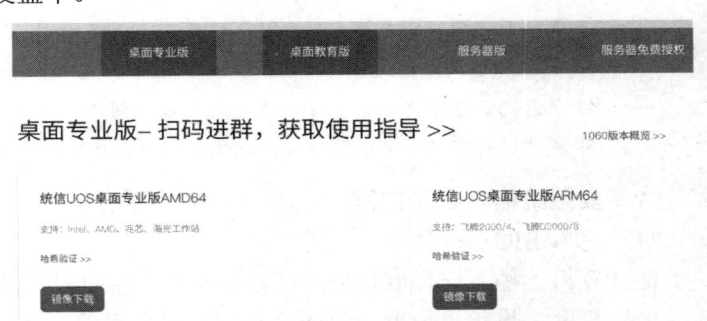

下载前需要登录统信 Union ID，如果没有账号，则需要进行注册。

（3）制作系统启动盘

安装统信 UOS 操作系统时，需要有一个其他系统来引导安装，推荐使用优盘进行引导安装。准备一个 8GB 或以上容量的优盘，并将此优盘制作成系统启动盘。具体操作步骤如下。

① 下载"深度启动盘制作工具"，下载完成后打开该软件，弹出"请选择光盘镜像文件"对话框，如图 10.4 所示。

> **注意**
>
> 此时，一定要将优盘插入计算机。

② 单击"选择光盘镜像文件"，在弹出的对话框中选择下载的统信 UOS 镜像文件，单击"下一步"按钮，选中插入的优盘，单击"开始制作"按钮。

③ 耐心等待制作完成，弹出"制作成功"对话框，如图 10.5 所示，单击"完成"按钮即可。

图 10.4 "请选择光盘镜像文件"对话框 　　　　图 10.5 "制作成功"对话框

> **注意**
> ① 制作启动盘前请提前备份优盘中的重要数据，因为制作时可能会清除优盘中的所有数据。
> ② 制作前建议将优盘格式化为 FAT32 格式，以提高识别率。
> ③ 部分优盘实际上是移动硬盘，在制作启动盘时可能无法识别，请更换为正规优盘。
> ④ 优盘的容量不得小于 8GB，否则无法成功制作启动盘。
> ⑤ 制作过程中请不要触碰优盘，以免写入不全导致制作失败。

2. 安装统信 UOS 的过程

(1) 进入 BIOS 界面

在计算机上插入已经制作好的优盘启动盘。启动计算机，按下启动快捷键（如 F2 键），进入 BIOS 界面，将优盘设置为第一启动项并保存设置。不同的主机进入 BIOS 界面的方式不同，具体进入方式如表 10.1 所示。

表 10.1　不同的主机进入 BIOS 界面的快捷键

机器类型	快捷键
一般台式机	Delete 键
一般笔记本电脑	F2 键
惠普笔记本电脑	F10 键
联想笔记本电脑	F12 键
苹果笔记本电脑	C 键

(2) 选择安装选项

重启计算机，在优盘启动盘的引导下进入统信 UOS 安装界面，默认状态下会选中"Install UOS 20 desktop"选项，可以按回车键确认或等待 5 秒后自动确认，如图 10.6 所示。

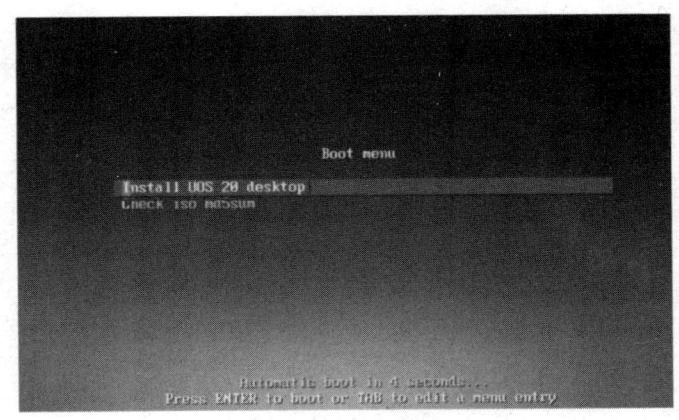

图 10.6　选择安装选项

(3) 选择语言

进入"选择语言"界面,选择需要安装的语言,默认选择的语言为"简体中文",勾选"我已仔细阅读并同意《UOS 操作系统最终用户许可协议》","同意《用户体验计划许可协议》"选项可以选择性勾选,以确保不影响系统安装,如图 10.7 所示。单击"下一步"按钮,进入"硬盘分区"界面。

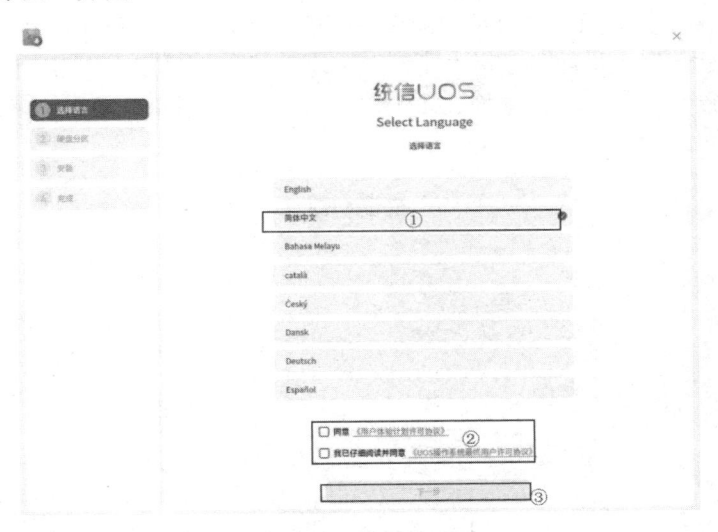

图 10.7　"选择语言"界面

(4) 硬盘分区

为了便于对磁盘的管理和使用,需要对硬盘进行分区。

在"硬盘分区"界面有两种选项:"手动安装"和"全盘安装"。用户可以自行决定是使用"手动安装"还是"全盘安装"来对一块或多块硬盘进行分区和系统安装。在"磁盘分区"界面,可以查看当前磁盘的分区情况和已使用空间/可用空间情况。

我们以单块磁盘为例介绍硬盘分区和系统安装的方法。

① 手动安装。在"手动安装"界面中,当程序检测到当前设备只有一块硬盘时,安装列表中只会显示一块硬盘,如图 10.8 所示。当程序检测到当前设备拥有多块硬盘时,在安装列表中会显示多块硬盘。

注意

请在选择安装位置前备份好硬盘中的重要数据,避免数据丢失。

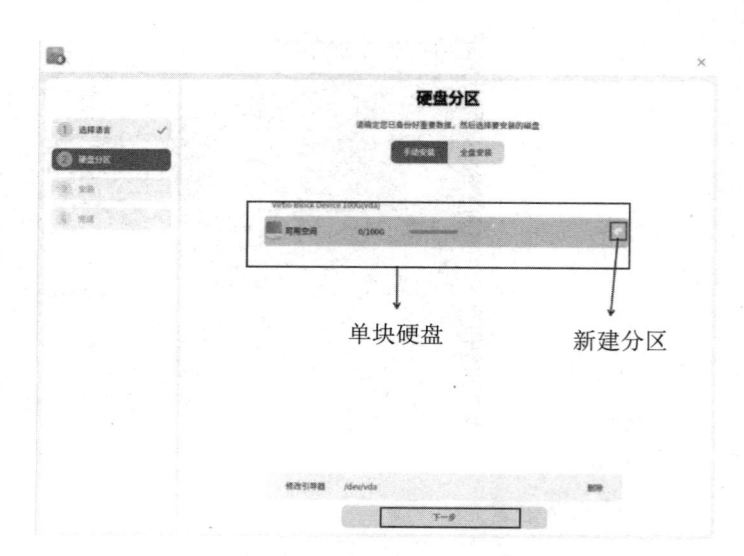

图 10.8 "硬盘分区"界面

在统信 UOS 系统中,文件管理最顶级的目录是"根目录",在系统中使用"/"来表示,因此安装系统的分区挂载点必须选择根目录"/"。

在"硬盘分区"界面单击"可用空间"右侧的"新建分区"按钮,然后单击"下一步"按钮,进入"新建分区"界面。选择"挂载点"为"/",设置分区的空间"大小",建议至少选择 64GB 的硬盘空间,这里选择 82471MB,如图 10.9 所示,单击"确定"按钮。

图 10.9 "新建分区"界面

新分区创建完成后可以看到"安装到此"的提示,这表明我们可以选择此分区来安装系统,如图 10.10 所示。

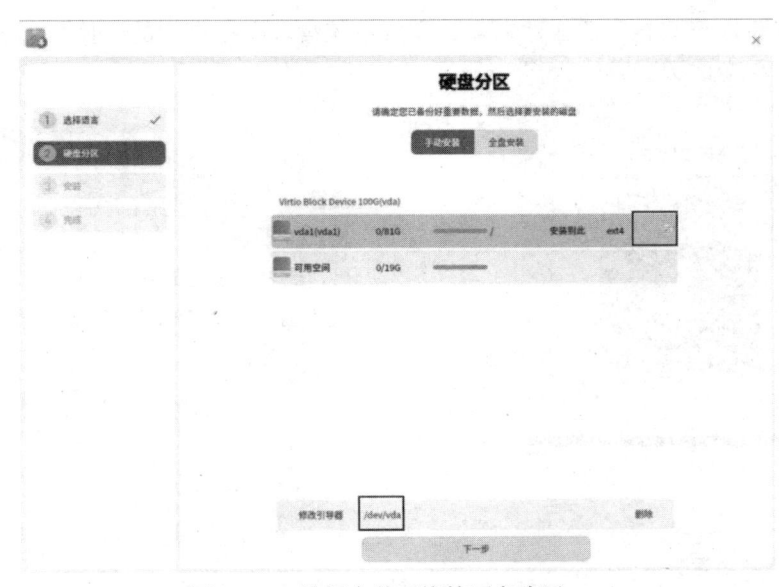

图 10.10 选择安装系统的硬盘分区

> **注意**
>
> 单击"可用空间"右侧的"新建分区"按钮,可以根据个人需要新建其他的分区。新建的分区可以选择不同的文件系统、挂载点及大小。文件系统如 ext4、ext3、交换分区等;挂载点如/home、/var、/tmp 等。

删除分区。如果对新建的硬盘分区的大小或格式等不满意,用户可以自行删除硬盘分区,具体操作如下:单击"硬盘分区"界面右下角的"删除"按钮,选中需要删除的硬盘分区,再单击右侧的"删除"按钮,如图 10.11 所示,就可以直接删除选中的硬盘分区。删除后的硬盘分区将变成空白分区,可以进行其他分区操作。

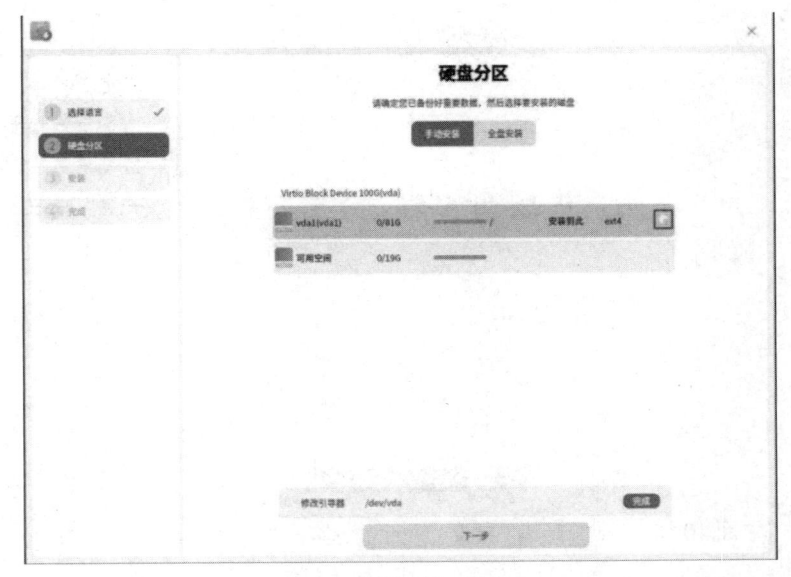

图 10.11 删除硬盘分区

② 全盘安装。在"硬盘分区"界面中选择"全盘安装",当系统检测到当前设备只有一块硬盘时,硬盘会居中显示,选中该硬盘后系统将使用默认的分区方案对该硬盘进行分区,如图 10.12 所示。当程序检测到当前设备拥有多块硬盘时,在"磁盘分区"界面中会以列表的形式分别显示系统盘和数据盘。如果选择系统盘进行安装,所使用的分区方案要与单硬盘

分区方案一致。如果选择数据盘进行安装，那么数据盘会变成系统盘，数据盘中的数据会被格式化，原来的系统盘同时也会变成数据盘。

> **注意**
>
> 使用多硬盘进行全盘安装时，选中了系统盘后，数据盘界面会显示除系统盘外的所有盘。

图 10.12　选择"全盘安装"

(5) 准备安装

系统分区完成后单击"下一步"按钮，进入"准备安装"界面，在"准备安装"界面中，会显示分区信息和相关警告提示信息，如图 10.13 所示。用户确认相关信息后，单击"继续安装"按钮，系统将进入"正在安装"界面。

> **注意**
>
> 请备份好重要数据，并确认相关信息后，再单击"继续安装"按钮。

图 10.13　"准备安装"界面

在"正在安装"界面，系统会自动安装统信 UOS 直到安装完成。在安装过程中，系统会显示当前安装的进度以及系统的新功能、新特色简介，如图 10.14 所示。

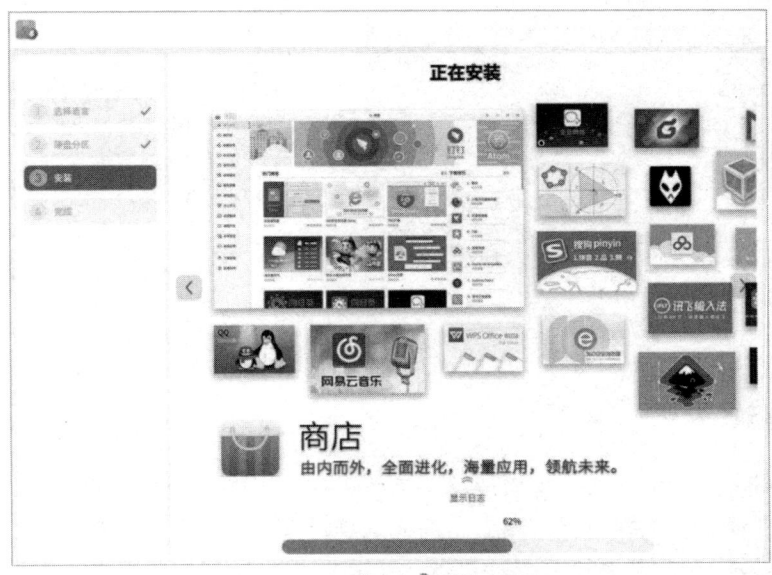

图 10.14 "正在安装"界面

(6) 安装成功

安装成功后,单击"立即体验"按钮,系统将自动重启计算机并进入统信 UOS 的桌面。

如果安装出现问题,会显示"安装失败"界面,如图 10.15 所示,可以单击"保存日志"按钮,将错误日志保存到存储设备中,以便统信 UOS 的技术工程师能够帮助解决问题。

图 10.15 "安装失败"界面

(7) 取消安装

在某些情况下,用户如需终止统信 UOS 的安装,可以进行如下操作。

在安装过程中,只需单击安装界面右上角的"关闭"按钮,即可弹出"终止安装"提示框,如图 10.16 所示。此时可以选择继续安装或终止安装。

继续安装:返回到单击"关闭"按钮之前的页面,可以继续进行系统安装操作。

终止安装:系统直接关机。

图 10.16 "终止安装"提示框

注意

用户可以随时终止系统安装而不会对当前磁盘和系统产生任何影响。

10.2.3 初始化设置

当统信 UOS 安装成功后，重启计算机后会进入到系统初始化配置界面，用户需要对系统进行初始化设置，如选择语言、键盘布局、选择时区、设置时间、创建用户等。

① 选择语言。在安装系统时已经进行了语言选择，系统安装成功，首次启动时，会先进入到"键盘布局"设置界面。如果需要修改语言，可以单击"选择语言"选项重新选择语言，如图 10.17 所示。

在"设置键盘布局"界面，可以根据个人使用习惯设置需要的键盘布局，如图 10.18 所示。

图 10.17 "选择语言"界面　　　　图 10.18 "设置键盘布局"界面

② 选择时区。单击"下一步"按钮，即可进入"选择时区"界面，该界面有"地图"和"列表"两种选择时区的方式，推荐使用"列表"模式进行选择，此外，还可以手动设置时间，如图 10.19 所示。

③ 设置时间。在"选择时区"界面，选中"手动设置时间"复选框，可以手动设置日期和时间。不勾选时，系统会自动获取时间。

④ 创建账户。单击"下一步"按钮，可以在"创建账户"界面设置用户头像、用户名、计算机名、密码等信息，如图 10.20 所示。

第 10 章 信息技术应用创新产业与国产操作系统——统信 UOS | 285

图 10.19 "选择时区"界面　　　　　　图 10.20 "创建账户"界面

⑤ 配置网络。安装器支持以太网网络配置，其中包含 DHCP 自动连接和手动连接，默认为自动获取 IP 地址。单击"编辑"按钮，可以手动配置 IP 地址、默认路由、子网掩码、DNS，如图 10.21 所示。

⑥ 优化系统配置。完成初始化设置后，系统将自动进行优化配置，如图 10.22 所示。

图 10.21 "配置网络"界面　　　　　　图 10.22 "优化系统配置"界面

⑦ 登录系统。系统自动优化配置完成后，进入登录界面，如图 10.23 所示。

图 10.23 登录界面

输入正确的密码后,用户就可以直接进入统信 UOS 的桌面开始体验统信 UOS,如图 10.24 所示。

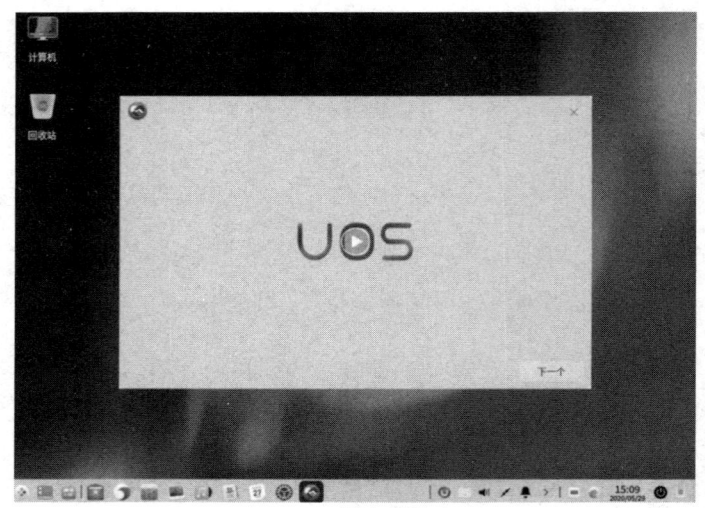

图 10.24　进入系统桌面

10.2.4　系统激活

授权管理是系统预装的工具,可以帮助用户激活系统。系统授权状态分为两种,分别是"未激活"和"已激活"。

1. 未激活

如果系统未激活,则授权管理图标 会一直显示在桌面右下角。未激活的系统部分功能不可使用,如应用商店等。

当系统没有激活成功时,请先进行如下检查:

① 检查网络是否正常。

② 检查服务器连接是否正确。

如果网络设置正常,服务器连接畅通,用户可以执行如下操作,手动激活系统。

① 单击桌面右下角的 图标,打开"控制中心",选择"系统信息",单击"关于本机",可查看版本授权栏,单击"激活"按钮进入授权管理界面,如图 10.25 所示。

② 在授权管理界面,单击"立即激活"按钮,即可激活系统。

2. 已激活

如果开机后,系统自动激活成功,桌面右下角不再显示 图标。授权管理界面中的"激活状态"显示为已激活,如图 10.26 所示。

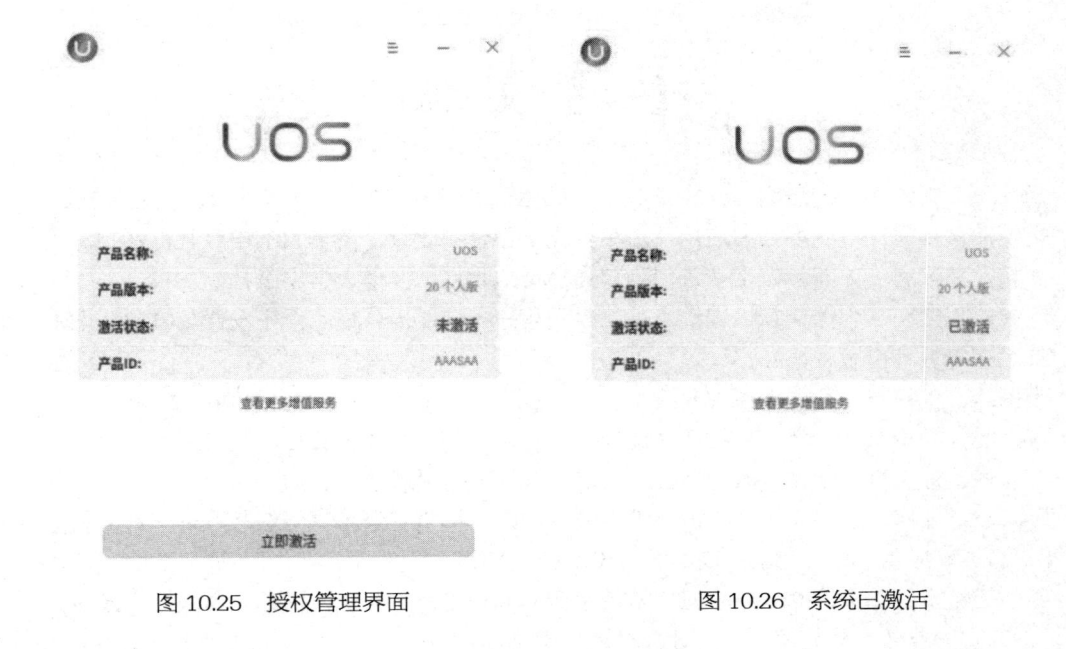

第 10 章　信息技术应用创新产业与国产操作系统——统信 UOS　287

图 10.25　授权管理界面　　　　　　　　　　　图 10.26　系统已激活

思 考 题

1. 传统的信息技术产业主要由哪几部分组成？
2. 未来，信创产业的发展前景如何？
3. 统信 UOS 对主机的硬件配置有哪些要求？请叙述安装统信 UOS 的硬件配置要求。
4. 为什么统信 UOS 是"真正可用和好用"的自主操作系统？
5. 如何制作系统启动盘？请叙述系统启动盘的制作过程及制作注意事项。

参 考 文 献

[1] 胡喜玲,雷国华,刘启明. 计算机应用基础[M]. 2版. 北京:高等教育出版社,2013.
[2] 杨继萍,孙岩. 电脑办公与应用从新手到高手[M]. 北京:清华大学出版社,2013.
[3] 简超,羊清忠. Windows 7从入门到精通[M]. 北京:清华大学出版社,2013.
[4] 陈雷,陈朔鹰. 全国计算机等级考试二级教程——Access数据库程序设计(2013版)[M]. 北京:高等教育出版社,2013.
[5] 张俊玲,王秀英. 数据库原理与应用[M]. 2版. 北京:清华大学出版社,2010.
[6] 李言照,马少军. 大学信息技术基础[M]. 北京:北京大学出版社,2012.
[7] 李云峰. 计算机网络技术教程[M]. 北京:电子工业出版社,2010.
[8] 张彦,苏红旗,于双元,刘桂山,王永滨. 全国计算机等级考试一级教程——计算机基础及MS Office应用[M]. 北京:高等教育出版社,2013.
[9] 龙马工作室. Office 2010办公应用从新手到高手[M]. 北京:人民邮电出版社,2011.
[10] 山东省职业教育教材编写组. 计算机应用基础[M]. 3版. 北京:高等教育出版社,2013.
[11] 柳青. 计算机应用基础(基于Office 2010)[M]. 中国水利水电出版社,2013.